"南北极环境综合考察与评估"专项

南极周边海域海洋生物多样性与生态考察

国家海洋局极地专项办公室　编

海洋出版社

2016・北京

图书在版编目（CIP）数据

南极周边海域海洋生物多样性与生态考察/国家海洋局极地专项办公室编．—北京：海洋出版社，2016.5

ISBN 978-7-5027-9445-3

Ⅰ.①南…　Ⅱ.①国…　Ⅲ.①南极-海域-海洋生物-生物多样性-科学考察-中国②南极-海域-海洋生态学-科学考察-中国　Ⅳ.①P714

中国版本图书馆 CIP 数据核字（2016）第 100803 号

责任编辑：方　菁
责任印制：赵麟苏
海洋出版社　出版发行
http://www.oceanpress.com.cn
北京市海淀区大慧寺路 8 号　邮编：100081
北京朝阳印刷厂有限责任公司印刷　新华书店北京发行所经销
2016 年 5 月第 1 版　2016 年 5 月第 1 次印刷
开本：889mm×1194mm　1/16　印张：16.75
字数：420 千字　定价：98.00 元
发行部：62132549　邮购部：68038093　总编室：62114335

极地专项领导小组成员名单

组　长：陈连增　国家海洋局

副组长：李敬辉　财政部经济建设司

曲探宙　国家海洋局极地考察办公室

成　员：姚劲松　财政部经济建设司（2011—2012）

陈昶学　财政部经济建设司（2013—）

赵光磊　国家海洋局财务装备司

杨惠根　中国极地研究中心

吴　军　国家海洋局极地考察办公室

极地专项领导小组办公室成员名单

专项办主任：曲探宙　国家海洋局极地考察办公室

常务副主任：吴　军　国家海洋局极地考察办公室

副　主　任：刘顺林　中国极地研究中心（2011—2012）

李院生　中国极地研究中心（2012—）

王力然　国家海洋局财务装备司

成　　　员：王　勇　国家海洋局极地考察办公室

赵　萍　国家海洋局极地考察办公室

金　波　国家海洋局极地考察办公室

李红蕾　国家海洋局极地考察办公室

刘科峰　中国极地研究中心

徐　宁　中国极地研究中心

陈永祥　中国极地研究中心

极地专项成果集成责任专家组成员名单

组　长： 潘增弟　国家海洋局东海分局

成　员： 张海生　国家海洋局第二海洋研究所

余兴光　国家海洋局第三海洋研究所

乔方利　国家海洋局第一海洋研究所

石学法　国家海洋局第一海洋研究所

魏泽勋　国家海洋局第一海洋研究所

高金耀　国家海洋局第二海洋研究所

胡红桥　中国极地研究中心

何剑锋　中国极地研究中心

徐世杰　国家海洋局极地考察办公室

孙立广　中国科学技术大学

赵　越　中国地质科学院地质力学研究所

庞小平　武汉大学

“南极周边海域海洋生物多样性与生态考察”专题

承担单位： 国家海洋局中国极地研究中心

参与单位： 国家海洋局第一海洋研究所

国家海洋局第二海洋研究所

国家海洋局第三海洋研究所

中国科学院海洋研究所

中国海洋大学

“南极周边海域海洋生物多样性与生态考察”报告

编写人员：

报告由各参与单位编写，中国极地研究中心统稿。其中林凌、张芳、蓝木盛、罗光富、何剑锋参与编写“南极海洋微小型浮游生物和生态”部分内容；杨光、李超伦参与编写“南极海洋浮游植物和浮游动物群落结构和生态多样性”部分内容；郝锵、乐凤凤、翟红昌、蔡昱明参与编写“南极海洋基础生物量和生产力”部分内容；宋普庆、林龙山参与编写“南极海洋鱼类和底栖生物分布和多样性”部分内容；李江参与编写“南极海洋表层沉积物微生物生态”部分内容；汪岷、姜勇、邵红兵、宫政参与编写“南极海洋病毒丰度和多样性”部分内容；报告由何剑峰、蓝木盛、罗光富负责统稿。

序　言

“南北极环境综合考察与评估”专项（以下简称极地专项）是2010年9月14日经国务院批准，由财政部支持，国家海洋局负责组织实施，相关部委所属的36家单位参与，是我国自开展极地科学考察以来最大的一个专项，是我国极地事业又一个新的里程碑。

在2011年至2015年间，极地专项是从国家战略需求出发，整合国内优势科研力量，充分利用“一船五站”（“雪龙”号、长城站、中山站、黄河站、昆仑站、泰山站）极地考察平台，极地专项有计划、分步骤地完成了南极周边重点海域、北极重点海域、南极大陆和北极站基周边地区的环境综合考察与评估，无论是在考察航次、考察任务和内容、考察人数、考察时间、考察航程、覆盖范围，还是在获取资料和样品等方面，均创造了我国近30年来南、北极考察的新纪录，促进了我国极地科技和事业的跨越式发展。

为落实财政部对极地专项的要求，极地专项办制定了包括极地专项“项目管理办法”和“项目经费管理办法”在内的4项管理办法和14项极地考察相关标准和规程，从制度上加强了组织领导和经费管理，用规范保证了专项实施进度和质量，以考核促进了成果产出。

本套极地专项成果集成丛书，涵盖了极地专项中的3个项目共17个专题的成果集成内容，涉及了南、北极海洋学的基础调查与评估，涉及了南极大陆和北极站基的生态环境考察与评估，涉及了从南极冰川学、大气科学、空间环境科学、天文学以及地质与地球物理学等考察与评估，到南极环境遥感等内容。专家认为，成果集成内容翔实，数据可信，评估可靠。

“十三五”期间，极地专项持续滚动实施，必将为贯彻落实习近平主席关于“认识南极、保护南极、利用南极”的重要指示精神，实现李克强总理提出的“推动极地科考向深度和广度进军”的宏伟目标，完成全国海洋工作会议提出的极地工作业务化以及提高极地科学研究水平的任务，做出新的、更大的贡献。

希望全体极地人共同努力，推动我国极地事业从极地大国迈向极地强国之列！

陈连增

目　次

第1章 总 论

国家海洋局在我国“十二五”期间组织实施了“南北极环境综合考察与评估”专项，该专项包含“南极周边海域环境综合考察与资源潜力评估”等四大调查与评估项目，每个项目由多个不同目标任务的专题组成。“南极周边海域海洋生物多样性和生态考察”专题是“南极周边海域环境综合考察与资源潜力评估”项目的6个专题之一，由中国极地研究中心牵头，国家海洋局第一海洋研究所、国家海洋局第二海洋研究所、国家海洋局第三海洋研究所、中国科学院海洋研究所和中国海洋大学等6家科研院所共同参与实施。

“南极周边海域海洋生物多样性和生态考察”专题以查明南大洋生物群落结构组成与多样性现状、基本摸清了南大洋生态系统关键种和资源种分布及生态适应现状并为南大洋生物资源的开发、保藏、应用评估、环境与微生物群落结构的关系研究等提供数据为目标，以走航途经海域、南极半岛附近海域和普里兹湾海域为主要考察范围，考察内容包括：① 叶绿素、生产力；② 微微型和微型浮游生物群落：浮游细菌、微微型和微型浮游植物的丰度、群落结构、生物量和空间分布；③ 海洋浮游病毒多样性和丰度分布；④ 大、中型浮游动物群落：浮游动物种类组成和空间分布；⑤ 底栖生物和鱼类浮游生物群落：大型、小型底栖动物以及鱼类浮游生物生物量、种类组成和空间分布；⑥ 表层沉积物微生物的多样性及其群落结构组成等。

在极地专项办公室的指导下，本专题牵头单位在任务实施过程中组织各参与单位对工作量和分工进行了严密的部署和划分，制定了详细的实施方案，确立了外业考察、内业分析与测试、资料处理、成果图件绘制、考察与研究报告编写的方法和技术路线。依托中国第28～31次南极科学考察和“雪龙”号科考破冰船，本专题获取了一系列的生物与环境样品、数据、图集和研究论文等重要成果，阐明了我国南极考察走航途经海域海表的温度、盐度、海水叶绿素a浓度及微小型浮游植物分布等基础环境和生物学特性，对南极半岛和普里兹湾等重点海域的基础环境和微小型浮游生物、大、中型浮游动物、底栖生物等的群落结构与多样性有了较为系统的认识，较好地完成了专题目标和任务，取得了一系列有价值的调查成果，在南极周边海域的海洋生物多样性和生态环境的认识方面取得了重要进展。

专题在实施过程中也存在一些困难，如用于海洋学调查的时间过短、南极恶劣环境影响调查计划的现场实施、多学科兼顾影响站位预设与延续性等，有待今后在加强调查能力的基础上逐步加以克服。

第 2 章　考察的意义和目标

2.1　考察背景和意义

南大洋是唯一环绕地球并未被大陆分割的大洋，在全球气候系统中占有重要地位。通过国际上过去几十年的研究，一致认为南大洋及其变化对南极地区和低纬度地区的自然环境和生态有重要影响。南大洋输出的南极中层水影响整个南大洋的海洋环境，并且南大洋海冰覆盖的季节性变化对南极底层水的生产和调节南极沿岸的气候有重要作用。而南极底层水通过热盐环流向北输送，影响其他大洋的环境。此外，南大洋南极绕极流造成的大洋海盆的水交换影响整个南大洋，并且通过其变异影响南大洋生态系统。国际上对南极海域生态系统的调查起步很早，调查对象也涵盖了整个生态系统，而我国受限于大洋调查能力，相关调查深度和广度均极为有限。

为探索南极地区在全球变化中的作用，国际南极研究科学委员会（SCAR）拟订了一项区域性国际合作研究计划，该计划有 7 项核心科学问题，其中有 3 项包含了南极海域生态系统。而最新由 SCAR 和国际海洋科学委员会（SCOR）联合推出的未来南极“地平线扫描计划”（Horizon Scanning）提出了 80 个南极未来的科学问题，其中 26 个与南极生物与生态学相关，约占 1/4。因此探讨整个海洋生态系统对全球变化的响应以及在全球变化中的作用将成为国际南极研究重点。

实施“南极周边海域海洋生物多样性与生态环境”专题的综合考察，可以获取长期、持续的现场考察资料，有助于有针对性地对南极海洋环境研究中的科学问题进行分析，对我们进一步深入研究南极地区环境特征、揭示南极地区环境变化规律和趋势具有重要意义；也有助于进一步积累科学数据，为南大洋生物多样性保护、生物资源的开发利用等提供科学依据。

2.2　我国科学考察的简要历史回顾

我国南大洋考察起步于 1984 年，至今已经完成了 32 次南极科学考察。历年来对南极海域生态系统的调查主要集中在南极半岛附近海域、南极普里兹湾海域和埃默里冰架前沿测区，调查对象主要集中在浮游生物、海冰生物、基础生产力和新生产力等方面，从“十一五”开始了对南大洋微型和微微型生物的调查，而对底栖生物和鱼类的调查仅有零量数个航次，因而在本专题实施前，我国对南大洋生态系统的考察是很不系统的。

2.3 考察海区概况

本专题的考察区域以南极半岛附近海域、普里兹湾海域为重点，兼顾“雪龙”号往返南极的南大洋航线区域。

在全球变化研究领域，南极地区以其所处的特殊地理位置及其特有的生态环境而具有突出的作用与地位，是全球大气研究计划（GARP）、世界气候研究计划（WCRP）及国际岩石圈生物圈计划（IGBP）等研究全球变化的关键地区之一。同时，南极周边海域拥有极为丰富的生物资源，其中，南极磷虾是南大洋中最重要的甲壳类浮游生物，也是南大洋中数量最大的生物资源和生物链中最为关键的一环。

重点考察海域之一的南极半岛附近海域位于西南极，在德雷克海峡和南极圈之间，靠近南极半岛和南设得兰群岛，是南极地区最靠北的海域。前人对南极地区温度和海冰的时空变化特征及相互作用的研究结果表明，南极半岛地区是近30年来在全球变暖趋势中增温最明显的区域，调查该海区的海洋生物多样性与生态环境现状及时空变化意义显著。

在南极地区中，普里兹湾海域同样处在南极的突出位置。普里兹湾海域是东南极地区唯一嵌入内陆的海湾，因此，它受南极大陆的影响更大，更容易对南极大陆的气候变化做出响应，而向北突出的地理位置也决定了它更容易受到北面较低纬度海洋的影响，处于南极大陆和南大洋相互作用的敏感区域。该海区是进行海洋生物多样性与生态环境考察，探索海洋生物对全球气候变化的响应及与环境因子、人为干扰的相互关系的良好平台。

2.4 考察目标

“雪龙”号在南北极考察途经海域和南极半岛邻近海域、普里兹湾等重点海域开展海洋生物多样性和生态考察，查明调查区叶绿素a和初级生产力的时空分布和变化规律，基本摸清重点海域生态系统的主要类群（浮游生物、鱼类、底栖生物等）结构与生物多样性现状，掌握生态系统关键种的生物量、分布特性及其变化规律，探索海洋生物对全球气候变化的响应及与环境因子及人为干扰的相互关系，为南大洋生物多样性保护、生物资源的开发利用与评估等提供科学依据。

第3章 考察的主要任务

3.1 考察区域、断面、站位及路线

3.1.1 走航观测区域

“雪龙”号极地科考破冰船在我国南极科学考察期间长期承担长城站、中山站、昆仑站“一船三站”的后勤保障和大洋考察任务，走航路线一般为：国内基地—澳大利亚—中山站—罗斯海—澳大利亚/阿根廷—中山站—国内基地，航线覆盖了西太平洋、南太平洋、西南印度洋和南大洋等多个海域，且具有一定的重复性，为走航长期观测提供了良好条件。

3.1.2 重点调查海域

我国南极科学考察的重点调查海域主要包括南极半岛海域和普里兹湾海域（图3－1）。

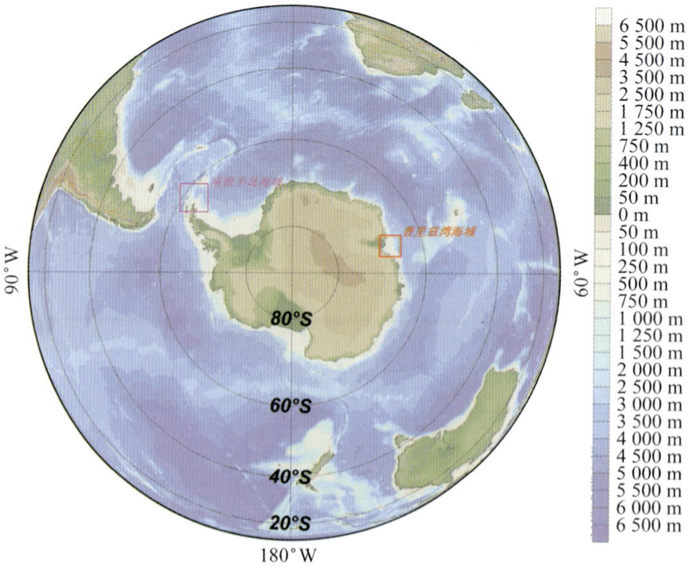

图3－1 南极重点考察海域示意图

在南极半岛海域，调查范围主要在60°—64°S，40°—60°W的区域，处于德雷克海峡和南极圈之间，靠近南极半岛和南设得兰群岛，设计重点调查断面5条，设计调查站点约50个。在普里兹湾海域，调查范围在66°—69.5°S，70°—76°E区域，设计调查断面经向7~9条以及埃默里冰架前沿断面1条，设计调查站点超过60个。

3.1.3 各考察航次路线

3.1.3.1 第28次南极考察

"雪龙"号于2011年10月29日由上海赴天津，11月3日从天津起航，12月初到达中山站，在完成第一阶段作业和大洋调查后于2012年1月1日到达长城站，完成长城站卸货、大洋作业，经阿根廷乌斯怀亚港补给后于2012年2月18日重返中山站进行第二阶段作业，3月10日离开中山站经澳大利亚弗里曼特尔港回国，2012年4月8日靠上海港，历时163 d，航程逾28 464 n mile（图3－2）。

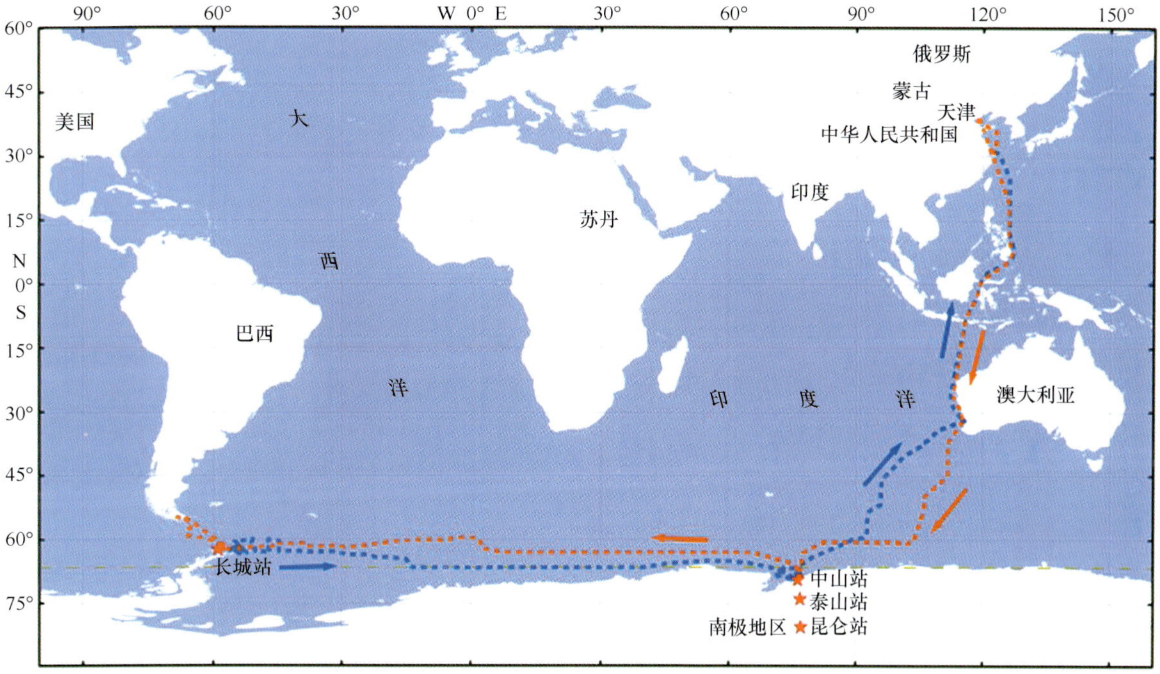

图3－2 第28次南极考察航行路线

3.1.3.2 第29次南极考察

中国第29次南极考察队于2012年11月5日从广州出发，历时156 d，总计航程约27 795 n mile，4次穿越西风带，其中冰区航行6 000 n mile余，并首次到达75°7.2″S，开创了我国船舶航行最南纬度新纪录。本次考察的行进路线为：上海—广州—弗里曼特尔（澳大利亚）—中山站—罗斯海—霍巴特（澳大利亚）—弗里曼特尔（澳大利亚）—上海（图3－3）。

3.1.3.3 第30次南极考察

第30次南极考察将执行"雪龙"号首次环南极考察航行任务，航线为上海港—弗里曼特尔港—中山站—罗斯海维多利亚地—乌斯怀亚—长城站—南极半岛附近海域—中山站—弗里曼特尔港—上海港（图3－4）。"雪龙"号于2013年11月8日从上海出发，执行"一船三

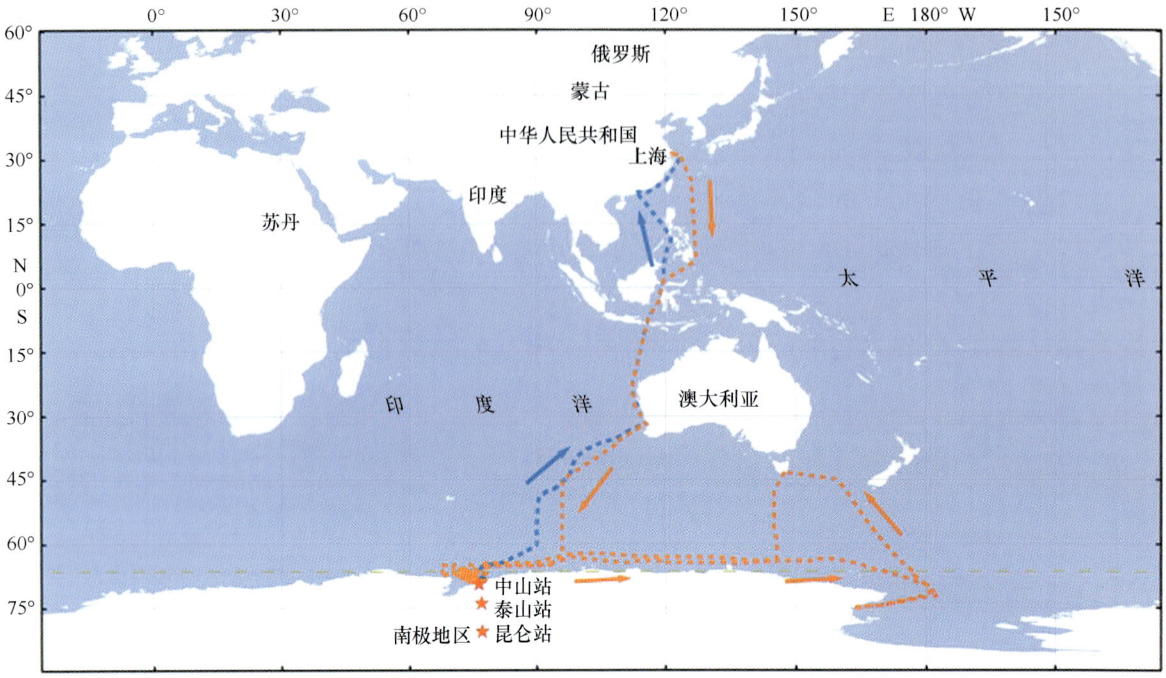

图 3-3 第 29 次南极考察航行路线

站”（长城站、中山站、伊丽莎白公主地内陆夏季站）航行计划，总航程约 3.15 万 n mile，总时间 154 d，于 2014 年 4 月 10 日返回上海港。途中停靠弗里曼特尔港、乌斯怀亚港补给，在上述两港口和长城站安排人员中途登船和离船，以保障乘船人数在“雪龙”号安全承载范围内。

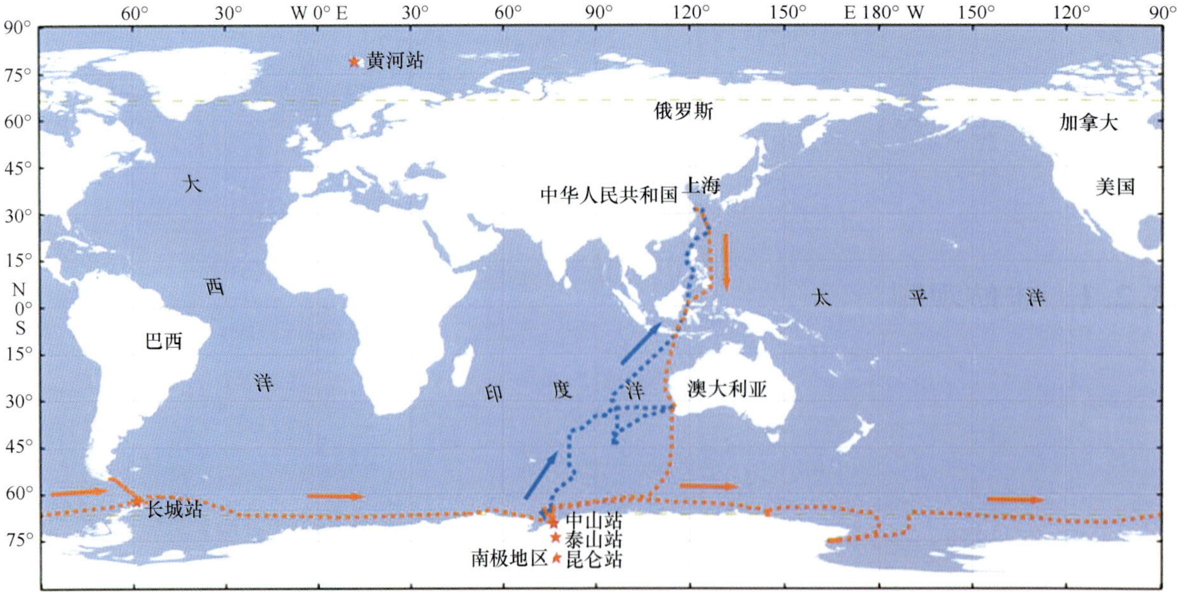

图 3-4 第 30 次南极考察航行路线

3.1.3.4 第 31 次南极考察

中国第 31 次南极考察队于 2014 年 10 月 30 日上午从上海乘“雪龙”号出发，执行南极考察任务。主要开展极地综合环境调查专项中的南大洋考察——普里兹湾和罗斯海调查、维多利亚地新建站址的海深测绘和南极中山站的运输保障任务。具体航线为：上海—澳大利亚霍巴特—中山站—罗斯海—新西兰克莱斯特彻奇—中山站—澳大利亚弗里曼特尔—上海（图 3－5）。总航程约为 2.9 万 n mile，历时 163 d，于 2015 年 4 月 10 日返回上海。

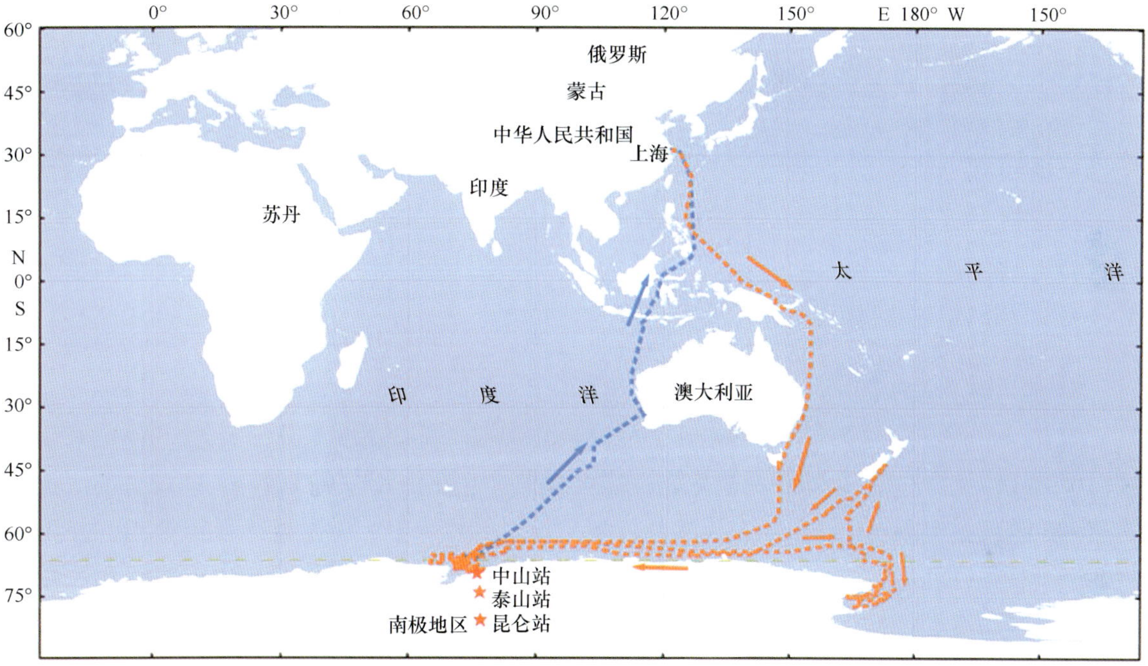

图 3－5 第 31 次南极考察航行路线

3.2 考察内容

3.2.1 走航观测

在南极考察航渡期间，本专题依托“雪龙”号走航观测系统和船载设备对西太平洋、南太平洋、西南印度洋以及环南极洲周边海域等所经区域进行了连续调查，获取了丰富的样品与现场调查数据。利用船载走航观测系统了解了以上走航区域表层海水的温盐及叶绿素含量等基础信息，利用流式细胞术、荧光显微镜观测技术、高效液相色谱技术和分子生物学技术分析了以上走航区域的微小型浮游生物丰度和生物多样性等生物学信息。

3.2.2 重点海域断面考察

南极半岛海域和普里兹湾海域是本专题的考察重点海域，它们也是我国南极考察的传统调查区域。

本专题对重点海域的考察内容主要包括以下几方面：①叶绿素和初级生产力调查；②微小型浮游生物的群落结构和多样性调查，包括浮游植物、浮游细菌、浮游病毒的丰度、空间分布、群落结构和多样性等；③大、中型浮游动物的群落结构调查，包括浮游动物的种类组成和空间分布等；④鱼类和底栖生物的组成和多样性调查；⑤底表微生物的多样性调查等。

对重点海域的考察方式以断面观测为主。在南极半岛海域，设置了 D1、D2、D3、D4 和 D5 共 5 条调查断面共约 50 个考察站位，本专题于我国第 28 次和第 30 次南极考察期间在该海域进行了生物多样性和生态考察；在普里兹湾海域，在浅滩、湾内和冰架前缘等区域设置考察断面 7 ~ 9 条，其中重点考察断面 5 条，本专题在我国第 28 ~ 31 次南极考察期间均在该海域进行了生物多样性和生态考察。

3.3 考察设备

3.3.1 流式细胞仪

型号：BD FACSCalibur（图 3 - 6）

拥有 488 nm 和 633 nm 两根激光管，可对 FSC、SSC、FL1、FL2、FL3 以及 FL4 荧光信号进行检测。流速分 low、med 以及 hi 3 级，最大检测细胞数可达 10 000 个/s。该设备利用独特的液流系统使得检测目标逐个通过检测器，激光管照射检测目标激发检测目标荧光，并通过分析检测目标荧光信号种类和强弱来区分检测目标，可对海水中微微型浮游植物以及浮游细菌进行检测和丰度测量。

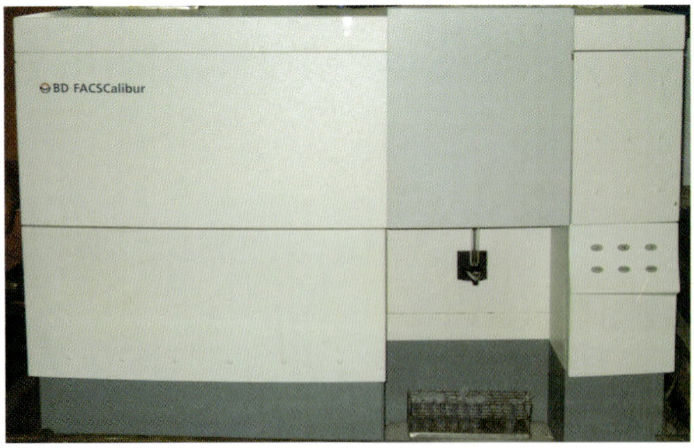

图 3 - 6　流式细胞仪 BD FACSCalibur

3.3.2 叶绿素荧光仪

型号：Turner Designs 公司 Trilogy 7200（图 3 - 7）

可对叶绿素 a（萃取酸化，非酸化和活体）、蓝绿藻（藻红蛋白和藻蓝蛋白）进行测定。对于通过 EPA 445 法得到的萃取叶绿素测定，该设备可根据体积自动计算出样品浓度值。叶绿素 a 最小检测浓度达 0.02 $\mu g \cdot L^{-1}$。

图 3－7　Trilogy 叶绿素荧光计

3.3.3　浮游动物拖网

大、中型浮游动物垂直拖网采用浮游动物北太平洋网（330 μm 孔径筛绢）（图 3－8a）。分层拖网采用浮游生物分层采样系统（MultiNet 网）（图 3－8b）。

(a)
(b)

图 3－8　浮游生物拖网作业

（a）北太平洋网，（b）分层采样系统

3.3.4　浮游植物分级联滤系统

通过自行研制的联滤装置，配合 20 μm 孔径尼龙筛绢、2 μm 核孔滤膜以及 0.7 μm GF/F

玻璃纤维滤膜，可同时对6~18个浮游植物水样进行分级过滤，以获取不同粒级（分为Net、Nano和Pico级）的浮游植物叶绿素a和初级生产力样品（图3-9）。

图3-9　现场水样分级过滤作业

3.3.5　三角底拖网

拖网调查采用三角拖网进行海底取样，网口宽度为2.2 m，高0.65 m，较适合在海底地形条件差的条件下实施拖网作业，可以在较大面积内了解底栖生物的种类组成（图3-10）。拖网在船速2.5~3.5 kn情况下进行，一般每站拖网10~30 min，拖网的采集对象为软泥、沙石底质上的大型底栖生物。渔获样品到甲板后，先将较大的不同种类单独挑出，然后随机取样采集约20 kg渔获样品供进一步分析，不足20 kg时，全部取样，取样后拍照并进行固定保存，带回实验室分析。

3.3.6　大型浮游生物网

网长280 cm，网口内径80 cm，网孔0.505 mm，现场作业见图3-11。

3.3.7　箱式采泥器与多管取样器

箱式采泥器面积60 cm×60 cm（图3-12左），每次取25 cm×25 cm沉积物样品用0.5 mm过筛器分选出大型底栖生物样品保存并送实验室分析。

多管取样器共有8根圆筒形取样管（图3-12右），每管长60 cm，内径9.4 cm，取样面

图 3－10　三角拖网作业

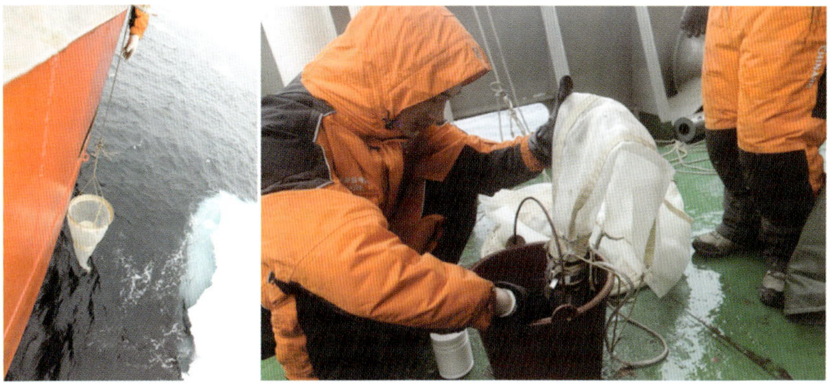

图 3－11　鱼类浮游网取样

69.36 cm^2；小型底栖生物调查取多管泥样 1～2 管，自表往下按 0～2 cm、2～5 cm 和 5～10 cm 分层取样，泥样用 10% 甲醛溶液固定保存，送实验室进行小型底栖生物分析。

图 3－12　箱式采泥器与多管采样器采样作业

3.4　考察人员及分工

本专题在专项资助下并依托我国南极科学考察航次，2011—2015 年间已执行了 4 次现场考察，获取了大量的样品和宝贵数据。本专题在任务执行过程中组织严密、计划周详、分工明确，累计超过 30 人参与了专题的执行，其中有 24 人次参加了现场考察，主要参与人员情况见附件 3。

3.5 考察完成工作量

依托中国南极科学考察航次，本专题通过 2011—2015 年间的 4 次现场考察，完成且部分超额完成了预定的考察任务和工作量。

3.5.1 走航海域调查

依托中国第 28 ~ 31 次南极科学考察，专题对走航区域的微小型浮游生物及环境进行了调查。

第 28 次南极科学考察，在走航期间完成了 57 个站位的表层海水走航观测（图 3 - 13），共计获取流式细胞仪微微型浮游生物样品 114 份，包括微微型浮游植物样品和异养细菌样品各 57 份。另外还获取了叶绿素分级样品及高效液相色谱法（HPLC）色素分析样品各 171 份，分别获取分子生物学样品 50 份和 4′，6 - 二脒基 - 2 - 苯基吲哚（DAPI）染色显微镜观测样品 57 份。

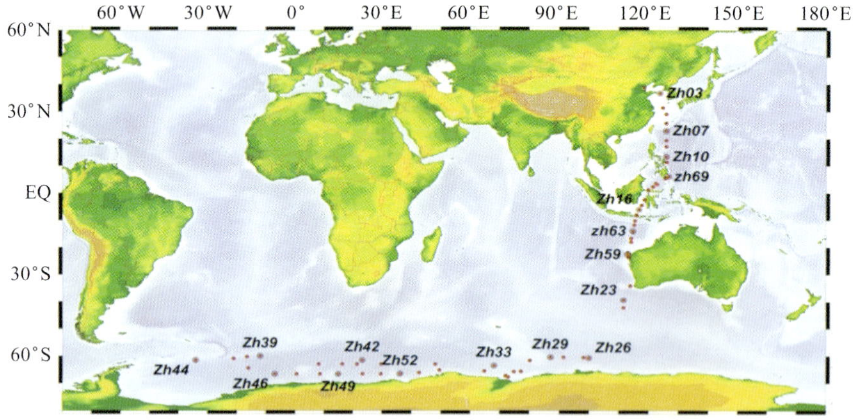

图 3 - 13 第 28 次南极考察微微型浮游生物走航观测站位分布

第 29 次南极科学考察，在走航期间对南大洋及其周边海域的微型浮游生物及环境进行了调查，利用流式细胞仪进行微微型浮游植物和浮游细菌的样品采集和现场分析工作，共计采样 99 个站位（图 3 - 14），分析样品 198 个。同时采集相关生物样品和环境参数样品，如温盐和叶绿素样品，其中分级叶绿素样品共计 297 个，HPLC 色素样品 297 个，DAPI 荧光显微镜观测样品 198 个以及分级分子生物学样品 297 个。

第 30 次南极科学考察，在走航期间对南大洋及其周边海域的微型浮游生物及环境进行了调查，每天采样 3 次，共计完成了 100 个站位的样品采集（图 3 - 15）。获取了 FCM 微型浮游生物样品 100 个，分级叶绿素样品 300 个，HPLC 色素样品共 300 个（20 μm、3 μm、0.7 μm级各 100 个），DAPI 荧光显微镜观测样品 200 个（0.2 μm 级和 0.8 μm 级各 100 个）

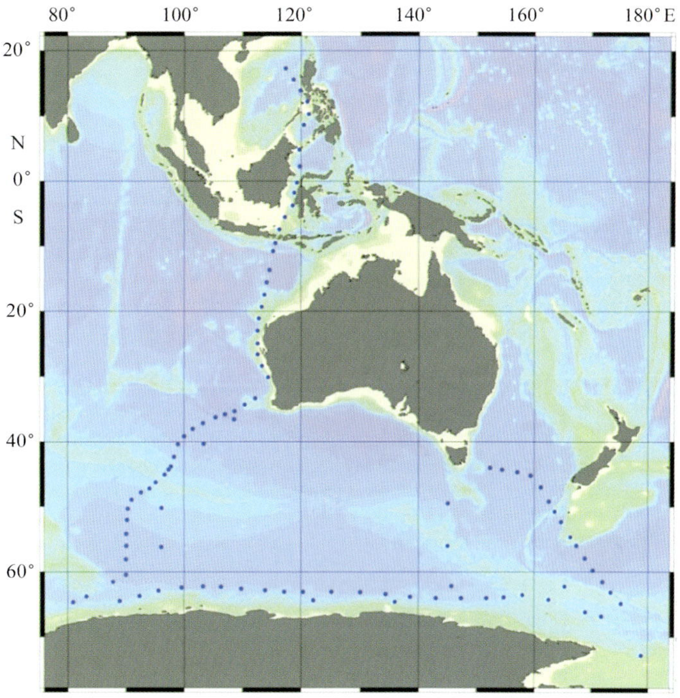

图 3-14 第 29 次南极考察走航期间采样站位

以及分子生物学样品 300 个（20 μm、3 μm、0.2 μm 级各 100 个）。此外，在环南极大陆走航期间，在 31 个站点（Z26 至 Z56）获取表层水样 31 份用于南极海洋浮游病毒丰度分析。

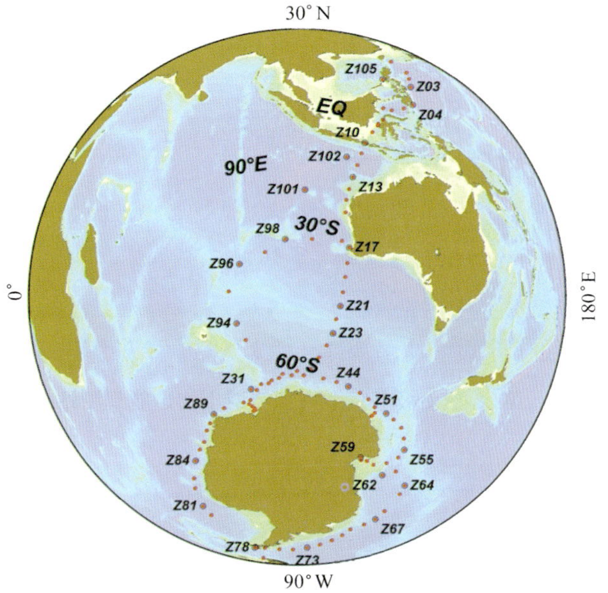

图 3-15 第 30 次南极考察走航期间调查站位

第 31 次南极科学考察（图 3-16），走航观测期间共采集 125 个站位水样。利用流式细胞仪对微型和微微型浮游植物和异养细菌丰度现场分析，得到数据各 125 份，并获得 125 个 FCM 备份样品；DAPI 染色方法过滤水样，得到 25 mm 的 0.2 μm 黑膜 125 张，25 mm 的

0.8 μm黑膜125张，共计250张；分子生物学方法过滤水样，获得47 mm的0.2 μm滤膜125张，47 mm的3 μm滤膜125张，47 mm的20 μm滤膜125张，共计375张；HPLC法采样，获得47 mm的20 μm，3 μm和GF/F滤膜各125张，共375张。测得分级叶绿素样品375份（分3级）。

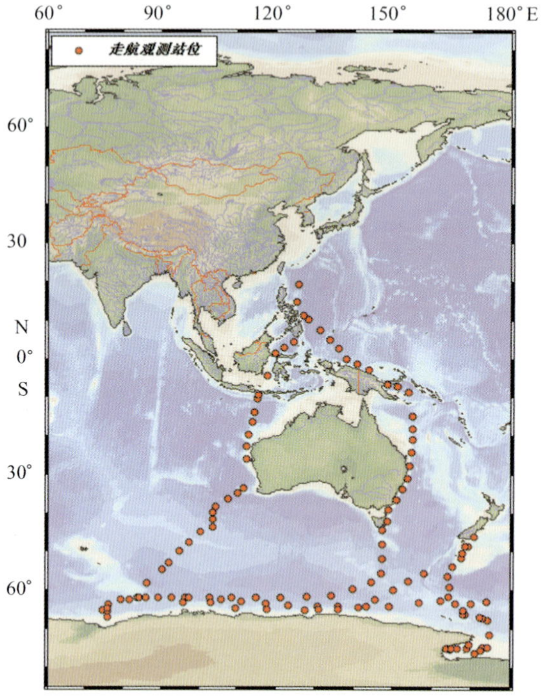

图3－16　第31次南极考察走航期间调查站位

3.5.2　重点海域调查

3.5.2.1　基础环境参数调查

包括对叶绿素a和初级生产力的调查。

依托中国第29次南极科学考察，于2013年1—3月，在普里兹湾海域调查作业中进行了浮游植物生物量与初级生产力调查工作。其中浮游植物生物量共完成调查断面5条（图3－17），浮游植物生物量调查站位46个，其中分级站位20个，共获取叶绿素样品640个；初级生产力培养站位15个（图3－18），现场培养水样345份，获取分级生产力膜样共计433个。

依托中国第30次南极科学考察，自2014年2月8日开始大洋作业至2014年3月5日为止，完成了浮游植物生物量与初级生产力的预定调查任务。在南极半岛海域和普里兹湾站区累计完成39个叶绿素站位、10个初级生产力站位的作业（图3－19和图3－20）。共获取总叶绿素样品312个，分级叶绿素（分Net、Nano、Pico 3个粒级）样品936个；总初级生产力样品180个，分级初级生产力样品432个。

中国第31次南极科学考察，2015年2月1日开始大洋作业至2015年3月2日为止，在普里兹湾调查海区（范围：经度65.5°W—83.0°E，纬度63.5°—69.3°S），浮游植物生物量与

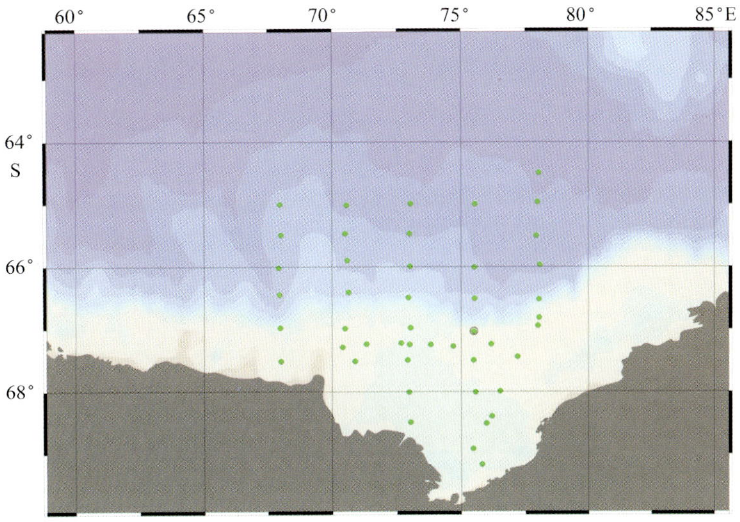

图 3－17　第 29 次南极考察普里兹湾浮游植物叶绿素采样站位

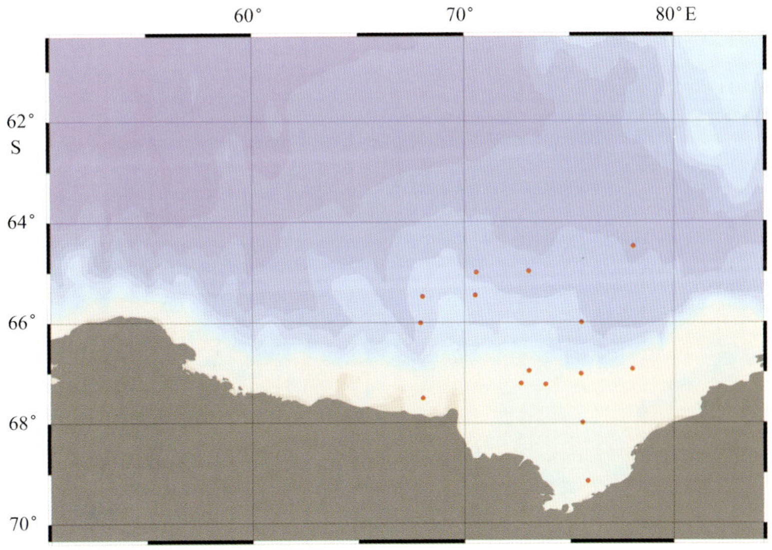

图 3－18　第 29 次南极考察普里兹湾浮游植物初级生产力培养站位

初级生产力调查工作全部完成。在站区累计完成 51 个叶绿素站位（其中分级叶绿素 a 调查站位 20 个，每站采水层次为 7～11 层）、15 个初级生产力站位（每站采水层次为 6 层）的作业（图 3－21 和图 3－22）。

3.5.2.2　微小型浮游生物调查

微小型浮游生物调查包括对浮游病毒、浮游细菌、微微型光合浮游生物、微小型浮游植物和微型原生动物等的调查。

依托第 28 次南极科学考察，共完成了 56 个站位的微小型浮游生物和生态考察，在南极半岛完成 5 条断面 40 个站位调查（图 3－23），获取微微型浮游植物样品 200 份、异养浮游细菌样品 284 份、叶绿素分级样品 158 份、HPLC 色素分析样品 150 份、分子生物学样品 46

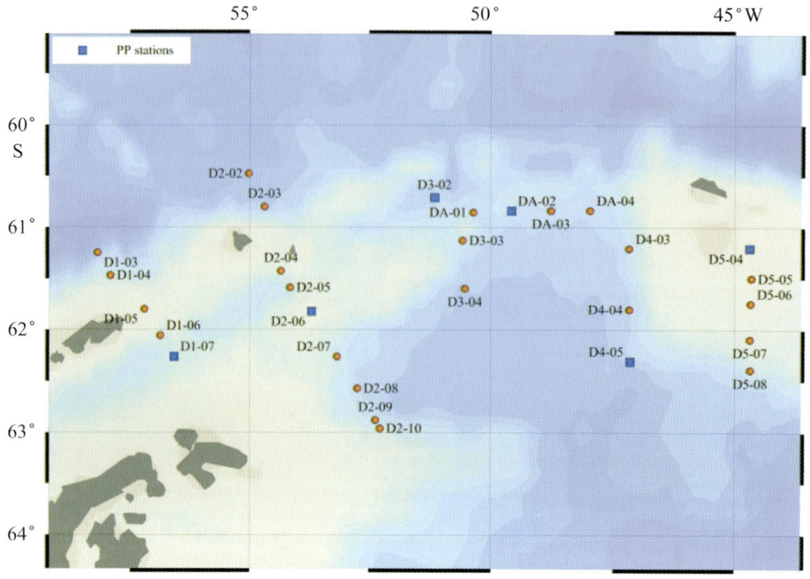

图 3-19　第 30 次南极考察南极半岛海域浮游植物生物量与生产力调查站位分布

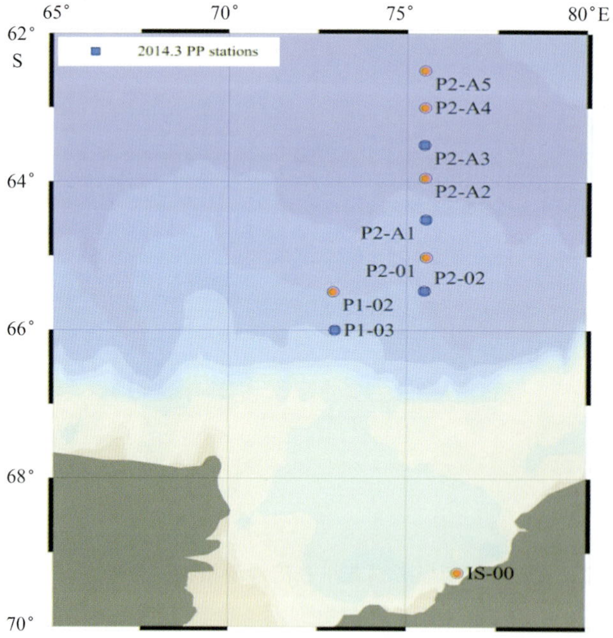

图 3-20　第 30 次南极考察普里兹湾海域浮游植物生物量与生产力调查站位分布

份以及 DAPI 分析样品 175 份；在普里兹湾完成两条断面 16 个站位的调查（图 3-24），包括埃默里冰架前沿 IS 断面 10 个站位和主断面 P1 断面 6 个站位，共获取微型浮游植物样品 86 份、异养浮游细菌样品 160 份、分级叶绿素样品 64 份、HPLC 色素分析样品 32 份、分子生物学样品 26 份以及 DAPI 分析样品 90 份。

依托中国第 29 次南极科学考察，共完成 50 个站位微小型浮游生物调查，包括两个罗斯海站位和 48 个普里兹湾站位（图 3-25 和图 3-26）。获取 Pico 级浮游植物和浮游细菌水样各 516 份、DAPI 染色显微镜观测 0.2 μm 和 0.8 μm 样品各 516 份，进行了 20 个站位的分子

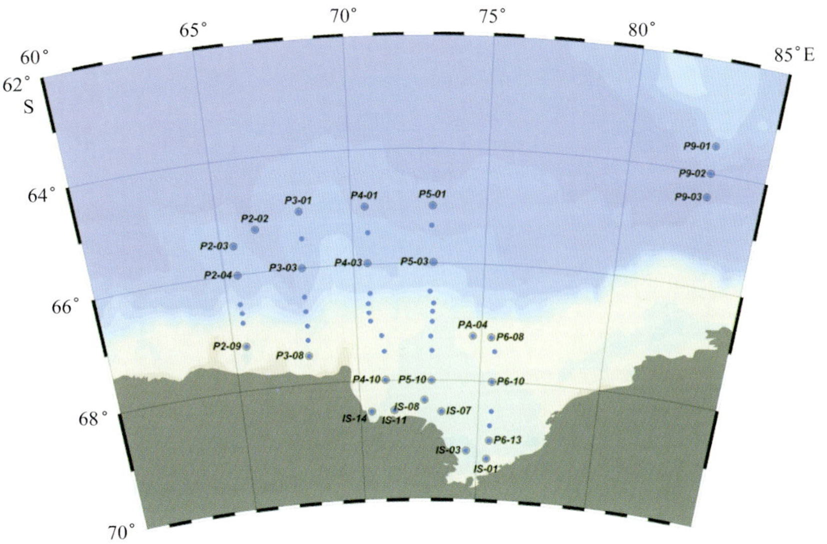

图 3－21　第 31 次南极考察普里兹湾浮游植物叶绿素采样站位

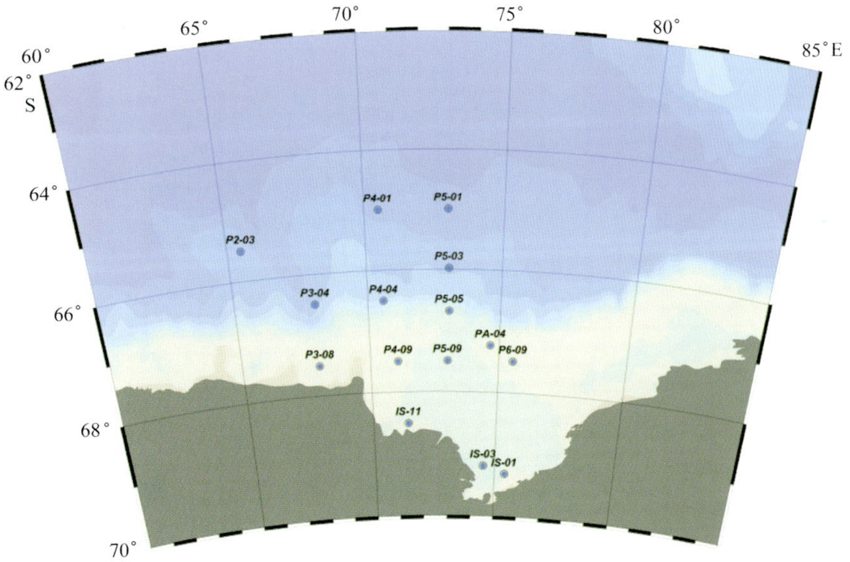

图 3－22　第 31 次南极考察普里兹湾浮游植物初级生产力培养站位

生物学采样，采样层次为 0 m、25 m、50 m、75 m 和 100 m，共获取 0.2 μm、3 μm 和 20 μm 样品各 80 份，还进行了 20 个站位的 HPLC 色素采样，采样层次为 0 m、25 m 和 75 m，获取了 0.7 μm、3 μm 和 20 μm 样品各 39 份。

此外，完成浮游病毒采样站位 10 个（图 3－26），共获取浮游病毒样品 67 个，采样层次为：0 m、7 m、25 m、50 m、100 m、150 m、200 m、300 m、500 m、600 m、700 m、1 000 m、3 000 m 底层采样。每个样品取 5 mL 海水置于 5 mL 冻存管中，立即加入戊二醛进行固定，终浓度为 0.5%，置于 －80℃ 条件下保存（表 3－1）。

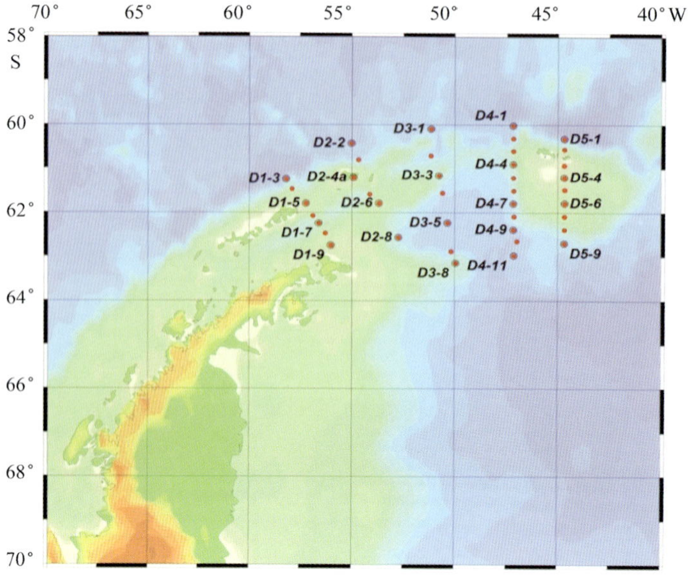

图 3－23　第 28 次南极科学考察南极半岛海域微小型浮游生物调查站位分布

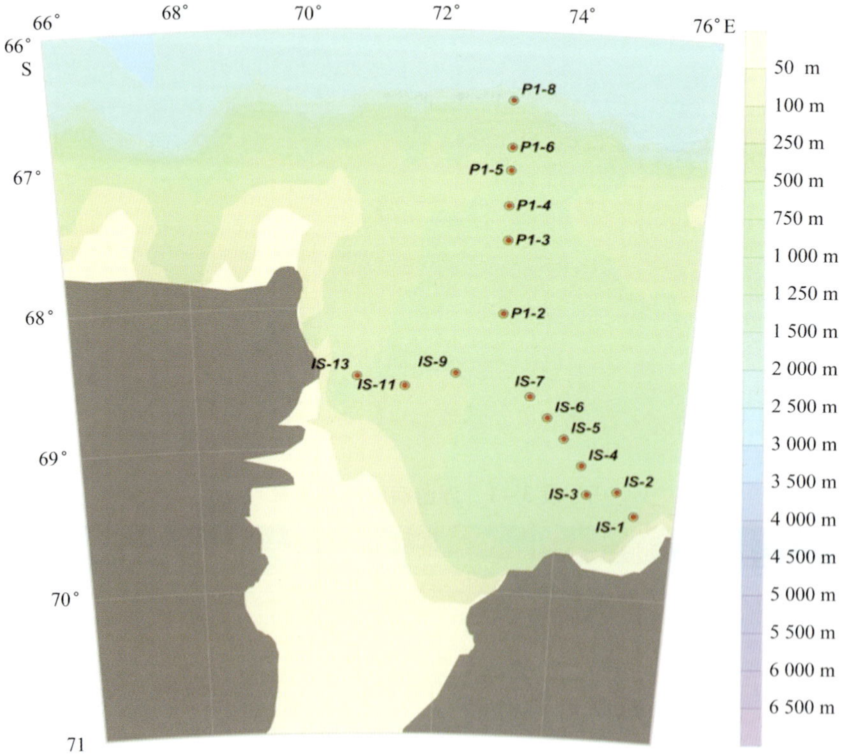

图 3－24　第 28 次南极科学考察普里兹湾海域微小型浮游生物调查站位分布

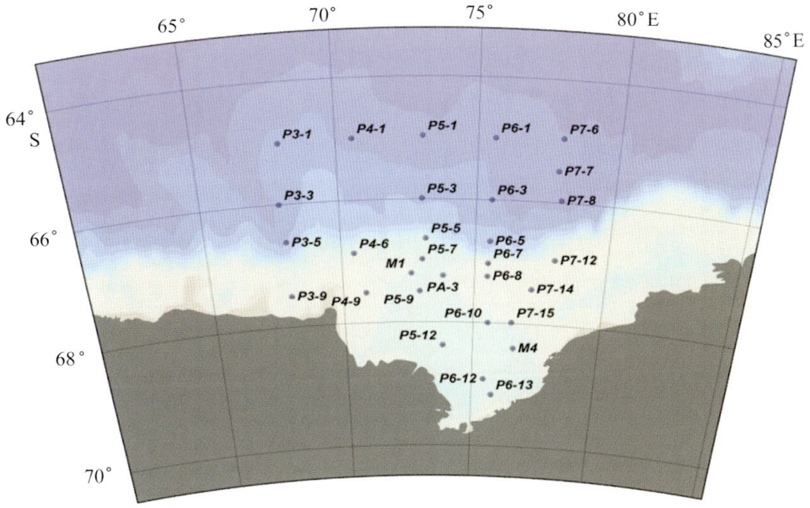

图3－25　第29次南极科学考察普里兹湾海域微小型浮游生物调查站位分布

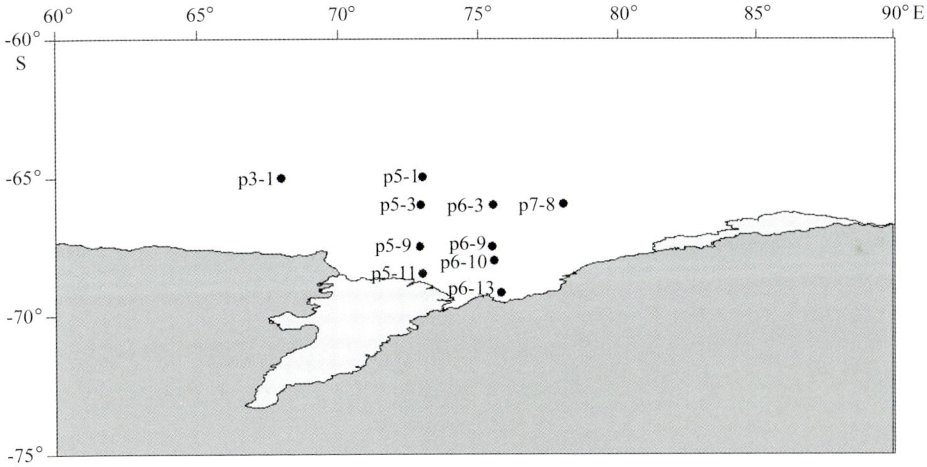

图3－26　第29次南极考察浮游病毒采样站位

表3－1　浮游病毒样品信息

站位	日期	东经（E）	南纬（S）	水深/m
P7－08	2013－02－01	78°1. 956′	65°57. 510′	3 199. 6
P6－13	2013－02－07	75°49. 547′	69°9. 578′	623
P6－10	2013－02－12	75°34. 171′	67°59. 914′	593. 6
P6－9	2013－02－12	75°29. 603′	67°29. 332′	405. 7
P5－3	2013－02－13	73°0. 678′	65°59. 311′	2 569
P5－1	2013－02－14	73°1. 722′	64°59. 352′	3 350
P5－9	2013－02－17	72°55. 126′	67°29. 220′	596
P5－12	2013－02－26	73°50. 175′	68°23. 528′	658. 4
P6－3	2013－02－15	75°35. 932′	66°0. 010′	2 969. 5
P3－1	2013－02－28	67°58. 777′	65°0. 056′	2 864

依托中国第30次南极科学考察，在南极半岛和普里兹湾共完成40个站位的微小型浮游生物调查，包括29个南极半岛站位（图3-27）和11个普里兹湾站位（图3-28）。获取流式细胞仪Pico级浮游植物和细菌水样为全站位、全深度采样，各采得水样397份，共计样品794份；DAPI染色水样为全站位、全深度采样，各采得0.2 μm、0.8 μm样品395份，共计790份；分子生物学采样站位30个，采样层次为0 m、25 m、50 m、75 m、100 m以及部分站位的叶绿素最大值层，共得20 μm、3 μm、0.2 μm样品各136份，共计样品数408份；HPLC采样站位30个，采样层次为0 m、25 m、50 m、75 m以及部分站位的叶绿素最大值层（与分子生物学的采样层位一致），共得20 μm、3 μm、0.7 μm样品各136个，共计样品数408份。此外，在普里兹湾的11个站点，还获取了用于浮游病毒丰度分析的水样104个。

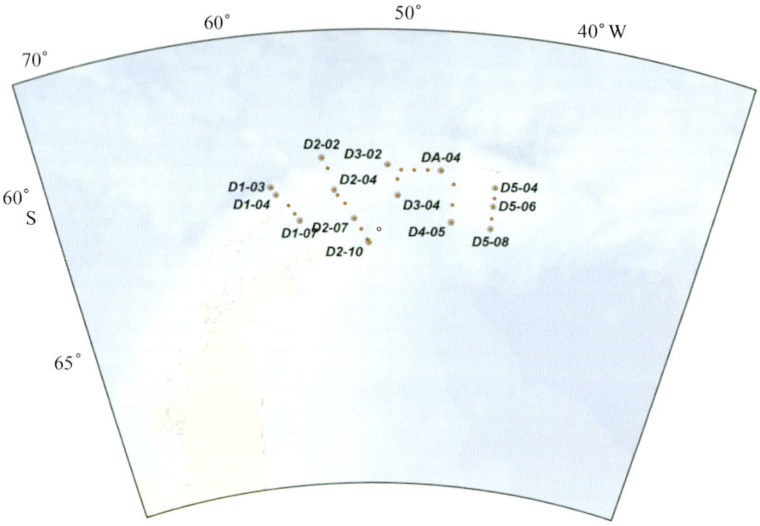

图3-27　第30次南极科学考察南极半岛海域微小型浮游生物调查站位分布

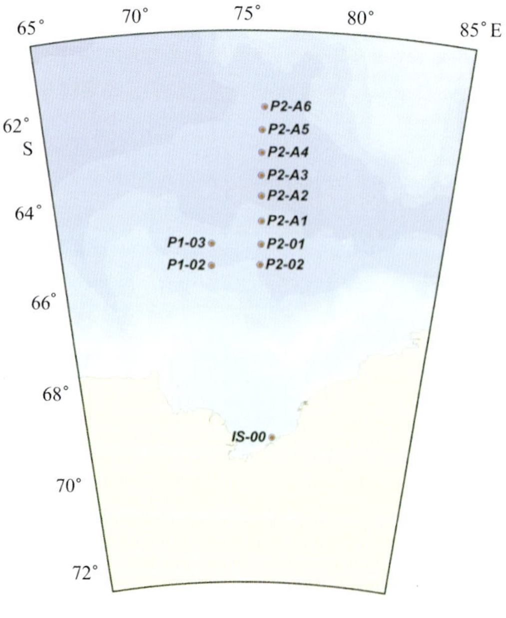

图3-28　第30次南极科学考察普里兹湾海域微小型浮游生物调查站位分布

依托中国第31次南极科学考察，在普里兹湾海域共采集56个站位水样（计划站位40个）（图3－29）。其中利用流式细胞仪对微型和微微型浮游植物和异养细菌丰度现场分析，得到数据各321份，并获得547个FCM备份样品；DAPI染色方法过滤水样，得到25 mm的0.2 μm黑膜547张，25 mm的0.8 μm黑膜547张，共计1 094张；分子生物学方法过滤水样，获得47 mm的0.2 μm滤膜201张，47 mm的3 μm滤膜100张，47 mm的20 μm滤膜100张，共计401张；HPLC法采样，获得47 mm的20 μm、3 μm和GF/F滤膜各60张，共180张。

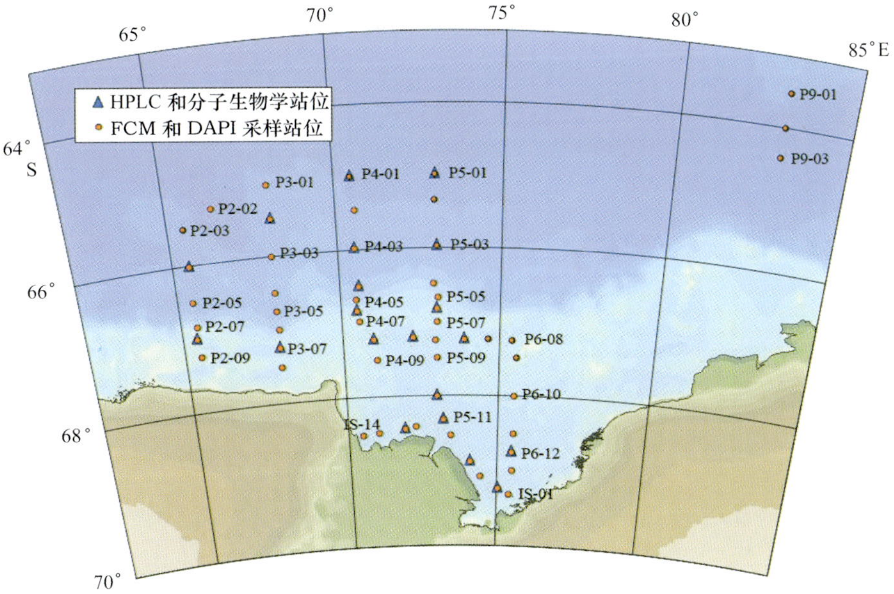

图3－29 第31次南极科学考察普里兹湾海域微小型浮游生物调查站位分布

3.5.2.3 浮游动物调查

依托中国第28次南极科学考察，共执行浮游动物垂直拖网作业46站位（图3－30），其中南极半岛33站、普里兹湾埃默里冰架断面8站、普里兹湾测区P1断面5站，获取垂直网样品46份（每站1份）；执行多联分层拖网作业5个站位（均在南极半岛），获取分层样品25份（图3－31和图3－32）。

依托第29次南极科学考察航次，在普里兹湾执行了46站次的浮游动物调查，其中浮游动物垂直拖网作业30站（图3－33）、多联分层拖网作业11站（图3－34），获取了垂直拖网样品30份、分层拖网样品55份（5份/站），还分别进行了30个站位的浮游植物垂直拖网作业和20个站位的浮游植物水样采集作业（5~6层/站）（图3－35）。

依托中国第30次南极科学考察航次，在南极半岛威德尔海域执行了大中型浮游59站次的浮游动物调查（图3－36），其中垂直拖网作业24站次、分层多滤联网作业5次成功（获取样品4次），获取了浮游动物垂直拖网样品24个、分层多滤联网样品20个，还获取了浮游植物垂直拖网样品24个以及浮游植物水采样品30个。

中国第31次南极考察，在普里兹湾及其邻近水域考察期间，对小型浮游植物群落结构和大、中型浮游动物群落结构进行调查：通过CTD采水器和浮游植物垂直拖网采集小型浮游植

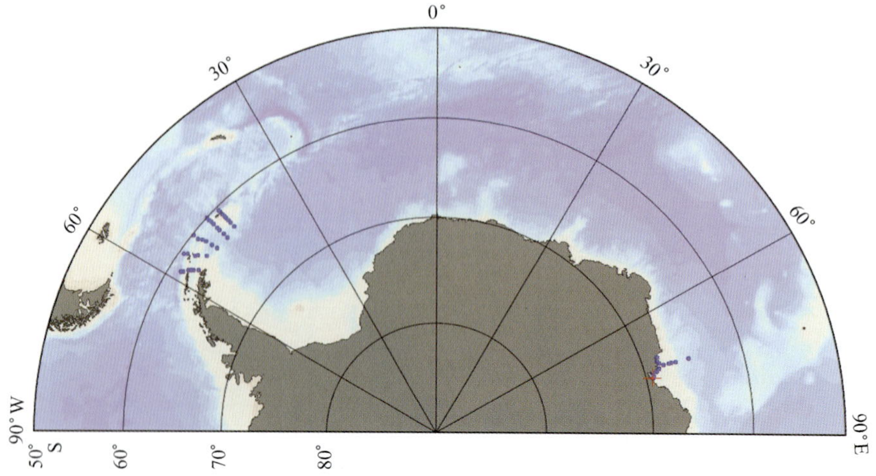

图 3-30　第 28 次南极科学考察海洋浮游动物调查站位分布

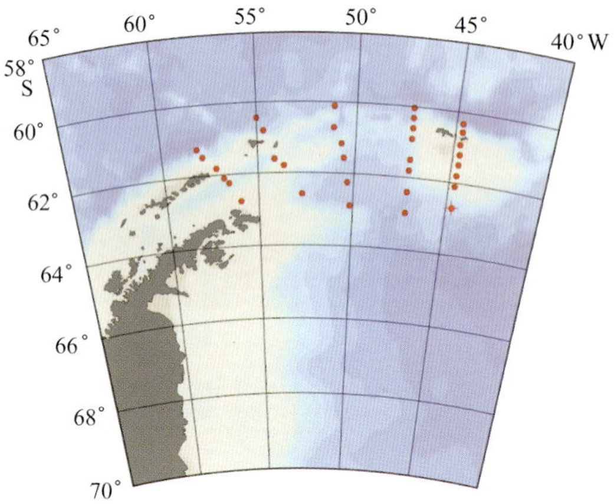

图 3-31　第 28 次南极科学考察海洋浮游动物调查南极半岛海区站位分布

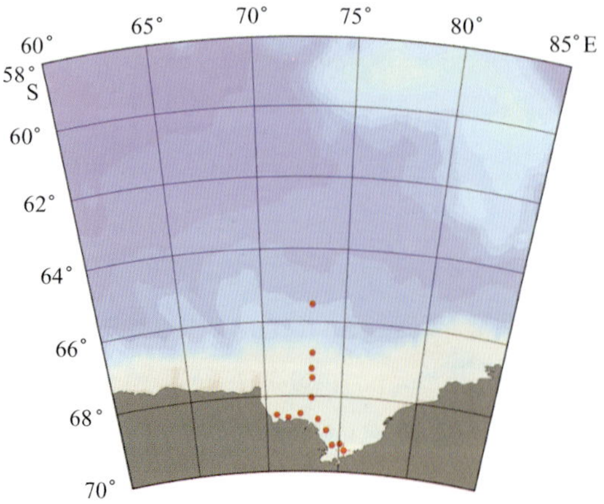

图 3-32　第 28 次南极科学考察海洋浮游动物调查普里兹湾海区站位分布

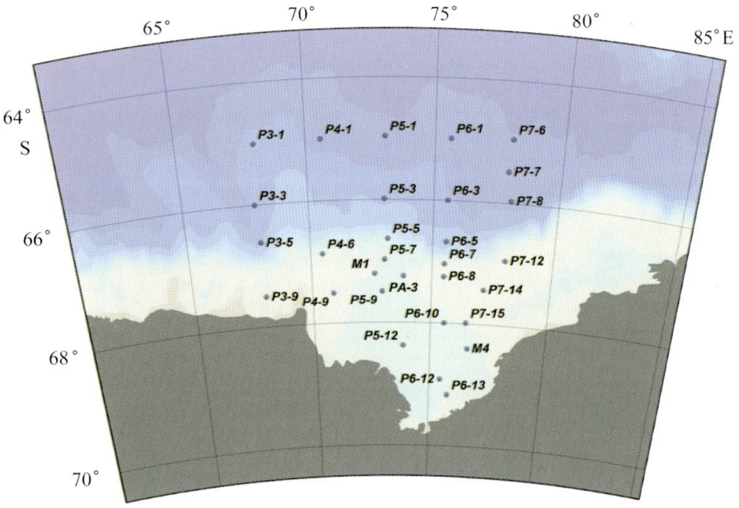

图 3－33　第 29 次南极科学考察海洋浮游动物调查普里兹湾海区站位分布

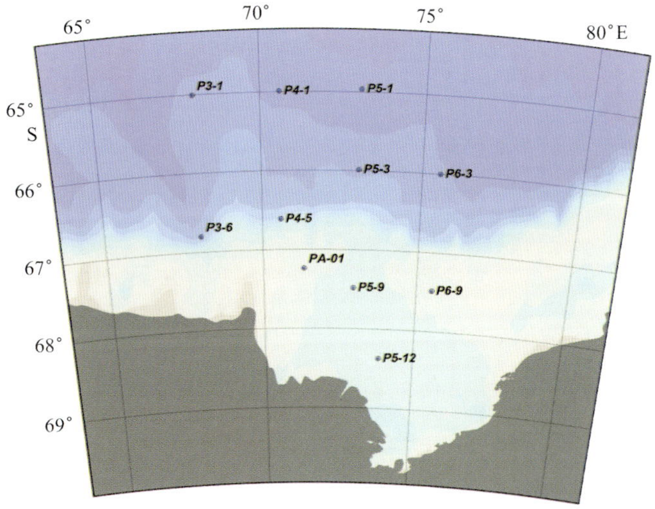

图 3－34　第 29 次南极考察普里兹湾站区多联网作业站位

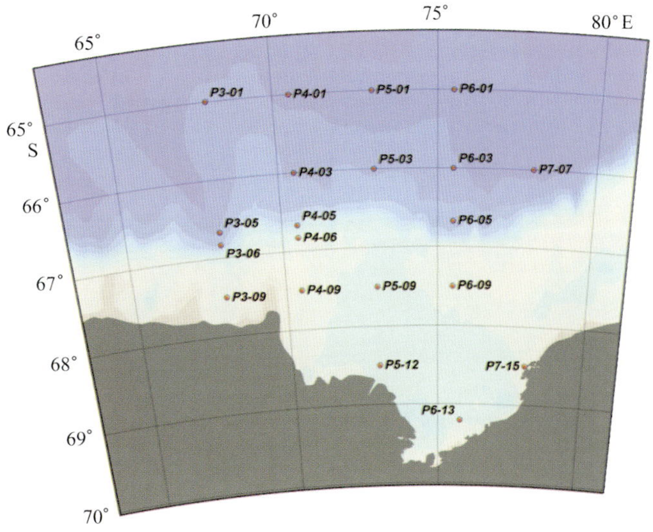

图 3－35　第 29 次南极考察浮游植物水样取样站位

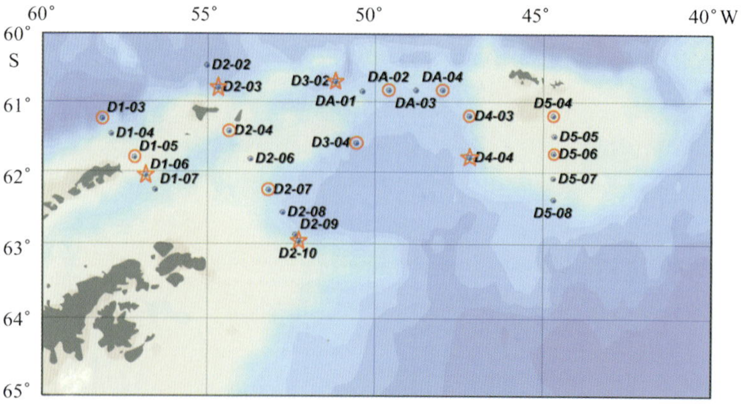

图 3-36 第 30 次南极考察南极半岛威德尔海海域浮游生物取样站位

⊙表示浮游植物水样采集站位，☆表示多联网取样站位

物样品；采用浮游动物垂直拖网和浮游生物多联网（MultiNet）开展大、中型浮游动物样品的采集图 3-37 至图 3-40，作业完成情况见表 3-2。

表 3-2 中国第 31 次南极考察浮游生物调查完成情况

项目		站位数	分层	样品数
小型浮游植物	水样采集	52	5	260
	垂直拖网	34	1	34
大、中型浮游动物	垂直拖网	36	1	36
	垂直分层拖网	9	5	45

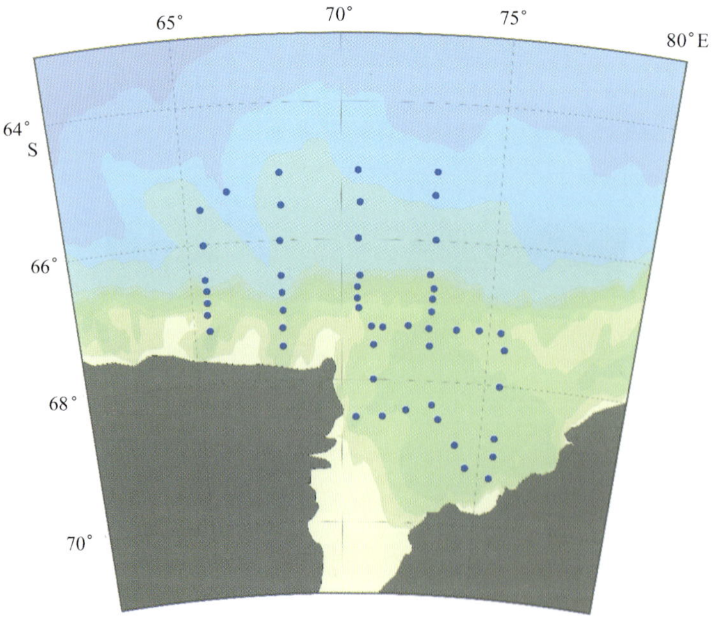

图 3-37 第 31 次南极考察多水层小型原生动物、浮游植物采样站位

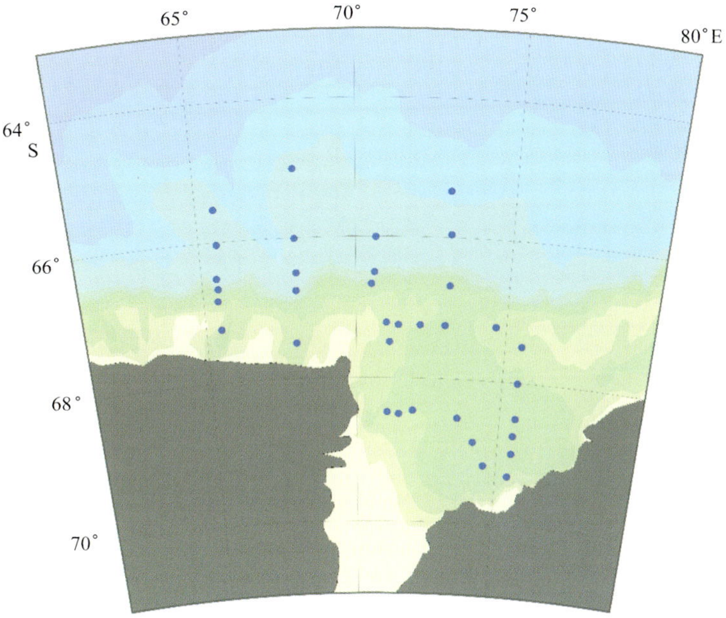

图3－38　第31次南极考察站区浮游动物采样站位

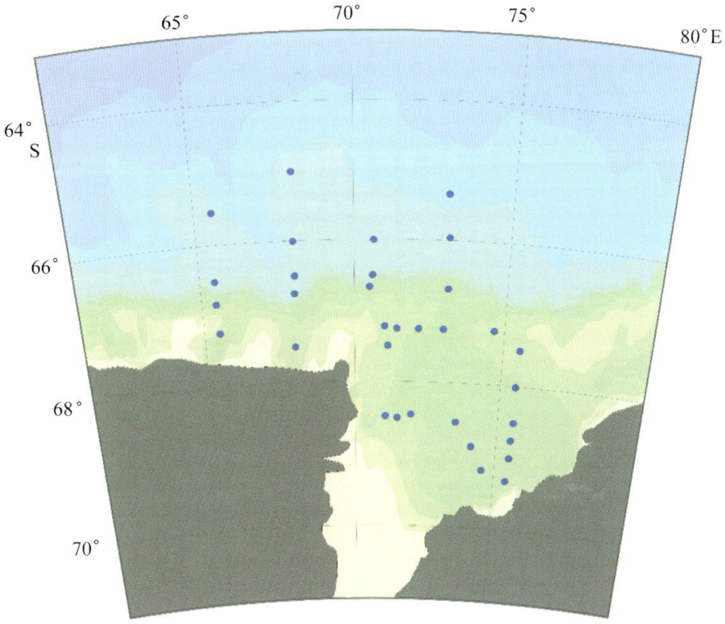

图3－39　第31次南极考察站区浮游植物采样站位

3.5.2.4　鱼类和底栖生物调查

依托中国第28次南极科学考察，在2012年1月16—29日期间，共执行底栖生物箱式采样14站位（含普里兹湾1次），在6个站位取得样品（含普里兹湾1站）；执行底栖生物拖网7站位（包括普里兹湾1次），获取7个站位样品；执行鱼类浮游生物采样20站位（含普里兹湾5站）（图3－41和图3－42）。

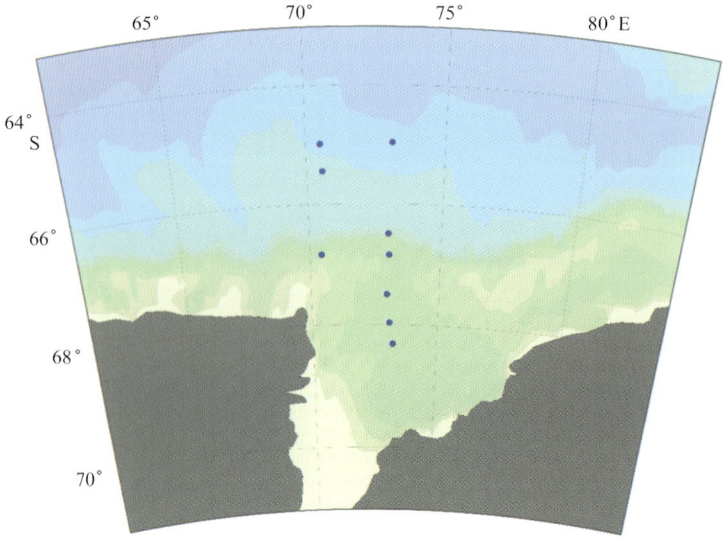

图 3－40　第 31 次南极考察站区浮游动物多联网拖网站位

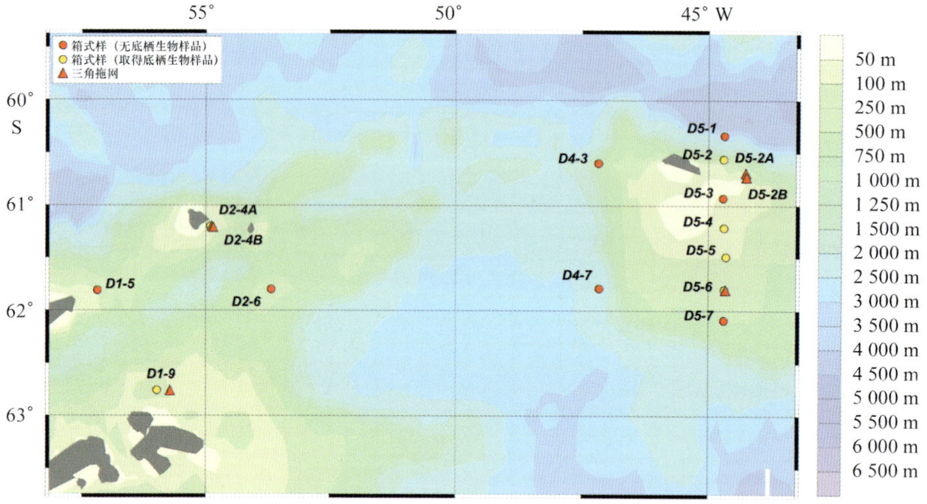

图 3－41　第 28 次南极考察底栖生物采样站位

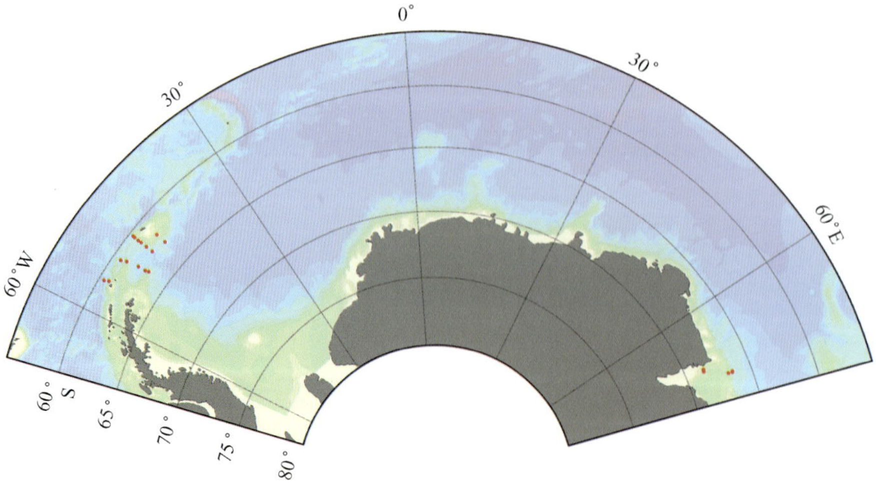

图 3－42　第 28 次南极考察鱼类浮游生物采样站位

依托中国第29次南极科学考擦，在2013年1月31日至3月5日，于南极普里兹湾共进行了15个网次的三角底拖网作业（图3-43），分别在P7、P6、P5和PA各有3个站位，P4断面两个站位，P3断面1个站位，其中有4个站位网衣破损严重，1个站位为空（表3-3）。

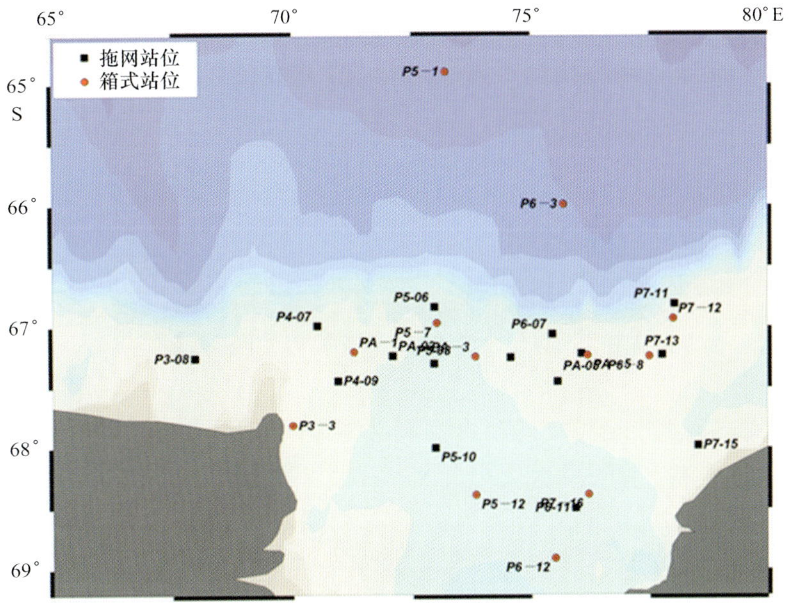

图3-43　第29次南极考察底栖生物采样站位

表3-3　第29次南极考察三角拖网站位信息

站号	东经（E）	南纬（S）	水深/m	考察日期	拖网时间/min
P7-11	78°1.626′	66°48.782′	336	2013-02-02	28
P7-13	77°46.060′	67°13.903′	235.6	2013-02-02	20
P7-15	78°31.005′	67°59.013′	438.4	2013-02-02	20
P6-11	75°55.398′	68°29.731′	597	2013-02-11	25
P6-09	75°32.864′	67°27.091′	405	2013-02-12	20
P6-07	75°26.840′	67°3.646′	376	2013-02-16	20
P5-06	72°58.669′	66°50.198′	514	2013-02-18	28
P5-08	72°57.828′	67°18.174′	560	2013-02-17	20
P5-10	72°59.333′	67°59.949′	735	2013-02-16	20
P4-09	70°56.658′	67°26.620′	366.9	2013-03-03	23
P4-07	70°31.026′	66°59.423′	307.6	2013-03-03	17
P3-08	67°58.531′	67°15.473′	180	2013-03-02	15
PA-02	72°5.659′	67°14.398′	560.1	2013-02-20	28
PA-04	74°34.672′	67°15.129′	441.7	2013-02-19	20
PA-05	76°3.381′	67°13.240′	361	2013-02-19	18

小型底栖生物在普里兹湾调查海域实际采样20站，其中有9站使用多管取样器采集，另外11站从箱式取样器采集上来的沉积物中插管取样（表3-4）。多管取样器采集的沉积物样品质量很高，上覆水澄清，沉积物样品表层几乎不受扰动。但箱式样品质量参差不齐，有的

不是很理想，个别站位的沉积物表面被严重冲刷，扰动很大。

表 3－4　第 29 航次小型底栖生物样品信息

站位	日期	东经（E）	南纬（S）	水深/m
P7－12	2013－02－02	77°59.901′	66°56.232′	225
P7－16	2013－02－03	76°11.909′	68°23.017′	558
P7－13	2013－02－02	77°46.060′	67°13.903′	245
P6－12	2013－02－07	75°29.382′	68°54.572′	699
P6－10	2013－02－12	75°34.432′	67°59.984′	489
P6－8	2013－02－12	77°29.685′	67°14.750′	386
P5－1	2013－02－14	73°12.743′	64°53.839′	3 421
P6－3	2013－02－15	75°40.565′	65°59.501′	2 920
P5－7	2013－02－18	73°1.267′	66°58.248′	510
PA－5	2013－02－18	76°10.792′	67°14.144′	352.5
PA－3	2013－02－19	73°49.635′	67°14.909′	487.3
M3－old	2013－02－19	73°14.222′	67°10.994′	561
M2－old	2013－02－20	72°40.017′	67°13.260′	560
PA－1	2013－02－20	71°16.976′	67°12.366′	225
P5－12	2013－02－26	73°50.184′	68°23.317′	667
P3－3	2013－03－01	67°48.690′	69°59.999′	2 689
P3－5	2013－03－01	67°57.557′	66°36.505′	2 362
P3－8	2013－03－02	67°59.700′	67°15.043′	169
P4－6	2013－03－03	70°29.342′	66°51.528′	420
P4－8	2013－03－03	70°24.136′	67°17.031′	154.5

此外，用于定性研究的浮游鱼类生物调查在普里兹湾实际采样 40 站，共获得样品 40 份（表 3－5）。

表 3－5　第 29 次南极考察浮游鱼类样品采集信息

站位	日期	东经（E）	南纬（S）	水深/m
P7－06	2013－01－31	77°59.035′	64°58.391′	3 548.6
P7－08	2013－02－01	78°1.956′	65°57.510′	3 199.6
P7－09	2013－02－01	78°1.752′	66°30.684′	1 628
P7－10	2013－02－01	78°1.466′	66°40.475′	960
P7－5	2013－02－01	78°4.520′	64°28.939′	3 547
P7－15	2013－02－02	76°31.008′	67°59.050′	436
P7－11	2013－02－02	78°1.626′	66°48.782′	334
ZS01	2013－02－04	76°27.537′	69°20.448′	611
ZS02	2013－02－05	76°24.892′	69°21′.222′	598
ZS03	2013－02－06	76°24.904′	67°21.021′	605

续表

站位	日期	东经（E）	南纬（S）	水深/m
P6－12	2013－02－07	75°27.619′	68°54.725′	698
ZS04	2013－02－09	76°3.471′	69°3.636′	588
P6－11	2013－02－11	75°59.588′	68°29.908′	602
ZS05	2013－02－11	76°17.701′	69°2.681′	610
P6－9	2013－02－12	75°29.603′	67°29.332′	405.7
P5－3	2013－02－13	73°0.678′	65°59.311′	2 569
P6－1	2013－02－14	75°32.783′	64°59.512′	3 172.6
P6－6	2013－02－15	75°30.852′	66°52.444′	1 042.5
P6－5	2013－02－15	75°31.472′	66°40.090′	2 436
P6－3	2013－02－15	75°35.932′	66°0.010′	2 969.5
P6－7	2013－02－16	75°30.224′	67°2.009′	371.9
P5－9	2013－02－17	72°55.126′	67°29.220′	596
P5－11	2013－02－17	73°2.263′	68°28.734′	678
P5－6	2013－02－18	72°58.552′	66°50.195′	512.3
PA－05	2013－02－18	76°10.470′	67°14.114′	356
PA－2	2013－02－20	72°9.595′	67°15.258′	560.7
PA－1	2013－02－20	71°18.863′	67°14.375′	525
ZS06	2013－02－24	74°36.736′	65°50.563′	2 852
ZS07	2013－02－26	73°37.714′	68°23.548′	604
P5－12	2013－02－26	73°50.175′	68°23.528′	658.4
P4－3	2013－02－28	70°34.820′	65°53.534′	2 667
P3－1	2013－02－28	67°58.777′	65°0.056′	2 864
P3－3	2013－03－01	67°55.013′	66°0.682′	2 663
P3－4	2013－03－01	67°59.004′	66°27.222′	2 651.9
P3－5	2013－03－01	68°0.496′	66°38.212′	2 064.1
P3－6	2013－03－02	68°3.356′	66°49.088′	1 926
P3－9	2013－03－02	68°0.815′	68°0.815′	250.8
P4－8	2013－03－03	70°24.246′	67°16.997′	153
P4－9	2013－03－03	70°52.786′	67°30.529′	285
ZS08	2013－03－07	76°25.212′	69°16.639′	589

在中国第30次南极科学考察期间，由于天气寒冷恶劣、气旋和海冰复杂多变、南大洋调查时间短及船时紧张等原因，根据考察队的统一安排进行调查作业，共计完成小型底栖生物8站，样品96件；大型底栖生物10站，样品10瓶/袋；鱼类浮游生物22站，样品22瓶（表3－6）。

表 3-6　第 30 航次底栖生物采样

站位	西经（W）	南纬（S）	水深/m	小型（箱式）	小型（多管）	大型（箱式）	大型及鱼类（拖网）	鱼类浮游生物
D1-04	57°54.917′	61°28.083′	552					√
D1-05	57°12.267′	61°47.933′	380					√
D1-06	56°52.283′	62°3.317′	711					√
D1-07	56°34.683′	62°15.717′	1 063	√		√		
D2-03	54°41.050′	60°47.833′	1 938					√
D2-04	54°20.467′	61°25.483′	800					√
D2-05	54°8.967′	61°35.117′	450				√	√
D2-06	53°42.033′	61°49.283′	588				√	√
D2-08	52°44.250′	62°34.317′	2 733					√
D2-10	52°16.000′	62°57.600′	974					√
D3-02	51°9.550′	60°42.533′	1 270					√
D3-03	50°34.717′	61°7.550′	600					√
D3-04	50°32.100′	61°35.700′	3 078					√
DA-01	50°21.733′	60°51.200′	1 326					√
DA-02	49°34.883′	60°50.150′	2 592	√		√		
DA-04	47°58.850′	60°49.983′	2 270					√
D4-02	47°3.833′	60°50.183′	432					√
D4-03	47°10.850′	61°12.200′	1 648					√
D4-05	47°9.367′	62°18.017′	3 124					√
D5-08	44°40.883′	62°23.367′	1 559					√
D5-07	44°41.267′	62°5.517′	336					√
D5-06	44°40.533′	61°44.383′	394	√	√	√	√	√
D5-05	44°39.500′	61°29.633′	376	√	√	√	√	√
D5-04	44°41.733′	61°12.000′	324		√			
IS-01	76°25.233′E	69°15.950′	355	√		√	√	√
总计				5	3	5	5	22

依托中国第 31 次南极考察，于 2015 年 2 月 7 日至 3 月 5 日，在南极普里兹湾共进行了 12 个网次的底拖网作业，分别在 P2、P3、P4、P5、P6、IS 和 PA 断面进行，其中有 4 个站位网衣破损严重，1 个站位为空。拖网站位见图 3-44。

本次拖网调查采用三角拖网进行海底取样，网口宽度为 2.2 m，高 0.65 m，较适合在海底地形条件差的条件下实施拖网作业，可以在较大面积内了解底栖生物的种类组成，拖网在船速 2.5~4.0 kn 情况下进行，一般每站拖网 10~15 min。

根据 31 次南极周边海域现场考察实施计划，本航次大型底栖生物拖网 12 站，已按计划完成 12 站位的采集。所获样品种类较为丰富，并拍摄了大量的标本图片，为分析南极普里兹湾的底栖生物群落组成与多样性现状、关键种与资源种的分布及生态适应性提供基础数据。

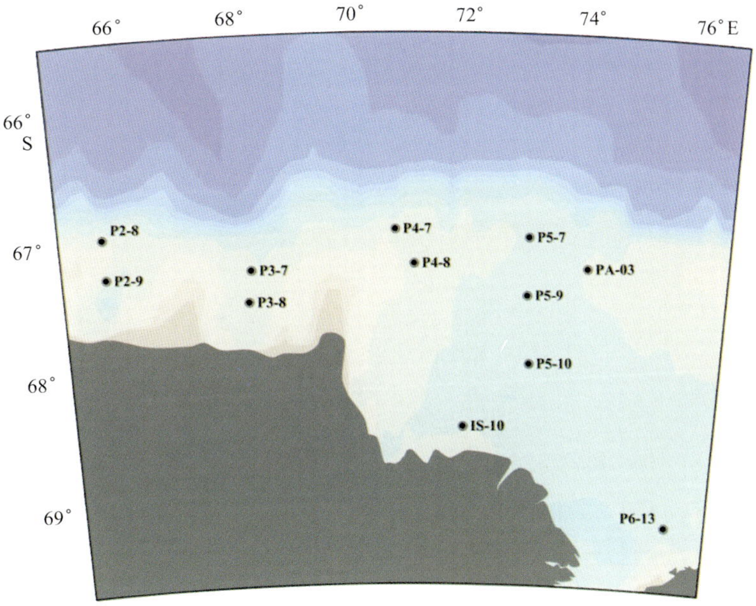

图 3－44　第 31 次南极考察底栖生物采样站位

3.5.2.5　底表微生物调查

由于上船人数的限制，底表微生物所用底泥样品由专题组成员代为采集。

依托中国第 29 次南极科学考察，在普里兹湾海域利用无菌工具获取了 25 个站位的表层泥状沉积物，每个样品的重量为 10～20 g（表 3－7）。

表 3－7　第 29 次南极考察底表微生物样品采集站位

站位	东经（E）	南纬（S）	表层水温/℃	盐度	水深/m	采集时间
P7－07	77°53. 077′	65°29. 172′	1. 92	33. 62	3 250	2013－01－31
P7－05	78°4. 342′	64°29. 005′	1. 95	33. 44	3 547	2013－02－01
P7－9	78°2. 356′	68°52. 110′	0. 36	33. 58	1 628	2013－02－01
P7－12	78°0. 596′	66°56. 104′	0. 86	33. 95	208	2013－02－02
P7－14	77°11. 861′	67°25. 979′	0. 58	33. 37	300	2013－02－02
P7－16	77°50. 800′	68°32. 110′	0. 46	33. 56	540	2013－02－03
P6－12	75°28. 501′	68°54. 511′	0. 06	33. 91	680	2013－02－07
P6－11	75°57. 899′	68°30. 093′	0. 55	33. 31	590	2013－02－11
M4－old	75°53. 209′	68°53. 043′	0. 55	33. 4	565	2013－02－12
P6－10	75°45. 900′	68°5. 654′	0. 32	33. 24	465	2013－02－12
P6－8	75°29. 363′	67°14. 245′	0. 57	33. 75	365	2013－02－12
P6－3	75°34. 399′	66°0. 055′	1. 57	33. 62	2 936	2013－02－15
P5－1	73°3. 202′	64°57. 657′	1. 76	33. 7	3 338	2013－02－14
P5－10	72°57. 280′	67°59. 881′	1. 05	33	605	2013－02－16
PA－5	76°33. 811′	67°25. 100′	1. 08	33. 35	341	2013－02－18
PA－3	73°83. 610′	67°25. 461′	0. 98	33. 64	460	2013－02－19

续表

站位	东经（E）	南纬（S）	表层水温/℃	盐度	水深/m	采集时间
M2 - old	72°6.350′	67°17.226′	0.96	33.68	532	2013 - 02 - 19
PA - 1	71°18.824′	67°14.326′	0.85	33.74	507	2013 - 02 - 20
P4 - 6	70°50.710′	65°58.650′	0.82	33.78	398	2013 - 02 - 27
P4 - 3	70°34.444′	65°58.650′	0.50	33.78	2 667	2013 - 02 - 28
P4 - 1	70°36.713′	64°58.579′	0.76	33.89	3 123	2013 - 02 - 28
P3 - 3	67°53.700′	66°0.567′	0.52	33.84	2 651	2013 - 03 - 01
P3 - 5	67°56.152′	66°36.046′	0.2	33.76	2 064	2013 - 03 - 02
P3 - 7	67°57.551′	66°57.277′	0.35	33.99	1 487	2013 - 03 - 02
P3 - 9	68°0.500′	67°6.210′	0.36	33.95	250	2013 - 03 - 02

依托中国第30次南极科学考察，在南极半岛附近海域利用无菌工具获取了27个站位的表层泥状沉积物，每个样品的重量为10～20 g，采样站位见表3－8，位置分布见图3－45。其中，专题组还获取了D107和D504两个站位的柱状沉积物，并分别取1 cm和2 cm间隔进行分样，以研究不同深度的样品中微生物的种类分布和多样性。

表3－8　第30次南极考察底表微生物采样站位

站位	水深/m	东经（E）	南纬（S）
D1 - 04	690	57°53.340′	61°28.140′
D1 - 06	810	56°51.012′	62°4.009′
D1 - 07	3 548	56°34.008′	62°14.009′
D2 - 10	225	56°16.001′	62°57.011′
D2 - 08	2 764	52°36.011′	62°31.015′
D2 - 06	569	53°39.006′	61°38.441′
D2 - 05	454	54°8.000′	61°34.015′
D2 - 04	1 094	54°17.001′	61°24.010′
D2 - 03	2 576	54°42.001′	60°46.005′
D3 - 02	975	51°7.002′	60°42.011′
D3 - 03	576	50°33.004′	61°7.000′
D3 - 04	3 057	50°26.006′	61°33.004′
DA - 01	1 443	50°18.013′	60°49.009′
DA - 02	2 456.7	49°32.003′	60°46.023′
D4 - 02	386.5	47°2.015′	60°49.012′
D4 - 03	1 712.4	47°9.020′	61°9.013′
D4 - 05	3 036	47°6.007′	62°15.002′
D5 - 08	1 514	44°38.018′	62°22.006′
D5 - 07	495.7	44°40.146′	62°50.124′
D5 - 06	386.3	44°40.010′	61°44.001′
D5 - 04	316.7	44°0.001′	61°12.007′
D5 - 05	366	44°40.009′	61°29.003′

续表

站位	水深/m	西经（W）	南纬（S）
IS－01	260	76°22.011′	69°15.010′
P2－01	3 133	75°38.002′	64°59.015′
P1－03	2 542.13	73°9.336′	65°59.006′
P1－02	2 916.5	73°16.003′	65°26.012′
SOA－01	4 189.76	92°56.119′	36°0.352′

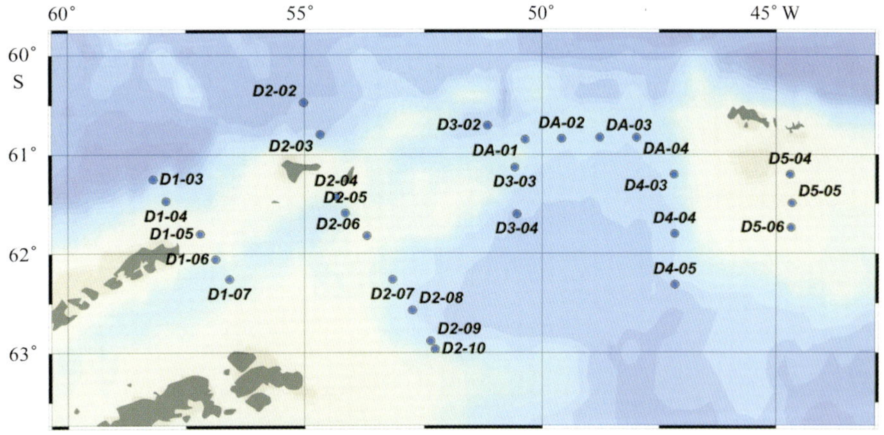

图3－45　第30次南极考察底表微生物取样站位分布

3.6　考察航次及考察重大事件介绍

中国第28次南极考察是“十二五”开局之年的一次重要考察活动。“雪龙”号从2011年10月29日出发到2012年4月8日靠上海港，历时163 d，航程逾28 464 n mile。途经天津、澳大利亚、中山站、长城站和阿根廷，两次停靠澳大利亚弗里曼特尔港，在中山站进行了两次卸货，先后在南极半岛和普里兹湾进行了海洋综合调查作业。本次考察是我国首次在南极半岛进行大规模的海洋综合考察，完成了46个站位的综合调查作业。

中国第29次南极科学考察队从2012年11月5日从广州出发到2013年4月9日返回上海，历时156 d，总计航程约27 795 n mile，其中冰区航行超过6 000 n mile。航行线路为上海—广州—弗里曼特尔（澳大利亚）—中山站—罗斯海—霍巴特（澳大利亚）—弗里曼特尔（澳大利亚）—上海，途中4次穿越西风带，并首次到达75°7.2″S。本次考察在普里兹湾海域完成了我过南极科考有史以来环境信息最全面的大洋综合断面调查，为认识南极周边海洋环境、气候特征及其演变规律、深入了解极地海－冰－气相互作用的过程及其对全球气候变化影响提供了丰富“线索”，也为该海区的环境气候综合评价及油气、天然气水化合物、生物等资源潜力评估提供了重要资料。

中国第30次南极科学考察于2013年11月8日从上海出发，执行“一船三站”（长城站、中山站、伊丽莎白公主地内陆夏季站）航行计划，于2014年4月10日返回上海港，总时间

154 d，总航程约 31 500 n mile。依托本次科学考察，在南极建立了我国第四个科学考察站——泰山站，“雪龙”号首次完成环南极航行考察，成功援救了俄罗斯“绍卡利斯基院士”号上的 52 名被困人员，在返航之际，“雪龙”号再次奔赴西风带执行搜寻马航失联飞机任务，并临时担任了中方船只的现场指挥船。考察期间，本专题在南极半岛和普里兹湾完成了 40 个站位的考察作业，进一步拓展了南大洋生物多样性和生态考察的广度和深度。

中国第 31 次南极考察队于 2014 年 10 月 30 日上午从上海乘“雪龙”号出发，执行南极考察任务，于 2015 年 4 月 10 日返回上海，总航程约为 29 000 n mile，历时 163 d。航线为：上海—澳大利亚霍巴特—中山站—罗斯海—新西兰克莱斯特彻奇—中山站—澳大利亚弗里曼特尔—上海。主要开展极地综合环境调查专项中的南大洋考察——普里兹湾和罗斯海调查、维多利亚地新建站址的海深测绘和南极中山站的运输保障任务。本次大洋考察是历次南极考察中规模最大、站位最多、作业面最广、设备回收成功率最高的一次，本专题在南极普里兹湾完成了 56 个站位的考察作业。

第4章 获取的主要样品与数据

4.1 样品（数据）获取的方式

4.1.1 基础环境参数

4.1.1.1 叶绿素 a

本专题对叶绿素 a 的调查包含了总叶绿素 a 和分级叶绿素 a。叶绿素 a 样品的采集使用干净取样瓶在规定站位和层次采取水样，水样收集前，经 200 μm 孔径的筛绢预过滤，以除去大多数的浮游动物。采样层次按标准层。过滤 250 cm^3 水样，色素用 90% 丙酮萃取 24 h。测定采用萃取荧光法，用唐纳荧光计进行测定。

分级叶绿素 a 水样经孔径 20 μm 的筛绢、孔径 2.0 μm 的 Nuclepore 滤膜和 Whatman GF/F 玻璃纤维滤膜过滤，以分别获取网采（Net 级份，>20 μm）、微型（Nano 级份，2～20 μm）和微微型（Pico 级份，0.2～2 μm）的光合浮游生物，具体测定方法与叶绿素 a 相同。

4.1.1.2 初级生产力

初级生产力的测定系采用 ^{14}C 同位素示踪法。自每个光层次（100%、50%、32.5%、10%、3% 和 1%）采得的水样，注入两个 250 cm^3 的平行白瓶和 1 个 250 cm^3 的黑瓶中，每瓶加入 3.7×10^5 Bq $NaH^{14}CO_3$，置于甲板模拟现场培养器中培养 4～6 h。培养完毕，水样过滤，滤膜经浓盐酸雾熏蒸后，干燥和避光保存，带回实验室使用液体闪烁计数器分析测定。水样同样经孔径 20 μm 的筛绢、孔径 2.0 μm 的 Nuclepore 滤膜和 Whatman GF/F 玻璃纤维滤膜过滤。

4.1.2 微小型浮游生物丰度及生物多样性

包括浮游细菌、微微型和微型浮游植物和微型原生动物的丰度及生物多样性。采样深度设置同 CTD 采水层，其中微微型和微型浮游植物 100 m 以浅采样，异养浮游细菌包括站位所有深度，分级叶绿素和色素分析以叶绿素最大层（25 m 左右）为主，部分站位包括 100 m 以浅 5 个层位（0 m、25 m、50 m、75 m 和 100 m），分子生物学样品基本隔站采取。

4.1.2.1 流式细胞术及荧光显微镜镜检技术测量丰度

（1）流式细胞仪（FCM）样品采集：SBE 911 plus CTD 附带 Rosette 采水器采集海水

100 mL于棕色聚乙氧茎对苯甲酸酯（PEB）瓶中，经50 μm筛绢预滤后取3.6～5 mL冻存管中，加入400 μL 10%多聚甲醛和5%戊二醛混合固定剂，混匀后避光固定15 min，转入液氮中速冻30 min，最后在－80℃超低温冰箱保存。

（2）DAPI样品采集：SBE 911 plus CTD附带玫花采水器采集海水500 mL于棕色玻璃瓶中，加入10 mL经0.2 μm过滤后甲醛，黑暗固定3～4 h分别取50 mL和250 mL过滤到0.2 μm和0.8 μm聚碳酸酯黑膜上，当过滤到只剩5 mL左右时，加入DAPI染色剂1 mL染色5 min，滤膜自然晾干后－20℃保存，于实验室进行荧光显微镜镜检。

4.1.2.2 分子生物学技术测量生物多样性

SBE 911 plus CTD附带玫花采水器采集海水500 mL于棕色玻璃瓶中，先经3 μm滤膜过滤后在过滤到0.2 μm滤膜上，收集滤膜于2 mL冻存管中，－20℃保存。

4.1.3 小型浮游植物丰度与群落结构

4.1.3.1 样品获取

使用海岛911 CTD采水器，24个采水瓶，每瓶容量为10 L。采水量一般为每次采水1 L。在水深大于1 000 m站位，按照水样采集层次（0 m、50 m、100 m、200 m、500 m、1 000 m，底层）进行采样；在水深小于1 000 m站位，按照水样采集层次（0 m、25 m、50 m、100 m、200 m、500 m，底层）进行采样。采集水样后用缓冲甲醛溶液固定（5%终浓度）固定，准备用于浮游植物样品种类鉴定和计数。

4.1.3.2 计数与群落结构分析

采用沉降法对水样样品进行显微镜镜检计数。浮游植物样品在采用25 mL沉降框经24 h沉降后在倒置显微镜下鉴定计数，样品计数至属，每个样品计数500个细胞以上，数量以cells/m^3表示。

根据已得到的浮游植物样品丰度，分析水样样品小型浮游植物群落的水平和垂直分布，绘制浮游植物优势类群平面分布图。用统计学方法将聚类分出的群组通过相似百分度（SIMPER）来确定对群落划分起关键作用的物种。再采用香农－威纳指数H'描述站位浮游植物群落的多样性水平。

4.1.4 大、中型浮游动物计数与群落结构

4.1.4.1 样品获取与保存

垂直拖网采用浮游动物北太平洋网（330 μm筛绢）从水深200 m至表层进行拖网。

分层拖网采用浮游生物分层采样系统（MultiNet网），在水深大于1 000 m站位，采样水层为0～100 m、100～200 m、200～500 m、500～1 000 m、1 000～底层；在水深小于1 000 m站位，采样水层为0～50 m、50～100 m、100～200 m、200～500 m、500～底层。

将采集到的样品用缓冲甲醛溶液固定（5%终浓度），用于浮游动物样品种类鉴定和

计数。

4.1.4.2 计数与群落结构分析

采用显微镜法对大型浮游动物进行全样计数，其余个体根据样品量进行1/2～1/32的分样后在解剖镜下计数，样品丰度单位为：个/m^3。

对MultiNet网采（分层联网）浮游动物的群落垂直结构进行分析，同时对已得浮游动物丰度数据，对其经log转化后基于Bray－Curtis相似性指数和组平均的方法进行q－型聚类来划分小型浮游动物的群落结构。采用香农－威纳指数H'描述站位浮游动物群落的多样性水平。

4.1.5 鱼类浮游生物

4.1.5.1 样品获取

鱼类浮游生物样品由水平拖网和垂直拖网方法获取，根据不同水深条件选取适当采样方法，重点站位除开展水平拖网外，还需要结合垂直拖网调查。

鱼类浮游生物水平拖网深度一般为0～3 m，拖网时间为10～15 min，大约在到站前0.2 n mile处放网。垂直拖网方法需要根据不同水深条件选取不同型式网具，在30 m以浅海域应采用浅水Ⅰ型浮游生物网垂直取样，30 m以深海区应采用大型浮游生物网（280 cm网长，80 cm网口内径和0.5 m^2网口面积）垂直取样或用双鼓网倾斜取样。当水深大于200 m时，垂直拖网水深从200 m处拖至表层；当水深小于200 m时，垂直拖网由底层至表层拖网。网口流量计使用前必须经过标定，每航次标定一次。

4.1.5.2 样品处理与分析

样品用中性甲醛溶液固定，加入量为样品体积的5%。各类样品的总编号根据采样海区，采样方式，采用网型，采样年份和样品序号等内容的代号依次编写，每份保存样品除在瓶外贴有总编号的外标签外，瓶内还需放有总编号、站号和采样日期等内容的内标签以待计数和后续分析。

用显微镜镜检法对鱼类进行计数和鉴定。鱼卵或仔、稚鱼个体数以粒每立方米或尾每立方米（ind/m^3）计。样品60%鉴定到种，40%鉴定到属或科。平面分布图一般用等值线或不同量级的圆圈符号表示，其中等值线取1、5、10、25、50、100、250、500、1 000、5 000的梯度标准，鱼卵和仔、稚鱼总量单位为ind/m^3或ind/100 m^3。

4.1.6 底表微生物多样性

4.1.6.1 样品采集

海洋表层沉积物中微生物取表层样，用无菌工具从预定层次中取10～20 g样品，置于无菌容器中。

4.1.6.2 多样性分析

（1）微生物的分子鉴定。鉴于海洋微生物有很大部分为可培养微生物和不可培养微生物，不可培养微生物直接提取环境样品中所有微生物的总脱氧核糖核酸（DNA），进行16S核糖体核糖核酸（rRNA）基因的聚合酶链式反应（PCR）扩增，利用酶切片段长度多态性（RFLP）技术对海洋环境中生存的微生物的16S rRNA基因序列进行分析，能够获取相应环境中更为全面的微生物多样性信息，并且可以通过16S rRNA序列的比较分析进行微生物的分类鉴定。

（2）微生物的常规生理生化鉴定。采用梅里埃（API）试剂盒对经过分子鉴定的可培养微生物进一步进行常规的生理生化鉴定，以明确微生物的种属。对有代表性或有保存价值的菌种，按照菌种保存要求，登记入库，长期保存。

4.1.7 底栖生物群落结构

4.1.7.1 样品采集

小型底栖动物使用活塞式分样管采集沉积物样品之后，每管样品按规范自表层向下按0～2 cm、2～5 cm、5～10 cm进行分层，样品分别装瓶固定、保存；送实验室分析。

大型底栖生物定量采样使用面积为0.25 m^2 箱式采泥器（或抓斗式采泥器），每站需采1个样品，每站泥样现场使用过滤海水通过涡旋器淘洗样品，并使用套筛装置（上层网目为2.0 mm、中层为1.0 mm、下层为0.5 mm）分选标本。所有生物样品，包括生物残渣均应收集并入定量分析。标本经初步处理后，除用于活体观测的样品外，均应及时使用固定液固定和保存，并小心地放入标本箱中，带回实验室分析鉴定。

大型底栖生物拖网使用网口为2.5 m的阿氏拖网进行底栖生物拖网取样，上部网衣网孔小于2 cm，底部网衣网孔小于0.7 cm，船速控制在2 kn左右，拖网绳长为水深的2倍左右，拖网时间0.5～1 h。尽可能地收集所采到的所有生物样品，并记录优势种的重量和数量，取样结束后，必须清除网衣上的遗留生物，以免带入下一站所采生物中。标本经初步处理后，除用于活体观测的样品外，均应及时使用固定液固定和保存，并小心地放入标本箱中，带回实验室分析鉴定。

4.1.7.2 群落结构分析

实验室内对小型底栖动物样品进行淘洗和染色，应用徕卡体式显微镜对样品进行分选和计数，并用高倍光学数码显微镜对标本进行形态学分析鉴定、描述、拍照；部分典型生物样品进行分子DNA系列鉴定，数据处理应用统计软件，分析其群落结构与多样性。

4.1.8 海洋浮游病毒

依托第29～31次南极科学考察，在南极普里兹湾海域使用温盐深剖面仪（CTD）分层采集浮游病毒水样，采样层次水深大体为：0 m、25 m、50 m、75 m、100 m、300 m、1 000 m、2 000 m、3 000 m和底层采样，在走航海域采集表层水样，每个样品取5 mL海水置于5 mL冻存管中，立即加入戊二醛进行固定，终浓度为0.5%，置于－80℃条件下保存。病毒样品贮存、运输和资料处理均是按照《GB 12763.6－2007 海洋调查规范第 6 部分海洋生物调查》和《GB 12763.9－2007 海洋调查规范第 9 部分海洋生态调查》和《极地海洋水文气象、化学和生物调查技术规程》中的有关规定进行。浮游病毒丰度分析采用流式细胞仪计数法测定：将样品置于 37℃水浴中解冻，取 495 μL 样品加入 5 μL SYBR Green－I（Molecular Probes）染色剂，终浓度为 10^{-4}，放置于 80℃水浴中染色 10 min，加入 5 μL 1 μm 荧光微球，使用流式细胞仪（Beckman Coulter FC500－MPL）取 100 μL 样品进行检测。通过分析获得浮游病毒丰度数据。

4.2 获取的主要数据或样品

4.2.1 获取的主要样品

4.2.1.1 叶绿素 a 和生产力

本专题从中国第 29 次南极考察航次开始对南大洋的叶绿素 a 浓度和初级生产力水平进行现场采样调查（表 4－1）。

表 4－1 专题现场考察获取的叶绿素 a 和生产力研究水样数量 份

航次	区域	叶绿素 a		初级生产力	
		站位数	样品数量	站位数	样品数量
第 29 次	普里兹湾	46	640	15	433
第 30 次	南极半岛	29	681	6	270
	普里兹湾	10	255	4	162
	合计	39	936	10	432
第 31 次	普里兹湾	51	707	15	270
总计		136	2 283	40	1 135

4.2.1.2 微小型浮游生物样品

本专题从 2011 年中国第 28 次南极考察开始，共进行了 4 个航次的微小型浮游生物现场调查，在走航途经区域和重点调查海域获取了丰度的研究样品，各航次获取的样品统计见表 4－2 和表 4－3。

表 4－2 微小型浮游生物调查样品数量统计 份

航次	区域	站位数	FCM 光合浮游植物	FCM 浮游细菌	分级叶绿素	HPLC 色素	分子生物学	DAPI 染色
第 28 次	走航观测	57	57	57	171	171	50	57
	南极半岛	40	200	284	158	150	46	175
	普里兹湾	16	86	160	64	32	26	90
	合计	113	343	501	393	353	122	322

续表

航次	区域	站位数	FCM 光合浮游植物	FCM 浮游细菌	分级叶绿素	HPLC 色素	分子生物学	DAPI 染色
第 29 次	走航观测	99	99	99	297	297	297	198
	罗斯海	2	20	20		40	36	40
	普里兹湾	48	496	496		114	271	974
	合计	149	615	615	297	451	604	1 212
第 30 次	走航观测	100	100	100	300	300	300	200
	南极半岛	29	292	292		297	297	586
	普里兹湾	11	105	105		108	108	208
	合计	140	497	497	300	705	705	994
第 31 次	走航观测	125	125	125	375	375	375	250
	普里兹湾	56	547	547		180	401	1 094
	合计	181	672	672	375	555	776	1 344
总计		583	2 127	2 285	1 365	2 064	2 207	3 872

表 4-3　第 28~31 航次各调查海域获取样品数量统计　份

调查区域	站位数	FCM 光合浮游植物	浮游细菌	分级叶绿素	色素	分子生物学	DAPI 染色
走航区域	256	256	256	768	768	647	455
南极半岛	69	492	576	158	447	343	761
普里兹湾	75	687	761	64	254	405	1 272
总计	583	2 127	2285	1365	2 064	2 207	3 872

4.2.1.3　浮游病毒样品

本专题从第 29 次南极考察航次开始对南大洋的浮游病毒丰度进行现场采样调查，获取样品情况见表 4-4。

表 4-4　专题现场考察获取浮游病毒样品数量　份

航次	调查海域	丰度采样数量	多样性样品数
第 29 次	普里兹湾海域	67	
第 30 次	环南极大陆	31	
	普里兹湾海域	104	
第 31 次	环南极大陆	36	1
	普里兹湾海域	390	7

4.2.1.4　大、中型浮游动物样品

自专项实施以来，从中国第 28~31 次南极科考采用垂直拖网和分层拖网的方法获取了丰

富的大、中型浮游动物样品，样品数量统计见表 4－5。

表 4－5 大、中型浮游动物与小型浮游植物拖网作业样品统计

调查航次	调查海域	大、中型浮游动物		小型浮游植物	
		垂直拖网	分层拖网	垂直拖网	CTD 水样
第 28 次	南极半岛	33			
	普里兹湾	13	20		
第 29 次	普里兹湾	30	55	30	>100
第 30 次	南极半岛	24	20	24	30
第 31 次	普里兹湾	36	9	34	52

4.2.1.5 鱼类和底栖生物样品

本专题从 2011 年中国第 28 次南极考察开始，共进行了 4 个航次的鱼类和底栖生物现场调查，在重点调查海域获取了丰度的研究样品，各航次获取的样品统计见表 4－6。

表 4－6 鱼类浮游生物与底栖生物调查作业成功获取样品情况

调查航次	调查海域	大型底栖生物		小型底栖生物		鱼类浮游生物
		箱式泥样	三角拖网样	箱式插管样	多管样	水平拖网
第 28 次	南极半岛	5	6			15
	普里兹湾	1	1			5
第 29 次	普里兹湾	12	14	11	9	40
第 30 次	南极半岛	4	4		3	21
	普里兹湾	1	1			1
第 31 次	普里兹湾		12			12

4.2.1.6 底表微生物样品

执行了第 29～31 次南极科学考察现场调查，因上船人数限制，表层沉积物样品由同航次地质组考察队员依据实施方案和相关规范代为采集，获取的样品数量统计信息见表 4－7。

表 4－7 底表微生物样品获取情况统计

调查航次	调查海域	获取表层沉积物数量	获取沉积物柱样数量/根	表层样品质量 / $(g \cdot 份^{-1})$
第 29 次	普里兹湾	25	0	10～20
第 30 次	南极半岛	27	2	10～20
第 31 次	普里兹湾	18	0	10～20

4.2.2 获取的主要数据

依托中国第 28～31 次南极科学考察现场调查和实验室内样品分析，南极周边海域海洋生

物多样性与生态考察专题在获取丰富样品的同时也得到大量的分析数据（表4－8）。

表4－8 南极周边海域海洋生物多样性与生态考察获取的主要数据

数据类型	数据
叶绿素a与初级生产力	第29次南极考察普里兹湾生物量叶绿素a分布数据
	第29次南极考察普里兹湾叶绿素a粒级结构数据
	第29次南极考察普里兹湾生产力分布数据
	第30次南极考察南极半岛邻近海域叶绿素a浓度数据
	第30次南极考察南极半岛邻近海域初级生产力数据
	第30次南极考察普里兹湾海域叶绿素a浓度数据
	第30次南极考察普里兹湾海域初级生产力数据
	第31次南极考察普里兹湾海域叶绿素a浓度数据
	第31次南极考察普里兹湾海域初级生产力数据
微小型浮游生物	第28次南极考察走航观测FCM微微型浮游植物与异养细菌丰度数据
	第28次南极考察南极半岛邻近海域FCM微微型浮游植物与异养细菌丰度数据
	第28次南极考察普里兹湾海域FCM微微型浮游植物与异养细菌丰度数据
	第28次南极考察南极半岛邻近海域微微型浮游植物光合色素与群落结构数据
	第29次南极考察走航观测FCM微微型浮游植物与异养细菌丰度数据
	第29次南极考察普里兹湾海域FCM微微型浮游植物与异养细菌丰度数据
	第29次南极科学考察普里兹湾海域浮游细菌多样性群落结构DGGE法分析数据
	第30次南极考察走航观测FCM微微型浮游植物与异养细菌丰度数据
	第30次南极考察南极半岛邻近海域FCM微微型浮游植物与异养细菌丰度数据
	第30次南极考察普里兹湾海域FCM微微型浮游植物与异养细菌丰度数据
	第31次南极考察走航观测FCM微微型浮游植物与异养细菌丰度数据
	第31次南极考察普里兹湾海域FCM微微型浮游植物与异养细菌丰度数据
	第31次南极科学考察普里兹湾海域浮游细菌多样性群落结构DGGE法分析数据
浮游病毒	第29次南极科学考察普里兹湾海域浮游病毒丰度数据
	第30次南极科学考察环南极大陆表层海水浮游病毒丰度数据
	第30次南极科学考察普里兹湾海域浮游病毒丰度数据
	第31次南极科学考察普里兹湾海域浮游病毒丰度和多样性数据
大、中型浮游动物	第28次南极科学考察南极半岛邻近海域浮游动物丰度、群落结构与多样性数据
	第29次南极科学考察普里兹湾海域浮游动物丰度、群落结构与多样性数据
	第30次南极科学考察普里兹湾海域浮游动物丰度、群落结构与多样性数据
	第31次南极科学考察普里兹湾海域浮游动物丰度、群落结构与多样性数据
鱼类与底栖生物	第28次南极科学考察南极半岛海域鱼类、大型底栖生物的种类组成数据
	第29次南极科学考察普里兹湾海域鱼类和大型、小型底栖生物的多样性数据
	第30次南极科学考察南极海洋底栖生物多样性数据
	第31次南极科学考察普里兹湾海域鱼类和大型底栖生物的多样性数据
底表微生物	第29次南极科学考察普里兹湾海域底表微生物多样性数据
	第30次南极科学考察南极半岛邻近海域底表微生物多样性数据
	第31次南极科学考察罗斯海海域底表微生物多样性数据

4.3 质量控制与监督管理

本专题在任务执行过程中，严格遵照《极地专项质量控制与监督管理办法》和《南北极环境综合考察与评估专项技术规程》等相关文件，对专题的执行开展严格的质量控制和监督管理工作，保证考察和分析结果的完整性和准确性。

4.3.1 专题参与单位科研条件与基础

本专题由中国极地研究中心牵头，国家海洋局第一海洋研究所、国家海洋局第二海洋研究所、国家海洋局第三海洋研究所、中国科学院海洋研究所以及中国海洋大学共6家单位共同参与完成。任务承担单位和参与单位是我国从事南北极考察和大洋考察的中坚力量，具有深厚的研究基础，拥有承担极地专项任务相适应的专业资质。

中国极地研究中心是国内较早进入极地生物与生态学研究的机构，通过长期南大洋和北冰洋的科学考察，在海冰生态学研究、微型和微微型浮游生物生态学以及微生物资源的收集及开发利用等方面积累了丰富的经验。具备极地微生物库及藻种库。目前在极地生态环境监测与研究及微生物资源方面承担国家“863计划”目标导向课题1项，海洋公益性行业专项课题2项、科技部国际合作项目1项，参与“973计划”1项，承担国家自然科学基金及其他各类研究基金项共约40项，撰写相关文章70余篇。具体研究涉及极区海洋、海冰、沉积物及陆地生态系统，而研究对象则涉及冰藻、领鞭毛虫、浮游细菌、古菌、线性放射菌、微型及微微型浮游植物、微型浮游动物等。通过这些研究，对上述微型生物的群落组成及分布、在生态系统中的功能和地位，以及受环境因子的影响方式和程度、对环境变化的响应方式等方面，以及特殊功能蛋白的表达等方面具有了较为深入的了解。

国家海洋局第一海洋研究所已在极地微生物的资源收集与整理、菌株信息化处理与保存、多样性分析、分子生态学、生境适应性机制及各种活性天然产物的应用与开发方面进行了大量的探索。目前在极地微生物（冰藻）方面以承担“863计划”2项、国家自然科学基金9项以及其他各类省部级课题16项。撰写相关文章100余篇，申请专利4项。对冰藻的研究具有较为深厚的基础。

国家海洋局第二海洋研究所是我国极地科学考察的重要力量，自我国1984年首次极地科考以来，参加近30年来全部的极地科考航次，有着悠久的极地科考历史。在浮游植物叶绿素a和初级生产力研究方面，国家海洋局第二海洋研究所是国内最早开展浮游植物叶绿素a和初级生产力的单位之一，早在20世纪80年代就将^{14}C法研究极地海初级生产力应用于我国极地海洋学研究，并取得了一些重要研究成果；目前已在国际和国内重要学术期刊上发表有关极地浮游植物的学术论文30余篇，其中一些重要科研成果如极地海洋蓝藻的分布规律引起国内外学者的广泛重视。近年来有关浮游植物领域的研究成果获得省部级科技奖项5项，其中一等奖2项，二等奖1项，三等奖2项。项目承担人员长期从事海洋初级生产力相关研究，并均参加过极地科考或大型综合海洋科考，具备较好的工作基础和较丰富的野外工作经验。相关实验室具备开展浮游植物叶绿素a和初级生产力工作的各项仪器设备，所在同位素实验室已完成环境主管部门所要求的环境影响评价，在使用同位素示踪剂测定海洋生产力方面具备完善的资质。

国家海洋局第三海洋研究所是我国南极考察的主要参加者。自1981年始，即参加了新西兰南极维多利亚南部“干谷”和罗斯岛海滨考察，1985年参加了德国“极星”号极地考察船威德尔海陆缘固冰区调查，获得了合作考察和了解南极海洋和陆地的初步知识。在我国组织的南极考察中，第三海洋研究所参加了第4、6、11、16、18、19次等多次考察（不完全统计）。如第4次南极考察对长城湾的浅海底栖生物进行了分类，阐明了底栖动物分布与沉积物环境之间的关系，提出了南极潮间带和浅海食物链的类型和传递方式。第6次南极考察研究了太平洋和南极普里滋湾及其邻近海域细菌数量分布特征，并对环境要素的影响进行了讨论，表明较高水温和高细菌量之间存在的关联，指出南极普里兹湾及其邻近海域向外延伸的某些断面的细菌数量有逐渐递增趋势。

此后多次考察对南极考察的内容和形式有了进一步的了解，综合其他次考察成果，对南极的环境、考察方法、内容和南极长城站和中山站的海洋环境与生物种群结构有了全面深入的了解。通过对南极海洋的叶绿素、生产力、微生物种类、浮游植物和动物，底栖生物的种类和分布特点有了较为深刻的认识。这些考察积淀为进一步参加南极海洋考察，获得可靠数据和深入分析南极生态系统以及污染程度打下了基础。

中国科学院海洋研究所是我国目前规模最大、学科最全的从事海洋科学基础与应用基础研究和新技术研发的综合性海洋科研机构，是我国海洋科学研究机构中唯一的海洋科学一级学科博士学位授予单位，设有9个博士点、11个硕士点和海洋科学博士后流动站。从我国首次南极科学考察以来，一直是南大洋生态系统研究工作的主力军之一。在“八五”期间作为牵头单位承担国家重点攻关项目“南大洋磷虾资源考察与开发利用研究”，在“九五”期间作为负责人承担中国科学院重大项目课题“南大洋生态系统动态变化研究”和国家“九五”科技攻关计划课题“南大洋生态系统动态变化和碳的生物地球化学研究”。“十五”期间承担国家公益项目课题“南极磷虾生长状况与南大洋生态系统动态变化关系研究”。“十一五”期间承担国家科技支撑计划课题“南极主要海洋生物资源和生态过程监测与评估技术研究”。经过20多年的发展，形成了一支以中青年博士为主并具有国际竞争力的科研团队，积累了丰富的极地考察经验，拥有国际先进的极地浮游动物采集仪器、自行研制的南极磷虾走航式高速采集器和浮游动物研究采集网具、实验室测量、分析仪器设备，具有一套极地浮游动物研究的专有技术和方法，从而为本项目的顺利实施提供了有力的保障。在极地海洋生态学、南大洋浮游动物种群动力学、磷虾生物学与资源补充机制等研究领域，取得了一系列原创性重要成果，为我国极地海洋生态学研究做出了基础性和开创性的突出贡献。

中国海洋大学参加了我国早期的“烟台、威海渔场及其附近海域的鲐鱼资源调查”、“渤海海峡和南极周边海域西部海洋综合调查”、“1958年全国海洋普查”、“南极周边海域冷水团调查”、“全国海岸带及滩涂资源综合调查”、“全国海岛资源综合调查”等系列海洋调查，并承担了从“七五”开始至今多项海洋国家攻关课题、重点和重大基金课题、中外合作项目及“973”和“863”专项。最近10年来，通过“渤海生态动力学研究”重大项目、“中－德渤海合作调查研究”、“中国陆架环流机制探讨”、“126国土资源调查”、“973环流项目”以及多项国家基金、“863计划”项目，独立承担并出色完成了国家海洋局“908”专项ST02区块水体环境调查与研究。通过上述调查项目，学校各学科积累了丰富的海洋调查经验和丰富的数据资料背景。在项目的执行过程中，严格按照国家计量认证管理体系进行项目的运行及管理。承担本项目的各实验室均为认证实验室，具备出具各项检测报告的资质。

4.3.2 质量控制与监督管理组织机构

本专题的任务承担单位和参与单位建立了与承担极地专项任务相适应的质量管理体系，成立了质量保障组织机构，制定了质量保障措施，以开展全过程、全要素的质量控制。

极地中心成立了由主任杨惠根研究员负责，副主任刘顺林研究员分管，科技处负责专项的日常行政管理的领导班子，保证项目的顺利实施。

项目的各承担单位将严格执行项目合同，按规定的内容和进度完成任务；按规定使用相关经费；按要求编报专题年度计划、执行情况、统计报表及经费预决算；及时上报阶段研究成果；承担任务完成后，按要求提出总结报告等材料，接受验收。另外，课题经费由课题负责人负责管理，独立建账，专款专用，严格遵守国家公益性行业专项经费的财务管理规定。为了保障课题的顺利实施，我们拟采取以下组织管理措施：在第一承担单位的总体组织和各单位的协作下，采用课题制管理模式，实施项目科学家负责制度。第一承担单位与其他承担单位分别签署协议，在各课题负责人全面负责本课题各项工作的基础上，明确在研究内容、研究进度、成果递交期限、资金使用和成果享有等方面的责任和义务，以保障项目的顺利实施。

4.3.3 质量控制与监督管理措施

在专题考察与研究工作中坚决贯彻专项有关质量控制与监督管理办法的规定，采取切实有效的措施，确保本专题工作成果的高质量，具体措施如下。

（1）根据专题承担单位 ISO 质量管理体系的要求，本项工作将在专题协调领导小组下建立质量保证小组，层层把关，专题组秘书负责专题质量控制，各课题指定 1 名专职质量控制人员，实行全过程质量控制。

（2）在专题开始执行时对参加人员进行培训和研讨，确保他们熟悉有关规程和质量管理规定，熟悉专题考察工作量、研究内容、研究方法和技术要求，熟悉海上调查工作流程和操作方法。确保参加海洋调查人员熟悉相关《规范》、《规程》中与本职工作有关的内容、方法和技术要求，并具有与调查项目相符的海洋调查资质证件，持证上岗。

（3）专题在航次任务开始前进行了周密部署，制定了周详的任务实施方案。

（4）对任务执行过程中须使用的海洋调查工作计量器具在出航前和返航后均进行计量检定、校准、比测（比对）和自校，尚不能检定或校准的，进行比测（比对）或自校，保证海洋调查工作计量器具在检定周期内以及测量数据准确可靠；考察中确保海洋调查仪器设备（包括海洋调查工作计量器具和辅助设备）处于正常工作状态，防止调查作业中出现重大故障。

（5）执行极地专项任务的所有实验室（包括观测站实验室、考察船实验室、数据处理实验室、样品分析实验室等）的工作环境和设施，确保满足质量、环保、安全和保密要求，并建立相应的规章制度，保障和规范实验室的内部管理。

（6）生物样品的分析、贮存、运输、分析和标本制作与资料处理均按照《GB/T

12763.6－2007 海洋调查规范 第6部分：海洋生物调查》、《GB/T 12763.9－2007 海洋调查规范 第9部分：海洋生态调查》和《极地海洋水文气象、化学和生物调查技术规程》中的有关规定进行。

（7）采样过程中，认真填写采样记录，纸质资料录入前，有专业技术人员进行人工审核，录入完成后进行核对，保证数据资料不漏、不错和不重。

（8）针对各项实验室测试，均按照《规范》规定的实验步骤进行，并对每个测试项目设立兼职的质量监督员，贯彻质量第一的方针，从分取样品等源头做起，到实验室测试工作完成进行质量跟踪。

（9）严格遵守《规程》要求，在此基础上健全数据管理机制、制定数据质量控制方法、健全数据处理记录等。使数据管理符合极地专项及《中国极地科学考察样品和数据管理办法》（试行）的要求。

（10）严格执行数据质量评估与有效数据的甄别，严格执行图件格式质量控制、绘图基准质量、底图质量控制、制图方法的规范性控制。

（11）牵头单位负责组织有关专家对整理的资料进行严格评审和验收。不符合质量要求的，按《国家海洋局计量工作暂行规定》第二十九条处理，所获取的数据为无效数据，符合质量要求的按规定程序报送和归档。

（11）实行二级检查、一级评审验收制度，即研究工作的中间检查、最终检查与成果验收评审。中间检查与最终检查，由专题负责单位业务主管部门组织进行；成果验收评审由“极地专项办公室”组织有关专家进行。

第 5 章　考察结果与主要成果

5.1　南极海洋生物多样性与生态特征

5.1.1　南极海洋基础生物量和生产力

5.1.1.1　南极海洋基础生物量和生产力的研究概况

浮游植物是南大洋生物群落中生物量最大的颗粒有机物，是供养和维持南大洋巨大磷虾资源的物质基础。浮游植物叶绿素 a 浓度和初级生产力用于表征海洋的基础生物量和产出，是南大洋生态系统结构与功能研究的最基础参数。同时，在南大洋光合浮游生物的生命活动过程中固定数量巨大的海水中的二氧化碳，使海水二氧化碳分压降低，驱使大气二氧化碳向表层海水转移，降低大气碳浓度，进而对全球气候变化和“温室效应”起重要的调节作用。

长期以来，南极生态系统被描述为一个从大粒径浮游植物到磷虾的短食物链，初级生产力被认为主要由大颗粒的硅藻所贡献，特别是在春季融冰期的冰缘水华过程中，这一特征尤为明显。自 20 世纪 80 年代以来，学界开始认识到南极浮游植物种群多是由较小的浮游植物（<20 μm）占优势（Bröckel，1981；Weber and El-Sayed，1987；Hewes et al.，1990）。这些结果改变了对于南极食物链的看法，并认识到微型和小型浮游动物，以及微食物环的重要性。到 90 年代，微微型光合浮游生物对南大洋浮游植物总生物量和生产力的显著贡献也被发现（Weber and El-Sayed，1987；Jacques and Panouse，1991）。90 年代末以来，为了解大尺度和长时间序列的生态过程，在实测的基础上，遥感和生态模型开始广泛地用于南大洋浮游植物动态的研究中（Arrigo et al.，1998；Moore et al.，2002；El-Sayed，2005）。

大尺度的实测结果表明（Jochem et al.，1995），在开阔的南极绕极流区和海冰覆盖的威德尔海环流区，水体初级生产力较低（<300 $mg \cdot m^{-2} \cdot d^{-1}$（以碳计）），且粒度较小。微微型浮游植物为优势粒级，约贡献了水柱生产力总量的一半，而大于 20 μm 的大粒径浮游植物的贡献非常小。在 50°S 的极地锋区，由于更高的水体垂直稳定，初级生产力升高了约 10 倍，同时较大粒径的小型浮游植物（>20 μm）成为优势类别。微微型浮游植物在低水柱稳定度的情况下贡献较高，而小型浮游植物在高稳定性下贡献较大。混合和光照是南极初级生产力及其粒度结构的驱动力。

在 Jochem 等（1995）的研究中，在 6°W 附近的开阔南大洋冰缘海域没有冰缘浮游植物水华发生。无论是在开阔的南极绕极流（ACC）流区还是海冰覆盖的威德尔环流区，初级生产力和叶绿素生物量都相当低，这与以往对 ACC 海区和邻近的威德尔海浮冰区的报道一致

(Mathot et al., 1992)。尽管卫星图片显示海冰已经发生了显著的消融后退，但水文条件和高频率的强风使得海冰融化的淡水无法稳定覆盖在表层以增加水柱的稳定性促使水华发生。缺乏稳定条件，以及低的冰缘区生产力可能是南极开阔海区早春更普遍的特征。

南大洋海域的叶绿素浓度通常在0.05～1.5 mg·m^{-3}之间（Arrigo et al., 1998；El-Sayed, 2005）。光照、深层混合、铁、摄食等限制了南大洋的浮游植物的生长，此外，在极地锋区北部的低硅酸盐浓度也限制了硅藻的生长（Boyd, 2002；Daly et al., 2001；Moline and Prézelin, 1996）。然而，在陆架和冰缘海区很多区域也出现高的叶绿素浓度（1～30 mg·m^{-3}）（El-Sayed, 2005；Holm-Hansen et al., 1989；Moore and Abbott, 2000），最高甚至出现过190 mg·m^{-3}的报道值（El-Sayed, 1971）。特别是南极半岛海域，维持了很高数量的浮游植物、浮游动物、海鸟、海豹和鲸鱼，被认为是南大洋生产力最高的海域之一，但其原因目前尚未完全清楚。Moore等（2002）研究结果表明，浮游植物水华主要发生在近岸陆架区、季节性海冰消退区以及南极锋面附近，并指出叶绿素的这种分布模式与铁限制系统一致。Moore同时通过遥感对生产力进行估算，南大洋（>30°S）年均初级生产值为14.2Gt·a^{-1}（以碳计），这些生产为80%来自于30°—50°S。大于50°S的海域产值约为2.9 Gt·a^{-1}（以碳计），这一估计值高于先前的实测结果，但低于基于CZCS数据的估计。

对南极初级生产力的另一个重要认识是春季冰缘水华是生物量和生产力的主要来源（Smith and Nelson, 1985；Bodungen 1986；Smith et al., 1988；Sullivan et al., 1988；Cota et al., 1990）。这些报道中大部分研究都在南极海湾中（威德尔海和罗斯海）进行。尽管卫星图片显示相对于开阔外海的冰边缘，冰缘水华主要出现于这些海湾，但春季水华控制着初级生产力仍被视为整个南极的一般规律，Smith等（1988）总结南极海域年初级生产力的40%与冰边缘相关。

Smith等（2000）发现在南半球的春季，罗斯海叶绿素开始快速增长，在夏季（1月）达到最大值，但初级生产力的高值要早于叶绿素4周，在春季最高，随后迅速下降，在秋季海冰形成时趋近于零。这说明当南半球春天，垂直稳定度和水体光通量上升时，浮游植物开始旺发。初级生产力的下降可能缘于微量金属的限制，而生物量的降低则主要源自于损失率的增加，如较大颗粒的团聚体的形成和垂直通量的增加等。

Moore（1999）利用SeaWiFS遥感数据对南大洋海表叶绿素进行了研究。研究发现，在南极锋面、季节性海冰边缘以及太平洋－南极洋脊上方具有较高的叶绿素值。其中，太平洋－南极洋脊上方叶绿素高值极具代表性。这种高生物量可能是因为绕极环流在遇到太平洋－南极洋脊而产生的。在极地锋区，由于亚极地水团温暖的海水向西北扩散，能够大大提高近表层水体的稳定性，从而促进水华的发生。在太阳角度升高，辐射加强，风频率下降的春季，锋区（PFZ）浮游植物水华的发展成为更普遍的趋势。

在年际变化方面，Moline（1996）在分析帕尔默站长期生态学研究结果后提出，浮游植物的生物量及现场初级生产力的变化极大，几天内的变化幅度与亚季节变化、年际变化的幅度相当，且无明显规律。而与此相对，浮游植物优势种群的季节演替情况在3年调查期间却比较相似，因而对于南大洋海洋生态系的长期变化趋势，浮游植物种类结构连续变化模式可能是更灵敏的指标。Moline（1996）认为，在南大洋浮游植物群落中，隐藻类适宜于低盐度环境，高效液相色谱（HPLC）分析所得不同类别浮游植物在对浮游植物总生物量的贡献中，隐藻类的生物量百分比与水体的密度值有很好的相关性。由于隐藻类浮游植物能够灵敏地响应水体盐度变化，海区水体淡水输入量的年际变化可能会反映在浮游植物种类结构的变化上。从更大尺度的气候角度来看，大气温度变化将影响海冰消融状况，从而改变海区水体盐度，使得浮游植物种类结构有可能成为海域环境年际变化的指标。其他相关研究也报道了类似的结果，例如，Ferreya 在天堂湾进行的 24 年研究（1970—1993 年）发现，在海域温度升高的同时，硅藻类浮游植物丰度减少，隐藻和其他鞭毛藻类的丰度有所增加。最近，在南设得兰群岛附近海域的 4 年研究（1990—1993 年）（Villafane et al.，1995）也发现与上述研究类似的结果，即硅藻减少，隐藻、鞭毛藻增加，而在此阶段，海水表层盐度有所下降（Amos，1993）。Gregg 等（2005）对 1998—2003 年间的宽视场水色扫描（SeaWiFS）全球海洋叶绿素遥感资料进行趋势分析。结果显示，6 年间全球海洋叶绿素 a 浓度上升了 4.1%（$P<0.05$）。叶绿素的升高大部分发生在近海水深小于 200 m 的海域，其平均浓度升高了 10.4%。其中南大洋的陆架和锋面区的叶绿素 a 浓度呈现升高态势，而开阔洋区则呈现不同程度的下降。

国内对南大洋浮游植物生物量和生产力的研究多集中在长城站和中山站附近海域。吕培顶等（1986）在南极戴维斯站附近对叶绿素 a 的季节变化及其与环境因子的关系进行了研究。宁修仁等（1998）于 1989/1990 年夏季在南极普里兹湾及其毗邻海区对浮游生物细胞丰度、优势种类组成，生物量和初级生产力的粒度结构和颗粒有机碳的浓度测定及环境制约机制进行了系统研究。其研究结果表明，该海区具有显著的空间区域化特征：普里兹湾中南部和湾北部及毗邻陆架由于水体较为稳定，有利于浮游植物和冰藻的生长繁殖，其现存生物量和生产力均较高；大陆坡和深海区明显降低。分级叶绿素 a 的结果表明，对调查海区叶绿素 a 的贡献，由大到小依次为：小型、微型、微微型；对初级生产力的贡献则由大到小依次为：微型、微微型、小型。

刘子琳等（1993）则对 1989/1990 年夏季南大洋环极表层水浮游植物分级生物量、初级生产力和颗粒有机碳及有关环境参数进行了测定。结果表明，在南极水域中以南大西洋最为肥沃。叶绿素 a 浓度平均超过 2 $mg \cdot m^{-3}$。这可能与该海域的“岛群效应”有关，高生物量也使得该海区成为南极磷虾最重要的分布区。尽管南大洋浮游植物生物量较高，但初级生产力并不高，这与低温和水团的不稳定性有关。颗粒有机碳（POC）的平均浓度也最高（>100 $\mu g \cdot L^{-1}$），而德雷克海峡和南印度洋较低。叶绿素 a 和 POC 的空间变异具有同步的波动。分级初级生产力的结果表明，在南大西洋和德雷克海峡对总初级生产力的贡献以微微型浮游生物为最大，微型和小型浮游生物的贡献大致相当。微微型浮游生物相对高的光合作用生理活性显示了它们在南大洋海洋生态系中的重要性。与南极水域相比，亚南极和亚热带水域较为贫瘠。

普里兹湾及北部海区相关研究较多，如宁修仁等（1993）、刘子琳等（2001，2002）、刘诚刚等（2004），同时开展的还有环南极表层海水的叶绿素 a 和初级生产力研究，如刘子琳等（2000）。蔡昱明等（2005）使用^{15}N 同位素示踪技术测定了普里兹湾的新生产力，估算得到调查海区的平均新生产力为 1.47 $mg \cdot m^{-3} \cdot h^{-1}$（以碳计），最高值出现在普里兹湾，$f$-比的平均值为 0.43，变化范围为 0.14～0.70，仍以毗邻陆架区海域的平均值最高。刘子琳等（2004）的研究结果表明，普里兹湾内浮游植物碳对颗粒有机碳的贡献高于湾北部的大洋区，真光层上部浮游植物碳对颗粒有机碳的贡献高于深层水；南大洋上层水 POC 浓度主要来源于浮游植物的贡献。

孙维萍等（2012）则根据 2011 年南极夏季叶绿素 a 与营养盐的浓度及分布特征，结合温度、盐度、溶解氧饱和度等水文要素，分析探讨了两者之间的相互关系、叶绿素 a 深层最大值现象的成因及 67.5°S 以南表层海水中铵盐对硝酸盐吸收的抑制作用，认为普里兹湾表层海水中叶绿素 a 的含量普遍具有冰架边缘 > 陆架区 > 陆坡及深海区的分布特征，海冰的消融及水体的稳定性是影响表层海水叶绿素 a 分布的主要原因。叶绿素 a 含量的垂直分布与光照条件相关，具有上层水体含量高，随着深度增加逐渐降低的分布特征；磷酸盐、硅酸盐和硝酸盐的水平及垂直分布特征都与叶绿素 a 的分布格局相反，生物吸收作用是主要的影响因素。表层海水中铵盐的分布特征与磷酸盐等主要营养盐的分布格局相反。冰架边缘、陆架区铵盐的垂直分布特征与陆坡及深海区不同，在冰架边缘和陆架区有机质降解过程主导着水柱中铵盐的浓度，而浮游植物吸收作用与有机质降解过程之间的平衡控制着陆坡及深海区铵盐的垂直分布。叶绿素 a 深层最大值现象与该区 75 m 深度附近增强的光合作用有关，而表层海水微量元素铁对浮游植物生长的限制和 75 m 水层冬季残留水对微量元素的补充极有可能有效地增强了浮游植物的光合作用。

而在长城站附近水域，叶绿素 a 的时间序列变化研究较多，如吴宝铃等（1992）在 1988 年 3 月至 1989 年 2 月对长城湾及其邻近水域叶绿素 a 的季节变化进行了调查研究，发现表层叶绿素 a 最高值出现在 2—3 月，然后逐月降低，至 8 月开始随着水温回升而逐渐增加。朱明远等（1999）通过连续 3 个夏季期间对南极长城湾调查结果，发现 1992/1993 年夏季叶绿素 a 含量最高，并认为除营养盐外，温度、光照是影响叶绿素 a 含量变化的直接控制因素。李宝华（2004）则对长城站及邻近海域叶绿素 a 的次表层极大值现象进行了研究，发现该海域在 1999 年 12 月至 2000 年 3 月期间营养盐类含量均较高，海域营养盐非常丰富，叶绿素 a 含量的次表层极大值现象显著，次表层位置随水深深度的增加而加深。表明了该地区在次表层水体中微型浮游植物是该海域主要的初级生产者。它们在该海域真光层内叶绿素 a 的垂直分布和时空变化以及其丰度均起着连续的、相当重要的作用，在适宜的光和营养盐环境中，快速生长、繁殖，使得叶绿素 a 的含量迅速升高形成次表层叶绿素最大值（SCM）。并时刻影响着该海域 SCM 存在的范围和强度，同时也影响着周围环境中营养盐类的垂直分布和断面分布。

除了海水中的浮游植物，冰藻作为南大洋食物链中关键物种—— 南极大磷虾在冬季的重要食物来源，在维持南大洋食物链和南极海冰区生态系统中起着至关重要的作用。在南大洋海冰区的初级总产量中，冰藻的直接贡献额超过 20%，并且贡献额占 50% 以上的春季冰缘水华与冰藻的在融冰期间的“播种作用”存在一定的相关性（何剑锋等，2003）。陈兴群等（1989）在融化的底部冰样中，细胞数高达 1×10^{8} cells · L^{-1}，叶绿素 a 浓度高达 2 220 mg · m^{-3}，中部常见到大量小型的失去色素乃至死亡的硅藻细胞。初步鉴定出 26 种硅藻，其多数隶属于茧形藻属，斜纹藻属，菱形藻属，盒形藻属，角刺藻属，海毛藻属，海链藻属以及脆杆藻属等。认为叶绿素及冰藻的分布与存活主要取决于海冰形成之前水体中浮游植物的组成和丰度，形成期间冰藻富集的物理和生物过程以及形成后外界和冰内环境因子的变化及其生物对这种变化的反应。

何剑锋等（1995，1996，1999）对南极中山站近岸海冰生态学进行了一系列研究，发现中山站近岸冰藻产量的季节变化显著，尤以春季的大幅度快速增值为特征；冰底有色层出现在春、秋两季，从而形成两个冰底叶绿素 a 峰值。叶绿素 a 的垂直分布以冰底为主，冬季期间则以冰底或冰的中上层为主。春季冰藻水华期期间的产量与昭和、戴维斯等东南极区域的相似。春季冰藻水华期优势种组成与东南极其他固冰区有一定的相似性，与亚南极固冰区有较大的差异。海冰中多数层次的硝酸盐浓度低于冰下表层海水的浓度，而磷酸盐和硅酸盐浓度则正好相反，亚硝酸盐浓度在观测期间均高于冰下表层海水的浓度。海冰营养盐浓度无明显的变化规律，呈现较大的波动，它可以是冰下表层海水的数分之一直至高出一个数量级，除显著的冰底水华期外并不构成冰藻生长的限制因素。海冰营养盐的分布与叶绿素 a 含量无明显的相关性。水中叶绿素 a 含量在 0.03 ~ 21.40 $mg \cdot m^{-3}$之间波动，在覆冰期间，生物量基本上随深度的增加而下降；5—9 月各层次的生物量普遍低于 0.5 $mg \cdot m^{-3}$，8—9 月低于 0.1 $mg \cdot m^{-3}$。各层次中以水表含量的季节变化最为明显，成冰后在 9 月形成低谷，于 12 月中旬紧接着冰底水华的消失而形成单一峰值。生物量中微型浮游植物（<20 μm）的比重在 4—9 月的多数层次占有一半以上，10 月后随着生物量的上升而下降，在水华期水表的比重最低，仅占总量的 3.2%，其柱总生物量基本上与冰中生物量处于同一数量级，在冰藻水华期其量值甚至低于冰中生物量。尽管水华期水表营养盐含量降至观测期间的最低点，但仍能满足冰下浮游植物的生长所需。光辐照度由于在冰水界面的量值仅为冰表入射光的不足 5.3% 至低于 1%，成为水中产量最为可能的限制因子。

戴芳芳等（2008a，2008b）同样搭载“极星”号在 2006 年 8—10 月对冬季威德尔海海冰物理结构与叶绿素 a 及其生态意义进行了研究。研究结果证实南极冬季海冰叶绿素 a 含量普遍处于较高水平，海冰冰藻具有较强活性，并处于初春旺发前期的活跃状态，由此表明从整体上南极冬季海冰具有较高初级生产能力，这有利于暖季大量冰藻释放促成海域浮游植物水华与初级生产力的快速增长，并为浮游动物幼体的生长发育提供丰富饵料，确保海域生态系统的修复和可持续发展。海冰叶绿素 a 的含量及其垂直分布，主要取决于冰心不同冰晶结构类型及其所处冰层部位，相对受冰体温度和盐度的垂直变化影响较不显著。海冰叶绿素垂直分布总趋势为上部低而底部较高。

总的来讲，我国对南大洋的海洋学研究起步较晚，很多工作仍停留在对基础数据的调查和收集中，对南大洋浮游植物的分布特征已经有了一定了解，但受到航次限制，对浮游植物时空变化的过程和影响机制缺少更为深入的研究。在本次专项调查开展期间，着重对浮游植物的生物量、粒度结构和初级生产力做了更详尽的观测，同时和卫星资料进行比对，了解其在季节变化中所处的位置，与关键生态因子的关系，进而认识其长期变化和对生态系统的影响。

5.1.1.2 重点海区叶绿素和初级生产力空间分布

5.1.1.2.1 普里兹湾及其邻近海域

1）叶绿素 a 平面分布

2013 年调查海区平均浮游植物生物量为（0.33 ±0.18）$mg \cdot m^{-3}$（$n=46$），其中，近岸海区为（0.64 ±0.20）$mg \cdot m^{-3}$（$n=8$），陆架、陆坡海区为（0.24 ±0.08）$mg \cdot m^{-3}$（$n=27$），深海区为（0.31 ±0.09）$mg \cdot m^{-3}$（$n=11$）。总体分布为近岸高而深海低，但在陆坡海区冰融水影响区域有一个明显的低值区（图 5 - 1a）。

2014 年调查期间普里兹湾及其邻近海域平均浮游植物生物量为（0.41 ±0.60）$mg \cdot m^{-3}$（$n=10$）。由于调查时间已到 2 月底和 3 月初，普里兹湾内冰情严重，只采到中山站附近

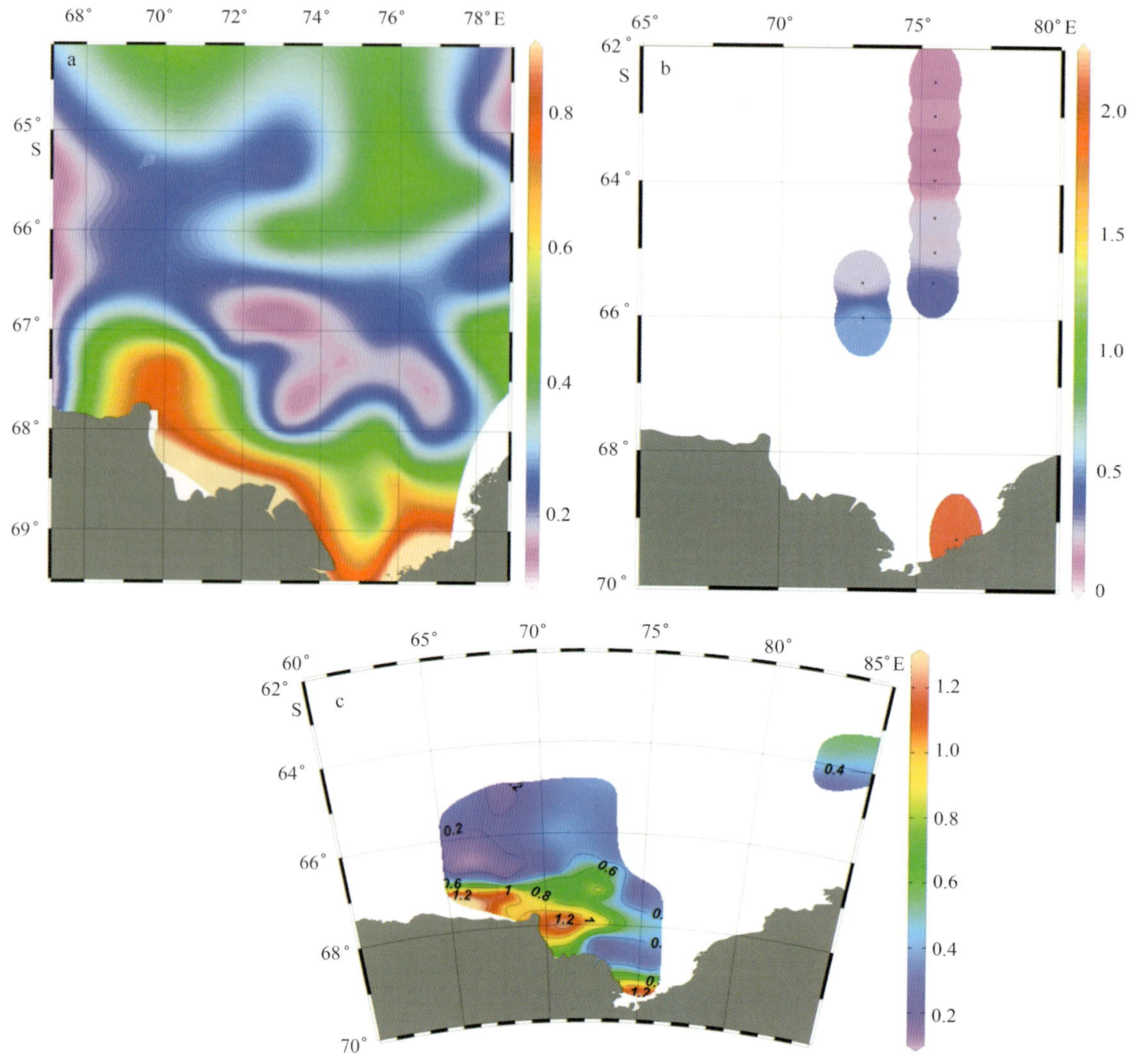

图 5-1 普里兹湾及其邻近海域水柱平均叶绿素 a 浓度（mg · m^{-3}）分布特征
（a. 2013 年；b. 2014 年；c. 2015 年）

IS-00 站的水样。该站因离岸较近，水体营养盐较高，叶绿素 a 浓度高达 2.09 mg · m^{-3}，显著拉高了该海域浮游植物生物量水平（图 5-1b）。除 IS-00 站外，其余站位均位于 66°S 以北海域，平均叶绿素 a 浓度仅为（0.23 ±0.13） mg · m^{-3} （n=9），从南至北，叶绿素 a 浓度逐渐降低。

2015 年普里兹湾及其邻近海域水柱平均叶绿素 a 浓度为（0.47 ±0.32） mg · m^{-3} （n=51），最大值出现在站 P2-09（1.30 mg · m^{-3}）（图 5-1c）。以 66°S 为界划分近岸海区和陆架陆坡海区，总体分布为近岸高而深海低（图 5-1c）。近岸海区表层平均叶绿素 a 浓度为（2.35 ±1.93） mg · m^{-3} （n=36），水柱平均叶绿素 a 浓度为（0.54 ±0.35） mg · m^{-3} （n=15）；陆架和陆坡海区表层平均叶绿素 a 浓度为（0.48 ±0.20） mg · m^{-3} （n=15），水柱平均叶绿素 a 浓度为（0.31 ±0.11） mg · m^{-3} （n=15）。近岸海区表层平均和水柱平均叶绿素 a 浓度均高于陆架和陆坡海区，全区的表层和水柱平均叶绿素 a 最大值均出现在近岸海区。叶绿素 a 浓度从南向北逐渐降低。

选取各航次相近区域的调查数据进行统计，将本次调查结果与 2013 年第 29 次南极科考和 2014 年第 30 次南极科考结果相比较。发现在近岸海区，本次调查叶绿素 a 浓度较低，在陆架陆坡海区叶绿素 a 浓度以本次调查最高。究其原因，应与调查站位的位置和调查时间有很大关系（表 5－1）。

表 5－1 2014 年南极普里兹湾及其邻近海域多年浮游植物生物量水平 mg/m³

年份	叶绿素 a		
	近岸区	陆架、陆坡区	深海区
2015	0.54 ±0.35	0.31 ±0.11	—
2014	2.09	—	0.23 ±0.13
2013	0.64 ±0.20	0.24 ±0.08	0.31 ±0.09
2001—2010 平均*	3.41	0.76	0.16

* 遥感叶绿素

资料来源：金思韵，2012.

2）叶绿素 a 垂直分布

2013 年调查结果显示，水柱内叶绿素 a 浓度呈单峰或双峰分布，受温度、光照、营养盐等环境因素制约，表层与底层叶绿素 a 浓度较低，最大值一般出现在 50～75 m 层。自近岸至深海海区，随着深度的增加，叶绿素 a 最大层深度加深。在分布特征上明显体现出近岸水、冰融水、大洋入侵水等不同水体交互影响的格局（图 5－2）。

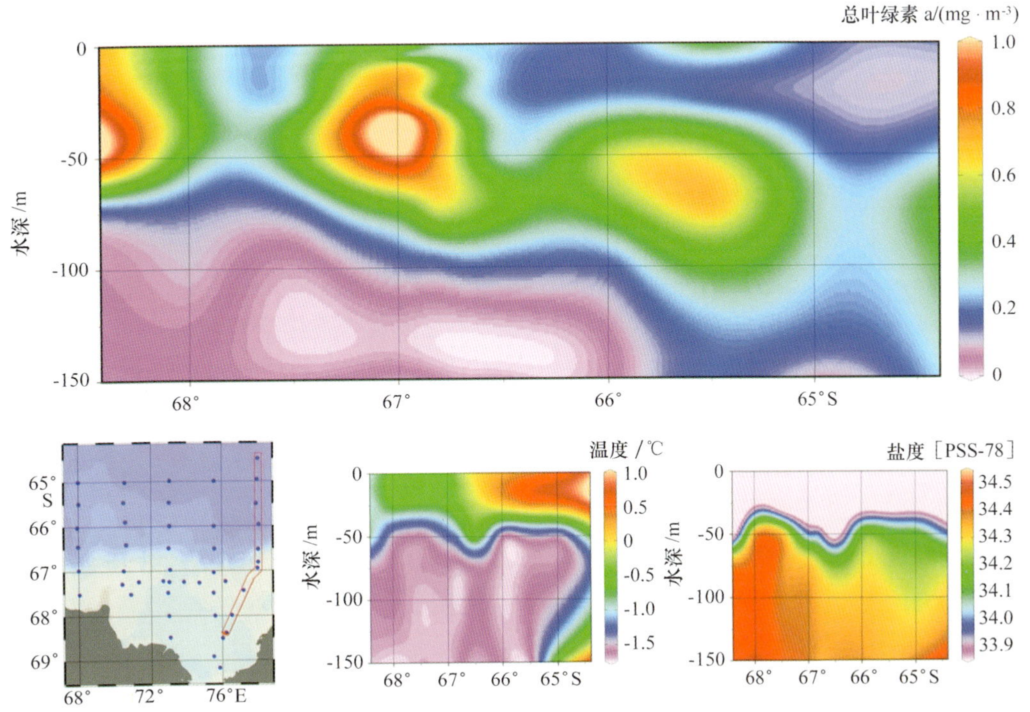

图 5－2 2013 年南极普里兹湾及其邻近海域典型断面叶绿素 a 浓度垂直分布

从 2014 年 P2 断面分布图可以看出，以 65°S 为界，65°S 以南海域叶绿素 a 浓度随水深增加而降低；以北海域次表层最大值现象明显，叶绿素 a 浓度最大值出现在 75 m 附近（图

5－3）。

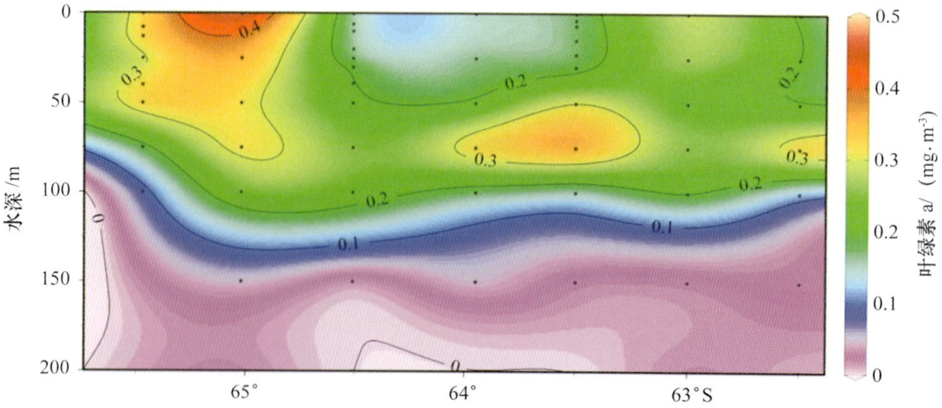

图5－3 2014年南极普里兹湾及其邻近海域P2断面叶绿素a浓度垂直分布

2015年调查结果显示，在普里兹湾及其邻近海域的0～200 m水体中，从表层到50 m以浅的水柱叶绿素a浓度较高，50 m以深叶绿素a浓度迅速降低。自近岸至深海海区，随着深度的增加，叶绿素a最大层深度加深。近岸海域站位叶绿素a浓度的高值（>2.5 mg·m^{-3}）出现在表层，而陆坡和陆架海域则一般出现50～75 m层的次表层最大值（图5－4）。

各断面的叶绿素a高值，除P2（>2.5 mg·m^{-3}）和P4断面（>3.0 mg·m^{-3}）外，P3、P5和P6断面均高于5.0 mg·m^{-3}。以66°S为界，可看到叶绿素a的明显变化。66°S以北的陆架和陆坡海区，除P4断面叶绿素a浓度有1 mg·m^{-3}左右的值外，其他断面的叶绿素a浓度均低于0.5 mg·m^{-3}（图5－4）。

从图5－5可以看出，在66°S断面上，叶绿素a浓度呈现东高西低的分布特征。从西到东，叶绿素a浓度逐渐增加，高值区（>1.0 mg·m^{-3}）分布在69.9°—72.5°E之间的45～75 m区域，75 m以下水层随着水深的增加，叶绿素a浓度迅速降低。叶绿素a浓度最高值（1.17 mg·m^{-3}）出现在站P4－03（70.5°E）的50 m层。

整体而言，2013年和2015年较为一致，但2014年调查站位与其他航次基本无重合缺乏可比性。2014年P2断面则是2013年P6断面的向北延伸段。在近岸海域，叶绿素a浓度在水柱中的高值多出现在表层及50 m以浅，而随着水深的增加，叶绿素a浓度在深海区水体中的高值通常出现在50～75 m层，表现出明显的次表层最大值现象，体现出近岸水、冰融水、大洋入侵水等不同水体交互影响的格局。

3）叶绿素a粒级结构

2013年粒度分级叶绿素a结果显示，3个粒级组分对总生物量的贡献由大到小依次为：Pico、Net、Nano，但总体差别不大。不同粒级组分的差异主要体现在区域差异上，在66°S以南海区，Net、Nano、Pico 3种粒级组分所占比例分别为：37.65%、22.14%、40.22%，而在66°S以北海区，3种粒级组分所占比例则分别为：21.67%、24.65%、59.69%。这其中，Nano组分差别不大，但Net和Pico级份差别显著，在深海海区，受大洋水影响，Pico组分占总叶绿素a的近60%，而在近岸海区则显著降低至40%，相对应地，Net级份则在深海区较低，近岸区较高（图5－6）。

2014年调查结果与2013年不同，Nano级份成为优势组分（46.2%），Net级份次之

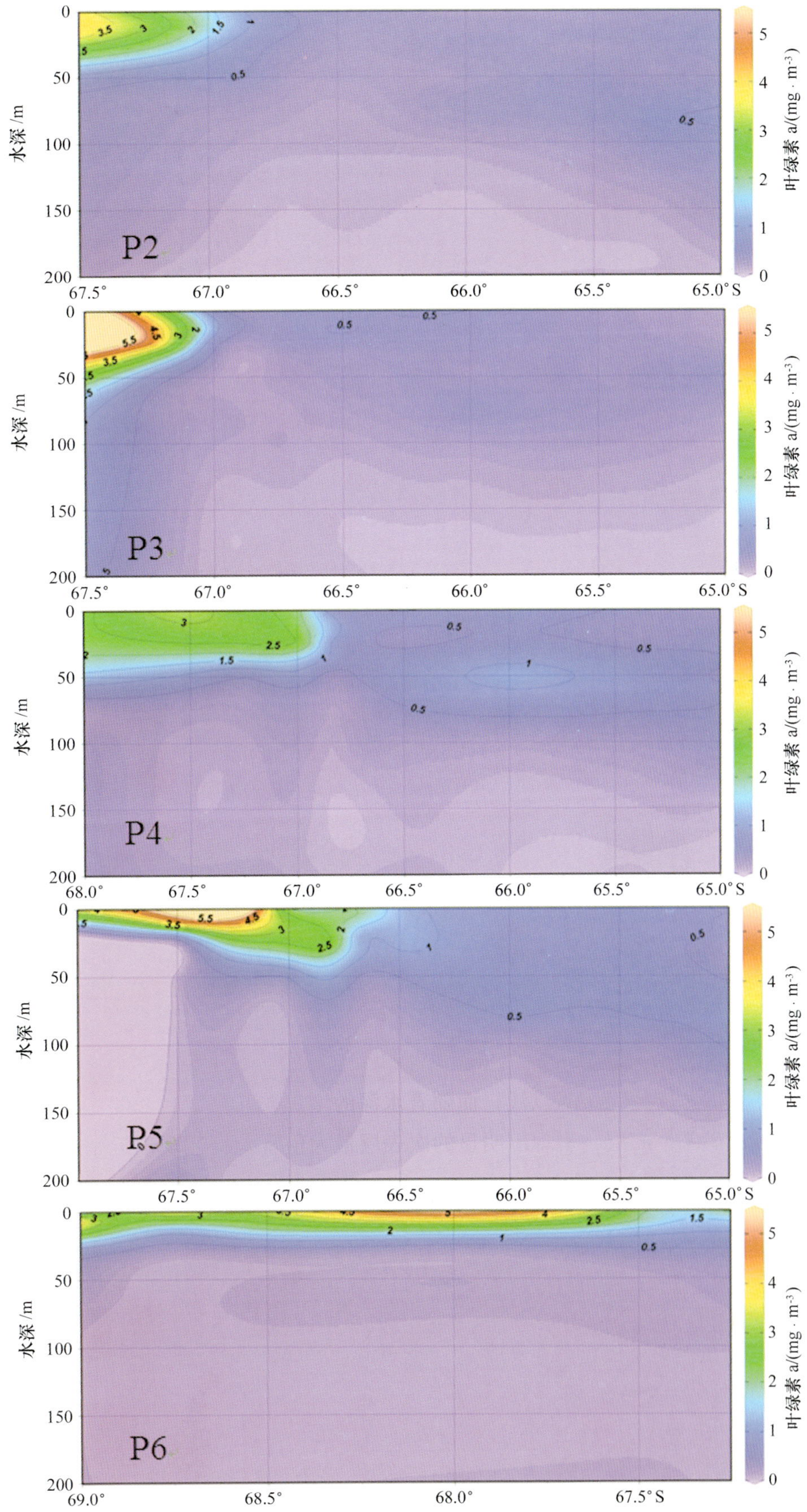

图 5－4 2015 年南极普里兹湾及其邻近海域 5 个断面（P2－6）叶绿素 a 浓度垂直分布特征

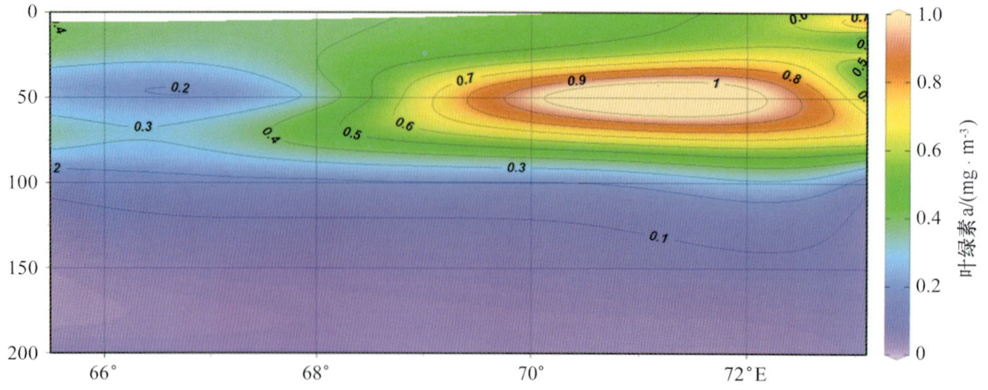

图 5－5　2015 年南极普里兹湾及其邻近海域 66°S 断面叶绿素 a 浓度垂直分布特征

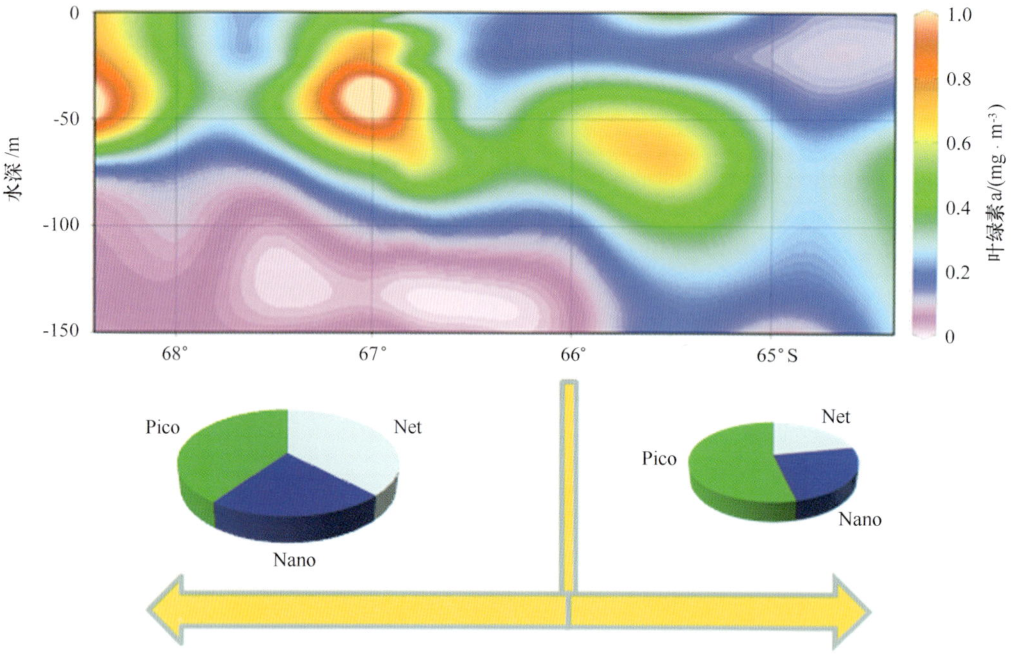

图 5－6　2013 年南极普里兹湾及其邻近海域浮游植物粒级结构分布的区域化特征

（33. 9%），Pico 级份最少（21. 7%）。在叶绿素 a 粒级结构的垂直分布方面，Nano 级份的贡献在整个水柱中最大。Pico 级份在 75～100 m 层所占比例增大（图 5－7）。

2015 年在普里兹湾及邻近海域，Nano 级份是优势组分（37. 6%），Net 级份次之（34. 6%），Pico 级份最少（27. 8%）（图 5－8）。在叶绿素 a 粒级结构的垂直分布方面，同样以 Nano 级份的贡献在整个水柱中最大。表层 Net、Nano 和 Pico 各级份贡献平均为 27. 3%、59. 0% 和 13. 7%，Nano 级份占显著优势（图 5－8），50 m 层以下则是 Net 级份略高于 Nano 级份，群落向较大粒级特征变化。

从近岸海区和陆架陆坡海区来看，Nano 级份的变化不大，从近岸海区的 37. 4% 到陆架和陆坡海区的 39. 4%。近岸海区 Net 级份（38. 4%）明显高于陆架和陆坡区（29. 8%），而 Pico 级份正好相反（近海海区为 24. 2%，陆架和陆坡海区为 30. 8%）（图 5－9）。

与 2013 年和 2014 年的调查结果相比，浮游植物均以粒径较大的级份尤其是 Nano 级份为

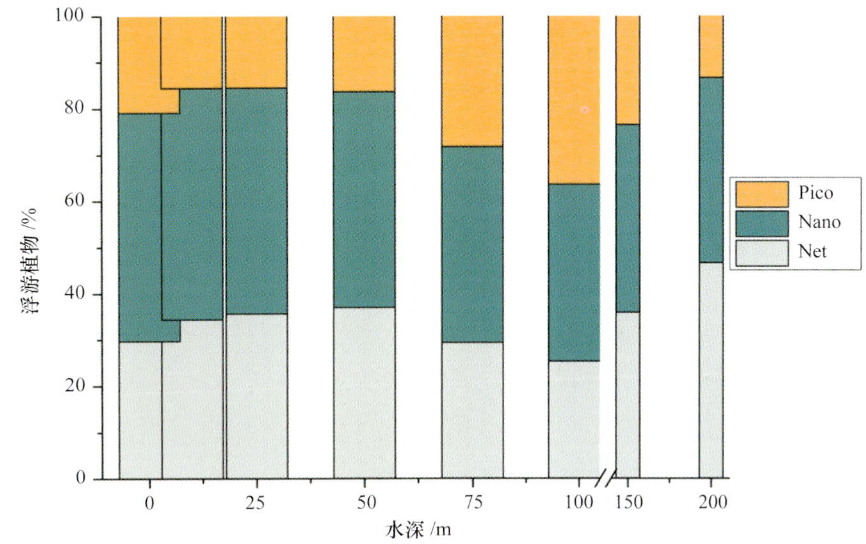

图 5－7　2014 年南极普里兹湾及其邻近海域不同粒级浮游植物在不同深度的百分比组成

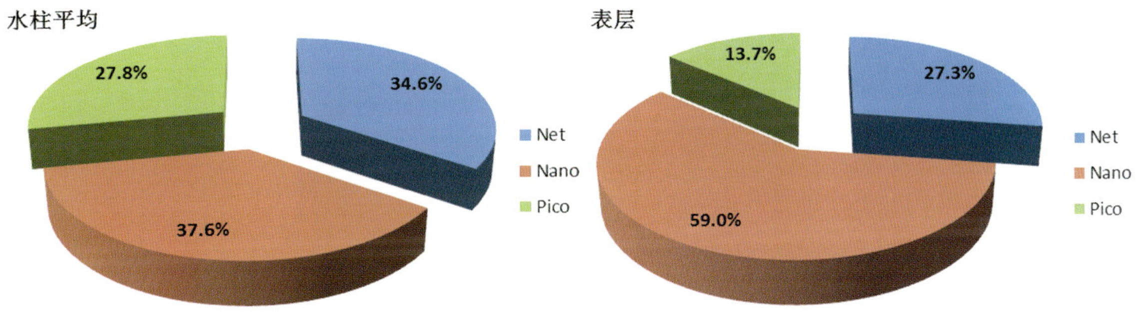

图 5－8　2015 年南极普里兹湾及其邻近海域浮游植物生物量的粒级结构

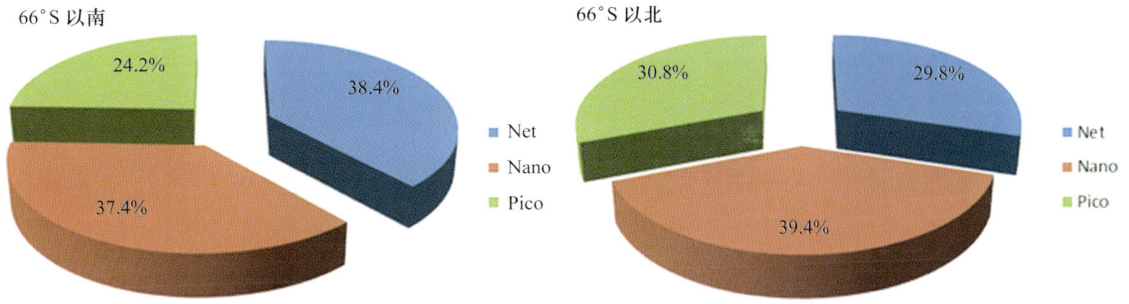

图 5－9　2015 年南极普里兹湾近岸海区和陆架陆坡海区浮游植物生物量的粒级结构

优势组分。在叶绿素 a 粒级结构的垂直分布方面，Nano 级份的贡献在整个水柱中最大。Pico 级份在 75～100 m 层所占比例增大。粒级结构的这种时空变化还需结合环境参数进行深入分析。

4）初级生产力

2013 年浮游植物初级生产力的分布特征与浮游植物生物量的分布特征较为一致，呈现出较为明显的空间区域化特征，即在普里兹湾底部近岸海区初级生产力值较低，在湾口及其以外海区则有较高的值，特别是在陆架边缘的冰融水影响区域具有最高的初级生产力值（图5-10），另外，在深海区的浮游植物生物量高值海区，初级生产力也较高，这可能是占优势的 Pico 级份浮游植物较高的生长繁殖能力导致的。在潜在初级生产力垂直分布上，近岸站位多数以表层的潜在初级生产力最大，而陆坡以外海区多数站位的最高潜在生产力水平在 50% 光衰减层。

初级生产力粒级结构分布特征与叶绿素 a 粒级结构分布基本一致。小型级份（Net）在近岸海区的贡献率高达 65.32%，远高于微型（Nano）和微微型（Pico）级分的贡献。在陆坡和深海区微微型（Pico）级份对总初级生产力的贡献所占比重最大，两区微微型级份贡献分别为 44.24% 和 47.12%。

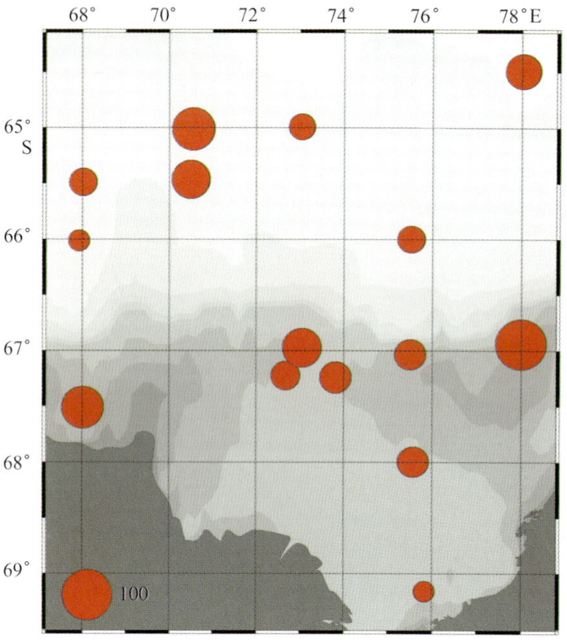

图 5-10　2013 年南极普里兹湾及其邻近海域初级生产力分布（$mg \cdot m^{-3} \cdot h^{-1}$）（以碳计）

2014 年调查海域浮游植物初级生产力水平低于 2013 年，平均为（35.32 ± 15.69）$mg \cdot m^{-3} \cdot h^{-1}$（以碳计），初级生产力从南至北逐渐降低（图 5-11），P2～A3 站仅为 12.4 $mg \cdot m^{-3} \cdot h^{-1}$（以碳计）。在粒级结构方面，Nano 级份贡献最大（50%），Pico 级份次之（40%），Net 级份最小（9%）。

与浮游植物生物量的粒级结构一样，初级生产力的粒级结构也存在很大的年际变化，这其中的原因诚然与调查站位和调查时间的差异有关，但也不排除环境条件变化对浮游植物生长的影响，因此需要进一步分析和讨论。

2015 年普里兹湾及其邻近海域初级生产力的水平较高，平均为（28.1 ± 20.7）$mg \cdot m^{-2} \cdot h^{-1}$（以碳计），最大值出现在冰架区的站 IS-01（65.5 $mg \cdot m^{-2} \cdot h^{-1}$（以碳计））。初级生产力分布呈现出较为明显的空间区域化特征，从南至北，初级生产力逐渐降低。在普里兹湾底部冰架区和近岸海区初级生产力值较高，在陆架和陆坡海区的值则较低（图 5-12）。在垂直分布上，潜在初级生产力的高值均出现在表层或次表层，最高值出现在站 P5-09 的次表

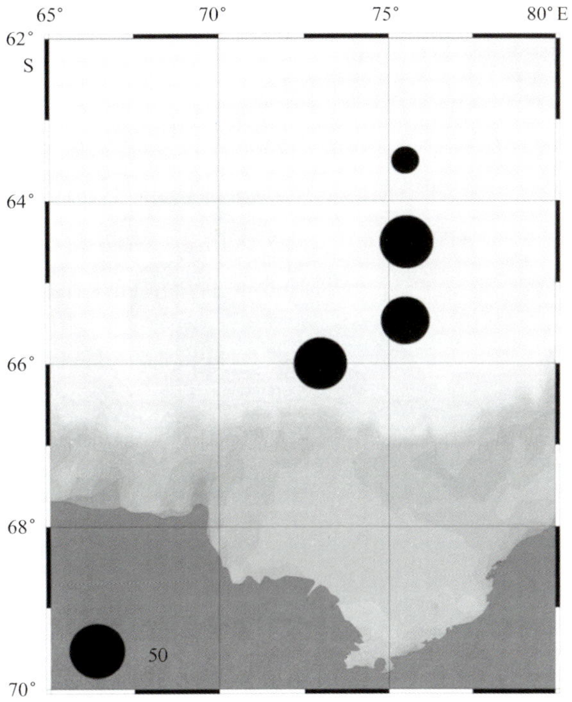

图 5－11 2014 年南极普里兹湾及其邻近海域初级生产力分布（mg · m^{-2} · h^{-1}）（以碳计）

层（5.01 mg · m^{-3} · h^{-1}（以碳计））。

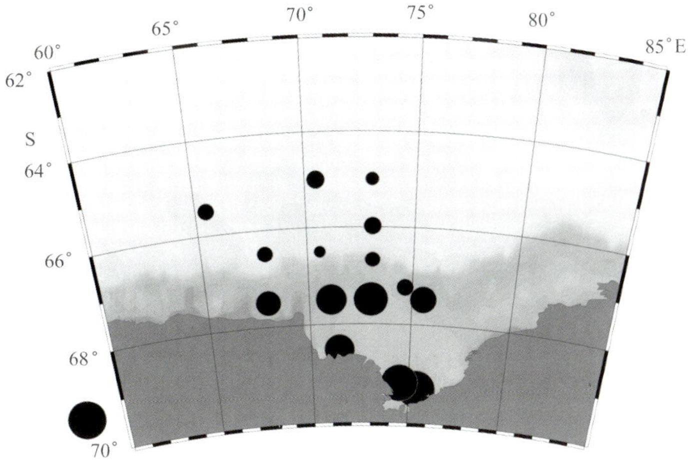

图 5－12 2015 年南极普里兹湾及其邻近海域初级生产力分布（mg · m^{-2} · h^{-1}）（以碳计）

与 2013 年和 2014 年调查结果相比，普里兹湾及其毗邻海域浮游植物初级生产力的分布格局相似，均是从南至北逐渐降低。

5.1.1.2.2 南极半岛海域浮游植物生物量和初级生产力

1）叶绿素 a 平面分布

南极半岛海域平均浮游植物生物量为（0.32 ± 0.18）mg · m^{-3}（n = 27，D5－07 和 D5－08 站只有表层数据，未计入平均），其中，水深小于 1 000 m 的海区叶绿素 a 浓度普遍较高，平均值为（0.40 ± 0.19）mg · m^{-3}（n = 11），水深超过 1 000 m 的海域为（0.26 ± 0.16）

mg·m^{-3}（n=16）。海域叶绿素 a 高值（>0.5 mg·m^{-3}）均出现在岛屿附近（图 5-13），离岛屿越远，叶绿素 a 浓度越低。

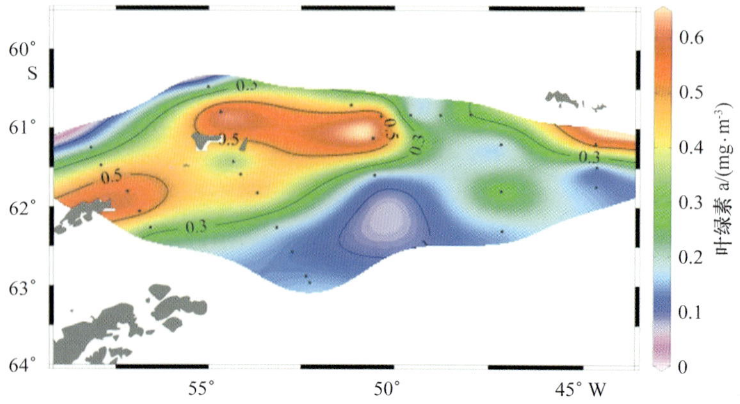

图 5-13　2014 年南极半岛海域水柱平均叶绿素 a 浓度分布特征

2）叶绿素 a 垂向分布

垂直分布方面，从各断面分布图可看出，岛屿附近海域叶绿素 a 浓度高值（>1.0 mg·m^{-3}）均出现在表层和次表层，50 m 以深叶绿素 a 浓度迅速降低，初步分析应与岛屿附近陆源输入营养盐浓度较高有关（图 5-14）。D5 断面分布图显示，叶绿素 a 浓度呈现较为明显的次表层最大值现象，离岛较近的 D5-04 站叶绿素 a 浓度最大值出现在 30 m 层附近，越往南，最大值出现深度越深，D5-06 出现"双峰"现象，需进一步结合环境数据进行分析。遗憾的是，南端 D5-07 和 D5-08 站未采到表层以下水样。DA 断面包括其两端的 D3-02 站和 D4-03 站，可以看到位于中间的 DA-02 和 DA-03 两站叶绿素 a 浓度明显低于两端水深较浅的海域，可能与该处独特的"水道"地形有关。

3）叶绿素 a 粒级结构

从整个海区来看，3 个粒级组分对总生物量的贡献由大到小依次为：Pico、Nano、Net。Pico 级份占 57.4%，Net 级份仅占 8.7%，只在少数几个岛屿附近站位以 Net 和 Nano 级份为主要贡献者。在叶绿素 a 粒级结构的垂直分布方面，Pico 级份的贡献在整个水柱中均为最大。随着水深的增加，各粒级所占比例仅在小范围内变动，上下水层中浮游植物群落的粒级特征并无较大变化（图 5-15）。

4）初级生产力

初级生产力调查结果显示，南极半岛海域初级生产力平均为（113.71±62.68）mg·m^{-2}·h^{-1}（以碳计）。高初级生产力出现在离陆地较近的站位，D1-07 站出现最高初级生产力为 216.50 mg·m^{-2}·h^{-1}（以碳计），离岸愈远，生产力愈低（图 5-16）。从初级生产力的粒级结构来看，Nano 级份对海域生产力贡献最大（54%），Pico 级份次之（30%），Net 级份最小（6%）。

5.1.1.3　叶绿素和初级生产力的环境调控机制

5.1.1.3.1　叶绿素和初级生产力与主要环境因子的关系

南大洋是典型的高营养盐、低叶绿素 a 浓度（HNLC）海区，在此类海区中浮游植物生

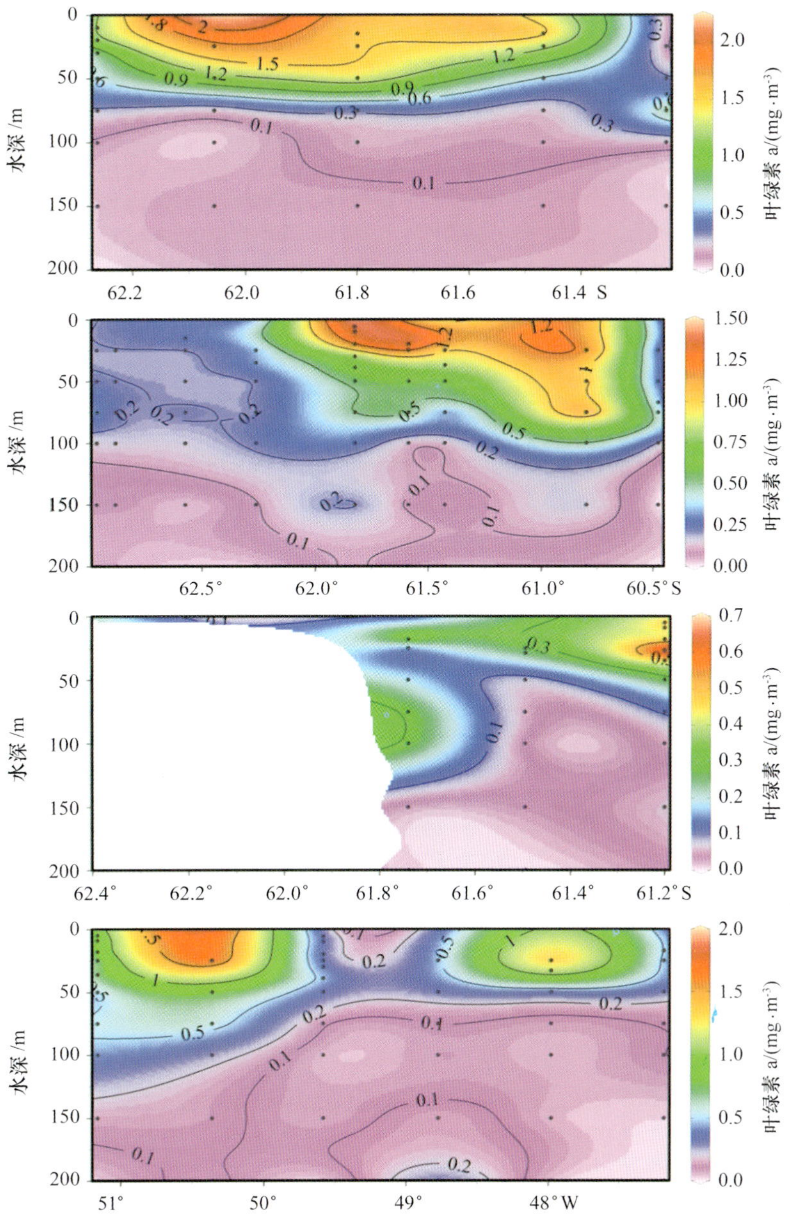

图5－14　2014年南极半岛海域浮游植物生物量垂直分布特征（从上至下分布为D1、D2、D5、DA）

物量和初级生产力的量级都比较低。在南大洋海区浮游植物的高值区一般集中在近岸陆架、季节性海冰消退区/海冰边缘区以及极锋区域（Moore，2000），从历次南大洋科考的观测区域来看，其包含了近岸陆架和季节性海冰消退/海冰边缘这两种环境特征。普里兹湾口东侧受四女士浅滩的阻挡和冰山的堆积，风浪难以向湾内传播，湾内外深层水交换很少；湾内的西向流受湾口西侧福拉姆浅滩的阻挡，使得深层水交换更弱，因此普里兹湾作为一个较封闭的系统，湾内水体稳定度大，有利于浮游植物的生长繁衍。在西侧冰架区，冰架消融水形成了一个较为突出的低温中心，而相对应的浮游植物生物量同样存在一个高值区，这说明由于冰雪消融形成夏季表层水进一步增强了湾内的水体稳定度，构造了浮游植物旺发的环境条件。

2013年现场调查时间较往年晚，海水温度也比往年低（图5－17），这可能是导致浮游植物生物量降低的一个原因，一般认为南极浮游植物最适生长温度在5℃以下（Hart，1993），

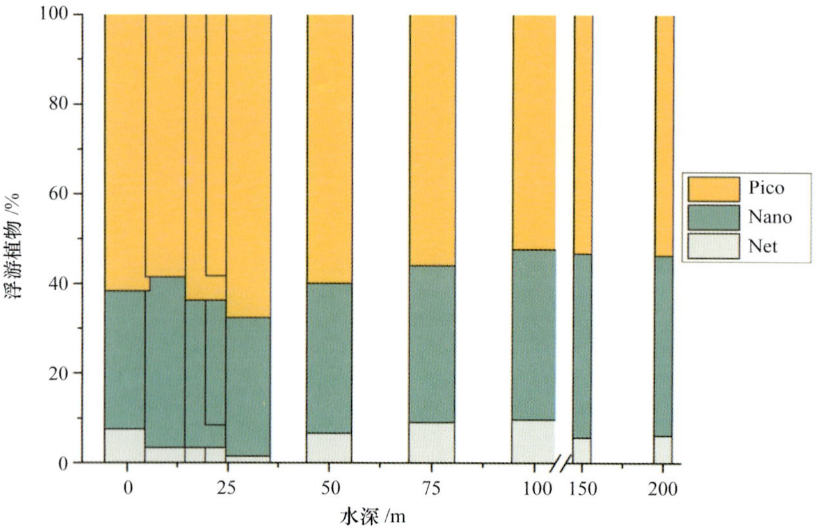

图 5－15　2014 年南极半岛海域不同粒级浮游植物在不同深度的百分比组成

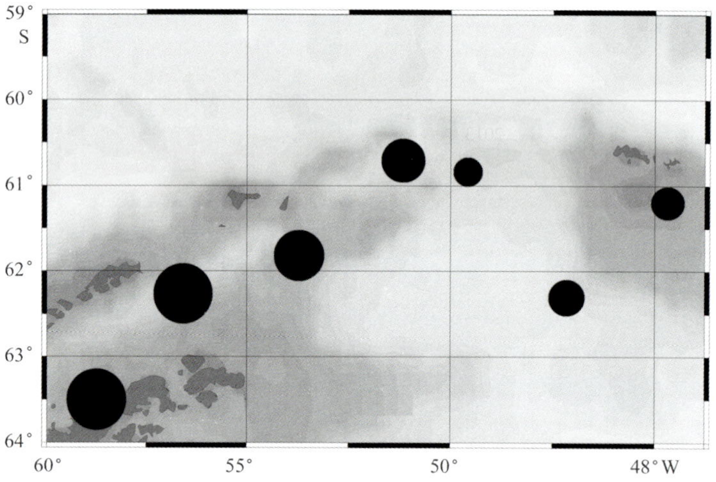

图 5－16　2014 年南极半岛海域初级生产力（mg · m^{-2} · h^{-1}）（以碳计）分布

同时，在真光层内（平均温度底于 2℃）内叶绿素 a 浓度与温度呈正相关（蔡昱明，2005）。在 2013 年海表平均温度低于 1℃的情况下，浮游植物生物量也出现了相对较低的值。与历史数据比较，这种情况与 2002 年的调查结果较为相似（刘诚刚，2004）。

从粒度分级数据上来看，温度对浮游植物的影响也比较明显，在温度较高的年份，浮游植物粒级偏向于较大粒径的级份，而在海水温度较低年份则偏向于较小的级份，特别是微微型的级份往往在低温环境中占有较大的比例（图 5－18）。

在南大洋海区营养盐极其丰富，即使浮游植物旺发消耗大量营养盐，其浓度仍然在限制值以上（Nalewajko，1983）。观测结果表明，在浮游植物生物量较高的近岸海区，其表层营养盐浓度仍然保持了较高的浓度，其中硝酸盐、磷酸盐和硅酸盐的浓度分别达到 16.84 μmol · L^{-1}、1.26 μmol · L^{-1}和 46.43 μmol · L^{-1}以上，远高于营养盐限制阈值（Justic et al.，1995）；而在浮游植物生物量较低的开阔海区，各种营养盐的浓度均高于以上数值，因此常量营养盐

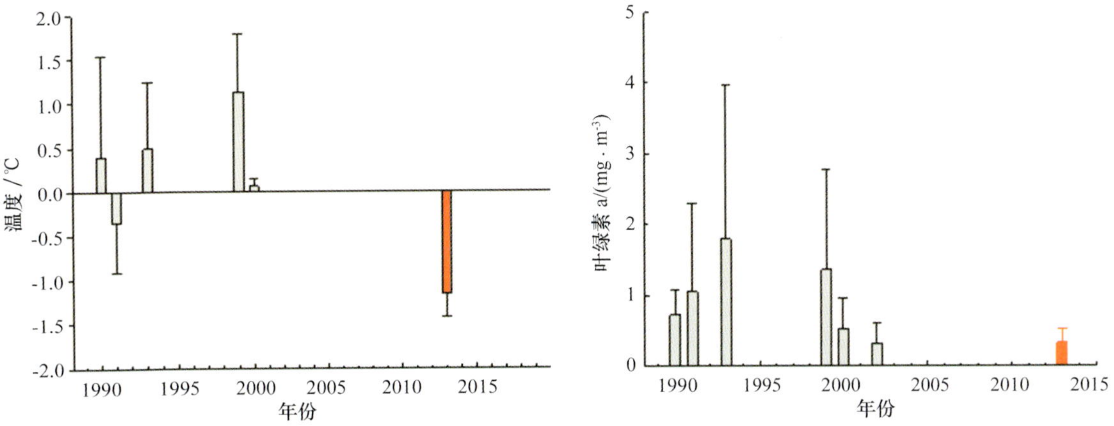

图 5 - 17　表层温度与浮游植物生物量的历史比较

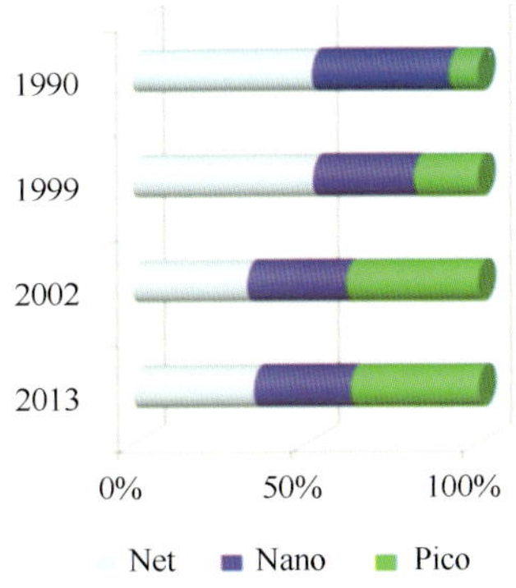

图 5 - 18　粒度级份比重的历史数据比较

难以对浮游植物的生长和初级生产力形成限制。铁、锰等微量元素的限制可能较常量营养盐更为明显。另外，营养盐浓度与浮游植物生物量呈反比也表明了高生物量对营养盐的消耗关系，此外高生物量海区较高的铵盐浓度同样证明了海区浮游植物高活性。

光合有效辐射（PAR）对浮游植物和初级生产力具有较为重要的影响，本次现场调查实施期间，调查海区的海面 PAR 为（17.22 ± 8.18）Einstein · m^{-2} · d^{-1}。其中，2 月上旬的 PAR 较高为（21.49 ± 8.18）Einstein · m^{-2} · d^{-1}，2 月中旬以后随着季节变化，PAR 逐渐降低（图 5 - 19）。日均 PAR 数据表明，最大瞬时 PAR 多见于当地时间 11：00—14：00（474.29 ± 254.02）μEinstein · m^{-2} · s^{-1}，在整个调查期间，日平均的 PAR 最大不超过 500 μEinstein · m^{2} · s^{-1}，低于通常情况下浮游植物受光抑制时的光强水平（Smith，1992）。极地高纬度海区相对较弱的 PAR 对浮游植物的垂直分布产生了较为显著的影响，特别是在近岸高纬度海区，浮游植物生物量呈现出与低纬度海区明显不同的分布特征，相对于低纬度海区浮游植物生物量最大值一般出现在真光层底部的特征，普里兹湾近岸海区浮游植物生物量的高值区一般出现在海水表层，在真光层内随深度增加逐渐减小直至真光层底部达到最小值（图 5 - 20）。PAR 的这一特点对浮游植物的影响也体现在初级生产力上，在本研究区域，海表层潜在初级生产力对水柱初级生产力的贡献达到 28.33%，这一比例也高于一般低纬度海区。总之，在 2 月随着夏季的结束，普里兹湾 PAR 逐渐降低进一步限制了浮游植物的初级生产力，同时使得浮游植物生物量进一步降低。

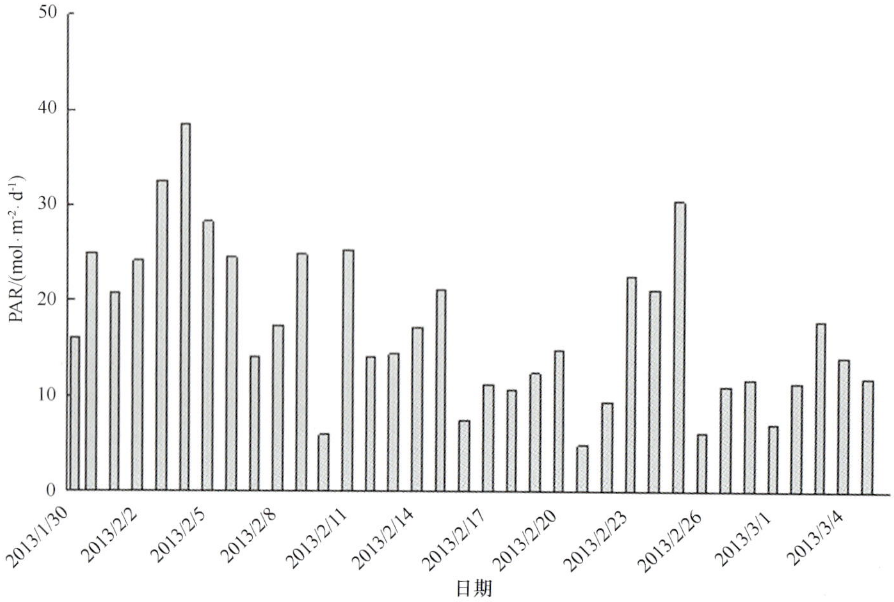

图 5－19　2013 年 2 月普里兹湾海区海面 PAR

5.1.1.3.2　不同生态区物理－生物因子的典型分布

如前所述，浮游植物生物量和生产力具有显著的区域化特征，因此我们选取 2013 年第 29 次南极科考的 P6－11、P4－1 和 P7－5 站位作为陆架区、多冰区和北部海台区的代表性站位，对典型海域的物理－生物因子进行分析。由于该航次到达普里兹湾为 2 月底，已经进入海冰的成冰期，从 P6－11 站位的温盐剖面来看，该站位地处普里兹湾腹地，在 50 m 以上的近表层，呈现低温、低盐的特性，这说明夏季的融冰水仍然滞留在这一海域，在底层则呈现低温高盐的特性，这可能是来自于外海水的入侵或是成冰时期高盐水的存留。在多冰区的 P4－1站，温盐剖面在 60 m 以上近乎垂直，并呈现高温高盐的特征，这说明该海域海冰正在形成。在成冰作用下，高温高盐水被析出，占据了上层水体，但上层水体在有大量高盐水进入的情况下，其盐度仍低于 60 m 以下的深层水，这说明此前这一海域表层盐度较低，低温、低盐的表层水和高温、高盐的析出水快速混合，是导致上层温盐曲线铅直的主要原因，这也说明这一海域混合强烈，水体稳定度低。在靠近海台的 P7－5 站，高温低盐水团占据表层，这意味着该海域有较高的水体稳定度，底层水中铁等营养物质不易向上补充。

叶绿素 a 的分布验证了水团的变化（图 5－21）。在陆架区（P6－11 站）中，受融冰水补充铁的影响，叶绿素 a 浓度较高，高值主要出现在表层和次表层；在多冰区的 P4－1 站，由于浮冰阻挡了海面光照，不利于浮游植物生长，叶绿素浓度较陆架有明显降低，且受强混合的影响，在 60 m 以上水层其浓度变化很小；在东北海台区，虽然有很高常量营养盐浓度（孙维萍等，2012），但由于受到铁的限制，海表叶绿素 a 浓度低于 0.2 $mg \cdot m^{-3}$，在混合层底部叶绿素 a 浓度有所回升，这可能与底层水铁的补充有关。

5.1.1.3.3　夏季浮游植物生物量和生产力的演化过程

综合以上分析结果可知，在普里兹湾及其毗邻海域，浮游植物生物量和初级生产力在夏

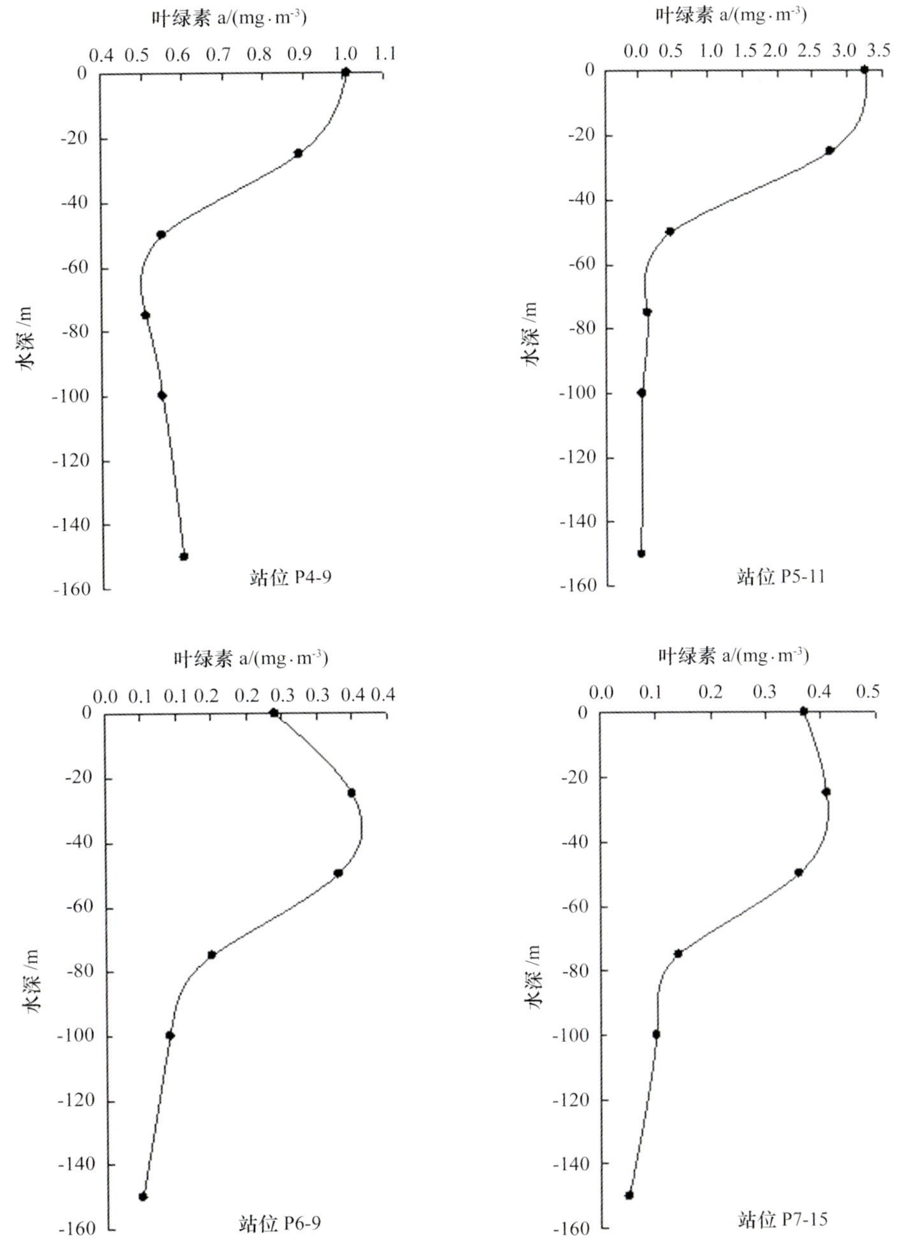

图 5－20　近岸站位叶绿素 a 浓度的垂直分布

季（11 月至翌年 3 月）均存在明显的阶段变化。在海冰初融的 11 月，海水叶绿素 a 浓度较低，这可能是因为大量海冰覆盖，海表入射光较少，不利于浮游植物生长，较低的水温也是生产力的限制因素之一。从 12 月开始，海冰大面积融化，海冰融化可以释放冰体中的铁元素和其他营养物质进入上层海水，缓解了这一海域缺铁的局面（Aguilar-Islas et al.，2008；Tovar-Sanchez et al.，2010），低盐的融冰水也覆盖在海洋的上层，有助于提高水体的稳定度，促进浮游植物的旺发。融冰水会降低局部的营养盐浓度，也能会造成局部的常量营养盐限制，这可能是海冰区要比毗邻水域叶绿素 a 浓度低的原因之一，在融冰区靠外的水域往往是叶绿素 a 的高值区，这可能和这一水域既可以收到融冰水中铁的补充，又能保持较高的常量营养

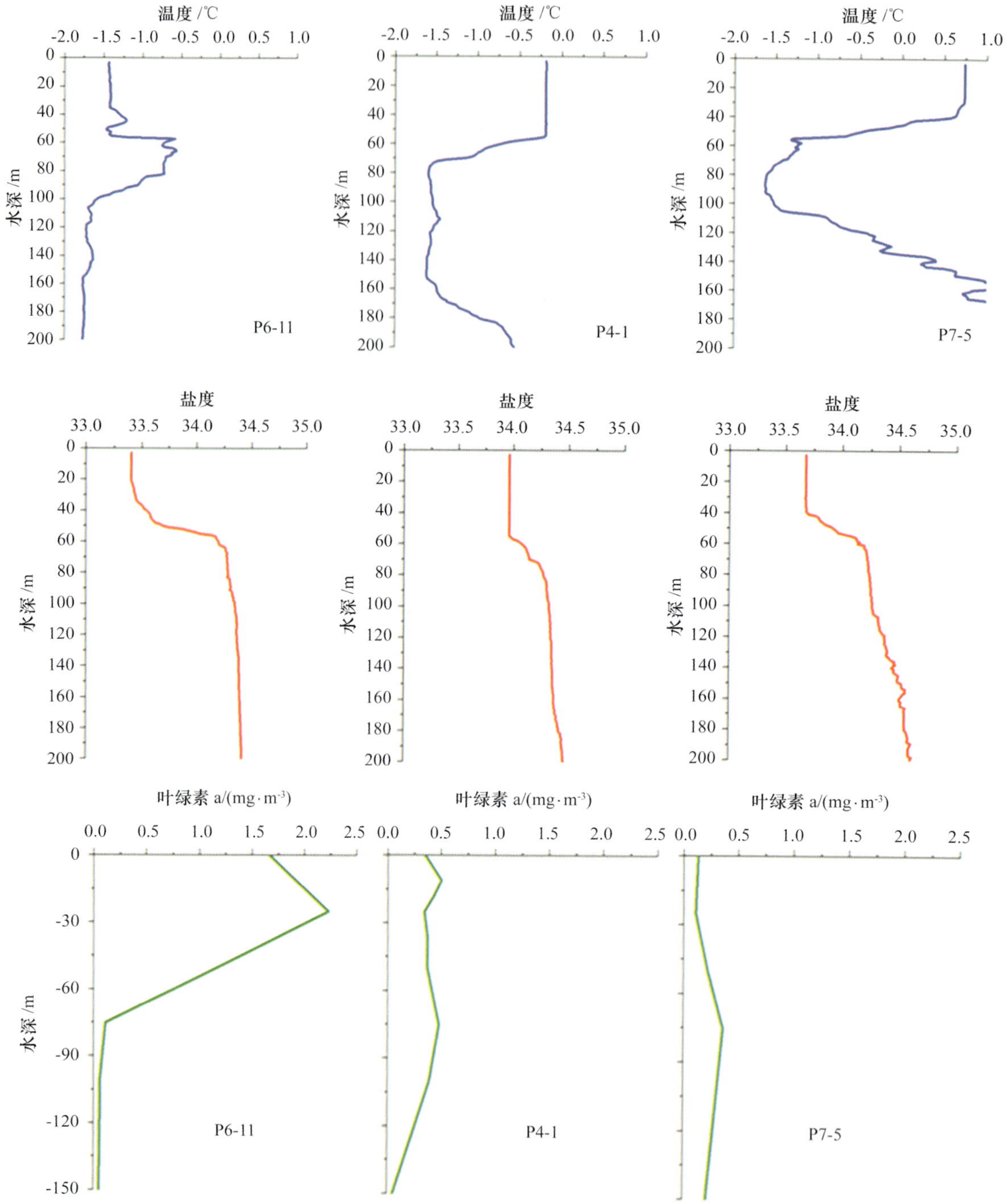

图 5－21 典型站位温度、盐度和叶绿素 a 的垂向分布（每行从左至右为 P6－11、P4－1、P7－5）

盐浓度有关。

进入 1 月，研究海域浮游植物开始大范围的旺发，其高值区主要集中在普里兹湾区和东北部海台区，这主要是温度升高、光照增强所导致。在东北部海台，受地形的影响，这一水域的混合层较浅，富铁的底层水更容易向上补充；而在普里兹湾区，在湾口处存在一槽状水道，延伸至湾区内的深水区（水深大于 500 m），从湾外自东向西的环流中进入湾内，并形成一反时针方式的环流，这有利于湾外浮冰区的融冰水随环流在湾内扩散，融冰水所带来的铁元素的持续补充，可能是这一海域浮游植物在夏季长期旺发的原因。而在西北部的海盆区，跃层深度较深，因而铁元素补充缓慢，该区域在夏季叶绿素 a 浓度一直偏低。

从 2 月开始，水温开始下降，进入成冰阶段，这一过程从高纬度开始，向低纬度扩散。普里兹湾内的水温开始下降，但融冰期所产生低温、低盐的表层水仍然滞留在湾内，但在温度和光照减弱的影响下，叶绿素 a 浓度开始下降；在浮冰带内，高温高盐水在成冰过程析出，造成水体的剧烈混合，不利于浮游植物的生长，而海冰密集度的增加也减少了海面的光合作用，浮游植物生物量和生产力都有所下降，而在 64°S 以北的海域，温度只有轻微降低，受成冰的影响较小，叶绿素 a 浓度变化幅度也较小。到 3 月，随着海冰的大面积形成，普里兹湾内的高叶绿素区基本消失，而外海的叶绿素 a 也随着水温和光照的降低开始明显减弱，夏季的浮游植物生长期进入尾声。

由于航次均在 2 月底和 3 月初，处于浮游植物生物量的下降期，所以在普里兹湾内，叶绿素 a 和初级生产力仍保有相对高值，但高值范围可能已经缩小且明显靠近岸边，湾外的海冰区开始成型，形成了大范围的低叶绿素区。虽然两个航次时间上非常接近，但第 30 次考察队在同一海域的叶绿素 a 浓度明显偏低，这可能与 2013—2014 年度海冰范围较大有关。此外，不同生态区浮游植物变化的主控因子也可能并不一致。在陆架区，由于受融冰水携带的铁作为补充，形成浮游植物的持续旺发，在这一过程中，进入普里兹湾融冰水的量和路线可能是影响浮游植物生长的主要因素。而在陆架外的多冰区，海冰密集度大小直接影响着海表光强，并且大量融冰水的释放可能会造成局部的营养盐限制，因此，海冰密集度是这一区域最重要的生态因子；而在外海，海盆区和海台区叶绿素 a 浓度的差别可能主要来自于混合层条件的差异，前者混合层深，难以从底部获得铁的补充，后者受地形影响，混合层较浅，铁更容易跃层底部进入真光层，促进浮游植物生长，因而形成叶绿素 a 的相对高值区。

5.1.1.4 小结

（1）研究海区具有显著的空间区域化特征，浮游植物生物量、初级生产力和浮游植物粒径结构均在近岸海区、陆架陆坡海区和深海海区呈现出明显不同的分布；低温和低 PAR 影响着浮游植物生物量和初级生产力格局，两者在分布上呈现趋向表层的分布特征。

（2）2013 年、2014 年和 2015 年度调查结果表明，离岸较远的陆架陆坡海区及深海海区，浮游植物在粒径结构上趋向于更小的微微型浮游植物占有明显优势。对初级生产力的贡献上，微型和微微型浮游植物也占有明显优势。

（3）从季节尺度看，观测结果显示叶绿素 a 和生产力的变化受到海冰－环流系统的驱动。作为 HNLC 海区的一部分，普里兹湾附近常量营养盐如氮、磷、硅等较为充裕，不构成限制，融冰期所释放的铁对浮游植物的时空变化可能更为重要。不同时期水温、海冰密集度、海表风速等要素的变化值得重视，这些要素可以通过控制关键营养物质的供给、光合可利用光和水体稳定度等，进而影响初级生产力的年际变化。

参考文献

蔡昱明，宁修仁，朱根海，史君贤．2005．南极普里兹湾浮游植物现存量与初级生产力粒级结构和新生产力研究．海洋学报，27（4）：135－147．

陈兴群，G．迪克曼．1989．南极威德尔海陆缘固冰区叶绿素 a 及硅藻的分布．海洋学报，11（4），501－509．

戴芳芳，王自磐，E Allhusen，等 2008a. 南极威德尔海冬季海冰叶绿素及其生态意义．极地研究，20（3）：248－257.

戴芳芳，王自磐，李志军，et al. 2008b. 南极冬季威德尔海海冰物理结构与叶绿素 a 垂直分布特征，海洋学报，30（4）：104－113.

何剑锋，陈波，吴康．1999. 南极中山站近岸海冰生态学研究Ⅳ. 海冰营养盐浓度的季节变化及其与生物量的关系．极地研究，11（1）：25－33.

何剑锋，陈波．1995. 南极中山站近岸海冰生态学研究Ⅰ. 1992 年冰藻生物量的垂直分布及季节变化．南极研究，7（4）：53－64.

何剑锋，陈波．1996. 南极中山站近岸海冰生态学研究Ⅰ. 1992 年冰下水柱浮游植物生物量的季节变化及其与环境因子的关系．南极研究，8（2）：23－34.

何剑锋，王桂忠，李少菁，等．2003. 南极海冰区冰藻类群及兴衰过程．极地研究，15（2）：102－114.

李宝华．2004. 南极长城站及邻近海域叶绿素 a 次表层极大值的研究．极地研究，16（2）：127－134.

刘诚刚，宁修仁，孙军，等．2004. 2002 年夏季南极普里兹湾及其邻近海域浮游植物现存量、初级生产力粒级结构和新生产力研究．海洋学报，（6）：107－117.

刘子琳，蔡昱明，陈中元，等．2002. 1998/1999 年南极夏季普里兹湾及北部海区叶绿素 a 和初级生产力的分布特征．极地研究，14（1）：12－21.

刘子琳，蔡昱明，宁修仁，等．2001. 1999/2000 年夏季南极普里兹湾及湾口区叶绿素 a 和初级生产力．极地研究，13（1）：1－12.

刘子琳，宁修仁，等．2000. 1999/2000 年夏季环南极表层海水叶绿素 a 和初级生产力．极地研究，12（4）：235－244.

刘子琳，宁修仁．1993. 南大洋环极表层水浮游植物分级生物量，初级生产力和颗粒有机碳的分布．南极研究，5（4）：63－72.

刘子琳，潘建明，陈忠元．2004. 南大洋浮游植物现存量对颗粒有机碳的贡献．海洋科学，28（5）：44－49.

吕培顶，等．1986. 南极戴维斯站附近水域叶绿素 a 的季节变化及其与环境因子的相关关系// 南极科学考察论文集（3）．20－34.

宁修仁，刘子琳，朱根海，等．1998. 1989/1990 年南极普里兹湾及其毗邻海域浮游植物现存量和生产力的粒度结构及其环境制约//中国海洋学文集（9）．1－21.

宁修仁，刘子琳．1993. 南极普里兹湾及其邻近海域浮游植物粒度分级生物量和初级生产力．南极研究，5（4）：50－62.

孙维萍，扈传昱，韩正兵，等．2012. 2011 年南极夏季普里兹湾营养盐与浮游植物生物量的分布．极地研究，24（2）：178－186.

吴宝铃，朱明远，黄凤鹏．1992. 南极长城湾叶绿素 a 的季节变化．南极研究，4（4）：14－17.

朱明远，李宝华，黄凤鹏，等．1999. 南极长城湾夏季叶绿素 a 变化的研究．极地研究，11（2）：113－121.

Amos A F. 1993. AMLR program：interannual variability in the Elephant Island surface waters in the austral summer. Ant J US，28：201－204.

Arrigo K R，D Worthen，A Schnell，et al. 1998. Primary production in Southern Ocean waters. J Geophys Res，103：15587－15600.

Bodungen B V，Smetacek V S，Tilzer M M，et al. 1986. Primary production and sedimentation during spring in the Antarctic Peninsula region. Deep Sea Res Ⅰ，33（2）：177－194.

Boyd P W. 2002. Environmental factors controlling phytoplankton processes in the Southern Ocean. J Phycology，38（5）：844－861.

Bröckel K. 1981. The importance of nanoplankton within the pelagic Antarctic ecosystems. Kiel Meeresforsch，5：

61 – 67.

Cota G F, Kottmeier S T, Robinson D H, et al. 1990. Bacterioplankton in the marginal ice zone of the Weddell Sea: biomass, production and metabolic activities during austral autumn. Deep Sea Res I, 37 (7): 1145 – 1167.

Daly K L, Smith W O, Johnson G C, et al. 2001. Hydrography, nutrients, and carbon pools in the Pacific sector of the Southern Ocean: Implications for carbon flux. J Geophys Res, 106 (C4): 7107.

El-Sayed S Z. 2005. History and evolution of primary productivity studies of the Southern Ocean. Polar Bio, 28 (6): 423 – 438.

El-Sayed S Z. 1971. Observations on phytoplankton bloom in the Weddell Sea. Biology of the Antarctic Seas IV. 17: 301 – 312.

Gregg W, N Casey, C McClainecent. 2005. Rtrends in global ocean chlorophyll. Geophysical Res Let, 32, L03606, doi: 10.1029/2004GL021808.

Hewes C D, E. Sakshaug F M H Reid, et al. 1990. Microbial autotrophic and hetetotrophic eucaryotes in Antarctic waters: Relationships between biomass and chlorophyll, adenosine triphosphate and particulate organic carbon. Mar Ecol Prog Ser, 63: 27 – 35.

Holm-Hansen O, Mitchell B G, Hewes C D, et al. 1989. Phytoplankton blooms in the vicinity of Palmer Station, Antarctica. Polar Biol, 10 (1): 49 – 57.

Jacques G, M Panouse. 1991. Biomass and composition of size fractionated phytoplankton in the Weddell-Scotia Confluence area. Polar Biol, 11: 315 – 328.

Jochem F J, Mathot S, Queguiner B. 1995. Size-fractionated primary production in the open Southern Ocean in austral spring. Polar Biol, 14: 413 – 422.

Mathot S, Dandois J, Lancelot C. 1992. Gross and net primary production in the Soctia-Weddell Sea sector of the Southern Ocean during spring 1998. Polar Biol, 12: 321 – 332.

Moline M A, Claustre H, Frazer T K, et al. 2001. Changes in phytoplankton assemblages along the Antarctic Peninsula and potential implications for the Antarctic food web. Antarctic Ecosystems: Models for Wider Ecological Understanding, (1): 263 – 271.

Moline M A, Prézelin B B. 1996. Palmer LTER 1991—1994: Long-term monitoring and analyses of physical factors regulating variability in coastal antarctic phytoplankton biomass, *in situ* productivity and taxonomic composition over subseasonal, seasonal and interannual time scales. Mar Ecol Progr Ser, 145: 143 – 160.

Moore J K, Abbott M R, Richman J G, et al. 1999. SeaWiFS satellite ocean color data from the Southern Ocean. Geophys Res Lett, 26 (10): 1465 – 1468.

Moore J K, Abbott M R. 2000. Phytoplankton chlorophyll distributions and primary production in the Southern Ocean. J Geophys Res, 105 (12): 28 709 – 28 722.

Moore J K, Abbott M R. 2002. Surface chlorophyll concentrations in relation to the Antarctic Polar Front: seasonal and spatial patterns from satellite observations. J Mar Syst, 37 (1): 69 – 86.

Smith Jr W O, Keene N K, Comiso J C. 1988. Interannual variability in estimated primary productivity of the Antarctic marginal ice zone. In Antarctic Ocean and Resources Variability, Springer, 131 – 139.

Smith N, M Nelson. 1985. Phytoplankton bloom produced by a receding ice edge in the Ross Sea: spatial coherence with the density field. Science, 227: 163 – 166.

Smith W, J Marra, M Hiscock, et al. 2000. The seasonal cycle of phytoplankton biomass and primary productivity in the Ross Sea, Antarctica. Deep Sea Res II, 47: 3119 – 3140.

Sullivan W, McClain R, Comiso C. 1988. Phytoplankton standing crops within Antarctic ice edge assessed by satellite remote sensing. J Geophys Res, 93: 487 – 498.

Villafane V E, Helbing E W, Holm-Hansen O. 1995. Spatial and temporal variability of phytoplankton biomass and taxanomic composition around Elephant Island, Antarctica, during the summers of 1990—1993. Mar Biol, 123: 677 – 686.

Weber H, Z El-sayed. 1987. Contributions of the net, nano and picoplankton to the phytoplankton standing crop and primary productivity in the Southern Ocean. J Plankton Res, (9): 973 – 994.

5.1.2 南极海洋微小型浮游生物群落结构与多样性特征

5.1.2.1 环南大洋海域

5.1.2.1.1 丰度和分布

1）第28次南极考察

对微微型浮游生物丰度和分布的调查依托于船载流式细胞仪进行，2011—2012年中国第28次南极科学考察期间在环南大洋海域获得的数据结果显示夏季南大洋微微型浮游生物主要由微微型真核类浮游植物（pico-eukaryotes peuk）和异养细菌（Heterotrophic Bacteria，HB）组成。微微型浮游植物丰度（pico-phytoplankton abundance，PPA）的丰度范围是1.78 ~ 11.11 cells · μL^{-1}，平均丰度4.33 cells · μL^{-1}，其在南大洋表层具体分布见图5 – 22。微微型浮游植物在近岸海域丰度更高，并且相比其他海域，普里兹湾海域丰度尤其高，与普里兹湾湾内埃默里冰架冰架水和海冰融水有关。

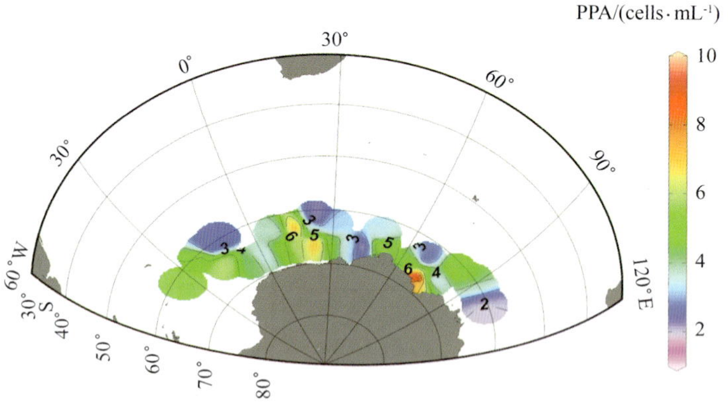

图5 – 22　第28次微微型浮游植物丰度（PPA）环南大洋表层分布

异养细菌丰度（heterotrophic bacteria abundance，HBA）范围是$0.59 \times 10^8 \sim 5.71 \times 10^8$ cells · L^{-1}，平均1.87×10^8 cells · L^{-1}，其表层分布见图5 – 23，同样是近岸海域高于远洋。HBA在普里兹湾湾口海域同样丰度较高，在1×10^8 cells · L^{-1}左右，但明显低于南极半岛海域。

2）第29次南极考察

2012—2013年中国第29次南极科学考察期间在南大洋海域的调查结果同样显示南大洋微微型浮游生物以微微型真核浮游植物和异养细菌为主，微微型浮游植物在南大洋表层丰度范围是0.72 ~ 5.26 cells · μL^{-1}，平均为3.12 cells · μL^{-1}。微微型浮游植物丰度在普里兹湾

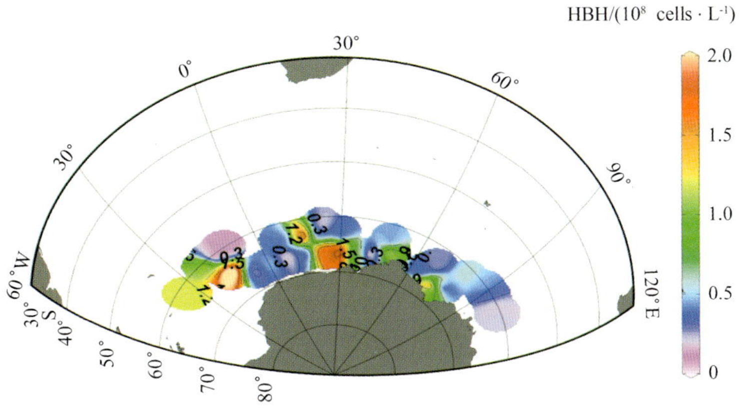

图5-23 第28次异养细菌丰度（HBA）环南大洋表层分布

和罗斯海附近海域明显高于其他海域（图5-24），同样显示了冰架水和海冰融水的影响。异养细菌的丰度范围则是（0.06~6.99）×10^8 cells·L^{-1}，平均0.64×10^8 cells·L^{-1}。异养细菌丰度最高值出现在90°E附近普里兹湾出水口（图5-25），异养细菌丰度在罗斯海海域丰度同样高于其他环南大洋海域，冰川融水同时影响微微型浮游植物和异养细菌生长。

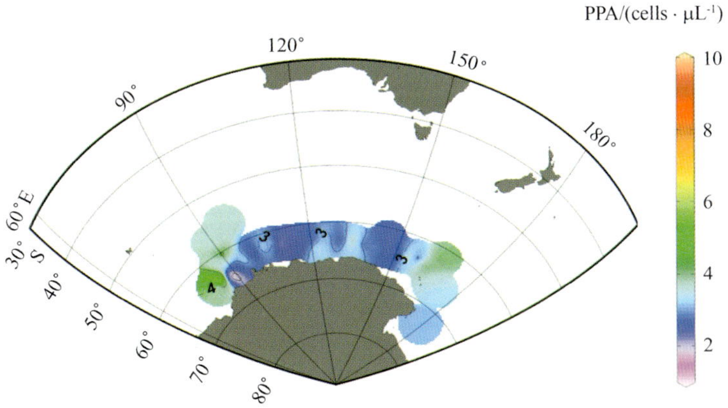

图5-24 第29次微微型浮游植物丰度（PPA）环南大洋表层分布

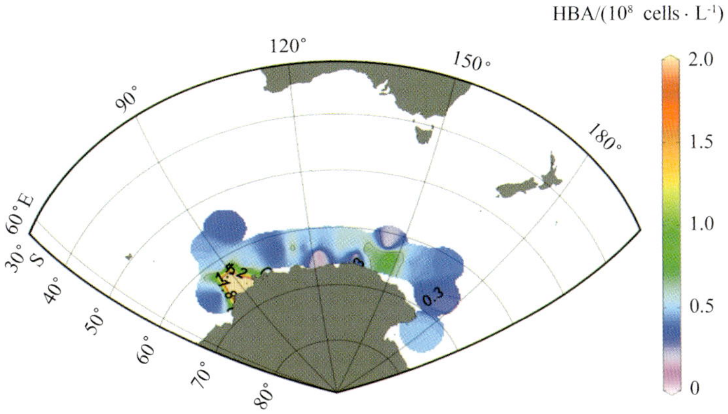

图5-25 第29次异养细菌丰度（HBA）环南大洋表层分布

3）第 30 次南极考察

2013—2014 年中国第 30 次南极科学考察获得的数据显示微微型浮游植物丰度为 0.11 ~ 7.74 cells · μL^{-1}，平均 2.90 cells · μL^{-1}。最高值出现在南极圈以外南大西洋，显示南大洋微微型浮游植物的较低丰度。和前两年的调查结果一致，微微型浮游植物相对高丰度值总是出现在海湾附近海域，例如本航次的普里兹湾、罗斯湾、阿蒙森湾和威德尔海，这些海域海水受湾内冰架水输出影响，温度和盐度都更高，微微型浮游植物丰度也更高（图 5 – 26）。异养细菌在本航次调查中丰度较低，变化范围是（0.05 ~ 1.18）$\times 10^8$ cells · L^{-1}，平均 0.13 × 10^8 cells · L^{-1}。本航次南大洋异养细菌丰度普遍低于 10^8 cells · L^{-1}，普里兹湾和罗斯湾湾内水体为异养细菌高丰度值出现海域（图 5 – 26B），高于 0.5 × 10^8 cells · L^{-1}。

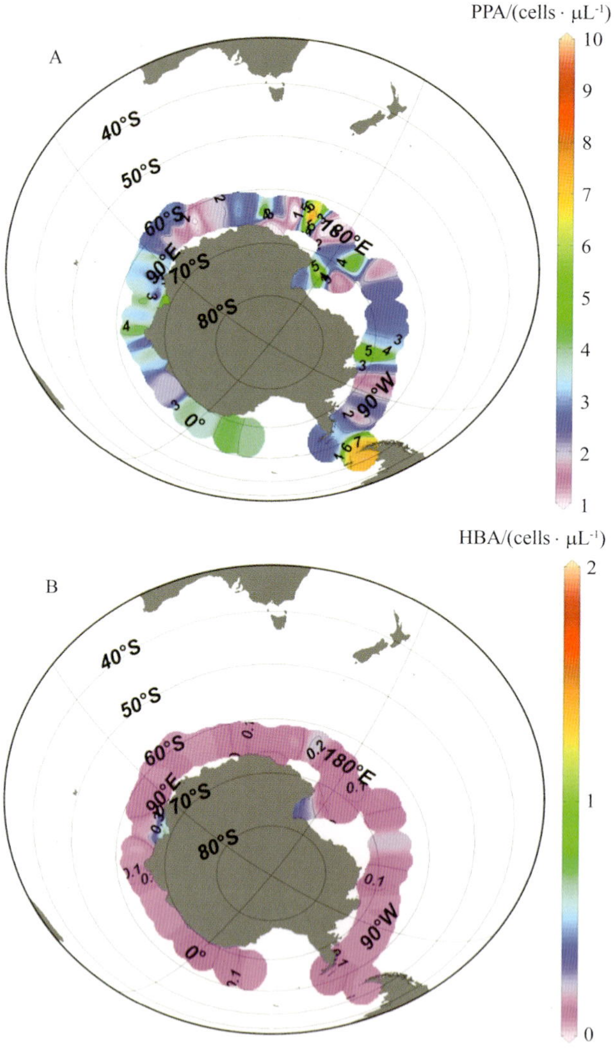

图 5 – 26　第 30 次微微型浮游植物丰度（PPA）（A）
和异养细菌丰度（HBA）（B）环南大洋表层分布

4）年际变化

对第 28 ~ 30 次 3 个航次采集的微微型浮游生物丰度平均值进行比较，分析微微型浮游生物丰度年际变化（图 5 – 27）。微微型浮游植物丰度（PPA）和异养细菌丰度（HBA）都呈现明显的下降趋势，由于调查站位主要是在东南极海域，与东南极增加的海冰覆盖面积对应，反映海冰覆盖面积和微微型浮游生物之间的负相关关系。

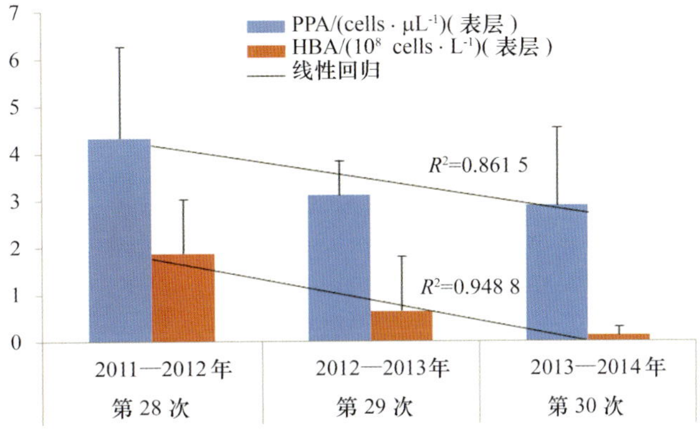

图5－27　3个航次环南大洋微微型浮游生物（微微型浮游植物丰度PPA和异养细菌丰度HBA）平均丰度年际变化

5.1.2.1.2　群落结构组成和多样性

1）浮游细菌

利用第28次南极考察环南大洋航行时采集的样品（图5－28），进行16S rDNA高通量测序，对南大洋表层细菌群落结构组成和多样性现状进行评估，共计完成13个样品的高通量测序工作。在门的分类水平上，南大洋印度洋扇区主要的细菌为变形菌（Proteobacteria），总体占总群落的76.6%以上，其次为蓝细菌（Cyanobacteria）和拟杆菌（Bacteroidetes），分别占总群落组成的9.1%和13.4%。具体各门类细菌在各个站位和总细菌群落当中所占的比例如图5－29所示。除了以上3类细菌以外，其余各类细菌在总细菌群落中所占比例都很低。从各个站位的细菌组成来看，ZH45和ZH57两个站位细菌种类最多。其中ZH45纬度最低，受其他锋面水团影响较强，而ZH57站位位于普里兹湾湾口，受普里兹湾湾内冰架水和陆架水的影响较大。

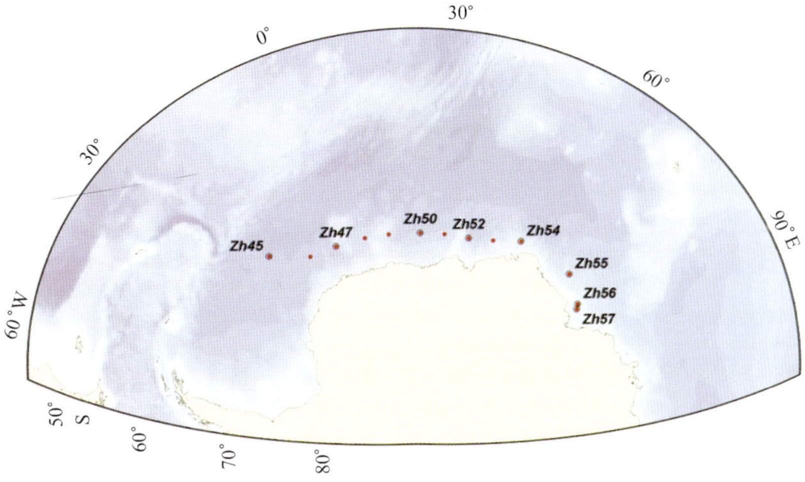

图5－28　第28次南极微小型浮游生物多样性和群落结构组成采样站位分布

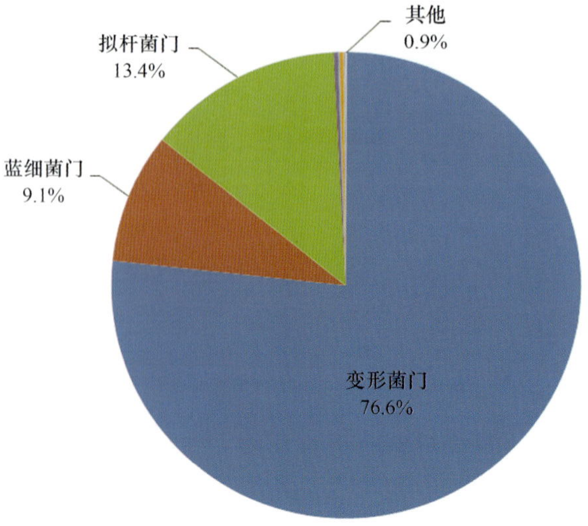

图 5－29　南大洋表层浮游细菌群落组成（分类到门）

从纲的分类水平来看，南大洋印度洋扇区和大西洋扇区最主要的细菌为阿尔法变形菌（Alphaproteobacteria）、蓝细菌（Cyanobacteria）、伽玛变形菌（Gammaproteobacteria）和黄杆菌（Flavobacteria），其在总细菌群落结构组成当中所占的百分比分别是 57.7%、9.07%、18.1% 和 12.8%。在北冰洋的相关研究显示伽玛变形菌为大洋沿岸表层水体中的细菌优势类群（Kellogg and Deming，2009；Malmstrom et al.，2007），阿尔法变形菌为离岸远洋水体中的主要细菌优势类群（Collins et al.，2010；Kirchman et al.，2010），贝塔变形菌在河水影响区域占据优势地位（Garneau et al.，2006），黄杆菌为典型的淡水影响菌群，在低盐水体中占据优势地位（Han et al.，2014）。蓝细菌也被普遍承认与陆源淡水的输入有显著关系（Garneau et al.，2006；Waleronet et al.，2007）。从各个站位细菌群落组成的结构上来看，阿尔法变形菌、伽玛变形菌、蓝细菌和黄杆菌的优势地位说明采样站位主要位于南极沿岸南极陆源水边界区（Continental Water Boundary），受到外围的大洋水影响更大，但是沿岸淡水的输入也对整个表层细菌群落造成重要影响。ZH52 站阿尔法变形菌所占比例最小而伽玛变形菌所占比例最大，显示 ZH52 站受沿岸淡水的影响最强烈。而 ZH45 和 ZH57 站位 OUT 种类数最多，其中 ZH45 为纬度最低的站位，离其他锋面水团最近，而 ZH57 位于普里兹湾湾口，显示其他水团对浮游细菌群落结构组成和多样性的重要影响（图 5－30 和图 5－31）。

2）微型真核浮游生物

南大洋表层微型真核生物的主要类群组成见表 5－2，微型真核生物主要由原生生物（Protozoa）、后生动物（Metazoa）和真菌（Fungi）三大类组成。后生动物（Metazoa）和真菌（Fungi）虽然能在总分类单元中检测到，但南大洋表层海水主要微型真核生物类群为原生生物（Protozoa）当中的藻类植物。在真核生物分类数据库中能检索鉴定得到的真核生物有 13 门 30 纲，除了浮游植物和浮游动物能被检测到以外，底栖类甲壳动物、环节动物、腔肠动物、软体动物等生物也能被检测出来。

从各个站位微型真核生物的种群丰富度和多样性来看（图 5－32），各个调查站位的丰富度指数（Chao 和 ACE）都相差不多，丰富度指数最高的是纬度最低的 ZH45 站位，其次为 ZH50 站位，普里兹湾湾口的 ZH56 站位在物种丰富度指数上只是比邻近的 ZH54 和 ZH55 站

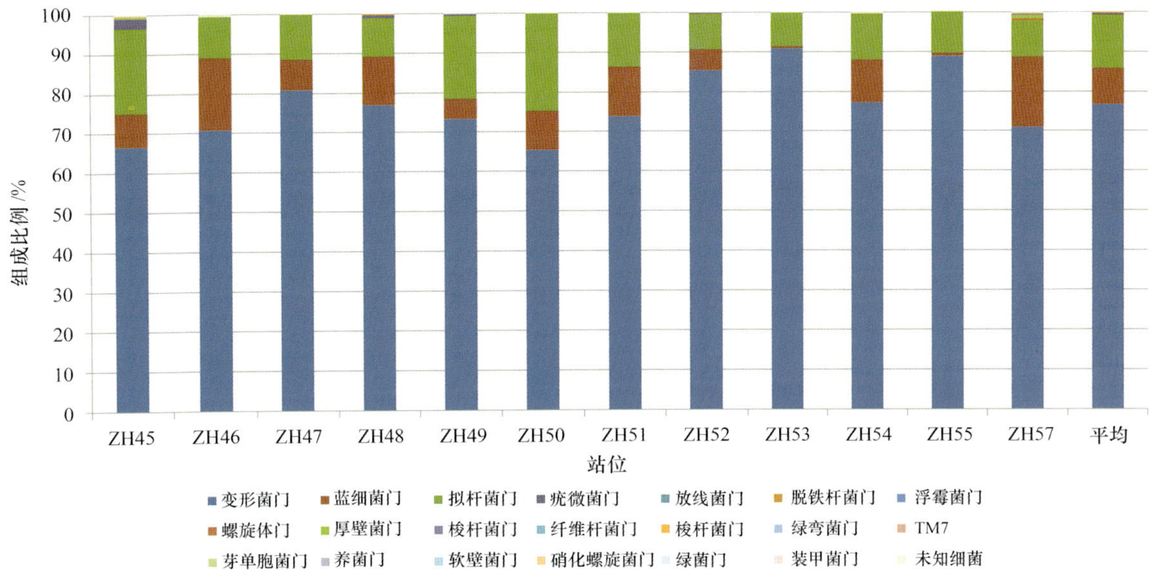

图5-30 南大洋各站位表层细菌群落组成（分类到门）

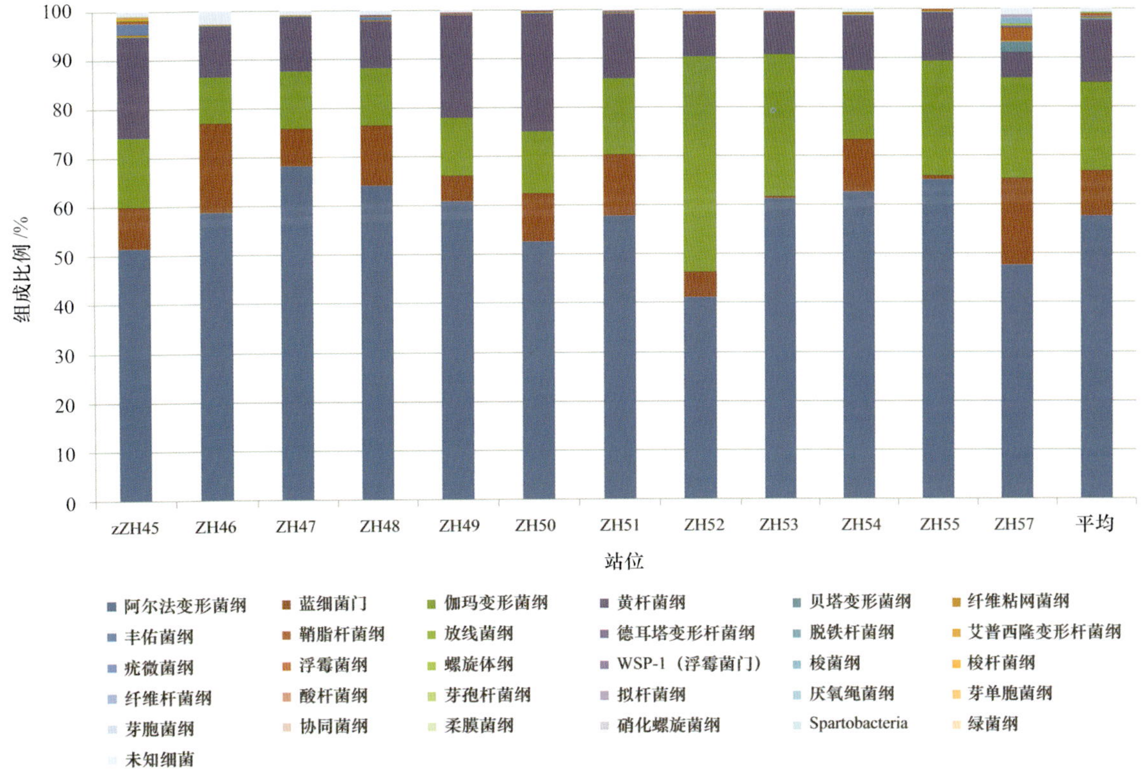

图5-31 南大洋各站位表层细菌群落组成（分类到纲）

位稍高。但是从各个调查站位的微型真核生物多样性来看，Shannon 多样性指数相差不大而 Inverse Simpson（InvSimpson）指数相差很大。InvSimpson 指数最高的是 ZH48 站位，其次为纬度最低的 ZH45 站位，显示这两个站位的微型真核生物多样性最高，InvSimpson 指数最低的是 ZH55 站位和 ZH56 站位，都位于普里兹湾湾口，显示冰架水对微型真核生物生物多样性的

表 5－2　南大洋表层海水主要微型真核生物种类组成（分类到纲）

界	Kingdom	门	Phylum	纲	Class	纲	Class
原生生物	protozoa	硅藻门	Diatomea	Craniata	Craniata	涡鞭毛虫纲	Dinoflagellata
后生动物	Metazoa	绿藻门	Chlorophyta	Intramacronucleata	Intramacronucleata	水螅虫纲	Hydrozoa
真菌	Fungi	扭鞘藻门	Streptophyta	酵母菌亚门	Saccharomycotina	单子叶植物纲	Liliopsida
		褐藻门	Phaeophyceae	甲壳动物亚门	Crustacea	颚足纲	Maxillopoda
		担子菌门	Basidiomycota	子囊菌亚门	Pezizomycotina	放射虫纲	Radiolaria
		子囊菌门	Ascomycota	柄锈菌亚门	Pucciniomycotina	昆虫纲	Insecta
		腔肠动物门	Cnidaria	尾索动物亚门	Urochordata	寡膜纲	Oligohymenophorea
		节肢动物门	Arthropoda	硅藻纲	Bacillariophyceae	直口纲	Litostomatea
		栉水母门	Ctenophora	中型藻纲	Mediophyceae	层咽纲	Phyllopharyngea
		轮虫动物门	Rotifera	硅鞭藻纲	Dictyochophyceae	Colpodea	Colpodea
		环节动物门	Annelida	金藻纲	Chrysophyceae	钵水母纲	Scyphozoa
		棘皮动物门	Echinodermata	甲藻纲	Dinophyceae	软甲纲	Malacostraca
		线虫动物门	Nematoda	Mamiellophyceae	Mamiellophyceae	放射虫纲	Radiolaria；Acantharia
				浮生藻纲	Pelagophyceae	伞型束梗孢菌纲	Agaricostilbomycetes
				隐藻纲	Cryptophyceae	尾海鞘纲	Appendicularia
				哺乳纲	Mammalia	Chromadorea	Chromadorea
				旋毛纲	Spirotrichea	Eurotiomycetes	Eurotiomycetes
				银耳纲	Tremellomycetes	锤舌菌纲	Leotiomycetes
				酵母纲	Saccharomycetes		

影响。外源水的入侵使得一些适应能力较强的真核生物优势度更加明显。

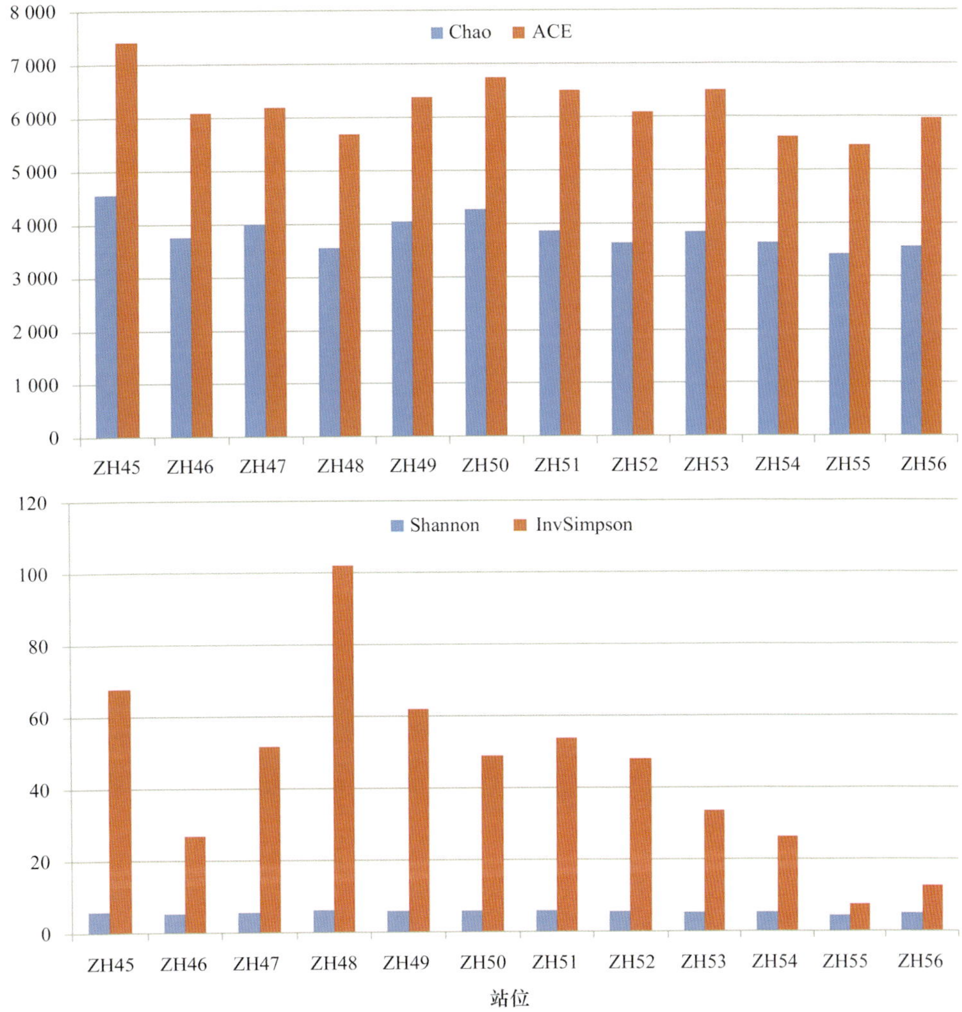

图5－32　南大洋各站位微型真核生物物种丰富度指数（Chao 和 ACE 指数）和多样性指数（Shannon 和 InvSimpson 指数）

在门的分类水平上，平均55%的分类操作单元（OTUs）分类地位都未能确定（图5－33A），其中ZH46站位未确定的微型真核生物种类分类单元（OTUs）最多，占总分类单元的73%，ZH56站位的未确定分类单元最少，只有28%。在确定的分类单元当中，优势类群为硅藻门（Diatomea），占总分类单元的43.3%，其次为绿藻门（Chlorophyta），占总分类单元的0.78%。绿藻门真核生物主要出现在普里兹湾湾口ZH56站位，占其总体的4.9%，其次为ZH55站位，占其总体的1.2%。除了这两个站位以外，其余站位绿藻门浮游植物出现的频率都很低。

而在纲的分类水平上，平均只有21.6%的分类单元未能确定分类地位，其中ZH55站位未确定的分类单元比例最大，达到38%；ZH45站位和ZH54站位未确定的分类单元所占比例最小，约在12%。在已确定的微型真核浮游生物分类单元当中，甲藻纲（Dinophyceae）最多，占总分类单元的33.2%，其次为硅藻纲（Bacillariophyceae）、中型藻纲（Mediophyceae）和旋毛纲（Spirotrichea），其占总分类单元的比例分别是30.8%、9.7%和2.2%。各个站位各类微型真核浮游生物所占比例不尽相同，甲藻纲（Dinophyceae）和硅藻纲（Bacillariophyceae）占优势，在各个站位出现的频率都很高，而在普里兹湾湾口的 ZH55 站位和 ZH56 站位，甲藻纲（Dinophyceae）的优势地位被硅藻纲（Bacillariophyceae）取代，中型藻纲出现的频率也降低至 2% 左右，显示陆架水和冰架水对微型浮游植物群落结构的影响。ZH55 站位还出现了 2% 左右的浮生藻纲（Pelagophyeceae）微型浮游植物，与其他站位差异明显。

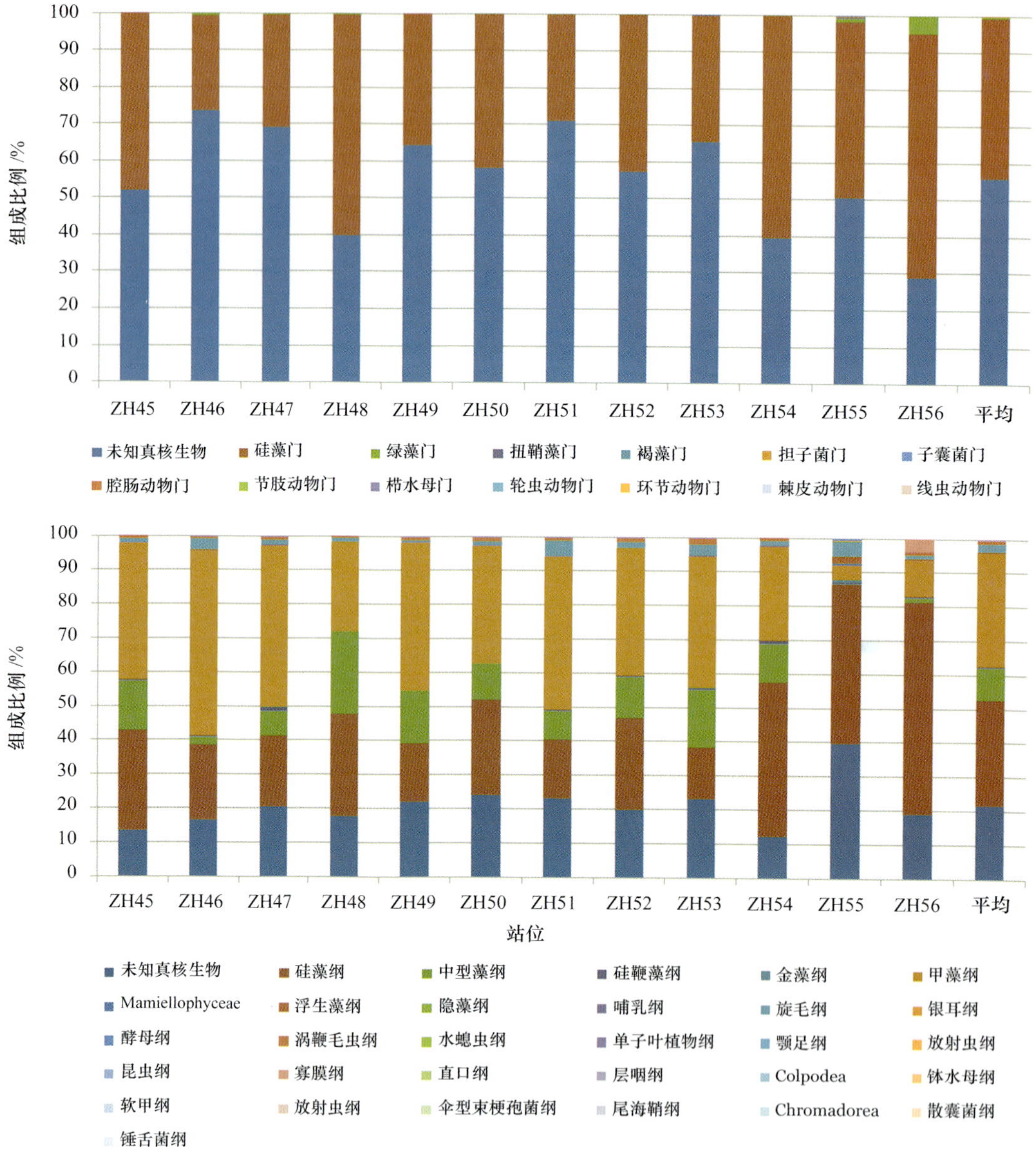

图 5-33　南大洋表层主要微型真核生物种类组成［分类到门（上）和纲（下）］

3）微微型真核生物

南大洋表层水体微微型真核生物和微型真核生物种类组成相比，同样主要由原生生物（Protozoa）、后生动物（Metazoa）和真菌（Fungi）三大类组成，此外还出现了一类苔藓动物（Bryozoa）。南大洋表层海水主要微微型真核生物类群同样是原生生物（Protozoa）当中的藻类植物。本次调查的总体分类操作单元（OUT）当中，总计出现 14 门 42 纲微微型真核生物，详细的南大洋表层水体微微型真核生物种类组成见表 5-3。

表 5－3 南大洋表层海水主要微微型真核生物种类组成（分类到纲）

界	Kingdom	门	Phylum	纲	Class	纲	Class
原生生物	protozoa	硅藻门	Diatomea	硅藻纲	Bacillariophyceae	涡鞭毛虫纲	Dinoflagellata
后生动物	Metazoa	绿藻门	Chlorophyta	中型藻纲	Mediophyceae	水螅虫纲	Hydrozoa
真菌	Fungi	扭鞘藻门	Streptophyta	金藻纲	Chrysophyceae	单子叶植物纲	Liliopsida
苔藓动物	Bryozoa	担子菌门	Basidiomycota	硅鞭藻纲	Dictyochophyceae	颚足纲	Maxillopoda
		子囊菌门	Ascomycota	甲藻纲	Dinophyceae	放射虫纲	Radiolaria
		壶菌门	Chytridiomycota	Mamiellophyceae	Mamiellophyceae	昆虫纲	Insecta
		腔肠动物门	Cnidaria	浮生藻纲	Pelagophyceae	寡膜纲	Oligohymenophorea
		节肢动物门	Arthropoda	隐藻纲	Cryptophyceae	直口纲	Litostomatea
		栉水母门	Ctenophora	绿藻纲	Chlorophyceae	层咽纲	Phyllopharyngea
		轮虫动物门	Rotifera	四胞藻纲	Trebouxiophyceae	Colpodea	Colpodea
		环节动物门	Annelida	酵母纲	Saccharomycetes	钵水母纲	Scyphozoa
		棘皮动物门	Echinodermata	银耳纲	Tremellomycetes	软甲纲	Malacostraca
		扁形动物门	Platyhelminthes	子囊菌纲	Sordariomycetes	放射虫纲	Radiolaria；Acantharia
		苔藓动物门	Bryozoa	黑粉菌纲	Ustilaginomycetes	蛛形纲	Arachnida
				外担子菌纲	Exobasidiomycetes	尾海鞘纲	Appendicularia
				哺乳纲	Mammalia	涡虫纲	Turbellaria；Catenulida
				旋毛纲	Spirotrichea		

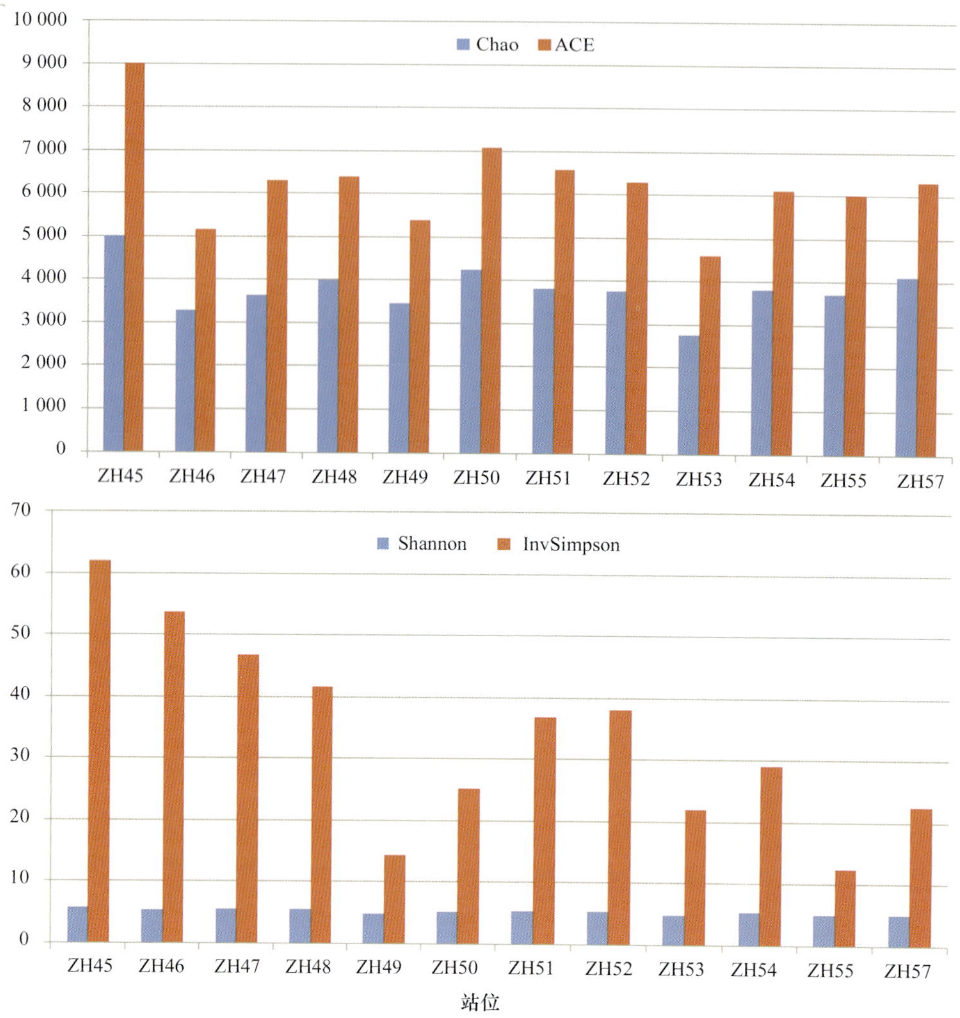

图 5－34　南大洋各站位微微型真核生物物种丰富度指数（Chao 和 ACE 指数）和多样性指数（Shannon 和 InvSimpson 指数）

97% DNA 相似性水平下调查海域各站位南大洋表层海水微微型真核生物分类单元丰富度指数和多样性指数如图 5－34 所示，纬度最低的 ZH45 站位物种丰富度指数最高，其次为 ZH50 站位，这和各站位微型真核生物的物种丰富度指数分布水平是一致的。和微型真核生物多样性指数分布一样，各站位微微型真核生物 Shannon 多样性指数相差不大而 InvSimpson 指数差异较大。Invsimpson 多样性指数最高的是纬度最低的 ZH45 站位，最低的则是 ZH49 和 ZH55 站位。微微型和微型真核生物 InvSimpson 多样性指数分布特征有很大差异，这可能和各个站位微微型和微型真核生物在整生物群落当中所占的比例和分布有关系。普里兹湾湾口 ZH55 站位和 ZH57 站位同样多样性指数不高，显示普里兹湾湾内流出的冰架水和陆架水不仅对微型真核生物种类组成分布有重要影响，对微微型真核生物种类组成和分布同样有重要影响。

受微微型真核生物总体研究进展的影响，在门的分类水平上平均 84.3% 的分类单元未能确定其分类水平，其中 ZH50、ZH51、ZH52、ZH53 和 ZH54 站位未确定分类水平的分类单元所占其总分类单元的比例都在 90% 以上，其中 ZH51 站位最高，达 97.4%（图 5－35A）。普里兹湾湾口 ZH55 站位和 ZH57 站位能确定分类地位的分类单元比例最高，其中 ZH55 站位其比例可达 58.5%。在已确定分类地位的分类单元当中，主要是硅藻门（Diatomea）和绿藻门（Chlorophyta），其在总群落当中的平均出现频率分别是 11.4% 和 4.0%。其中硅藻门在 ZH55 站位出现频率高达 57.5%，在 ZH57 站位也可达 20.5%，为南大洋表层海水微微型真核生物优势类群。绿藻门为第二优势类群，并且在一些站位其出现频率甚至能超过硅藻门，例如在 ZH46 站位和 ZH47 站位，绿藻的出现频率为 13.0% 和 8.3%，超过了硅藻的 3.3% 和 4.5%。除上述两类真核生物以外，其余生物在南大洋表层海水微微型真核生物群落中出现的频率都很低。

在纲的分类水平上，可确定分类地位的微微型真核生物分类单元比例同样不高，为 41% 左右，低于微型真核生物的 78.5%。所有站位中未确定分类地位的分类单元所占比例最高的是 ZH49 站位，其次为 ZH53 站位和 ZH52 站位，都在 70% 以上；最低的是 ZH55 站位，只有 21% 左右。所有已确定分类地位的分类单元当中，优势类群为甲藻纲（Dinophyceae）、硅藻纲（Bacillariophyceae）、浮生藻纲（Pelagophyceae）和 Mamiellophyceae 纲（硅藻门）类浮游植物以及旋毛纲（Spirotrichea）类浮游原生动物。硅藻纲在普里兹湾湾口 Zh55 站位和 ZH57 站位出现频率最高，分别为 51.1% 和 19.5%，出现频率最低的站位是 ZH51 站位，只有 1.5%。甲藻纲在 ZH54 站位和 ZH55 站位出现频率最高，分别为 26.2% 和 19.1%。浮生藻纲类浮游植物出现频率最高的站位同样是 ZH54 站位，为 13.1%。硅藻纲出现频率最高的则为 ZH55 站位。旋毛纲类纤毛虫出现频率最高的则是 ZH46 站位，为 20.4%（图 3 – 35B）。

5.1.2.1.3 小结

（1）南大洋微微型浮游生物生物量主要由微微型真核类和浮游细菌组成，其中微微型真核类丰度在 1 ~ 10 cells · μL^{-1}，而浮游细菌丰度则在 10^7 ~ 10^8 cells · L^{-1}，比中低纬度海域低 1 ~ 2 个数量级；微微型浮游生物在南大洋近岸海域丰度较高，在海湾附近海域（例如普里兹湾、罗斯湾等）丰度也高；2011—2013 年间南大洋表层微微型浮游生物丰度和生物量有明显的下降趋势。

（2）南大洋浮游细菌主要是变形杆菌、蓝细菌和拟杆菌，三大类浮游细菌占总群落的 99% 以上，其中又以变形杆菌优势更加明显，占总群落的 78%。

（3）南大洋微型真核浮游生物主要是硅藻门和绿藻门，分别占总群落的 43% 和 1% 以上；微微型真核浮游生物中优势类群则是甲藻纲、硅藻纲、浮生藻纲和 Mamiellophyceae 纲类浮游植物及旋毛纲类浮游原生动物。

（4）普里兹湾湾口 ZH55 站位和 ZH57 站位和其他站位微型和微微型浮游生物种类组成和多样性的差异显示陆架水和冰架水对微微型和微型浮游生物种类组成结构和多样性上的影响，带来优势种优势度的提高和总体多样性水平的下降。

5.1.2.2 普里兹湾海域

5.1.2.2.1 丰度和分布

1）第 28 次南极考察

普里兹湾海域生物生态学现场调查包括埃默里冰架前沿 IS 断面 10 个站位和主断面 P1 断面 6 个站位（图 5 – 36）。微微型真核浮游植物（P-euk）和异养细菌（HB）断面分布如图 5

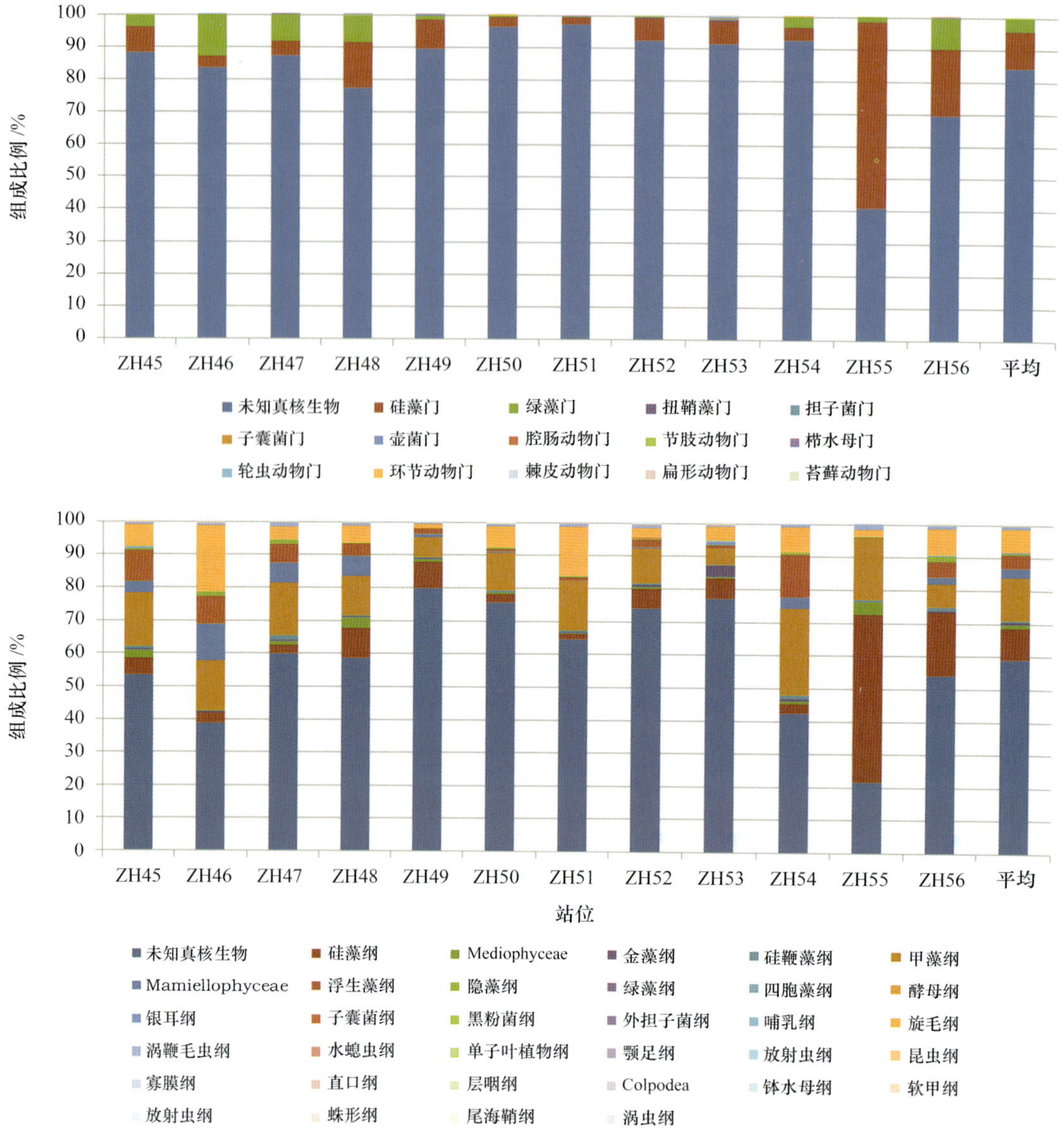

图 5－35　南大洋表层主要微微型真核生物种类组成［分类到门（上）和纲（下）］

－37 所示。结果显示微微型真核浮游植物在普里兹湾 IS 断面主要分布在近岸 IS－1 站位和 IS－2 站位，峰值也出现在这两个站位 30 m 以浅，而在冰架前缘其他站位，P-euk 丰度在 2～3 cells · μL^{-1}，变化不大。异养细菌在上层水中丰度较低，而在 50 m 以下丰度较高，可能与低温冰川融水对湾内表层海水的影响有关，而次表层水的高丰度 HB 则有可能与湾内垂直方向环流存在有关系，该环流带来近岸温度较高的海水，促进 HB 的生长（图 5－37）。

从图 5－38 可以看到，普里兹湾从北到南微微型浮游生物丰度降低，也就是湾外高于湾内，湾外主要是大洋水的影响带来高丰度微微型浮游生物。此外，高丰度 P-euk 从北到南其厚度减少，可能与该断面表层水的厚度有关系，湾内受海冰覆盖影响，其表层水厚度更薄，从而影响 P-euk 的分布和生长。

2）第 29 次南极考察

2012—2013 年中国第 29 次南极科学考察期间共在普里兹湾海域进行了 6 条断面 48 站位

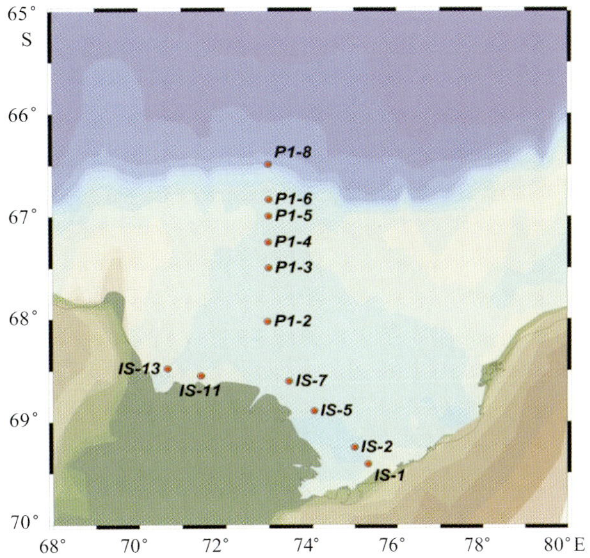

图 5-36 第 28 次南极科学考察普里兹湾海域调查站位分布

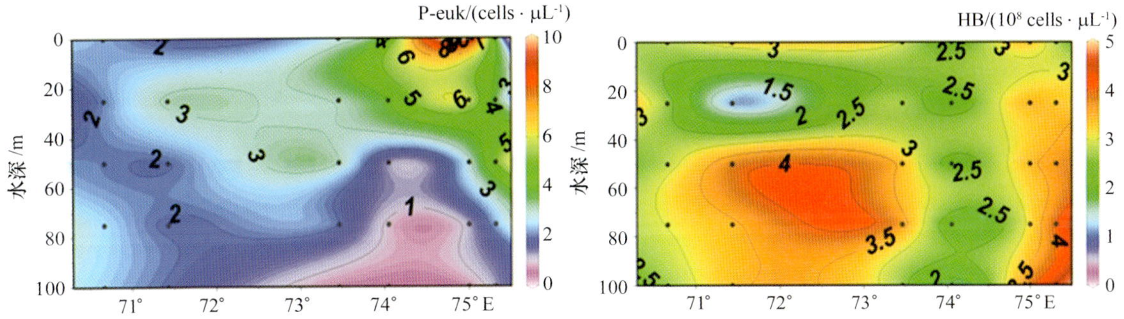

图 5-37 IS 断面微微型真核浮游植物（P-euk）和异养细菌（HB）分布

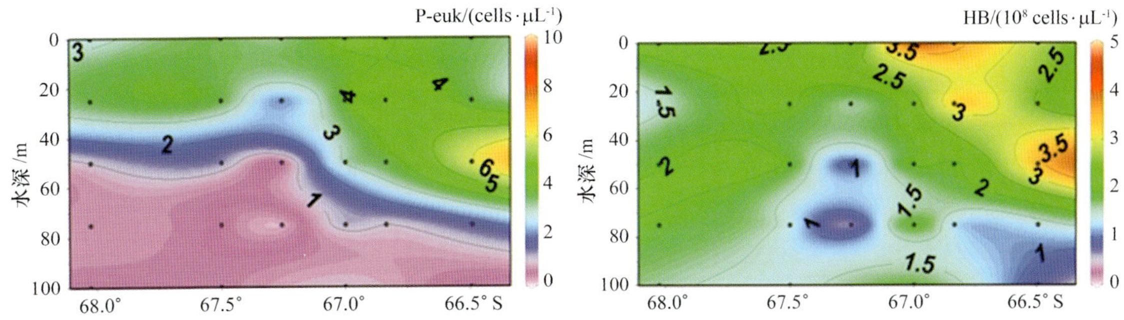

图 5-38 P1 断面微微型真核浮游植物（P-euk）和异养细菌（HB）分布

微微型浮游生物调查，6 条断面中 5 条为纬向断面，分别是 P03 ~ P07，具体站位和断面分布如图 5-39 所示。

普里兹湾 Pico 级真核生物浓度范围为 0 ~ 5 cells · μL^{-1}，靠近湾内的站位其值均要高出外海区域（图 5-40）。从由西向东的经向分布来看，P03、P07 等两侧断面其值明显高出 P05 中间断面，并且出现最大值的层位有表层下沉至 75 m 左右。并且各个断面有明显的分成

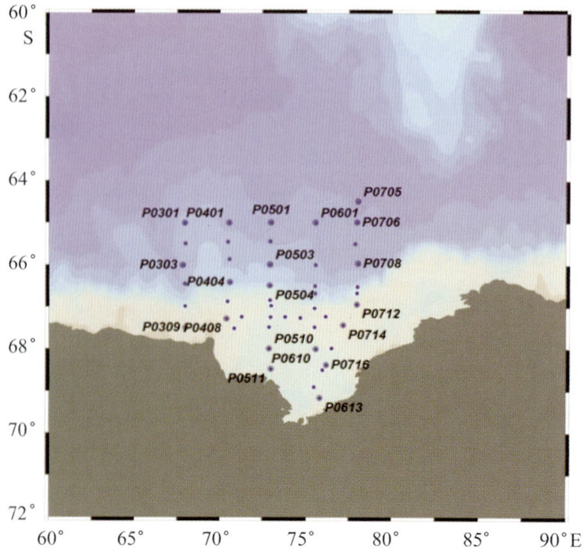

图 5-39　第 29 次南极科学考察普里兹湾海域调查站位分布

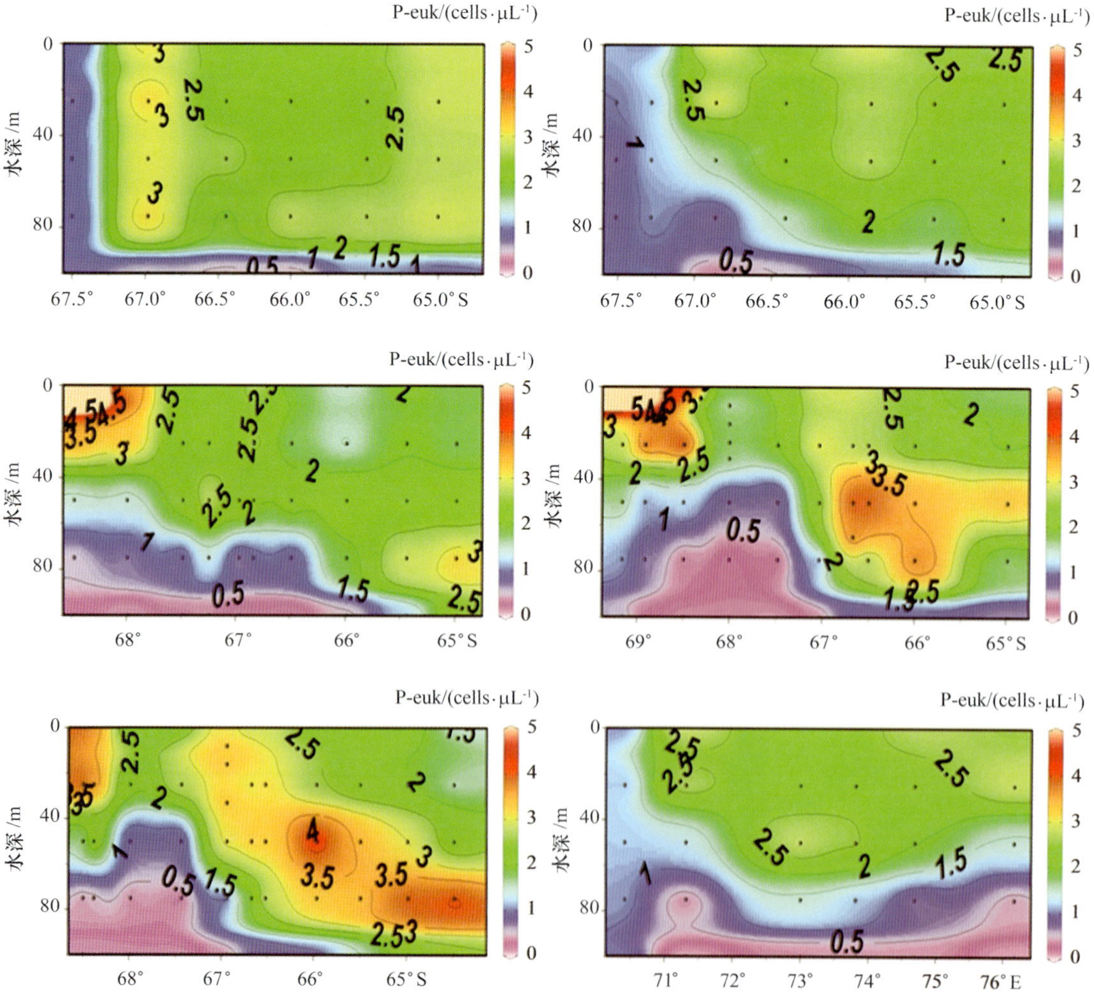

图 5-40　普里兹湾微微型真核浮游植物（P-euk）断面分布（CHINARE29，第一排之第三排依次为 P03、P04 断面，P05、P06 断面和 P07、PA 断面）

现象。

普里兹湾细菌丰度范围为 0～200 cells · μL^{-1}，丰度由表层至底层呈现减少趋势，并且表层有较为明显的分层现象（图 5－41）。P07 断面北部分层现象减弱，有混合的趋势。由南向北，表层细菌丰度呈现减少趋势，近岸丰度值要明显高于外海区域。

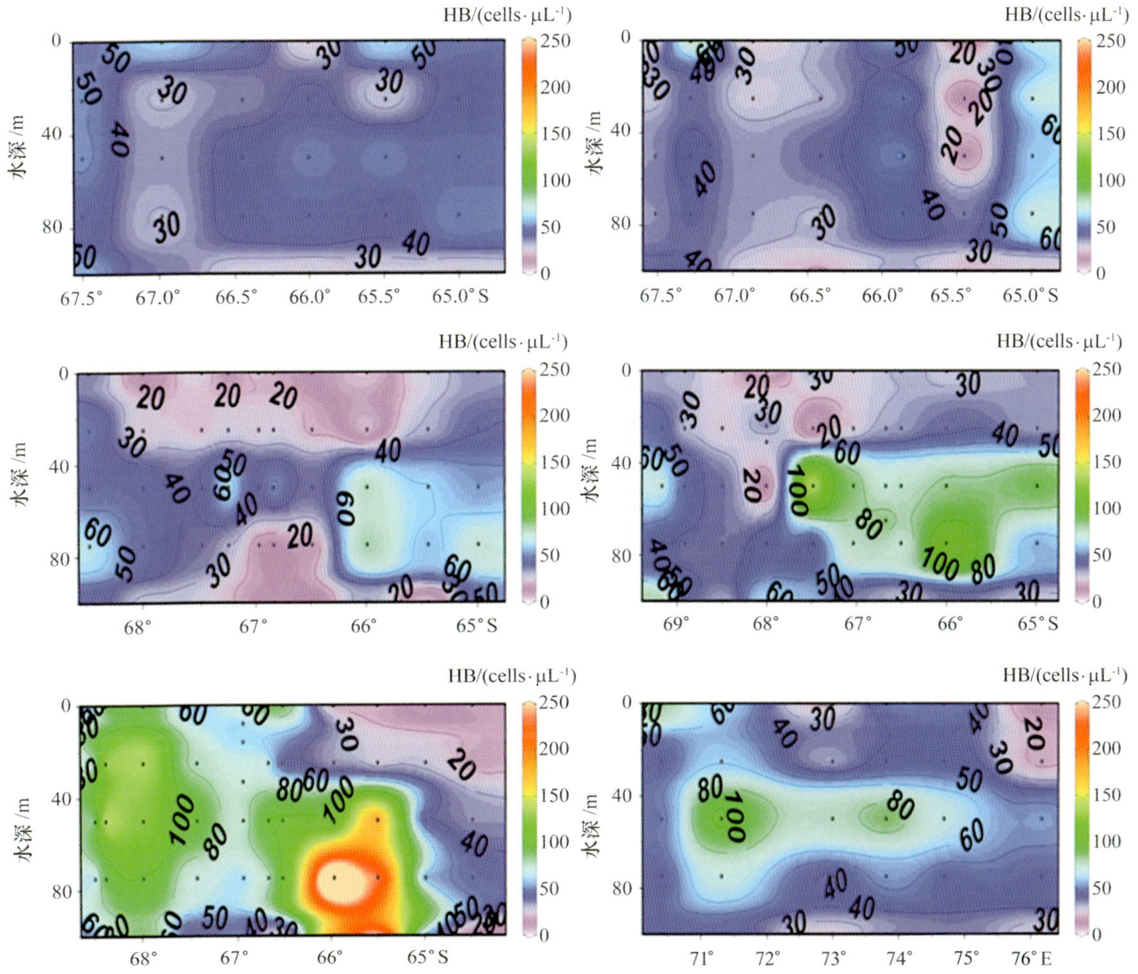

图 5－41 普里兹湾异养细菌（Heterotrophic Bacteria，HB）断面分布（CHINARE29，第一排之第三排依次为 P03、P04 断面，P05、P06 断面和 P07、PA 断面）

3）第 30 次南极考察

2013—2014 年中国第 30 次南极科学考察期间共在普里兹湾海域进行了 11 站位微微型浮游生物调查，受冰情影响，大部分站位都位于湾外深水区（图 5－42）。P2 断面 PPA 主要分布在 100 m 以浅水层，高值区在湾内表层水当中，PPA 分布呈现湾内高于湾外的分布特征，而且湾外表层水 PPA 低于 75 m 层左右水层（图 5－43A）。HBA 的分布则没有明显和湾内和湾外分布差异，其丰度的主要分布都在 75 m 以浅水层。在 64.5°S 附近海域表层有异常的 HBA 低值区（图 5－43B）。

4）年际变化

综合 2007 年以来我国历次南极科学考察微微型浮游生物调查数据，对普里兹湾微微型浮游生物丰度的年际变化进行分析，由于普里兹湾湾内和湾外明显的环境差异，在此以 67°S 作

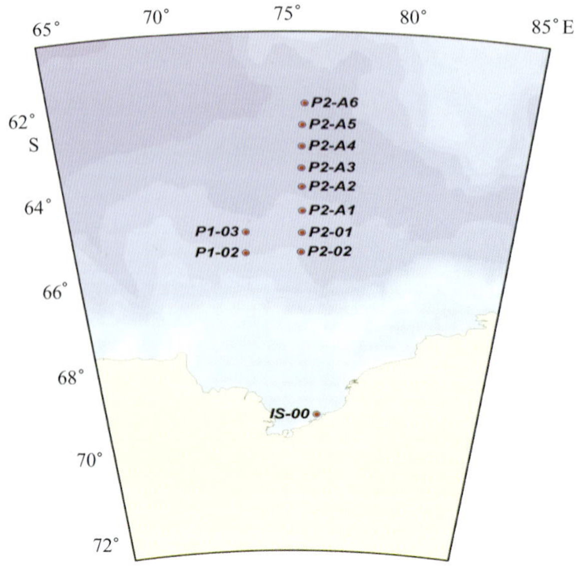

图 5－42　第 30 次南极科学考察普里兹湾海域调查站位分布

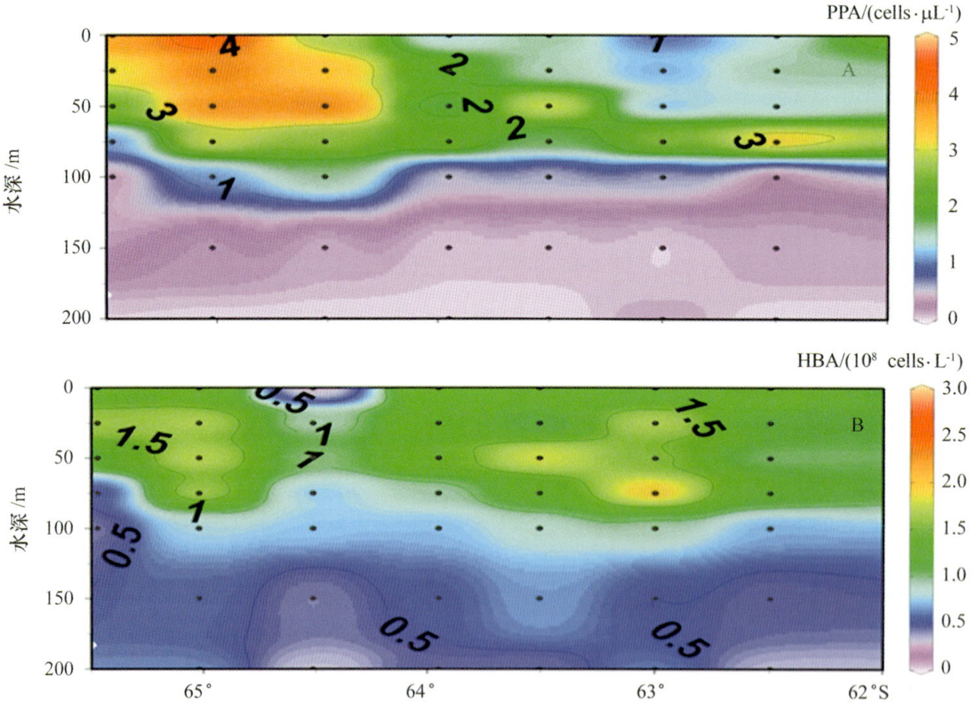

图 5－43　P2 断面微微型真核浮游植物（P-euk）和异养细菌（HB）分布

为分界线，将调查站位分成湾外和湾内两部分（图 5－44），分别对微微型浮游植物和浮游细菌丰度各年度平均丰度年际变化规律进行探讨。7 个航次共收集了 142 个站位的数据（图 5－44 和图 5－45）。

2007—2014 年间，7 个航次普里兹湾湾内微微型浮游植物丰度平均值范围 0.12～2.36 cells·μL^{-1}，2007 年最低而 2012 年最高，普里兹湾湾内微微型浮游植物丰度没有明显的变化规律，主要是受湾内海水环境结构复杂所影响，湾内海冰覆盖面积、冰架水的输入、陆源

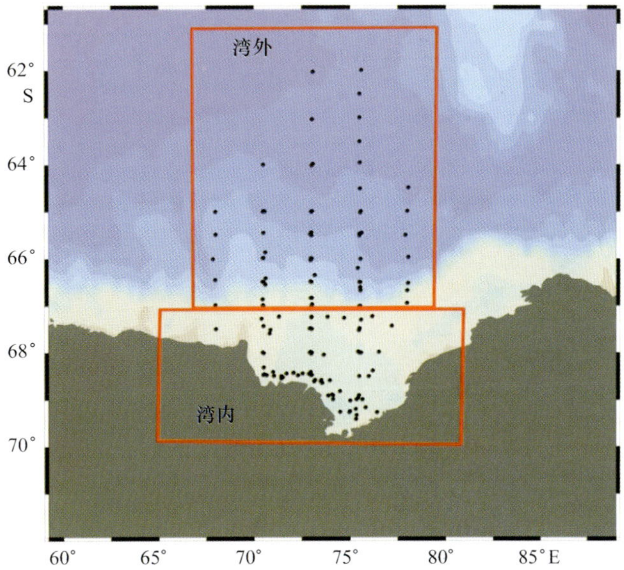

图 5-44　2007—2014 年间微微型浮游生物调查站位分布

融雪融冰水的入侵等都能改变湾内海水理化性质。湾内异养细菌丰度平均值的年际变化范围为（0.38~3.15）$\times 10^8$ cells · L^{-1}，2009 年和 2011 年差不多低而 2014 年最高。湾内异养细菌平均丰度同样没有明显的年际变化规律。

普里兹湾湾外和湾内相比，微微型浮游植物丰度高于湾内而异养细菌丰度低于湾内。湾外受大洋水影响，上层海洋营养盐浓度较低，浮游植物以微微型为主，叶绿素浓度低，影响异养细菌的生物量和丰度。湾内则相反，以小型和微型浮游植物为主，叶绿素浓度高，细菌生物量也高。湾外异养细菌丰度没有明显的年际变化规律，而微微型浮游植物丰度则有明显的增加趋势。

普里兹湾夏季湾内上层海洋微微型浮游植物丰度与海冰融化有关，海冰融化的程度影响普里兹湾南极夏季表层水（Antarctic Summer Surface Water，ASSW）的厚度和营养盐环境，影响微微型浮游生物的生长。湾外则受南大洋表层水的影响，湾外增加的微微型浮游植物丰度显示湾外受大洋水的影响程度在增加，可能与近几年东南极海域海冰覆盖面积的变化有关系。

5.1.2.2.2　群落结构组成和多样性

对普里兹湾浮游细菌群落结构组成和多样性分析主要基于第 29 次南极考察期间采集的 5 个站位共 13 个样品，对其进行梯度变性凝胶电泳分析并进行 DNA 测序，经过基因库比对后，探讨细菌群落结构组成和多样性。样品采集时间和站位基本信息见表 5-5，样品采集的深度主要为表层、25 m、50 m 和 100 m 层。

表 5-4　第 29 次南极考察中普里兹湾采样信息

站位	采样时间	东经（E）	南纬（S）	水深/m	采样深度/m
P0705	2013 年 2 月 1 日 11：30	78.0574°	64.4879°	3 300	0/25/50
P0706	2013 年 2 月 1 日 00：15	77.9963°	64.9869°	3 000	0/50/100
P0710	2013 年 2 月 2 日 06：50	78.0075°	66.6708°	1000	0/25/50
P0712	2013 年 2 月 2 日 13：30	77.9914°	66.9396°	200	0/33
P0715	2013 年 2 月 3 日 00：45	76.5172°	67.9846°	436	0/50

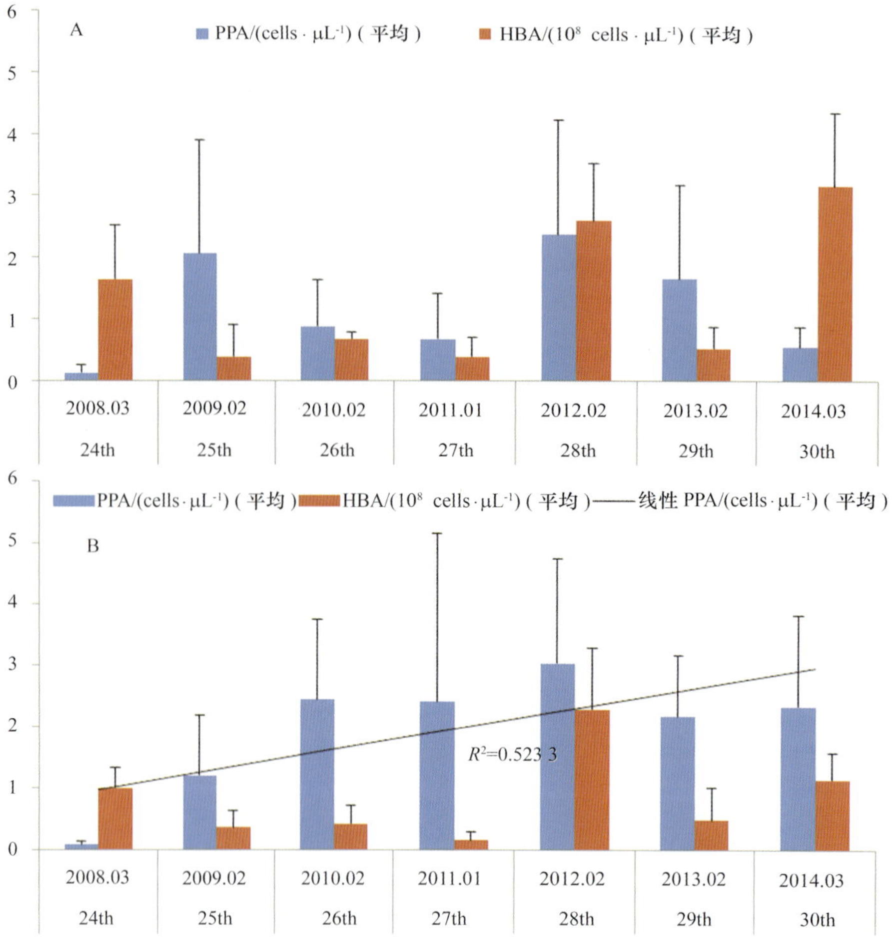

图 5－45　2007—2014 年间普里兹湾微微型浮游植物丰度（PPA）和异养细菌丰度（HBA）年际变化（A：湾内；为 B：湾外）

从 DGGE 电泳图谱（图 5－46）中可以看出，普里兹湾 5 个站位不同深度样品的细菌 16S rDNA V3 区片段经过 DGGE 电泳分离，获得的可分辨电泳条带的数目、亮度和位置不同，这说明普里兹湾 5 个站位的不同水层中的浮游细菌组成不同。

通过香农多样性指数结果表明，一般认为浮游细菌的条带数越多，其香农多样性指数越高。由图 5－47 可知 P0706－100 m 站位中，条带数目较高，为 31 条，其香农多样性指数最高，为 3.05；P0705－25 m 站位中，其条带数目最少，为 21 条，从而其香农多样性指数最低，为 2.72。B07 站位香农多样性指数变化较大，从最低到最高，而 B15 和 B13 站位的香农多样性指数变化不大，由于 B07 站位是海盆区，而 B15 和 B13 站位是陆架区。因此，海海盆区浮游细菌多样性高于其陆架区，且海洋表层和中间层多样性较高。

对 DGGE 图谱中的主要优势条带进行克隆和测序，获得 30 个代表性条带 90 个克隆子，序列长度在 169～194 bp。经 Blast 分析结果表明，南极普里兹湾浮游细菌的主要类群种类分为三大门类，即变形杆菌，拟杆菌，蓝细菌，厚壁菌和放线菌。其中，变形杆菌所占的比例最大，为 64.4%；拟杆菌其次，为 20%；蓝细菌为 13.3%；厚壁菌和放线菌的数量最少，都为 1.1%（图 5－48）。

将 DGGE 图谱中的代表性条带进行切割回收以及后续的克隆测序，把得到的序列信息进

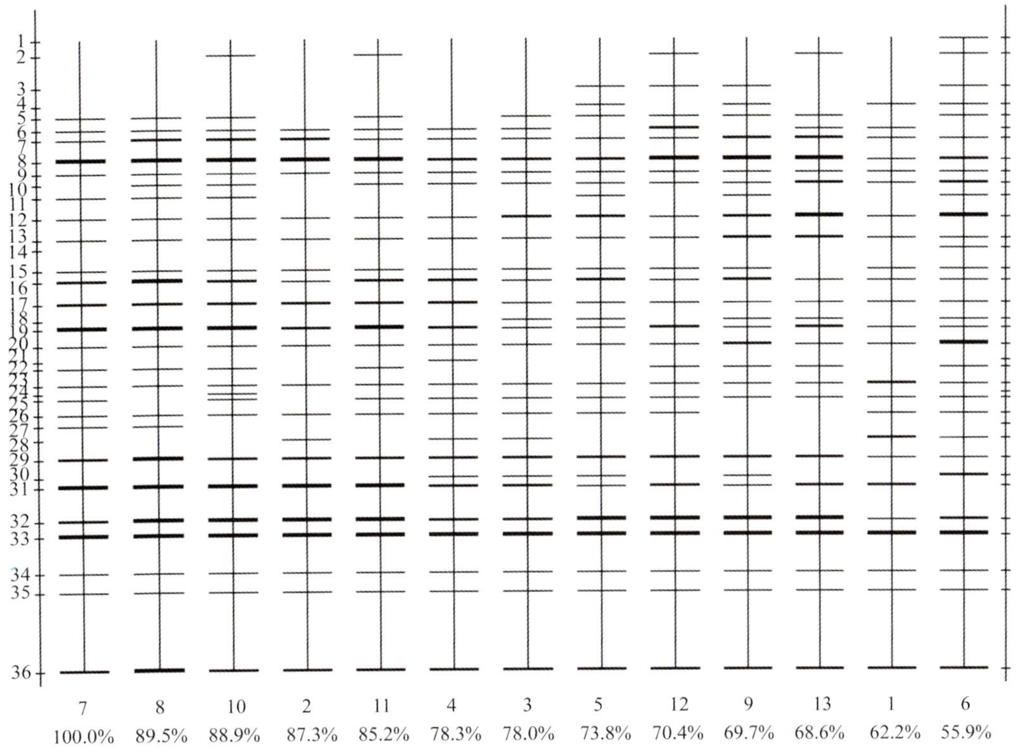

图 5－46 第 29 次南极普里兹湾浮游细菌的 DGGE 条带分布电泳图谱

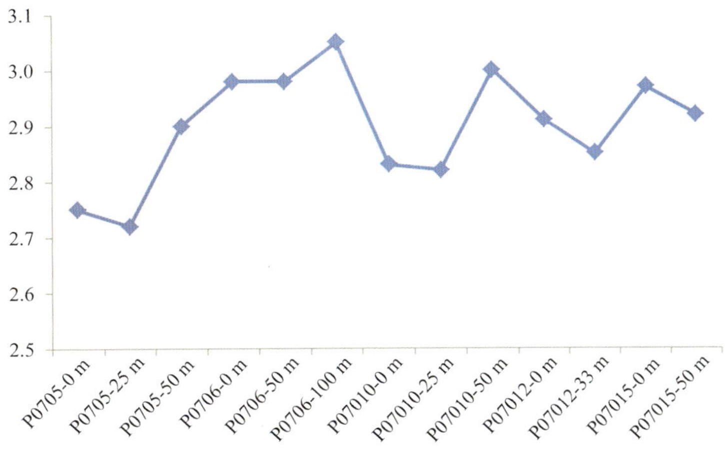

图 5－47 第 29 次南极普里兹湾浮游细菌香农多样性指数

行排序，计算排序后各个序列之间的遗传距离，用邻接法根据其遗传距离构建系统发育树（图 5－49）。

由普里兹湾浮游细菌的系统发育树可知（图 5－49），在变形菌门中，共有 27 个条带的 58 个克隆，其中 4－7、14－4、17－2、22－3、23－8、26－4、26－7、26－8、27－2、27－3、27－5、29－4 克隆与 Candidatus 的相似度极高，为 100%，序列号为 NR_ 074224.1；21－3 和 21－6 克隆与 Colwellia 的相似度极高，为 100%，序列号为 NR_ 043509.1。在厚壁菌门中，18－5 克隆与 Veillonella 的相似度极高，为 100%，序列号为 NR_ 044091.1。在拟杆菌中，1－7、3－6、4－5 与 Polaribacter 的相似度较高，为 99%，序列号为 NR_ 026041.1。在

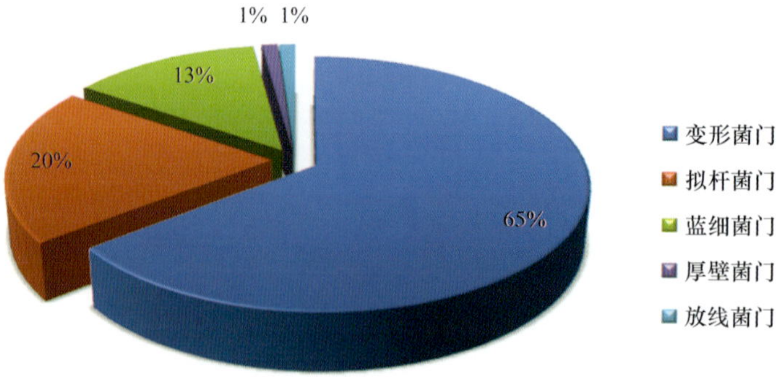

图 5－48　普里兹湾浮游细菌群落组成

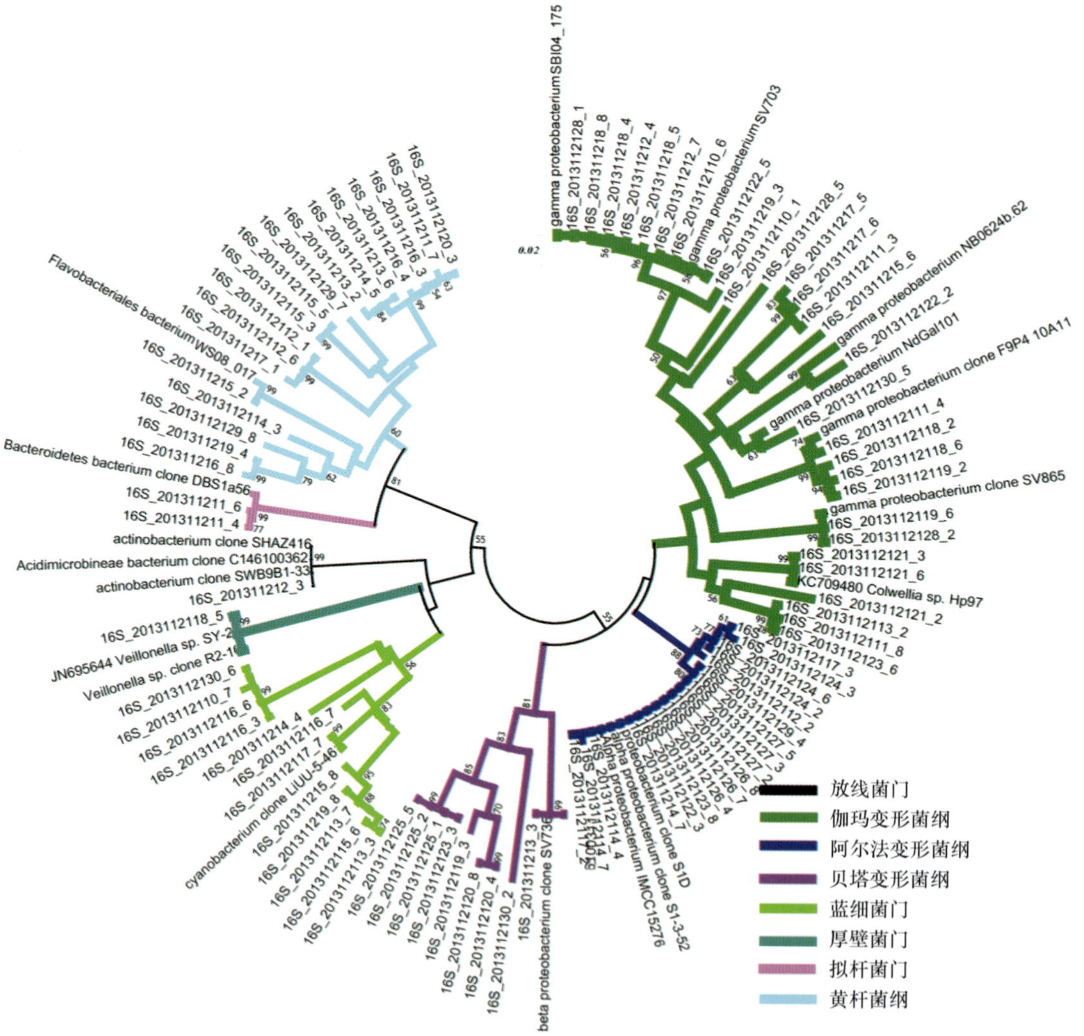

图 5－49　普里兹湾浮游细菌的系统发育树

蓝细菌中，9－8、13－3、15－6、16－7 克隆与 Stanieria 的相似度较高，为 95%，序列号为 NR_ 102468. 1。在放线菌门中，2－3 克隆与 Ferrithrix 的相似度较高，为 91%，序列号为 NR_ 042751. 1。

通过对第29次南极普里兹湾各站位浮游细菌的群落组成分析可知（图5－50），不同站位群落组成比例不一样，其中P0705站位25 m处变形菌占100%，其次，P0706站位0 m和25 m处变形菌占88.89%，P0710站位50 m处变形菌占40%。放线菌仅存在P0706站位100 m处，占5.56%。厚壁菌仅存在P0705站位0 m处，占16.67%。

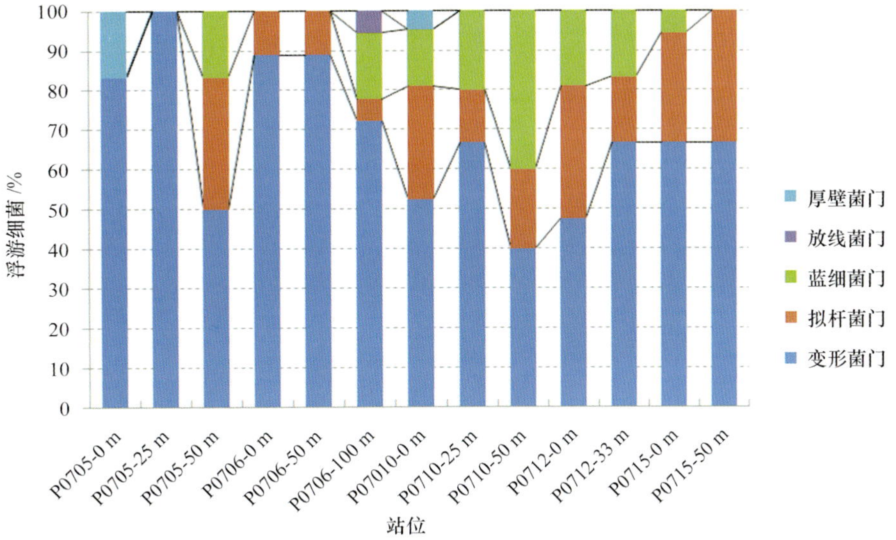

图5－50 普里兹湾各站位浮游细菌的群落组成

5.1.2.2.3 小结

（1）普里兹湾夏季微微型浮游植物丰度为$10^5 \sim 10^6$ cells · L^{-1}，主要分布在50 m以浅的表层海洋，并且有湾外高于湾内的分布特征；异养细菌丰度则为$10^7 \sim 10^8$ cells · L^{-1}，同样在表层海洋丰度较高但湾内高于湾外。湾内微微型浮游生物没有明显的变化规律，而湾外微微型浮游植物丰度（PPA）有逐年增加的趋势。

（2）普里兹湾细菌群落主要由变形杆菌、拟杆菌和蓝细菌门种类组成，湾外深水区浮游细菌多样性高于湾内陆架区，且海洋表层和中间层多样性较高。

5.1.2.3 南极半岛海域

5.1.2.3.1 丰度和分布

1）第28次南极考察

第28次南极科学考察期间在南极半岛海域海洋微型生物生态学计划作业站位分5个断面共40站，实际完成40站位，具体站位和断面分布见图5－51，对微微型浮游生物的分布的讨论也将按照断面（D1～D5）进行。

D1断面微微型浮游生物分布如图5－52所示。从图5－52可以看出，D1断面不管是微微型浮游植物（P-euk）还是异养细菌（HB），都呈现双峰的分布规律，也就是D1－4站和D1－7站微微型浮游生物丰度高而其他站位低，这与各个站位的地理位置有关系，D1断面从北到南的位置分别是大洋、海岛陆架浅水区、岛间深水区和海岛陆架浅水区，呈现明显的浅水区微微型浮游生物高而深水区低的分布特征。D1－3站位位置最靠北，受南大洋海水影响，真核类微微型浮游植物丰度高而异养细菌丰度低。

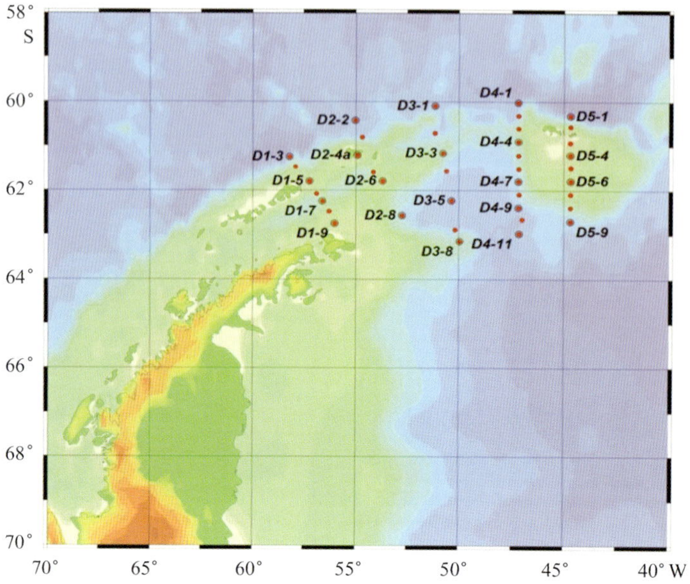

图 5－51　第 28 次南极科学考察南极半岛海域调查站位分布

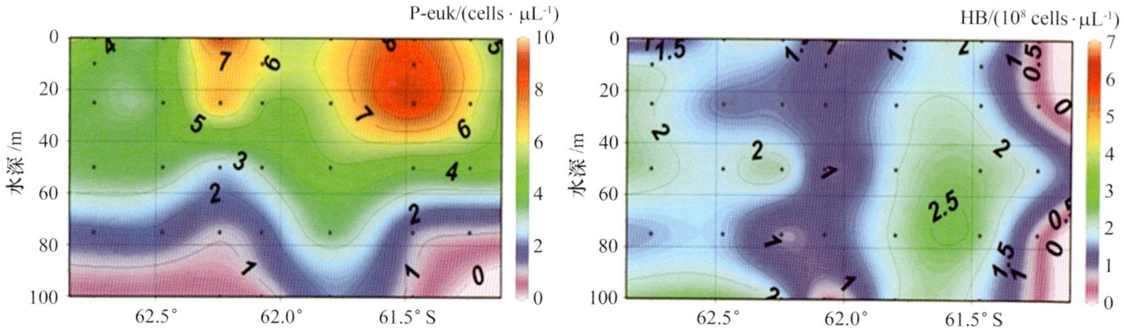

图 5－52　D1 断面微微型真核浮游植物（P-euk）和异养细菌（HB）分布

D2 断面（图 5－53）同样呈现类似的微微型浮游生物分布规律，受南大洋海水影响较大的北面站位微微型真核浮游植物丰度较高，浅水陆架区丰度次高而受威德尔海盆影响较大的南面站位丰度低。异养细菌丰度在 D2－2 站位表层有特异分布，丰度较高。

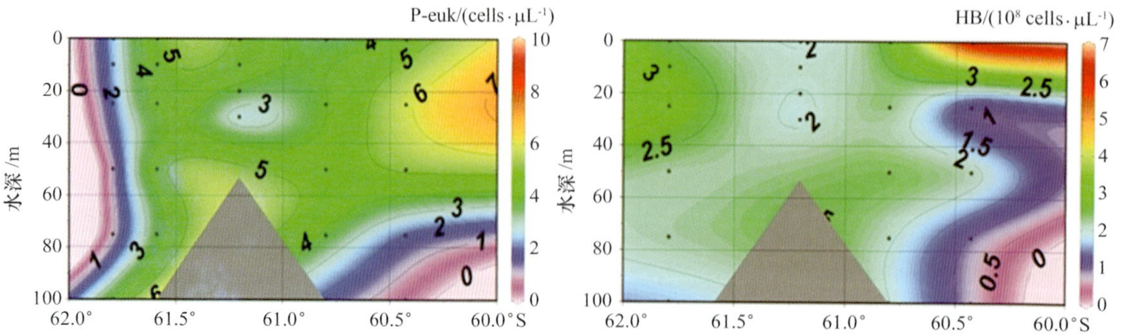

图 5－53　D2 断面微微型真核浮游植物（P-euk）和异养细菌（HB）分布

D3 断面（图 5－54）在 D3－4 和 D3－5 站位发现较高的 P-euk 丰度和 HB 丰度，而这里属于威德尔海海水和南大洋水团之间的水深较深的海域，因此该处出现的高微微型浮游植物丰度可能与水团的交汇有关系，水团的交汇和相互作用有利于微微型浮游生物的增长。同样 P-euk 北高南低而 HB 北低南高。

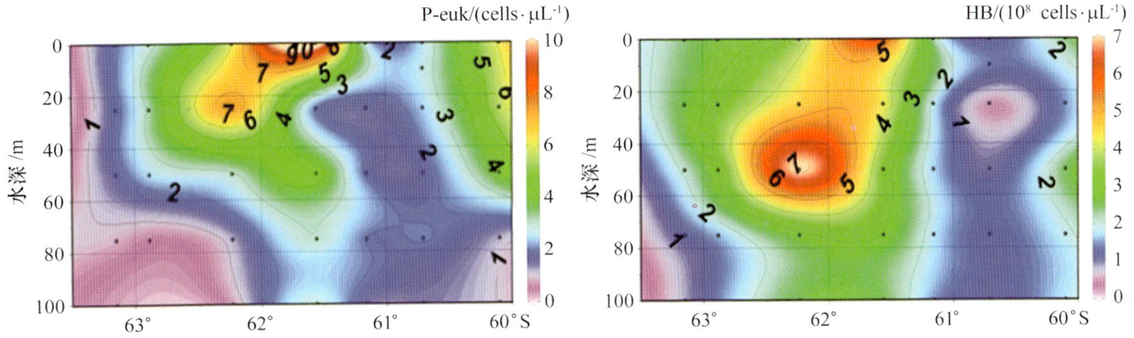

图 5－54　D3 断面微微型真核浮游植物（P-euk）和异养细菌（HB）分布

D4 断面（图 5－55）则呈现另外一种微微型浮游生物的分布规律，在水深较深的地方也就是靠近大洋的位置丰度高而在水深较浅陆架区丰度较低。并且 P-euk 在深水区由于水层结构的稳定性较高，其分布较浅，主要分布在 50 m 以浅的水层，而在水深较浅的陆家区，如果没有水团的影响，那么其较均匀地分布在 100 m 以浅的水层。HB 同样在 D4 断面深水区丰度高而陆架浅水区丰度较低。

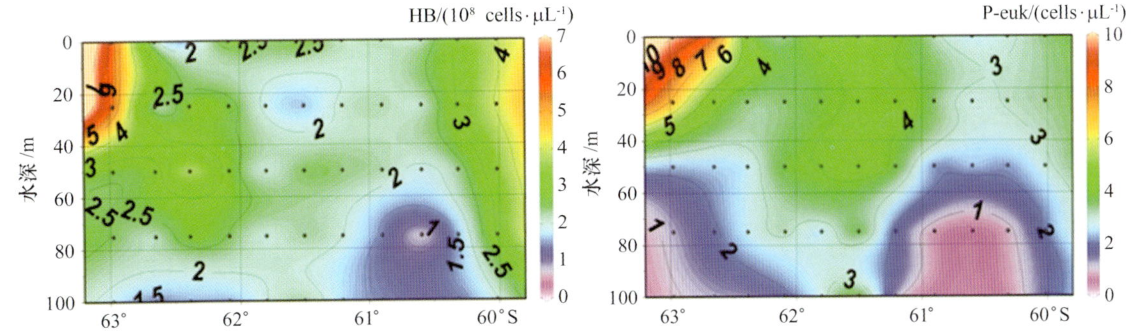

图 5－55　D4 断面微微型真核浮游植物（P-euk）和异养细菌（HB）分布

D5 断面（图 5－56）P-euk 的峰值出现在 D5－4 站位，也就是陆家区的最中央处，其高峰值的出现可能与水温的关系更大，其具体原因还有待进一步分析，此外最北面的 D5－1 站位微微型浮游生物丰度很低，但是其是深水区，与其他断面的微微型分布规律相反。

从南极半岛海域测区微微型浮游生物的表层分布规律来看，处于威德尔海影响范围内的水深较深海域丰度较高，包含 D2－8、D3－5、D4－11 等站位的表层微微型浮游生物丰度都较高，而浅水陆家区微微型浮游生物丰度稍低。最低值在 D3－2 和 D3－3 站位，应该是受南极绕极流封面的影响，带来低温水，影响微微型浮游生物的生长。而处于同一纬度的其他站位，由于水深较浅，受陆源高温水的影响较大，微微型浮游生物的生长受到的限制不大（图 5－57）。

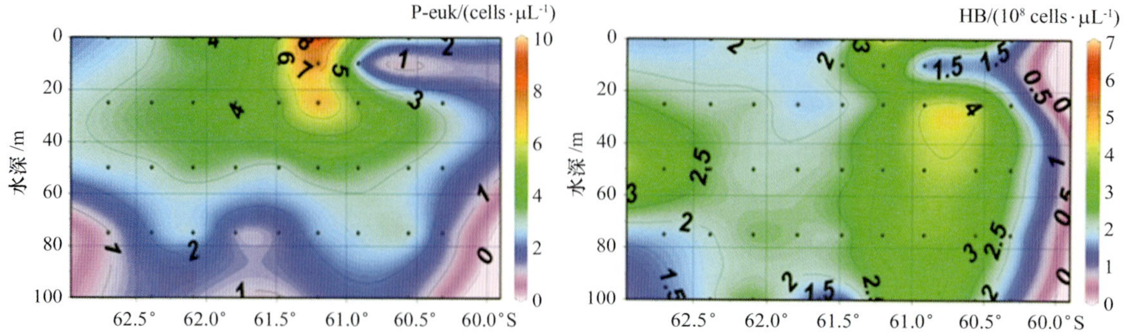

图 5－56　D6 断面微微型真核浮游植物（P-euk）和异养细菌（HB）分布

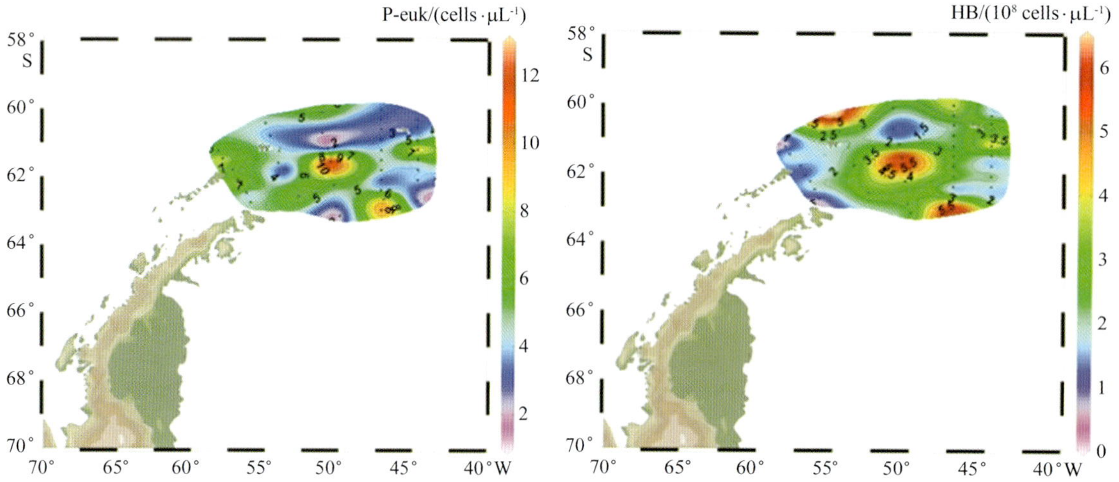

图 5－57　南极半岛海域测区微微型真核浮游植物（P-euk）和异养细菌（HB）表层分布

2）第 30 次南极考察

第 30 次南极考察南极半岛海域微微型浮游生物调查站位如图 5－58 所示，而其表层微微型浮游植物（P-euk）和异养细菌（HB）丰度分布如图 5－59 所示。微微型浮游植物丰度在南极半岛海域表层丰度很低，基本都在 2 cells·μL^{-1}以下并且普遍低于 1 cells·μL^{-1}。其表层分布在东西方向没有明显差异，但有明显的南高北低分布特征。表层微微型浮游植物丰度高值区主要位于群岛之间的开阔水域，水深较深的地方为寡营养海域，有利于微微型的优势生长。异养细菌丰度在南极半岛海域表层同样丰度不高，高值大约为 200 cells·μL^{-1}，有明显的南北分布差异（南部低而北部高），异养细菌丰度表层高值区主要位于群岛陆地附近水深较浅的海域，而在水深较深的水域较低。

南极半岛海域 D1 断面微微型浮游生物丰度分布如图 5－60 所示，主要由微微型真核类和异养细菌组成，其中 200 m 以浅 P-euk 的丰度范围是 0～5 cells·μL^{-1}，而 HB 的丰度范围是 20～500 cells·μL^{-1}。断面 P-euk 主要分布在 50 m 以浅，而最高值出现在 D1－04 站位 15 m。断面南北方向没有明显的 P-euk 丰度分布差异，都是由表到底逐渐降低的分布。HB 的分布和 P-euk 类似，主要分布在 50 m 以浅，其最高值出现在 D1－04 站位的表层。和断面南部相比，北面 HB 丰度更高。

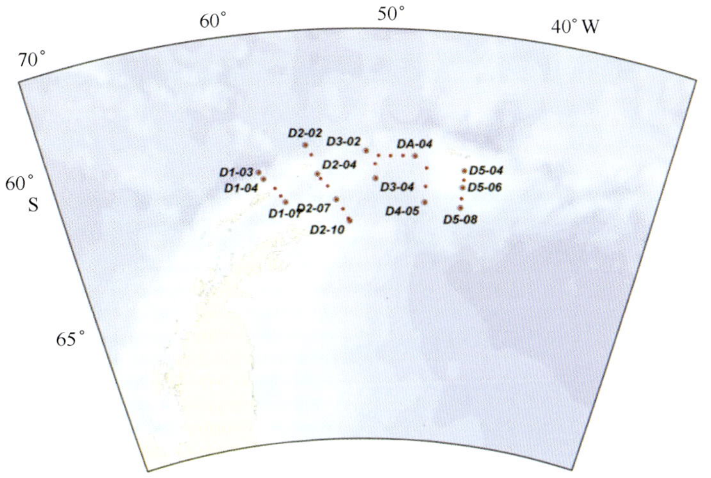

图 5－58　第 30 次南极科学考察南极半岛海域调查站位分布

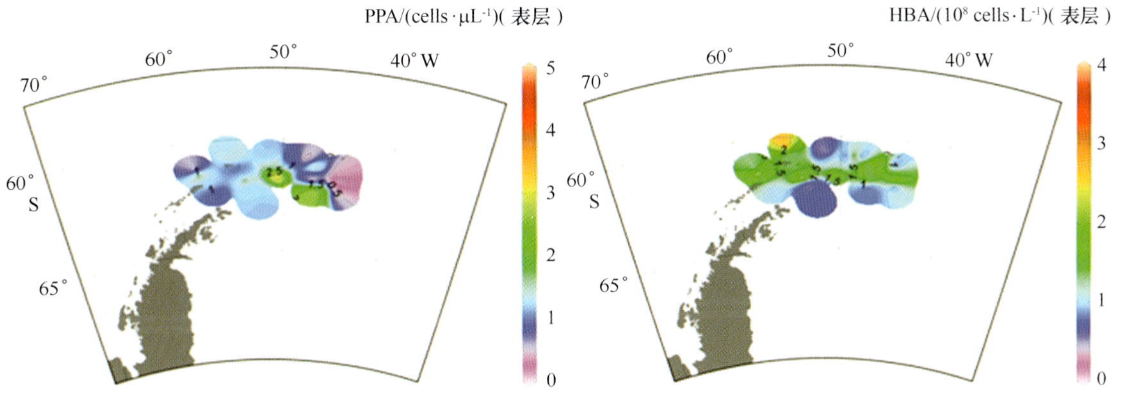

图 5－59　南极半岛海域微微型真核浮游植物丰度（PPA）和异养细菌丰度（HBA）表层分布

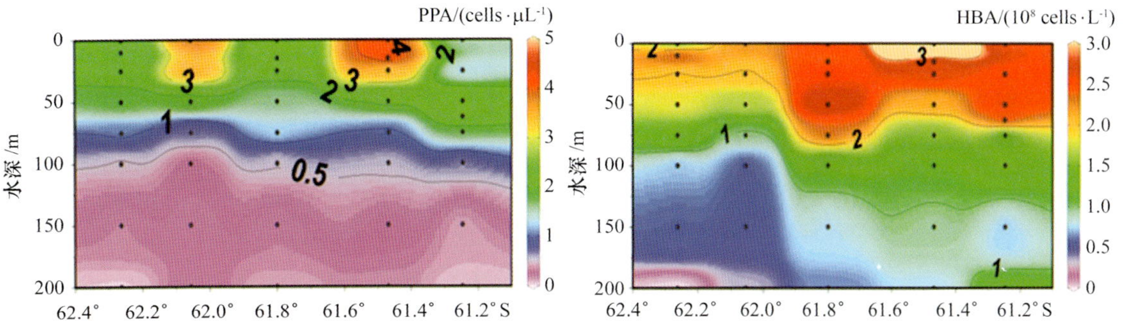

图 5－60　D1 断面微微型真核浮游植物丰度（PPA）和异养细菌丰度（HBA）分布

南极半岛 D2 断面微微型浮游生物丰度分布如图 5－61 所示，同样主要由 P-euk 和 HB 组成，和 D1 断面相比，D2 断面 P-euk 丰度最高值更低，但是主要的分布水层和 D1 断面没有明显差异，甚至其大于 1 cells·μL^{-1}的水层能深达 100 m。D2 断面 PPA 丰度分布水层断面南北两端都很厚，但是在断面中部 61°S 附近海域较薄，其大于 1 cells·μL^{-1}的水层在 20 m 以浅，断面 P-euk 丰度没有明显的南北差异，南部稍高。而 HB 在 D2 断面的分布有明显的南北差异，南部丰度低而且分布水层浅（甚至薄至小于 10 m），北部丰度高而且水层厚。断面 HBA 的高值区也主要出现在最北的 D2 -02 站位。此外 D2 -06 站位 HBA 大于 1 cells · μL^{-1}的水层特别后，可深达 170 m 左右。

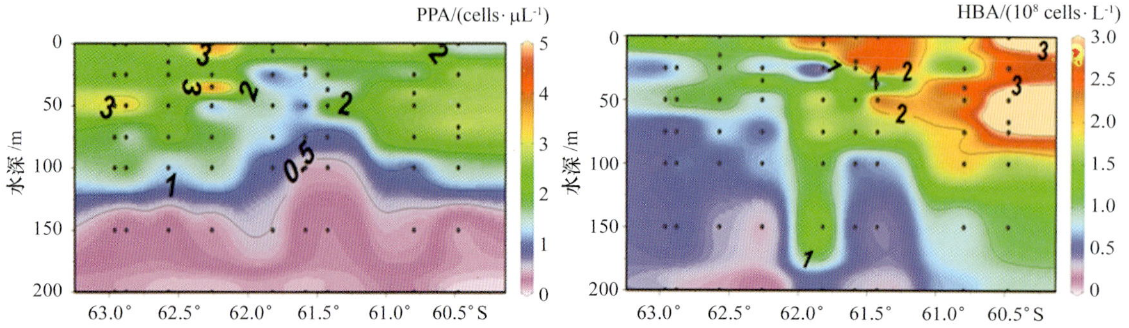

图 5 -61　D2 断面微微型真核浮游植物丰度（PPA）和异养细菌丰度（HBA）分布

D5 断面 P-euk 丰度明显低于其他海域，200 m 以浅普遍低于 0. 5 cells · μL^{-1}，异养细菌丰度同样很低，除了一两个水层有稍高的 HBA 以外，断面其他水层 HBA 丰度都低于 100 cells · μL^{-1}。

第 30 次南极考察南极半岛海域除了纬向断面以外，还设置了一条经向断面 DA。DA 断面 P-euk 丰度分布显示断面东西两头丰度较高，而且断面西侧高丰度 P-euk 水层较厚，可达 100 m，而断面东侧只有 50 m 左右（图 5 -62）。HBA 则主要分布在断面东侧，高值区也位于该海域，整体上来讲，DA 断面 HBA 主要分布于 75 m 以浅水层（图 5 -63）。

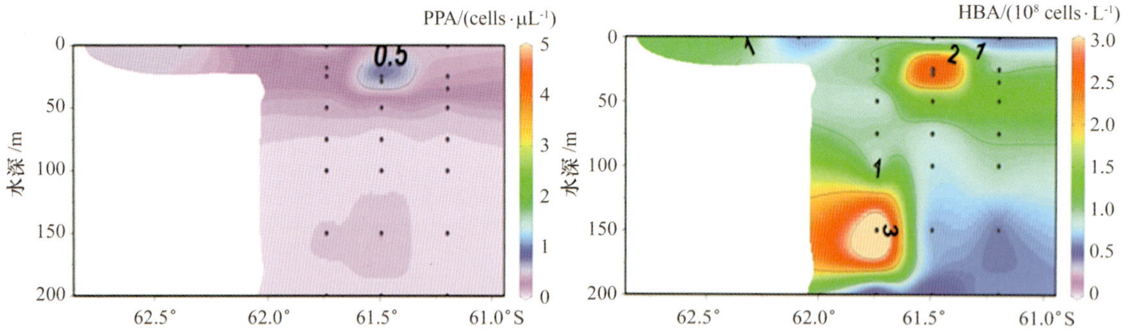

图 5 -62　D5 断面微微型真核浮游植物丰度（PPA）和异养细菌丰度（HBA）分布

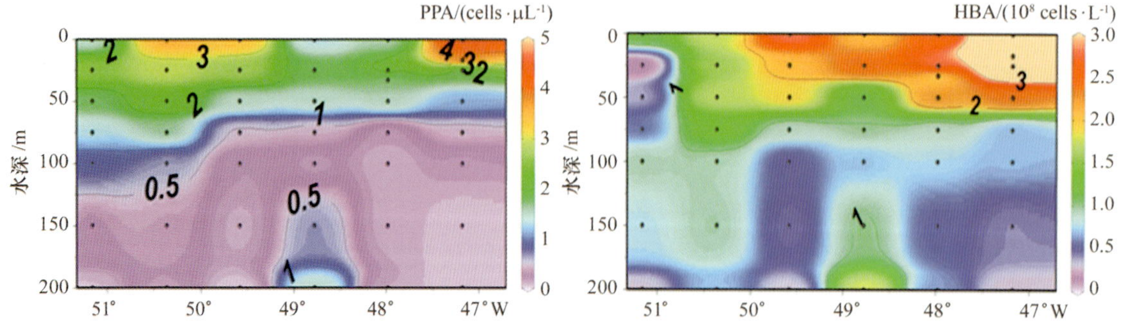

图 5 -63　DA 断面微微型真核浮游植物丰度（PPA）和异养细菌丰度（HBA）分布

3）年际变化

对第28次和第30次科考在南极半岛海域收集的微微型浮游生物丰度进行比较，结果显示相比2012年，2014年夏季该海域微微型浮游生物丰度明显下降。微微型浮游植物（PPA）平均丰度从3.28 cells·μL^{-1}降为1.69 cells·μL^{-1}，浮游细菌丰度则由2.28×10^8 cells·μL^{-1}降为1.46×10^8 cells·μL^{-1}（图5-64）。

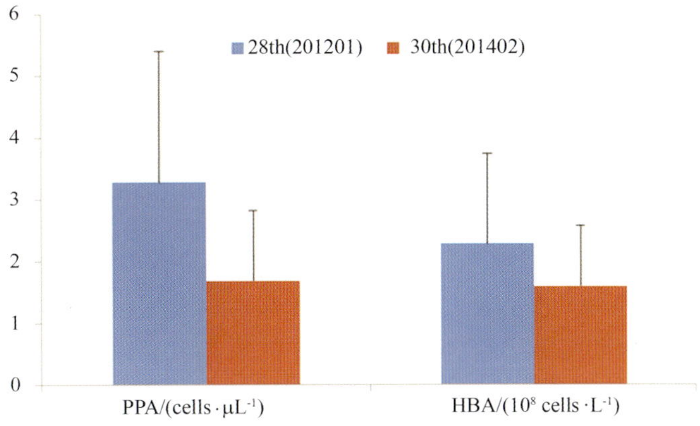

图5-64 南极半岛海域微微型浮游植物丰度（PPA）和异养细菌丰度（HBA）年际变化

5.1.2.3.2 色素结构组成

利用HPLC技术对南极半岛海域各站位如下18种色素进行定性定量分析。

色素名称	英文缩写
叶绿素c3	Chl*c3*
叶绿素c2	Chl*c2*
多甲藻素	Peri
19′-丁酰氧岩藻黄	19′BF
岩藻黄素	Fuco
新黄素	Neo
青绿黄素	Prasino
紫黄素	Viola
19′-己酰氧岩藻黄	19′HF
硅甲藻黄素	Diadino
别黄素	Allo
硅藻黄素	Diato
玉米黄素	Zea
叶黄素	Lut
叶绿素b	Chl*b*
二乙烯基叶绿素a	DV Chl*a*
叶绿素a	Chl*a*
类胡萝卜素	Caro

进一步用Chemtax软件将各站位的微微型浮游植物群落分为如下7类（图5-65）。

藻类	英文名称
青绿藻	*Prasinophytes*
甲藻	*Dinoflagellates*
隐藻	*Cryptophytes*
定鞭金藻	*Haptophytes*
绿藻	*Chlorophytes*
蓝藻	*Cyanobacterial*
硅藻	*Diatoms*

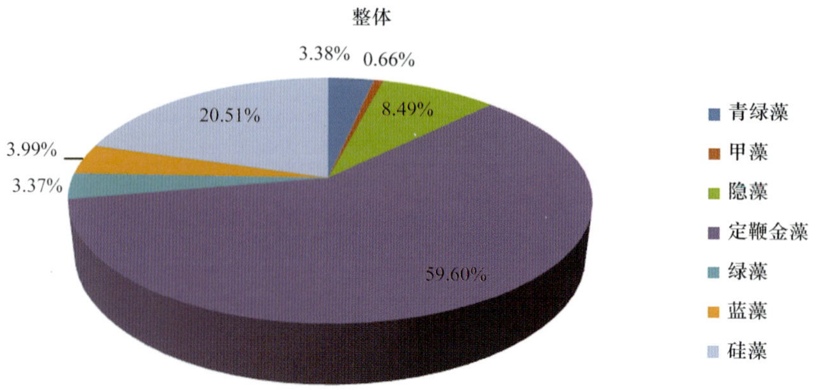

图 5－65　南极半岛海域全水柱微微型浮游植物群落结构组成

1）各水层光合色素及微微型浮游植物分布情况及变化趋势

第 28 次队 HPLC 采样从整体上看，南极半岛海域光合色素以 Chl a、19′HF 及 Fuco 色素为主，其次为 19′BF、Diadino 及 DV Chl a 色素，微微型浮游植物则以定鞭金藻及甲藻为主，隐藻也占有一定比例。

在表层的 0～10 m 水层，光合色素总量为 337 ng · L^{-1}，所检测色素中 Chl a（141 ng · L^{-1}）含量最高，其次为 Fuco（67 ng · L^{-1}）及 19′ HF（58 ng · L^{-1}）色素。定鞭金藻及硅藻分别占微微型浮游植物总量的 56% 和 26%，而隐藻（7.4%）、青绿藻（3.9%）、绿藻（3.8%）、蓝藻（3.3%）及甲藻（0.58%）含量较低。

在 25 m 水层，光和色素总量为 293 ng · L^{-1}，所检测色素中 Chl a（102 ng · L^{-1}）含量最高，其次为 19′HF（62 ng · L^{-1}）及 Fuco（48 ng · L^{-1}）色素，而微微型浮游植物以定鞭金藻为主，占总量的 64%；其次为硅藻及隐藻，分别占总量的 16% 和 10%，而绿藻（3.7%）、蓝藻（2.8%）、青绿藻（2.3%）、甲藻（0.86%）的含量较低（表 5－5）。

表 5－5　南极半岛海域微微型浮游植物色素组成　ng · L^{-1}

深度/m	Chlc3	Chlc2	Peri	19′BF	Fuco	Neo	Prasino	Viola	19′BF	Diadino
0～10	0.20	2.10	0.83	20.6	66.7	2.26	1.73	0.82	58.2	21.0
25	0.12	1.50	1.27	19.6	48.1	1.25	0.96	0.25	62.0	19.4
50	0.00	1.53	0.00	8.6	25.6	0.60	1.56	0.00	53.2	5.7
整体	0.13	1.70	0.97	18.5	51.2	1.49	1.28	0.40	59.6	18.2
深度/m	Allo	Diato	Zea	Lut	Chl*b*	DV Chl*a*	Chl*a*	Caro	Total	Average
0～10	5.46	1.22	1.66	1.59	6.36	3.96	140.7	1.57	336.9	18.72
25	5.76	1.02	1.16	1.02	2.95	22.9	102.2	1.98	293.4	16.30
50	1.47	0.00	2.52	0.90	3.76	1.82	46.6	0.55	154.4	8.58
整体	5.12	0.95	1.49	1.18	4.14	14.2	107.4	1.67	289.6	16.09

深度/m	金藻	甲藻	隐藻	青绿藻	绿藻	蓝细菌	硅藻
0～10	0.038 5	0.005 8	0.073 5	0.555 0	0.038 0	0.033 4	0.255 9
25	0.023 0	0.008 6	0.099 3	0.644 2	0.036 9	0.025 7	0.162 4
50	0.069 0	0.000 0	0.051 1	0.490 0	0.009 2	0.117 7	0.263 0
整体	0.033 8	0.006 6	0.084 9	0.596 0	0.033 7	0.039 9	0.205 1

在 50 ~ 75 m 水层，光合色素总量为 154 ng · L^{-1}，且以 19′HF、Chl a 及 Fuco 色素为主，含量分别为 53 ng · L^{-1}、47 ng · L^{-1} 及 26 ng · L^{-1}，个别色素，如 Chlc3、Peri、Viola、Diato 没有被检出。此水层定鞭金藻含量最高，占微微型浮游植物总量的 49%，其次为硅藻和蓝藻，分别占总量的 26% 和 12%，青绿藻（6.8%）及隐藻（5.1%）含量较低，而绿藻含量仅占微微型浮游植物总量的 0.92%，甲藻没有被检出。光合色素总量随深度的增加呈降低趋势，从表层到 25 m 水层降低趋势不是很明显，而 50 m 水层的降低趋势极为明显，指示出微微型浮游植物总量在 50 m 水层的降低。其中，19′HF 色素含量随水层的变化不大，而 Fuco、Chl a、19′HF、Diadino 色素在 50 m 水层有呈现出明显的降低趋势。19′HF 色素为定鞭金藻的特征色素，而定鞭金藻在各水层的相对含量也较为稳定。值得注意的是原绿球藻的特征色素—DV Chl a 在25 m 水层的含量远高于表层及 50 m 水层含量。另外，蓝藻的相对含量在 50 m 水层明显增加。18 种色素的含量（ng · L^{-1}）及 7 类微藻的相对含量见图 5 – 66。

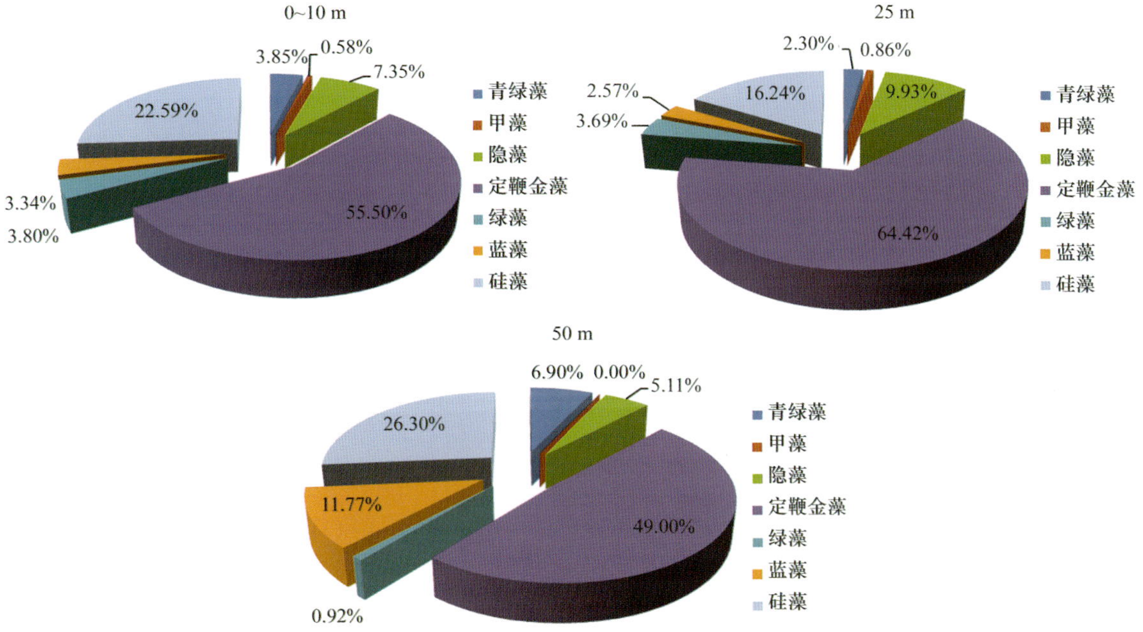

图 5 – 66 南极半岛海域 0 ~ 10 m、25 m 和 50 m 水层微微型浮游植物群落结构组成

2）各断面光合色及微微型浮游植物分布情况及变化趋势

从整体上来看，南极半岛海域光合色素在 D1 断面含量最高（481 ng · L^{-1}），D5 断面呈现次大值（310 ng · L^{-1}），色素含量从 D1 ~ D3 断面呈降低趋势，D3 ~ D5 断面呈增加趋势，在该海域表层及 25 m 水层亦呈现该趋势。

另外，在 D1 断面，微微型浮游植物群落以硅藻为主（43%），其次为定鞭金藻（39%）和隐藻（11%）。而在 D2 断面，硅藻含量显著下降，仅占微微型浮游植物总量的 6%，而定鞭金藻的含量有明显的上升，占到微微型浮游植物总量的 77%，另外蓝藻（8%）和隐藻（5%）也占有一定的比例。D3、D4 断面的微微型浮游植物组成与 D2 断面相似，定鞭金藻占有绝对优势（~70%），其次为硅藻（10% ~15%）和隐藻（5%）。D5 断面硅藻含量有所回升（26%），但仍小于定鞭金藻含量（47%），另外隐藻占微微型浮游植物总量的 12%。各断面 18 种色素的含量（ng · L^{-1}）及 7 类微藻的相对含量见表 5 – 6 和图 5 – 67。

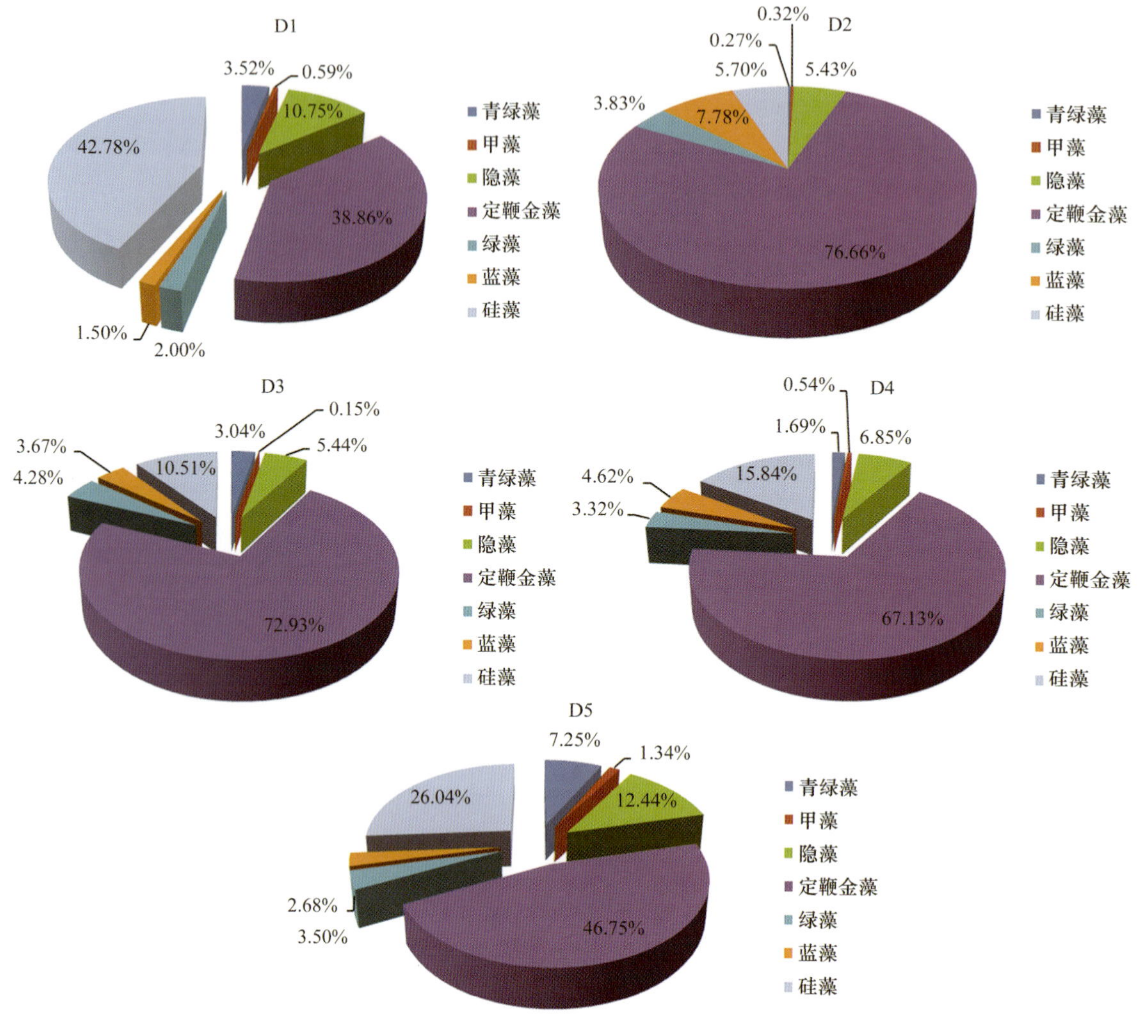

图 5－67　南极半岛海域各断面微微型浮游植物群落结构组成

表 5－6　南极半岛各断面微微型浮游植物群落组成和生物量（基于 HPLC）

深度/m	断面	定鞭金藻	甲藻	隐藻	青绿藻	绿藻	蓝藻	硅藻
0～10	D1	0.029 7	0.007 0	0.117 2	0.356 0	0.018 9	0.012 3	0.459 1
	D2	0.004 1	0.007 4	0.082 9	0.726 1	0.040 4	0.027 8	0.111 3
	D3	0.000 0	0.000 0	0.063 0	0.811 5	0.011 8	0.113 7	0.000 0
	D4	0.017 7	0.000 6	0.014 2	0.868 3	0.016 3	0.066 8	0.016 2
	D5	0.098 3	0.008 7	0.069 9	0.326 4	0.078 2	0.013 5	0.405 0
25	D1	0.005 8	0.006 4	0.130 4	0.520 3	0.028 3	0.010 2	0.298 5
	D2	0.002 4	0.000 8	0.030 8	0.859 0	0.046 3	0.030 2	0.030 6
	D3	0.042 3	0.002 1	0.063 5	0.658 9	0.057 5	0.028 6	0.147 1
	D4	0.016 6	0.007 0	0.086 6	0.065 7	0.038 8	0.039 4	0.205 9
	D5	0.041 8	0.025 3	0.193 9	0.601 3	0.010 4	0.004 0	0.123 3

续表

深度/m	断面	定鞭金藻	甲藻	隐藻	青绿藻	绿藻	蓝藻	硅藻
50	D1	0. 145 1	0	0	0. 124	0	0. 040 5	0. 690 3
	D2	0	0	0. 063 1	0. 518 5	0	0. 418 4	0
	D3	0. 001 1	0	0	0. 998 9	0	0	0
	D5	0. 089 2	0	0. 081 2	0. 432 8	0. 018 4	0. 082 5	0. 295 0
总体	D1	0. 035 2	0. 005 9	0. 107 5	0. 388 6	0. 020 0	0. 015 0	0. 427 8
	D2	0. 002 7	0. 003 2	0. 054 3	0. 766 6	0. 038 3	0. 077 8	0. 057 0
	D3	0. 030 4	0. 001 5	0. 054 4	0. 729 3	0. 042 8	0. 036 7	0. 105 1
	D4	0. 016 9	0. 005 4	0. 068 5	0. 671 3	0. 033 2	0. 046 2	0. 158 4
	D5	0. 072 5	0. 013 4	0. 124 4	0. 467 5	0. 035 0	0. 026 8	0. 260 4

深度/m	断面	Chl *c*3	Chl *c*2	Peri	19′BF	Fuco	Neo	Prasino	Viola	19′BF	Diadino
0 ~ 10	D1	0. 42	3. 24	1. 47	30. 7	120. 7	0. 82	2. 51	0. 00	62. 0	30. 4
	D2	0. 00	3. 77	0. 79	31. 0	52. 5	0. 33	1. 15	0. 00	63. 7	24. 3
	D3	0. 00	0. 00	0. 00	4. 8	0. 0	0. 00	0. 00	0. 00	50. 5	8. 9
	D4	0. 00	0. 31	0. 00	9. 4	9. 0	0. 00	1. 03	0. 00	89. 9	14. 9
	D5	0. 32	1. 57	1. 04	15. 0	83. 4	7. 40	2. 33	3. 08	28. 3	16. 6
		Allo	Diato	Zea	Lut	Chl *b*	DV Chl *a*	Chl *a*	Caro	Total	Average
0 ~ 10	D1	12. 3	1. 99	0. 64	1. 17	4. 32	9. 77	247. 2	3. 20	532. 8	29. 6
	D2	4. 37	1. 85	0. 99	1. 49	1. 20	1. 46	120. 3	1. 82	311. 1	17. 3
	D3	1. 57	0. 73	2. 99	0. 89	0. 00	0. 00	32. 0	0. 00	102. 3	5. 7
	D4	0. 24	0. 04	4. 12	0. 83	0. 83	0. 00	60. 6	0. 37	191. 6	10. 6
	D5	4. 34	0. 97	0. 99	2. 83	18. 0	3. 99	136. 7	1. 05	327. 9	18. 2
深度/m	断面	Chl *c*3	Chl *c*2	Peri	19′BF	Fuco	Neo	Prasino	Viola	19′BF	Diadino
25	D1	0. 00	0. 00	1. 07	38. 6	96. 3	0. 00	3. 60	0. 00	74. 4	16. 9
	D2	0. 00	0. 11	0. 00	16. 1	22. 7	0. 00	0. 40	0. 00	87. 3	21. 3
	D3	0. 00	1. 57	0. 00	17. 8	24. 8	0. 71	0. 99	0. 19	37. 2	12. 2
	D4	0. 34	1. 63	1. 23	11. 6	39. 5	1. 95	0. 51	0. 28	62. 6	16. 7
	D5	0. 00	3. 23	3. 74	27. 0	78. 2	2. 31	0. 61	0. 58	58. 0	31. 6
		Allo	Diato	Zea	Lut	Chl *b*	DV Chl *a*	Chl *a*	Caro	Total	Average
25	D1	13. 8	0. 58	0. 00	1. 76	1. 66	18. 9	268. 0	2. 83	538. 4	29. 9
	D2	1. 06	1. 53	0. 96	1. 86	0. 79	0. 91	67. 5	0. 54	223. 1	12. 4
	D3	1. 76	0. 93	0. 65	0. 80	3. 02	0. 28	70. 0	0. 99	174. 0	9. 7
	D4	5. 15	0. 83	2. 22	0. 88	2. 74	20. 7	91. 0	2. 14	262. 0	14. 6
	D5	9. 79	1. 32	0. 62	0. 35	5. 75	69. 5	82. 8	3. 32	378. 8	21. 0
深度/m	断面	Chl *c*3	Chl *c*2	Peri	19′BF	Fuco	Neo	Prasino	Viola	19′BF	Diadino
50	D1	0. 00	0. 00	0. 00	1. 5	36. 5	1. 92	1. 29	0. 00	8. 1	2. 8
	D2	0. 00	0. 00	0. 00	1. 2	2. 1	0. 00	0. 00	0. 00	15. 2	1. 9
	D3	0. 00	0. 00	0. 00	21. 2	0. 0	0. 00	3. 03	0. 00	189. 6	7. 0
	D5	0. 00	3. 05	0. 00	9. 2	38. 3	0. 56	1. 68	0. 00	35. 4	7. 4

续表

		Allo	Diato	Zea	Lut	Chl *b*	DV Chl *a*	Chl *a*	Caro	Total	Average
50	D1	0.00	0.00	1.27	0.00	5.26	6.06	37.1	0.24	102.0	5.7
	D2	0.81	0.00	3.79	0.16	0.00	0.00	9.0	0.00	34.3	1.9
	D3	0.00	0.00	0.00	3.01	0.00	0.00	47.4	0.00	271.3	15.1
	D5	2.67	0.00	3.36	0.74	5.76	1.61	62.1	1.03	173.0	9.6
深度/m	断面	Chl *c*3	Chl *c*2	Peri	19′BF	Fuco	Neo	Prasino	Viola	19′BF	Diadino
总体	D1	0.21	1.62	1.14	30.0	101.0	0.65	2.77	0.00	59.9	21.9
	D2	0.00	1.47	0.29	19.9	31.3	0.12	0.63	0.00	69.5	20.0
	D3	0.00	1.12	0.00	16.5	17.7	0.51	1.14	0.14	60.9	11.0
	D4	0.26	1.30	0.92	11.0	31.9	1.46	0.64	0.21	69.4	16.2
	D5	0.11	2.63	1.90	18.6	70.0	3.57	1.45	1.27	42.4	20.6
		Allo	Diato	Zea	Lut	Chl *b*	DV Chl *a*	Chl *a*	Caro	Total	Average
总体	D1	11.3	1.21	0.48	1.25	3.44	12.7	228.7	2.69	481.0	26.7
	D2	2.27	1.46	1.33	1.51	0.84	1.00	80.0	0.96	232.5	12.9
	D3	1.48	0.77	0.90	1.13	2.16	0.20	61.4	0.71	177.6	9.9
	D4	3.92	0.64	2.70	0.87	2.26	15.5	83.4	1.70	244.4	13.6
	D5	6.19	0.87	1.43	1.27	9.85	30.7	95.6	1.99	310.4	177.2

5.1.2.3.3 群落结构和多样性

对南极半岛海域微型和微微型浮游生物群落结构组成和多样性分析的样品是中国第28次南极考察期间采集的，共计从南极半岛海域采集了15站位18个样品（图5-68）。利用罗氏454 16S rDNA和18S rDNA高通量测序技术分别对浮游细菌、微型真核浮游生物和微微型真核浮游生物群落结构组成和多样性进行分析。

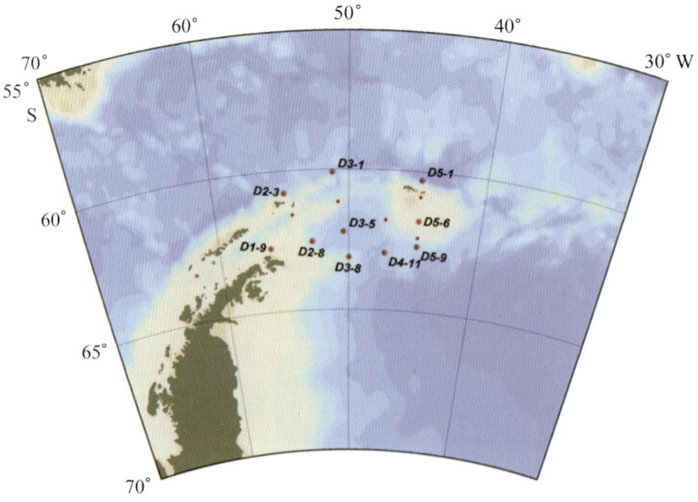

图5-68　第28次南极半岛海域微小型浮游生物采样站位分布

1）浮游细菌

罗氏454 16S rDNA高通量测序后和基因库的比对结果显示南极半岛共计有15门22纲40

目67科137属细菌有分布。主要的细菌门类为变形菌门（Proteobacteria）、蓝细菌门（Cyanobacteria）、拟杆菌门（Bacteroidetes）、疣微菌门（Verrucomicrobia）、放线菌门（Actinobacteria）等。优势类群和其在群落中所占比例见图5－69，变形菌门、蓝细菌门和拟杆菌门分别占总群落的68.2%、16.8%和14.5%。

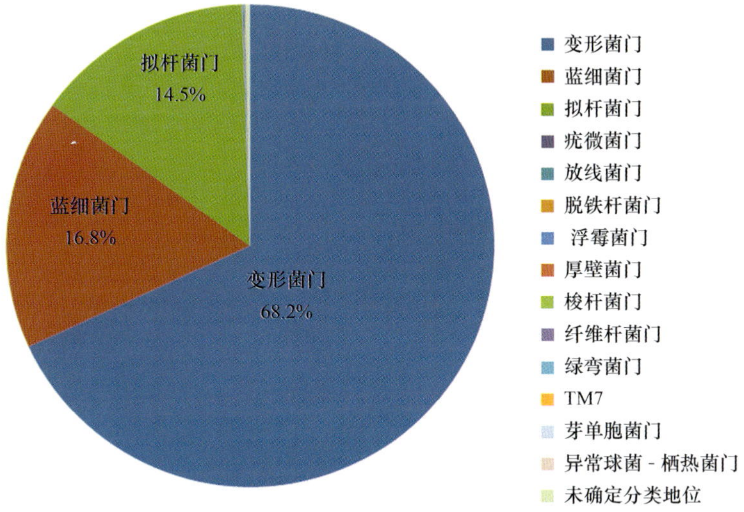

图5－69 南极半岛海域浮游细菌群落组成（分类到门）

在纲的分类水平，主要包括：阿尔法（Alphaproteobacteria）、贝塔（Betaproteobacteria）、伽玛（Gammaproteobacteria）、德尔塔（Detaproteobacteria）和艾普西隆（Epsilonproteobacteria）变形菌，黄杆菌（Flavobacteria）、纤维黏网菌（Cytophagia）和脱硫杆菌（Deferribacteres）等。各分类级别细菌种类构成见表5－7。

各个样品97%水平细菌物种分类单元物种丰富度指数和多样性指数见图5－70，结果显示威德尔海各样品细菌丰富度指数之间差异不大，其中丰富度指数最高的样品是D5－9站位50 m水层，其次为D3－3站位25 m水层。丰富度指数最低的站位则是D5－8站位25 m水层。细菌多样性指数Shannon各样品差异不大，InvSimpson指数最高的为D4－11站位25 m水层，其次为D5－8站位25 m水层。多样性指数最低的样品是D5－1站位25 m水层，D4－7站位25 m水层和D5－9站位50 m水层多样性指数也不高。D5－8站位25 m水层细菌种类丰富度指数很低，但是多样性指数却很高，显示D5－8站位25 m水层细菌种群分布均匀度很高。而D5－9站位50 m水层则与之相反，丰富度指数高反而多样性指数低，显示D5－9站位50 m水层细菌种群分布不均匀，优势种优势度明显。

在门的分类水平上，各样品细菌类群组成见图5－71（A），显示第一优势类群为变形菌（Proteobacteria），其次为蓝细菌（Cyanobacteria）和拟杆菌（Bacteroidetes），其平均出现频率分别是68.2%、16.8%和14.5%。三大类群占总类群比例的99%以上，其他12门类细菌平均出现频率小于1%。总体上来说，南极半岛海域各样品细菌类群组成上差异不大，其差别主要体现在三大类群的出现频率波动。其中变形菌出现频率最高的是D4－7站位35 m水层，为82%，蓝细菌出现平率最高的是样品D2－5站位25 m水层，为27.5%，出现频率最低的则是D5－8站位25 m水层，几乎检测不到。拟杆菌门出现频率最高的样品则是D2－5站位0 m水层，为33.2%。

表 5－7　南极半岛海域主要细菌种类组成（分类到科）

门	Phylum	纲	Class	目	Order	科	Family	科	Family
变形菌门	Proteobacteria	阿尔法变形菌纲	Alphaproteobacteria	海洋螺菌目	Oceanospirillales	海洋螺菌科	Oceanospirillaceae	棒杆菌科	Corynebacteriaceae
蓝细菌门	Cyanobacteria	蓝细菌门	Cyanobacteria	红杆菌目	Rhodobacterales	红细菌科	Rhodobacteraceae	嗜油菌科	Oleiphilaceae
拟杆菌门	Bacteroidetes	伽玛变形菌纲	Gammaproteo bacteria	交替单胞菌目	Alteromonadales	假交替单胞菌科	Pseudoalteromona daceae	消化链球菌科	Peptostreptococca ceae
疣微菌门	Verrucomicrobia	黄杆菌纲	Flavobacteria	黄杆菌目	Flavobacteriales	黄杆菌科	Flavobacteriaceae	梭杆菌科	Fusobacteriaceae
放线菌门	Actinobacteria	贝塔变形菌纲	Betaproteobacteria	假单孢杆菌目	Pseudomonadales	莫拉氏菌科	Moraxellaceae	诺卡氏菌科	Nocardiaceae
脱铁杆菌门	Deferribacteres	纤维粘网菌	Cytophagia	柄杆菌目	Caulobacterales	交替单胞菌科	Alteromonadaceae	硝化刺菌科	Nitrospinaceae
浮霉菌门	Planctomycetes	丰佑菌纲	Opitutae	肠杆菌目	Enterobacteriales	生丝单胞菌科	Hyphomonadaceae	希万氏菌科	Shewanellaceae
厚壁菌门	Firmicutes	鞘脂杆菌纲	Sphingobacteriia	硫发菌目	Thiotrichales	烷烃降解菌科	Alcanivoracaceae	纤维杆菌科	Fibrobacteraceae
梭杆菌门	Fusobacteria	放线菌纲	Actinobacteria	鞘脂单胞菌目	Sphingomonadales	肠杆菌科	Enterobacteriaceae	链球菌科	Streptococcaceae
纤维杆菌门	Fibrobacteres	德耳塔变形杆菌纲	Deltaproteobacteria	立克次氏体目	Rickettsiales	鱼立克次氏体科	Piscirickettsiaceae	丙酸杆菌科	Propionibacteriaceae
绿弯菌门	Chloroflexi	脱铁杆菌纲	Deferribacteres	噬纤维菌目	Cytophagales	赤杆菌科	Erythrobacteraceae	葡萄球菌科	Staphylococcaceae
TM7	Candidate division TM7	艾普西隆变形菌纲	Epsilonproteo bacteria	紫红球菌目	Puniceicoccales		Cryomorphaceae	普雷沃氏菌科	Prevotellaceae
芽单胞菌门	Gemmatimonadetes	疣微菌纲	Verrucomicrobiae	黄单胞菌目	Xanthomonadales	寇蔚尔菌科	Colwelliaceae	拟杆菌科	Bacteroidaceae
异常球菌－栖热菌门	Deinococcus-Thermus	浮霉菌纲	Planctomycetacia	鞘脂杆菌目	Sphingobac－teriales	火色杆菌科	Flammeovirgaceae	芽孢杆菌科	Bacillaceae
		WSP－1（浮霉菌门）	Phycisphaerae	奈瑟菌目	Neisseriales	紫红球菌科	Puniceicoccaceae	产碱菌科	Alcaligenaceae
		梭菌纲	Clostridia	酸微菌目	Acidimicrobiales	华杆菌科	Sinobacteraceae	着色菌科	Chromatiaceae
		梭杆菌纲	Fusobacteria	伯克氏菌目	Burkholderiales	盐单胞菌科	Halomonadaceae	立克次体科	Rickettsiaceae
		纤维杆菌纲	Fibrobacteria	咸水球形菌目	Salinisphaerales	鞘脂单胞菌科	Sphingomonadaceae	弧菌科	Vibrionaceae
		芽孢杆菌纲	Bacilli	根瘤菌目	Rhizobiales	硫发菌科	Thiotrichaceae	柯克斯体科	Coxiellaceae
		拟杆菌纲	Bacteroidia	脱铁杆菌目	Deferribacterales	假单胞杆菌科	Pseudomonadaceae	鞘脂杆菌科	Sphingobacteriaceae
		芽单胞菌纲	Gemmatimona－detes	嗜甲基菌目	Methylophilales	微杆菌科	Microbacteriaceae	噬菌弧菌科	Bacteriovoracaceae

续表

门	Phylum	纲	Class	目	Order	科	Family	科	Family
异常球菌－栖热菌门	Deinococcus-Thermus	异常球菌纲	Deinococci	蛭弧菌目	Bdellovibrionales	奈瑟氏球菌科	Neisseriaceae	甲基杆菌科	Methylobacteriaceae
				弯曲菌目	Campylobacterales	酸微菌科	Acidimicrobiaceae	根瘤菌科	Rhizobiaceae
				疣微菌目	Verrucomicrobiales	草酸杆菌科	Oxalobacteraceae	亚硝化单胞菌科	Nitrosomonadaceae
				浮霉菌目	Planctomycetales	咸水球形菌科	Salinisphaeraceae	醋杆菌科	Acetobacteraceae
				Euzebyales	Euzebyales	生丝微菌科	Hyphomicrobiaceae	异常球菌科	Deinococcaceae
				红螺菌目	Rhodospirillales	嗜甲基菌科	Methylophilaceae	军团菌科	Legionellaceae
				Phycisphae－rales	Phycisphaerales	腐螺旋菌科	Saprospiraceae		
				梭菌目	Clostridiales	叶瘤杆菌科	Phyllobacteriaceae		
				梭杆菌目	Fusobacteriales	蛭弧菌科	Bdellovibrionaceae		
				脱硫杆菌目	Desulfobacterales	弯曲菌科	Campylobacteraceae		
				纤维杆菌目	Fibrobacterales	疣微菌科	Verrucomicrobiaceae		
				乳杆菌目	Lactobacillales	源洋菌科	Idiomarinaceae		
				芽孢杆菌目	Bacillales	浮霉菌科	Planctomycetaceae		
				拟杆菌目	Bacteroidales	Euzebyaceae	Euzebyaceae		
				着色菌目	Chromatiales	红螺菌科	Rhodospirillaceae		
				弧菌目	Vibrionales	黄色单胞菌科	Xanthomonadaceae		
				军团菌目	Legionellales	类诺卡氏菌科	Nocardioidaceae		
				亚硝化单胞菌目	Nitrosomonadales	丛毛单胞菌科	Comamonadaceae		
				异常球菌目	Deinococcales	Phycisphaera ceae	Phycisphaeraceae		
				除硫单胞菌目	Desulfuromonadales	韦荣氏菌科	Veillonellaceae		

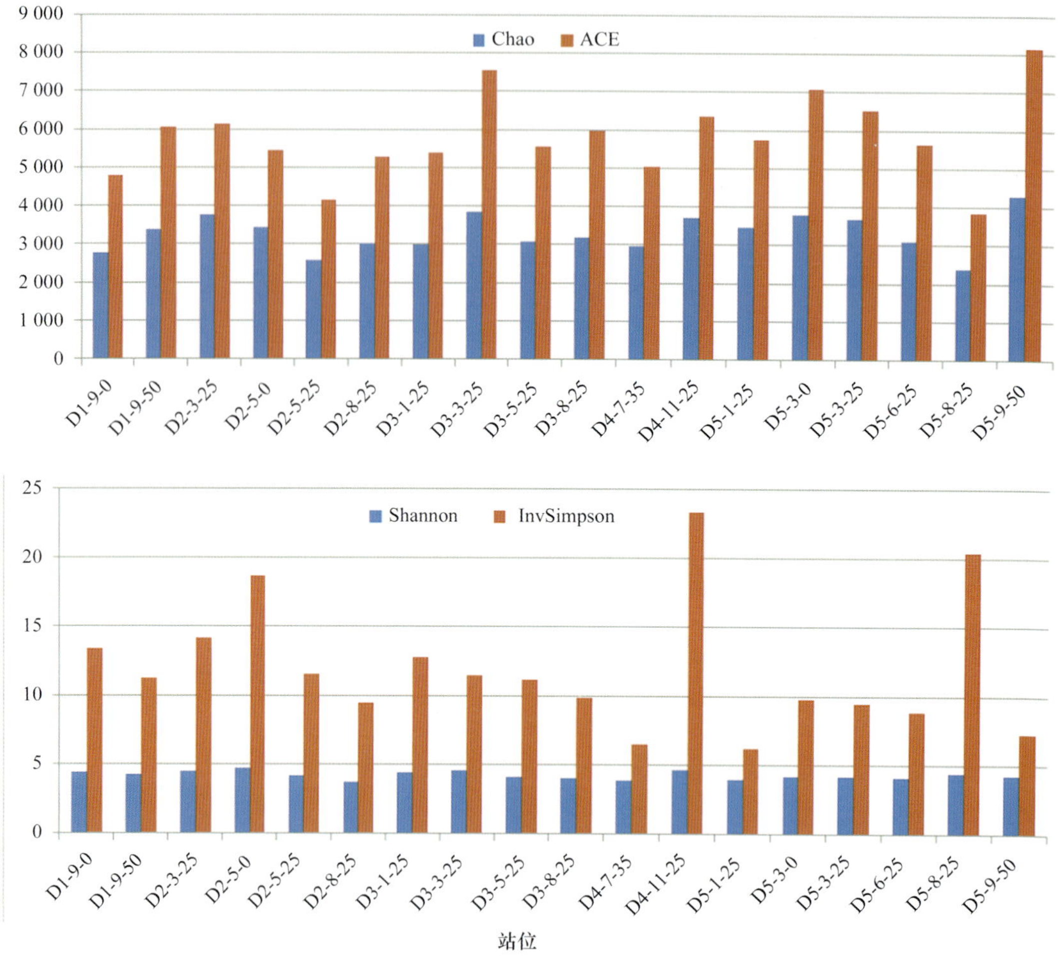

图 5－70　南极半岛海域细菌种类丰富度指数（Chao 和 ACE 指数）和多样性指数（Shannon 和 InvSimpson 指数）

在纲的分类水平上，南极半岛海域总细菌群落当中的优势细菌类群为阿尔法变形菌（Alphaproteobacteria）、伽玛变形菌（Gammaproteobacteria）、蓝细菌（Cyanobacteria）、黄杆菌（Flavobacteria），其平均出现频率分别是 45.7%、21.2%、16.8% 和 14.2%，其余种类的细菌出现频率则小于 0.5%。从各个样品的细菌种类组成结构上来看，主要的差异也是体现在四大类细菌优势类群的比例变化。其中阿尔法变形菌出现频率最高的样品是 D5－1 站位 25 m 水层，为 58.5%，最低为 D4－11 站位 25 m 水层，为 31.2%。伽玛变形菌出现频率最高的站位是 D5－8 站位 25 m 水层，为 38.4%，最低在 D2－5 站位 25 m 水层，为 15.1%。黄杆菌出现频率最高的样品是 D4－11 站位 25 m 水层，为 31.1%，最低则在 D4－7 站位 35 m 水层为 5.2%。

利用南极半岛海域各样品细菌种类组成分类单元数目和理化因子做典型相关分析（CCA），其中细菌种类组成（到纲）OTUs 作为生物因子，各类环境参数作为环境因子（图 5－72），提取出来的两条坐标轴分别能解释 35.2% 和 31.4% 的细菌分布影响权重。从现有的环境因子影响水平来看，对南极半岛海域细菌种类组成分布影响最大的环境因子为铵盐（Amo），其次为微微型浮游植物丰度（PPA），在第二轴上，影响最大的则是温度（T）和盐

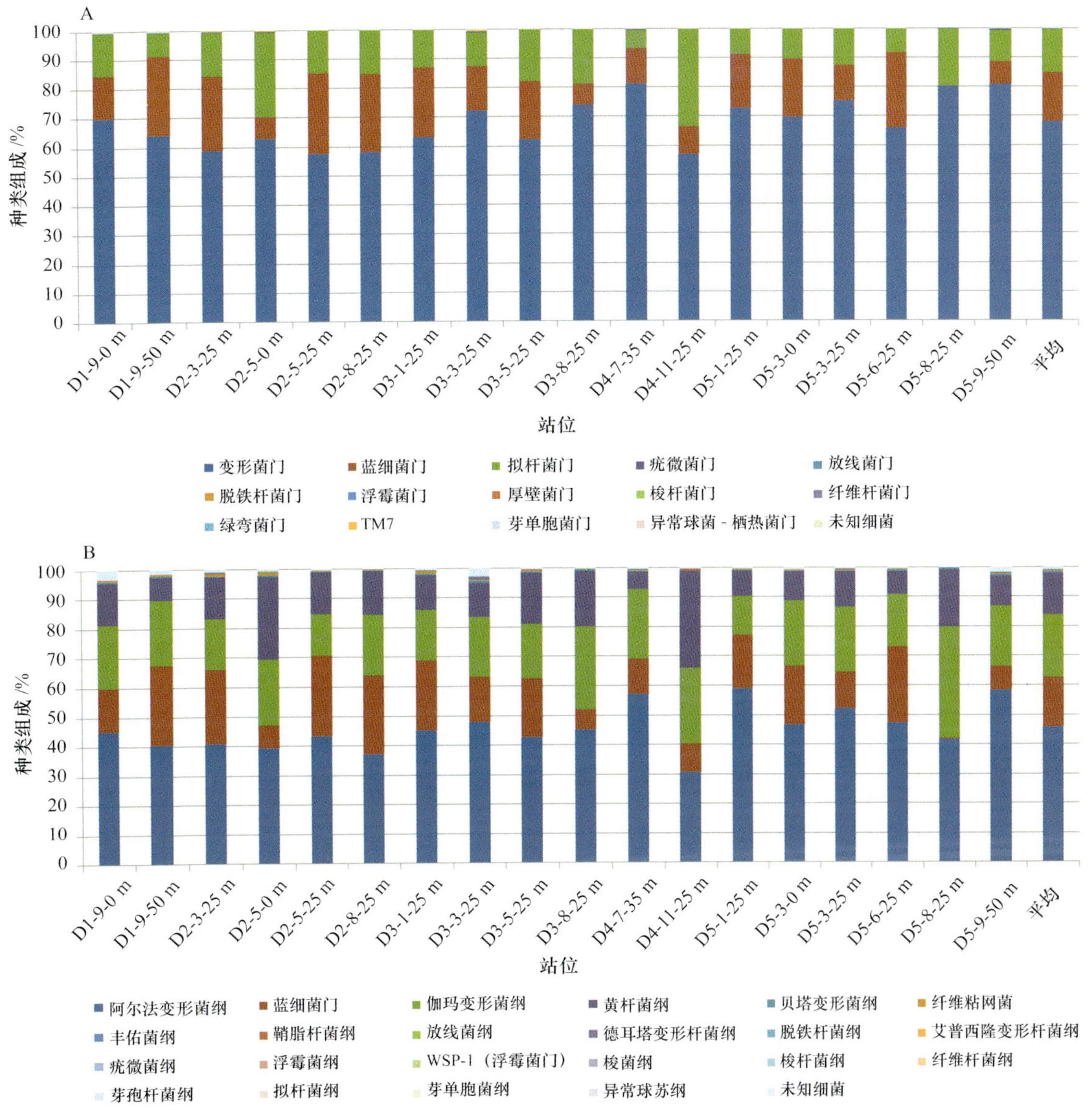

图5－71　南极半岛海域各样品细菌种类组成结构，分类到门（A）和纲（B）

度（Sal）也就是水团的结构。因此，在南极半岛海域，对细菌群落结构和种类组成影响最大的几个因素是细菌能直接利用的营养盐铵盐、为细菌生长提供必要DOC的微微型浮游植物和水团组成结构。

2）微型和微微型真核生物

南极半岛海域微型和微微型真核生物采样站位和细菌采样站位一致，也采集了15个站位18个样品，罗氏454 18S rDNA测序并比对后获得了各类真核生物OUT数量。

对各个样品97%相似性水平的分类单元（OTUs）所代表的真核生物丰富度指数和多样性指数进行分析，各个样品微型真核生物和微微型真核生物丰富度指数和多样性指数分布规律分别见图5－73和图5－74所示。各样品微型和微微型真核生物丰富度指数水平差异不大，其中微型真核生物丰富度指数最高的是D5－8－25 m，其次为D2－8－25 m，最低的是D1－9－50 m。微微型真核生物丰富度指数最高的则是D5－9－50m和D3－3－25 m，最低的是

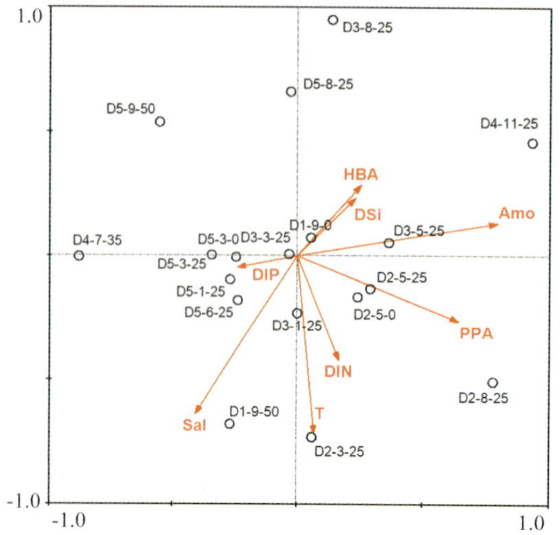

图 5－72　南极半岛海域各样品细菌种类组成分布和环境因子典型相关分析

D1－9－0 m。多样性指数 Shannon 无论是微微型和微型差别都不大，而 InvSimpson 指数差异很大。微型真核生物 InvSimpson 指数最高的是 D5－9－50 m，其次为 D3－3－25 m，D1－9－0 m、D1－9－50 m、D5－3－0 m 和 D5－6－25 m 等样品的多样性指数都很低。微微型真核生物 InvSimpson 指数最高的则是 D4－7－25 m，其次为 D5－1－25 m，D1－9－0 m、D1－9－50 m、D4－11－25 m 等样品的 InvSimpson 多样性指数则很低。

对各个分类单元进行数据库比对，能确定分类地位的微型真核生物分类单元隶属于 12 门 26 纲，微微型真核生物则有 12 门 32 纲，具体微型和微微型真核生物种类组成（分类到纲）情况见表 5－8 和表 5－9 所示。其中微型真核生物主要由包括硅藻门（Diatomea）、绿藻门（Chlorophyta）、扭鞘藻门（Streptophyta）和褐藻门（Phaeophyceae）组成的原生生物（Protozoa），担子菌门（Basidiomycota）和子囊菌门（Ascomycota）组成的真菌生物，腔肠动物（Cnidaria）、节肢动物（Arthropoda）棘皮动物（Echinodermata）等组成的后生动物（Metazoa）以及苔藓动物（Bryozoa）组成。微微型真核生物组成和微型生物有些类似，仅少了苔藓动物（Bryozoa），在原生生物当中少了褐藻门（Phaeophyceae），真菌生物中多了壶菌门（Chytridiomycota）。

微型真核生物在门的分类水平上，未能确定分类地位的分类单元比例为 48.6%，其中 D2－8－25 m 样品未确定微型真核生物比例最高，达 93%（图 5－75A）。已确定的分类单元当中，主要微型真核优势门类为硅藻，平均出现频率 49.8%，其次为绿藻和腔肠动物，平均出现频率 1.3% 和 0.23%。其他各类真核生物出现的频率均在 0.01% 以下。硅藻出现频率最高的样品是 D5－6－25 m，为 87.3%，其次为 D5－3－0 m，为 83.5%；出现频率最低的是 D2－8－25 m，小于 10%，其次是 D1－9 站位的两个样品，均小于 20%。绿藻主要出现在 D5－1－25 m 和 D5－8－25 m 两个样品，其次是 D1－9 站位的两个样品。腔肠动物主要在 D4－11－25 m 样品检测到，出现频率为 4% 左右。

在纲的分类水平上微型真核生物第一优势类群为中型藻纲，平均出现频率为 29.4%，其次为硅藻纲、甲藻纲、硅鞭藻纲、隐藻纲和旋毛纲，其平均出现频率分别是 18.8%、15.4%、9.67%、2.03% 和 1.05%（图 5－75B）。其余各类真核生物出现频率均小于 0.5%。

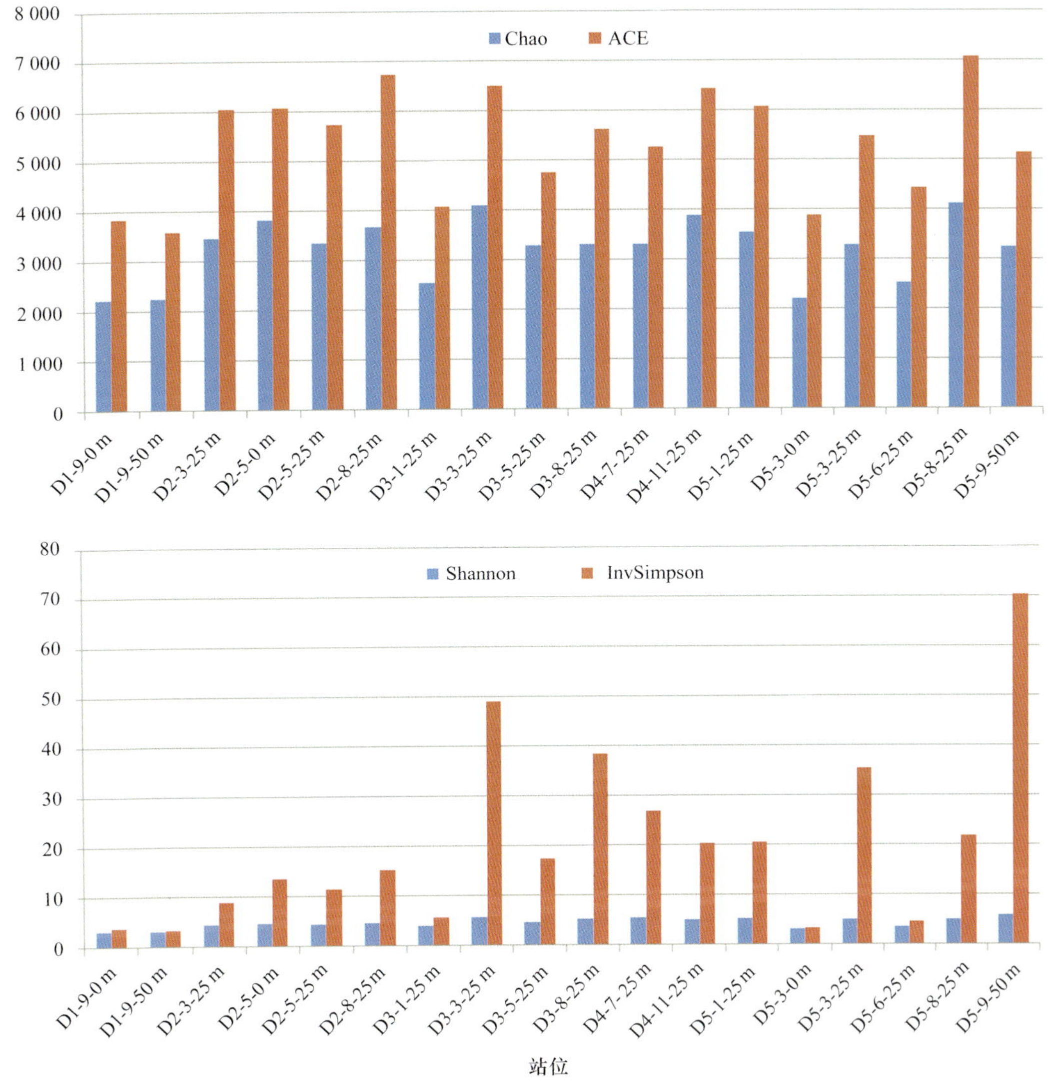

图 5－73　南极半岛海域微型真核生物丰富度指数（Chao 和 ACE 指数）和多样性指数（Shannon 和 InvSimpson 指数）

从各个站位的微型真核生物组成结构上来看 D1－9 站位两个样品硅鞭藻纲生物所占比例最大，在 70% 以上，D3－1－25 m、D4－7－25 m 和 D5－6－25 m 则中型藻纲藻类比例最大，达 65% 以上。硅藻纲出现频率最高的是 D5－3－0 m，达到将近 80%；甲藻出现频率最高的则是 D3－8－25 m，出现频率在 40% 左右。

微微型真核生物明显分类区分度更低，在门的分类水平上其为能确定分类地位的 OTUs 比例高达 82.8%（图 5－76A），在纲的分类水平上平均也达到 50% 以上（图 5－76B）。在门的水平未确定分类地位 OTUs 所占比例最高的是 D2－8－25 m，高达 98% 以上（图 5－76A），在纲的水平最高的则是 D4－11－25 m，达 80% 以上（图 5－76B），D5－8－25 m 比例也很高，超过 80%。在确定了分类地位的分类单元当中，主要是硅藻门 11.54% 和绿藻门 5.45%，在纲的水平上则主要是甲藻纲 12.42%、硅鞭藻纲 9.34%、硅藻纲 9.03%、浮生藻纲 4.50%、旋毛纲 3.79%、隐藻纲 2.87% 和中型藻纲 2.05%。硅鞭藻纲主要出现在 D1－9 站位两个样品，甲藻纲出现频率最高的是 D2－5－0 m 样品，中型藻纲出现频率最高的则是 D1－9

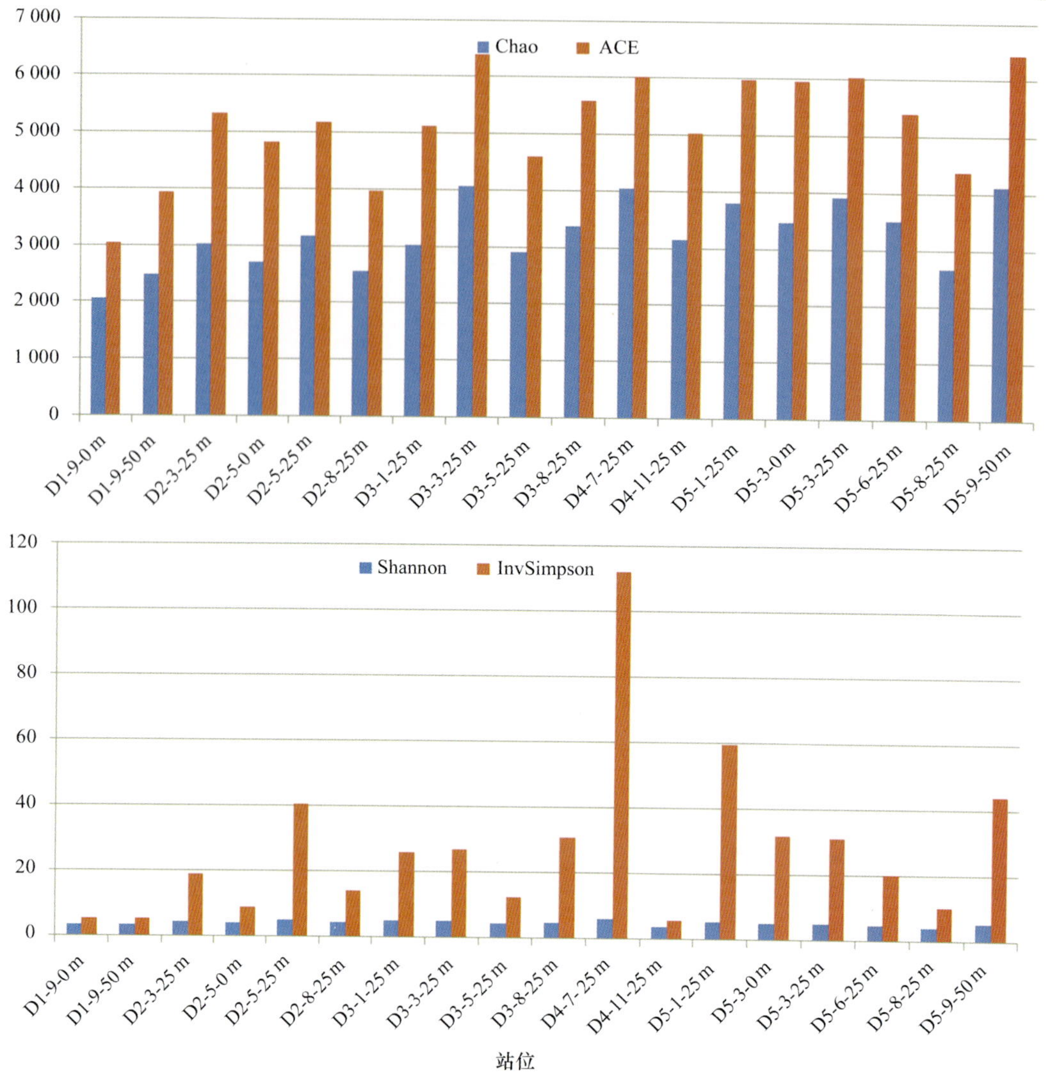

图 5－74　南极半岛海域微微型真核生物丰富度指数（Chao 和 ACE 指数）和多样性指数（Shannon 和 InvSimpson 指数）

－0m。浮生藻纲出现频率最高的是 D5－9－5om 和 D3－5－25 m；硅藻纲出现频率较高的是 D2－5－0 m、D2－5－25 m、D3－1－25 m 和 D3－3－25 m；隐藻纲出现频率最高的是 D5－6－25 m；旋毛纲出现频率最高的则是 D5－1－25 m。

利用南极半岛海域各样品微型和微微型真核生物种类组成分类单元数目和理化因子做典型相关分析（CCA），其中微型和微微型真核生物种类组成（分类水平到纲）OTUs 作为生物因子，各类环境参数作为环境因子，提取出来的两条坐标轴对微型和微微型真核生物分布的影响因素进行描述，其典型相关分析图 5－77A 和 B 分别代表微型和微微型真核生物分布的影响因素。其中图 5－77A 两坐标轴分别能解释 36.9% 和 23.7% 的微型真核生物分布影响权重，图 5－77B 两坐标轴则分别能解释 54.2% 和 6.6% 的微微型真核生物分布影响。从现有的环境因子影响水平来看，对南极半岛海域微型真核生物种类组成分布影响最大的环境因子为营养盐［包括铵盐（Amo）、氮盐（DIN）和磷酸盐（DIP）］，其次为温度和盐度也就是水团的结构。因此，在南极半岛海域，对微型真核生物群落结构和种类组成影响最大的因素是营

表5-8 南大洋南极半岛海域主要微型真核生物种类组成（分类到纲）

界	Kingdom	门	Phylum	纲	Class	纲	Class
原生生物	Protozoa	硅藻门	Diatomea	硅藻纲	Bacillariophyceae	酵母纲	Saccharomycetes
后生动物	Metazoa	绿藻门	Chlorophyta	硅鞭藻纲	Dictyochophyceae	涡鞭毛虫纲	Dinoflagellata
真菌	Fungi	扭鞘藻门	Streptophyta	Mediophyceae	Mediophyceae	水螅虫纲	Hydrozoa
苔藓动物门	Bryozoa	褐藻门	Phaeophyceae	金藻纲	Chrysophyceae	单子叶植物纲	Liliopsida
		担子菌门	Basidiomycota	甲藻纲	Dinoflagellata；Dinophyceae	颚足纲	Maxillopoda
		子囊菌门	Ascomycota	Mamiellophyceae	Mamiellophyceae	放射虫纲	Radiolaria
		腔肠动物门	Cnidaria	浮生藻纲	Pelagophyceae	寡膜纲	Oligohymenophorea
		节肢动物门	Arthropoda	隐藻纲	Cryptophyceae	直口纲	Litostomatea
		栉水母门	Ctenophora	绿藻纲	Chlorophyceae	层咽纲	Phyllopharyngea
		棘皮动物门	Echinodermata	四胞藻纲	Trebouxiophyceae	钵水母纲	Scyphozoa
		顶复动物亚门	Apicomplexa	哺乳纲	Mammalia	放射虫纲	Radiolaria；Acantharia
		苔藓动物门	Bryozoa	旋毛纲	Spirotrichea	Gregarinasina	Gregarinasina
				银耳纲	Tremellomycetes	散囊菌纲	Eurotiomycetes

表 5-9　南大洋南极半岛海域主要微微型真核生物种类组成（分类到纲）

界	Kingdom	门	Phylum	纲	Class	纲	Class
原生生物	Protozoa	硅藻门	Diatomea	硅藻纲	Bacillariophyceae	直口纲	Litostomatea
后生动物	Metazoa	绿藻门	Chlorophyta	硅鞭藻纲	Dictyochophyceae	层咽纲	Phyllopharyngea
真菌	Fungi	扭鞘藻门	Streptophyta	Mediophyceae	Mediophyceae	子囊菌纲	Sordariomycetes
		担子菌门	Basidiomycota	金藻纲	Chrysophyceae	前口纲	Prostomatea
		子囊菌门	Ascomycota	甲藻纲	Dinophyceae	Colpodea	Colpodea
		壶菌门	Chytridiomycota	Mamiellophyceae	Mamiellophyceae	钵水母纲	Scyphozoa
		腔肠动物门	Cnidaria	浮生藻纲	Pelagophyceae	黑粉菌纲	Ustilaginomycetes
		节肢动物门	Arthropoda	隐藻纲	Cryptophyceae	外担子菌纲	Exobasidiomycetes
		栉水母门	Ctenophora	绿藻纲	Chlorophyceae	软甲纲	Malacostraca
		环节动物门	Annelida	四胞藻纲	Trebouxiophyceae	放射虫纲	Radiolaria；Acantharia
		棘皮动物门	Echinodermata	哺乳纲	Mammalia	蛛形纲	Arachnida
		顶复动物亚门	Apicomplexa	旋毛纲	Spirotrichea	尾海鞘纲	Appendicularia
				银耳纲	Tremellomycetes	鳃足纲	Branchiopoda
				酵母纲	Saccharomycetes	稀毛纲	Oligotrichia
				涡鞭毛虫纲	Dinoflagellata	散毛亚纲	Choreotrichia
				水螅虫纲	Hydrozoa	Haptoria	Haptoria
				单子叶植物纲	Liliopsida	Cyrtophoria	Cyrtophoria
				颚足纲	Maxillopoda	Suctoria	Suctoria
				放射虫纲	Radiolaria	Microbotryomycetes	Microbotryomycetes
				寡膜纲	Oligohymenophorea	盾纤亚纲	Scuticociliatia

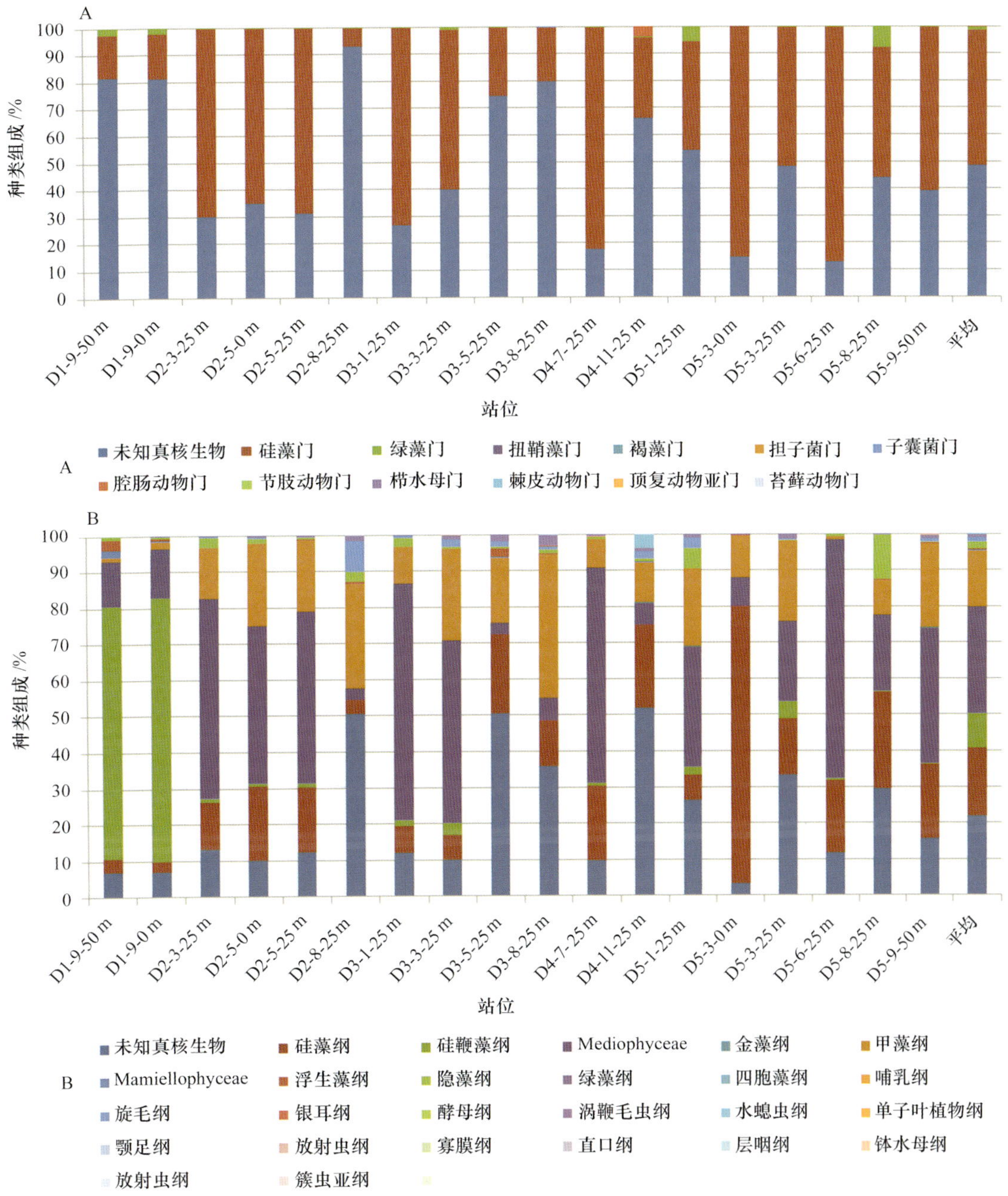

图 5－75　南极半岛海域各样品微型真核生物种类组成结构，分类到门（A）和纲（B）

养盐浓度和水团组成结构。对微微型真核生物而言，重要的影响因素都是限制因素，其中代表陆架水的盐度影响最大，其次为营养盐氮盐和磷酸盐，由于微微型真核类更适合在寡营养环境下占据优势，因此营养盐成为微微型真核生物分布的重要限制因子。

5.1.2.3.4　小结

（1）南极半岛海域微微型浮游植物丰度范围是 0.2～3 cells · μL^{-1}，普遍低于 2 cells · μL^{-1}；异养细菌丰度数量级在 10^7～10^8 cells · μL^{-1}；微微型浮游生物在南极半岛的海域和水深、离岸远近和水团组成都有关系；2012 年夏季高于 2014 年。

（2）基于 HPLC 分析的结果显示南极半岛海域微微型浮游植物优势类群为定鞭金藻、硅

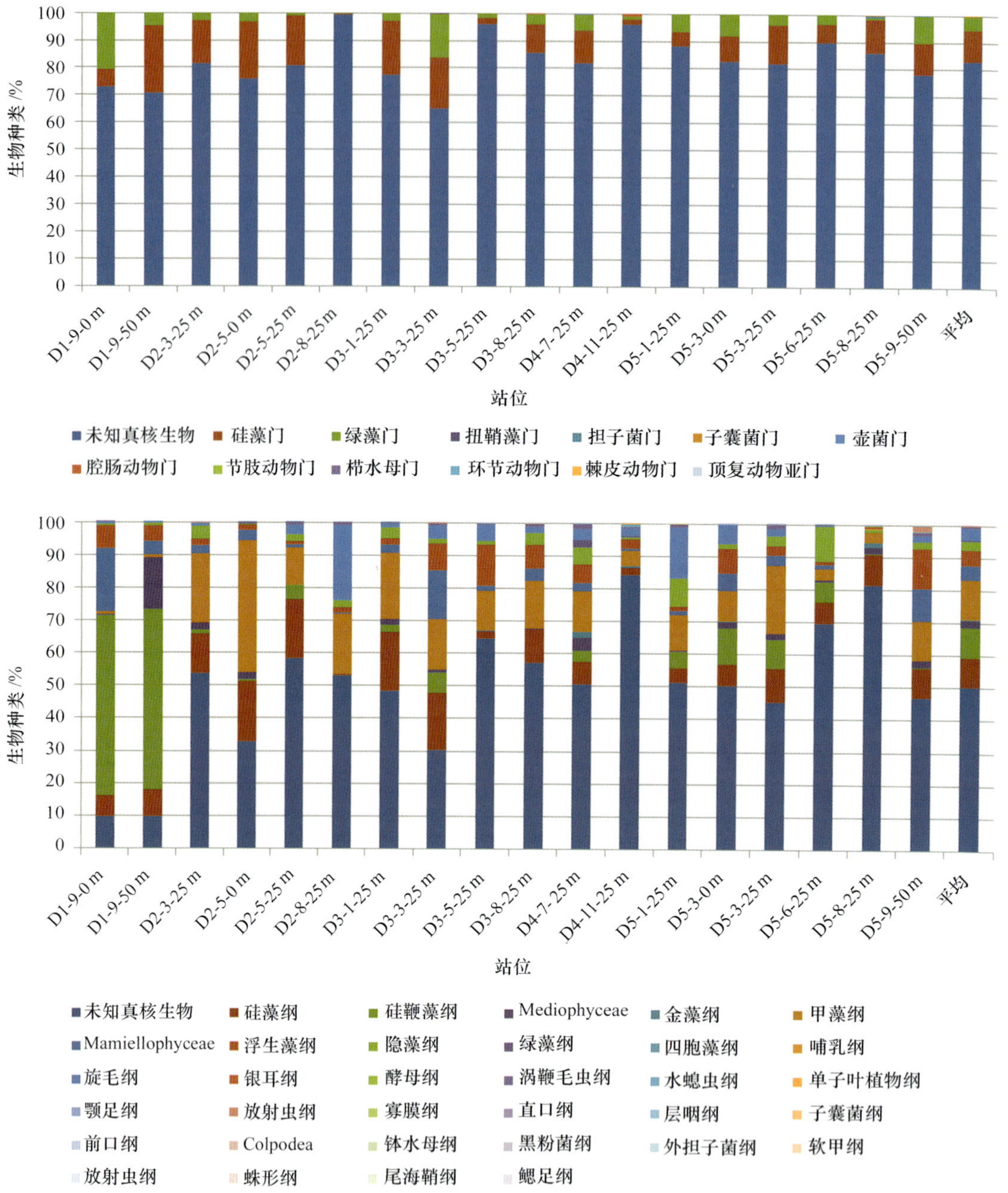

图 5-76 南极半岛海域各样品微微型真核生物种类组成结构［分类到门（上）和纲（下）］

藻和隐藻，各个断面和水层其优势度稍有差异。蓝藻主要分布在 50m 水层；定鞭金藻在 D1 断面相对丰度最低而在 D2 断面最高。

（3）南极半岛海域细菌优势类群为变形菌、蓝细菌和拟杆菌，其平均出现频率分别是 68.2%、16.8% 和 14.5%；在纲的分类水平阿尔法变形菌、伽玛变形菌、蓝细菌、黄杆菌，其平均出现频率分别是 45.7%、21.2%、16.8% 和 14.2%，其余种类的细菌出现频率则小于 0.5%。

（4）南极半岛海域微型真核生物优势类群为硅藻，平均出现频率 49.8%，其次为绿藻和腔肠动物；在纲的分类水平上第一优势类群为中型藻，平均出现频率为 29.4%，其次为硅

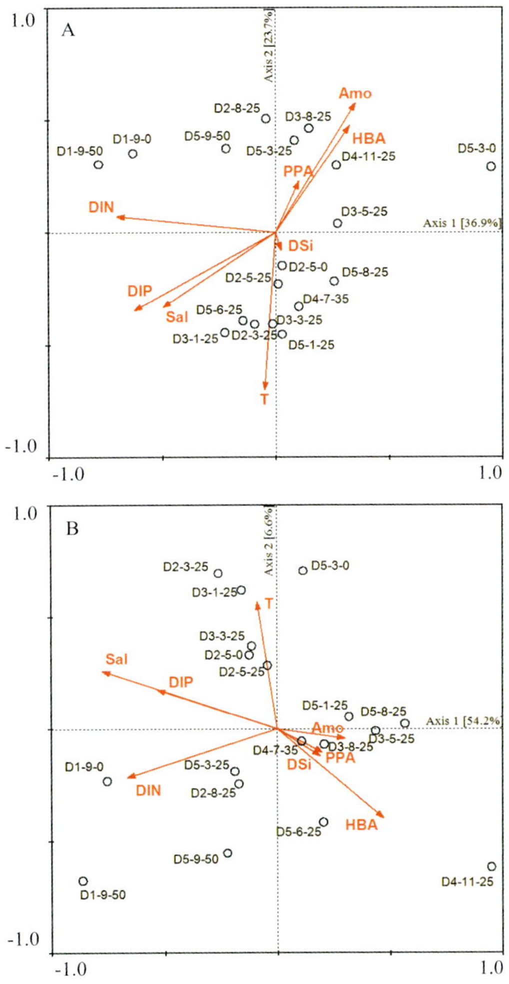

图 5-77　南极半岛海域各样品微型（A）和微微型（B）浮游生物种类组成分布和环境因子典型相关分析

藻、甲藻、硅鞭藻、隐藻和旋毛纲纤毛虫。

（5）微微型真核生物优势类群则为硅藻 11.54% 和绿藻 5.45%，在纲的水平上是甲藻、硅鞭藻、硅藻、浮生藻、旋毛纲纤毛虫、隐藻和中型藻。

（6）典型相关分析结果显示在南极半岛海域，对细菌群落结构和种类组成影响最大的几个因素是细菌能直接利用的营养盐铵盐、为细菌生长提供必要溶解有机碳（DOC）的微微型浮游植物和水团组成结构；对微型真核生物群落结构和种类组成影响最大的因素是营养盐浓度和水团组成结构；对微微型真核生物而言，代表陆架水的盐度和营养盐是其分布的重要限制因子。

参考文献

Collins RE, Rocap G, Deming JW. 2010. Persistence of bacterial and archaeal communities in sea ice through an Arctic winter. Environ microbiol, 12: 1828-1841.

Garneau MÈ, Vincent WF, Alonso-Sáez L, et al. 2006. Prokaryotic community structure and heterotrophic production in a river-influenced coastal arctic ecosystem. Aquat Microb Ecol, 42: 27-40.

Han D, Kang I, Ha HK, et al. 2014. Bacterial communityes of surface mixed layer in the Pacific sector of the Western Arctic Ocean during sea-ice Melting. PLOS One, 9 (1): e86887.

Kellogg CTE, Deming JW. 2009. Comparison of free-living, suspended particle, and aggregate-associated bacterial and archaeal communities in the Laptev Sea. Aquat Microb Ecol, 57: 1 - 18.

Kirchman DL, Cottrell MT, Lovejoy C. 2010 The structure of bacterial communities in the western Arctic Ocean as revealed by pyrosequencing of 16S rRNA genes. Environ Microbiol, 12: 1132 - 1143.

Malmstrom RR, Straza TRA, Cottrell MT, et al. 2007. Diversity, abundance, and biomass production of bacterial groups in the western Arctic Ocean. Aquat Microb Ecol, 47: 45 - 55.

Waleron M, Waleron K, Vincent WF, et al. 2007. Allochthonous inputs of riverine picocyanobacteria to coastal waters in the Arctic Ocean. FEMS Microb Ecol, 59: 356 - 365.

5.1.3 南极海洋浮游动物群落结构与多样性

5.1.3.1 南极夏季普里兹湾浮游动物群落结构（2012—2014）

第28次南极考察由于冰情和做业时间等原因仅在13个站位对浮游动物进行了取样，站位主要集中在近岸IS断面及73°E P1断面（图5-78），其中P1断面仅取样到66.5°S。第29次考察对普里兹湾5条断面进行了样品采集工作，样品最北部取样纬度到达65°S（图5-79）。两个航次取样时间均集中在2—3月，对两个年份样品数据进行多维多度分析，结果显示浮游动物可划分为3个群落（图5-80）。群落1主要由2013年度大洋区域站位组成，群落2由两个航次陆坡区域站位组成，而群落3由两个航次近岸取样站位组成。ANOSIM分析显示3个群落之间差异显著，其中大洋群落与近岸群落之间差异更为明显（表5-10）。

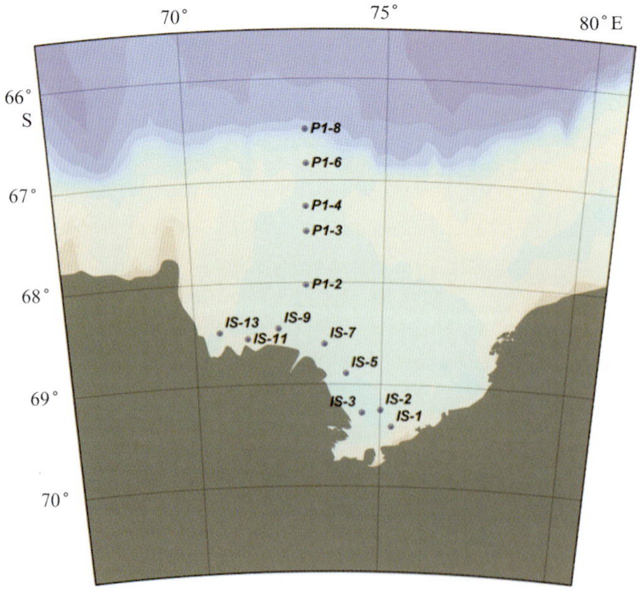

图5-78 第28次南极考察普里兹湾浮游动物取样站位

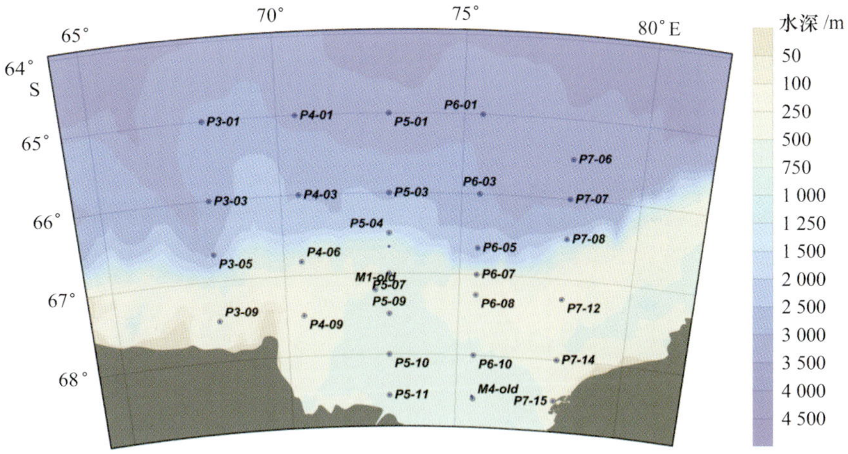

图5-79 第29次南极考察普里兹湾浮游动物取样站位

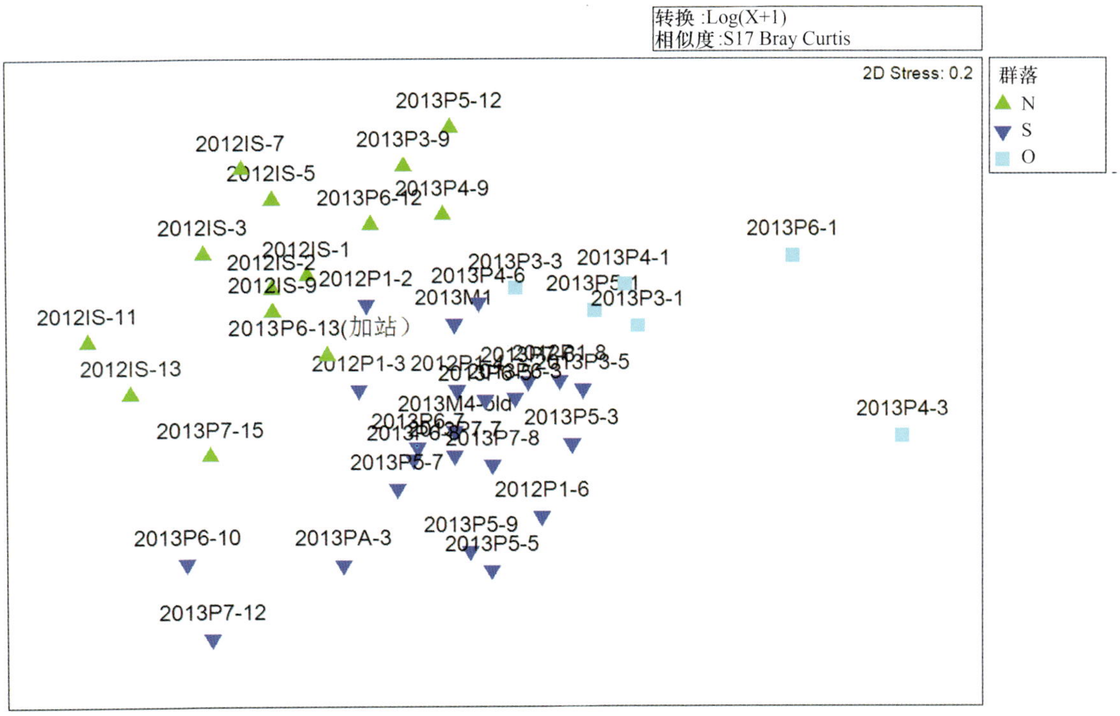

图5-80 2011/2012年、2012/2013年普里兹湾浮游动物群落多维多度分析

表5-10 2011/2012年、2012/2013年普里兹湾浮游动物群落ANOSIM分析

	R	Significance
Global	0.55	<0.01
O&S	0.48	<0.01
S&N	0.54	<0.01
O&N	0.71	<0.01

与以往研究结果一致（Yang et al.，2011），普里兹湾浮游动物群落区域之间差异显著高于年份之间差异（图5-80）。因此在分析不同年份的浮游动物群落结构变动时，需要将大

洋、陆坡及近岸区域分开进行讨论。与以往普里兹湾大洋调查站位设计相比，近些年大洋考察站位在陆坡区域更为集中，并且最北部站位只到达 65°S（以往大洋作业可到达 60°S）。因此以往浮游动物群落研究出现的大洋群落在本研究中并不明显，且与陆坡区域群落有一定的近似性（表 5 - 11）。

表 5 - 11　2012—2013 年普里兹湾浮游动物群落 Simper 分析对各群落贡献累积超过 90%的物种及平均丰度

物种	2013O	2012S	2013S	2012N	2013N
Calanoides acutus CI - III	68.33	264.00	550.56	2150.00	2213.33
Calanoides acutus CIV - V	580.00	834.00	363.33	1950.00	1033.33
Calanoides acutus Fe	525.00	96.00	23.89	43.75	6.67
Calanus propinquus CI - III	815.00	2150.00	575.00	4200.00	1425.00
Calanus propinquus CIV - V	178.33	92.00	167.78	318.75	276.67
Calanus propinquus Fe	168.33	70.00	63.89	12.50	15.00
Metridia gerlachei CI - III	263.33	5690.00	1501.67	50.00	453.33
Metridia gerlachei CIV - V	143.33	2090.00	424.44	131.25	2530.00
Metridia gerlachei Fe	571.67	516.00	261.11	350.00	690.00
Rhincalanus gigas CI - III	55.00	14.00	20.00	6.25	0.00
Rhincalanus gigas CIV - V	226.67	2.00	5.00	12.50	0.00
Rhincalanus gigas Fe	76.67	4.00	0.00	175.00	0.00
Euphausia superba CI - III	0.00	892.00	15.56	0.00	0.00
Euphausia superba FI - III	98.33	6.00	65.00	0.00	0.00
Euphausia superba FIV - VI	0.00	0.00	30.56	0.00	0.00
Euphausia superba Juvenile	0.00	0.00	0.00	0.00	0.00
Euphausia superba Fe	0.00	0.00	5.56	0.00	0.00
Thysanoessa macrura CI - III	20.00	32.00	5.56	0.00	0.00
Thysanoessa macrura FI - III	5.00	4.00	16.67	0.00	0.00
Thysanoessa macrura FIV - VI	0.00	32.00	1.11	7.50	0.00
Thysanoessa macrura Juvenile	21.67	0.00	0.00	0.00	0.00
Thysanoessa macrura Fe	0.00	0.00	0.00	0.00	0.00
Euphausia crystallorophias CI - III	0.00	290.00	13.33	1606.25	78.33
Euphausia crystallorophias FI - III	0.00	0.00	8.89	181.25	286.67
Euphausia crystallorophias FIV - VI	0.00	0.00	0.00	36.25	0.00
Euphausia crystallorophias Juvenile	0.00	4.00	0.00	103.75	0.00
Euphausia crystallorophias Fe	0.00	10.00	0.00	120.00	0.00
Paraeuchaeta antarctica	75.00	830.00	332.78	312.50	86.67
Oithona similis	5290.00	2590.00	5788.89	49631.25	4336.67
Oithona frigida	388.33	690.00	445.56	0.00	100.00
Ctenocalanus citer	386.67	1350.00	1783.33	4212.50	1393.33
Scolecithricella mimor	6.67	60.00	47.78	437.50	546.67
Eukrohnia hamata	228.33	102.00	69.44	0.00	0.00
Salpa thompsoni	1.67	0.00	0.00	17.50	355.00
Rhynchonerella petersii	11.67	10.00	31.11	0.00	148.33

由于调查区域纬向范围相对较窄，因此本研究中大洋群落与以往普里兹湾调查大洋群落有一定的差异性。以往经常出现的大洋群落指示种 *Haloptilus ocellatus* 和 *Heterorhabdus austrinus* 等在2013年大洋群落中丰度较低。2012—2013年度陆坡群落丰度分别为18 724 ind/1 000 m^3 及12 617 ind/1 000 m^3，陆坡区域浮游动物丰度变动相对较小，呈现更大的稳定性，ANOSIM分析显示2012年陆坡群落及2013年陆坡群落差异不显著（$P > 0.05$）。近岸区域群落变动更大，2012年近岸区域群落平均丰度为66 066 ind/1 000 m^3，而2013年近岸区域群落丰度为15 975 ind/1 000 m^3，近岸群落2012—2013年度差异显著（$R = 0.46$，$P < 0.01$）。造成这种差异的主要原因是2012年度近岸区域晶磷虾（*E. crystallorophias*）及桡足类 *O. similis* 丰度远高于2013年度。2012年度在普里兹湾埃默里冰架前缘进行了IS断面调查，受到冰间湖等的影响，冰架前缘区域初级生产力水平明显高于大洋区域，为晶磷虾等物种提供了良好的种群补充环境，而2013年未进行冰架前缘区域的取样工作，近岸采样区域相对更靠近陆坡，这也不难说明2013年近岸群落丰度低于2012年度。

5.1.3.2 南极2013年夏季普里兹湾浮游动物群落的垂直结构及与环境的关系

浮游动物群落垂直分布模式在世界多处海域开展来研究环境因子对浮游动物分布模式的影响及浮游动物在生物地球化学循环中的作用（Schmidt et al.，2011；Schulz et al.，2012）。在南大洋，南极磷虾及桡足类是浮游生物群落丰度及生物量占优势的类群并且在初级生产者和更高营养级生物之间起着承上启下的链接枢纽作用（Hunt et al.，2007）。因此，大量关于浮游动物垂直分布的研究聚焦在磷虾及桡足类上（Daly and Macaulay，1991；Schnack-Schiel and Hagen，1994；Atkinson，1998）。另外，研究整个浮游动物群落分布的工作也得以开展（Atkinson and Peck，1988；Hopkins and Torres，1988；Hopkins et al.，1993；Ward et al.，2014）。环境因子（温度、盐度）、饵料供应、脂类储存的生物物理特性及昼夜种群垂直分布被认为是影响浮游动物垂直分布模式的主要原因（Atkinson et al.，1992；Atkinson，1998；Brugnano et al.，2010；Pond and Tarling，2011）。

普里兹湾是东南极深入大陆的最大的水体。以往研究确定夏季此区域存在多个水团：南极表层水、绕极深层水、南极底层水、冬季水及陆架水（Smith et al.，1984；Williams et al.，2010；Shi et al.，2013）。此区域浮游动物群落结构及年际变动已经系统地开展（Hosie and Cochran，1994；Hosie et al.，1997；Swadling et al.，2010；Yang et al.，2011a）。大洋群落、近岸群落及磷虾控制群落经常被划分出（Hosie et al.，1997；Yang et al.，2011a）。到目前为止大多数普里兹湾浮游动物群落的研究工作主要局限于真光层（0～200 m），对中层水体和深海水体的研究开展较少。表层浮游动物群落的纬向分布模式是否在中层水体也存在目前还未知。另外，对中层水体浮游动物丰度及垂直分布信息的研究对更好地了解浮游动物在普里兹湾生态系统物质能量循环中的作用是必要的。

基于这些信息的匮乏，我们在2013年夏季于普里兹湾11个站位（图5－81）用多联网（网目200 μm，网口面积0.5 m^2）对浮游动物进行垂直分层取样，采样站位包括大洋区域、陆坡区域及近岸区域。此项工作的主要目标是描述浮游动物群落结构的垂直分布模式及对环境因子的响应。

站位名称根据采样时间顺序进行命名（表5－12）。采样使用3 000 m绞车，在水深超过2 000 m的站位（2、4、3、8、9、10）样品采至1 500 m，在水深小于1 000 m的站位（1、

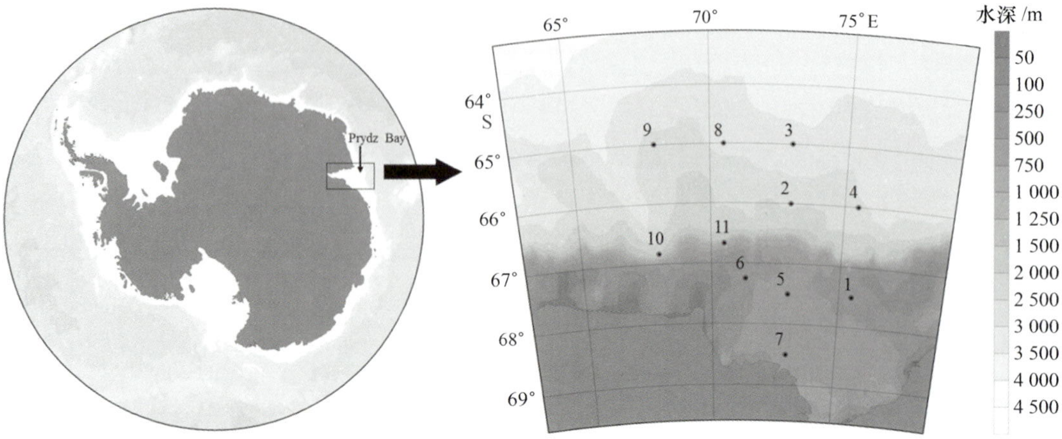

图 5－81　2013 年普里兹湾取样站位

5、6、7）样品采至底层 150 m 以上水体。

表 5－12　采样站位、时间及水层

站位	日期	时间	采样水层/m				
1	20130212	15：30	0～50	50～100	100～200	200～300	300～350
2	20130213	19：40	0～100	100～200	200～500	500～1 000	1 000～1 500
3	20130214	11：10	0～100	100～200	200～500	500～1 000	1 000～1 500
4	20130215	12：05	0～100	100～200	200～500	500～1 000	1 000～1 500
5	20130217	22：30	0～50	50～100	100～200	200～300	300～480
6	20130220	13：30	0～50	50～100	100～200	200～300	300～450
7	20130226	23：30	0～50	50～100	100～200	200～300	300～500
8	20130228	13：00	0～100	100～200	200～500	500～1 000	1 000～1 500
9	20130301	0：30	0～100	100～200	200～500	500～1 000	1 000～1 500
10	20130302	2：10	0～100	100～200	200～500	500～1 000	1 000～1 500
11	20130303	4：30	0～100	100～200	200～500	500～800	800～1 000

在陆架及近岸区域，高温低盐的夏季表层水出现于 1、5、6、7 站位表层水域（图 5－82），在表层以下是近冰点的低温陆架水。在大洋区域，水团相对复杂，表层主要是高温低盐的表层水，下方是温度可达 1.42℃、盐度可达 34.7 的绕极深层水（图 5－82）。绕极深层水涌生在大洋区域较为显著，特别是 3、8、9 站位。夏季表层水和绕极深层水之间则是低温高盐的冬季水。

聚类分析显示 4 个不同的群落被划分出，每一个群落代表特定的水层（图 5－83）。ANOSIM 分析结果显示 4 个群落在 $P<0.05$ 水平上差异显著。群落 1 包括站位 1、4、5、6 表层水体（0～50 m 或 0～100 m）的样品，此群落特点是丰度适中（27 020 ind/1 000 m^3），主要包括近缘哲水蚤的早期幼体及小型桡足类；群落 2 主要由上层水体的浮游动物组成，这个群组同时呈现水平上的划分并可分成两个亚组 2a 及 2b。群落 2a 主要由近岸站位样品构成，其丰度最高（88 220 ind/1 000 m^3），指示种是 *Euphausia crystallorophias*，*M. gerlachei* 及小型桡足类 *C. citer*，*O. similis*，*O. curvata* 及 *Scolecithricella minor*（表 5－14）。群落 2b 丰度也较高

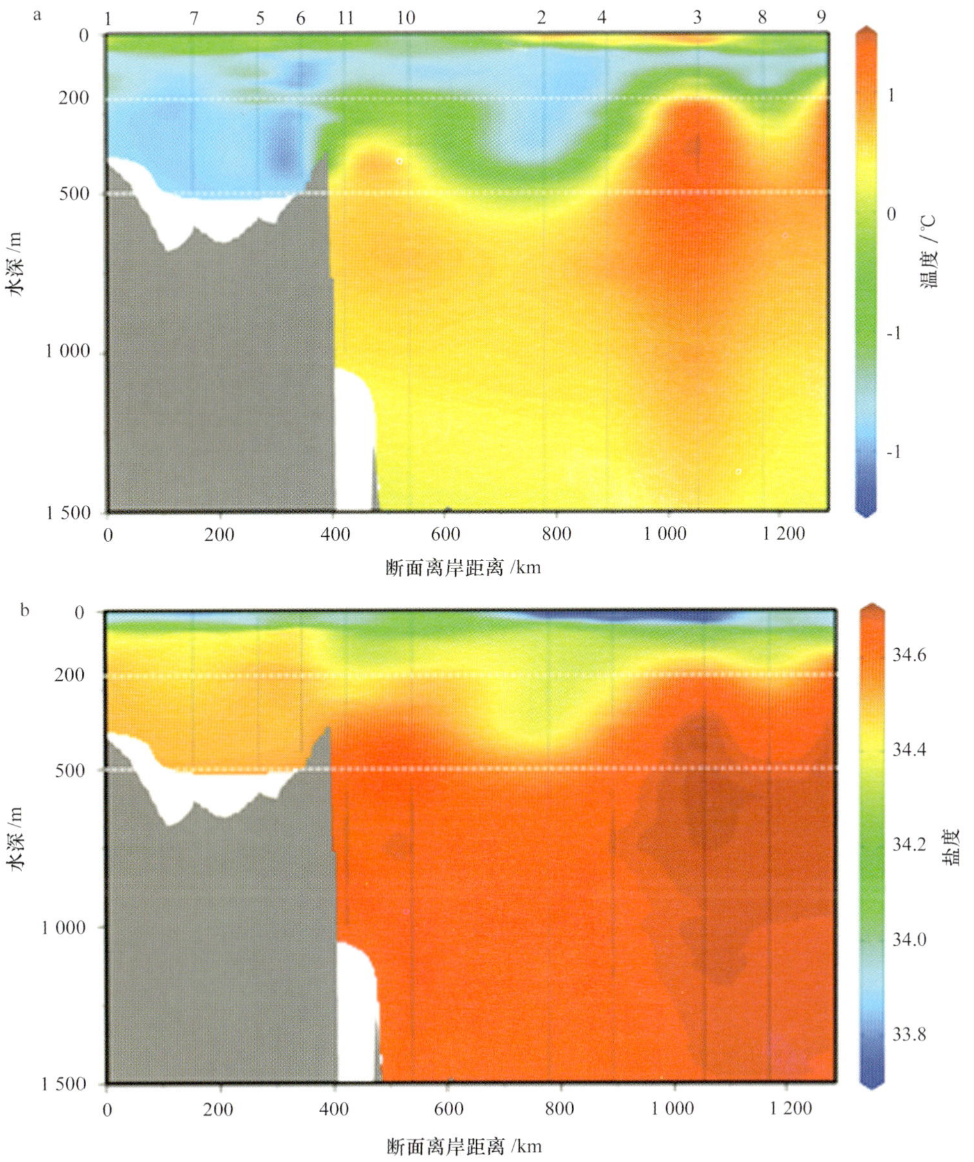

图 5－82　调查站位温度及盐度

(50 350 ind/1 000 m^3)，指示种是 *Thysanoessa macrura*，*C. acutus*，*C. propinquus*，*M. gerlachei*，*R. gigas*，*Paraeuchaeta antarctica*，*Eucrohnia hamata*，*Haloptilus ocellatus*，*Heterorhabdus austrinus*，*Alacia* spp. 及小型桡足类 *O. similis*，*Oithona frigida* 及 *C. citer*。群落 3 主要包括采至陆架及大洋区域中层水体的样品（图 5－83），此群落平均丰度（13 410 ind/1 000 m^3）低于组 1 及组 2。群落 3 的主要组成物种是 *Aetideopsis minor*，*Bathycalanus bradyi*，*Megacalanus longicornis*，*C. acutus* 及 *R. gigas* 的后期桡足幼体，*P. antarctica*，*M. gerlachei*，*E. hamate*，*Alacia* spp. 及小型桡足类 *O. similis*，*O. frigida*，*O. curvata* 及 *C. citer*。群落 4 由大洋站位 3、8、9 的 1 000～1 500 m 水体的样品组成。此群落平均丰度最低，只有 316 ind/1 000 m^3，指示种由 *B. bradyi* 及两种小型桡足类 *O. curvata* 和 *O. similis* 组成。

为了确定具有相似垂直及区域分布模式的物种，SIMPER 分析显示对群落划分起重要作用的物种用于 R 型聚类。除了 3 种磷虾大磷虾、晶磷虾和长臂缨磷虾外，4 个主要的浮游动

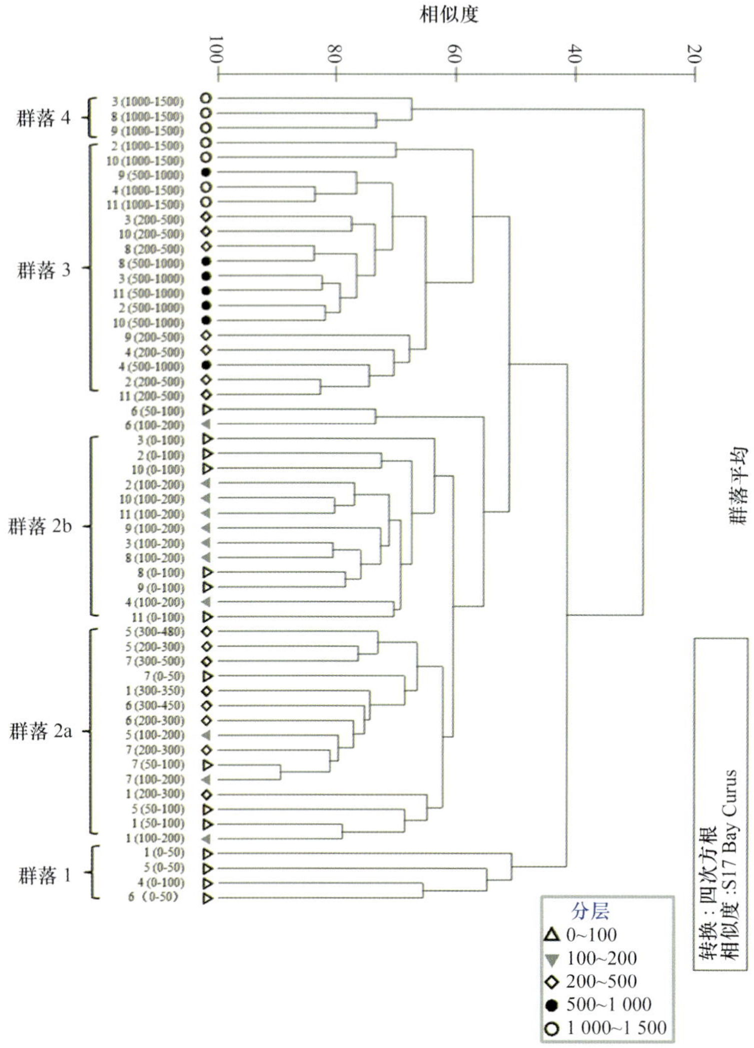

图 5－83　浮游动物群落聚类分析

物种间群组被确定出（图 5－84）。组 A 中物种在群落 1、群落 2a、群落 3 中丰度高，组 B 中物种主要集中在群落 2 和群落 3 中，其中 *P. antarctica* 和 *O. frigida* 主要在群落 2 中而另外 3 种物种主要在群落 3 中。组 C 包括 *H. ocellatus* 和 *H. austrinus*，这两个物种也是群落 2b 的指示种，组 D 中物种主要分布在群落 3 和群落 4 中（表 5－13）。

表 5－13　各群落平均相似度及 IndVal ＞ 25％的物种平均丰度

物种	群落 1	群落 2a	群落 2b	群落 3	群落 4
平均相似度/%	54.37	65.26	66.42	67.01	69.34
Calanoides acutus（Ca）					
Ca CI－III	30	89.4	76.92	6.3	0
Ca CIV－V	10	320.78[a]	1066.15[ab]	203.19[a]	8.00[a]
Ca Fe	10	3.14	347.69[ab]	156.00[ab]	0
Calanus propinquus（Cp）					
Cp CI－III	270.00[a]	250.59[a]	604.62[ab]	21.11	0
Cp CIV－V	20	77.25	481.54[ab]	9.78	1.33

续表

物种	群落 1	群落 2a	群落 2b	群落 3	群落 4
Cp Fe	0	1.83	166.15[b]	10.04	0
Metridia gerlachei (Mg)					
Mg CI–III	0	6669.41[ab]	3184.62[ab]	453.96[a]	0
Mg CIV–V	5	6498.3[ab]	2512.31[ab]	716.78[a]	4
Mg Fe	210	421.44[a]	1035.38[ab]	181.19[a]	0
Rhincalanus gigas (Rg)					
Rg CI–III	0	0	10.77[b]	1.56	0
Rg CIV–V	5	0	95.38[b]	28.15	0
Rg Fe	0	0	49.23[b]	36.15[ab]	1.33
Aetideopsis minor (Am)	0	0.65	0	113.33[ab]	1.33
Alacia spp. (Al)	15	72.16	501.54[ab]	585.29[ab]	8
Bathycalanus bradyi (Bb)	0	0	3.08	229.70[b]	176.00[ab]
Ctenocalanus citer (Cc)	1400.00[a]	9863.4[ab]	6730.77[ab]	1047.22[a]	8.00[a]
Eukrohnia hamata (Eh)	15	27.84	270.77[ab]	247.00[ab]	5.33
Euphausia crystallorophias (Ec)	0	28.82[b]	0	0	0
Euphausia superba (Es)	110	14.51	18.46	1.11	0
Haloptilus ocellatus (Ho)	0	0	27.69[b]	2.89	0
Heterorhabdus austrinus (Ha)	0	0	36.92[b]	11.04	0
Megacalanus longicornis (Ml)	0	0	0	6.37[ab]	0
Oithona similis (Os)	24140.01[ab]	39447.71[ab]	27923.08[ab]	794.89[a]	16.00[a]
Oithona frigida (Of)	0	161.11	1246.15[ab]	192.96[a]	0
Oncaea curvata (Oc)	470.00[a]	21989.22[ab]	2292.31[a]	8174.26[ab]	76.00[a]
Paraeuchaeta antarctica (Pa)	0	170.20[a]	555.38[ab]	76.41[a]	6.67[a]
Scolecithricella minor (Sm)	200	1488.24[ab]	715.38	18.15	0
Thysanoessa macrura (Tm)	0	2.35	49.23[b]	0.22	0

[a]代表 SIMPER 分析中对各群组相似性贡献超过90%的物种；IndVal 值大于25%的物种用[b]表示.

对4个大型桡足类优势种（*C. acutsus*, *C. propinquus*, *M. gerlachei* 和 *R. gigas*）种群组成及丰度的垂直分布模式进行了展示（图5-85）。

除了 *R. gigas* 主要分布在大洋区域外，其余3种桡足类在所有调查站位均有分布。4种桡足类的丰度具有高度的多变性，但总体上主要集中在上层水体，随着水深丰度逐渐降低（图5-85）。*C. acutus* 丰度主要集中在0~100 m水层，随着水深丰度骤减。种群主要由后期桡足幼体（CIV-CV）及雌体组成，早期桡足幼体主要0~200 m水体（图5-85a）。*C. propinquus* 具有与 *C. acutus* 相似的分布模式，但是种群主要由早期CI-III期桡足幼体构成（图5-85b）。与 *C. acutus* 和 *C. propinquus* 不同的是，*M. gerlachei* 种群主要上层中层水体200~500 m分布（图5-85c）。*R. gigas* 主要分布在大洋区域种群主要由后期桡足幼体CV和雌体组成（图5-85d）。

聚类分析显示深度是划分样品的最强的因素，BIO-ENV 分析显示深度是对浮游动物群落划分的起关键作用的单因子（$\rho=0.619$），其次是盐度和温度（$\rho=0.456$，$\rho=0.398$）。深度

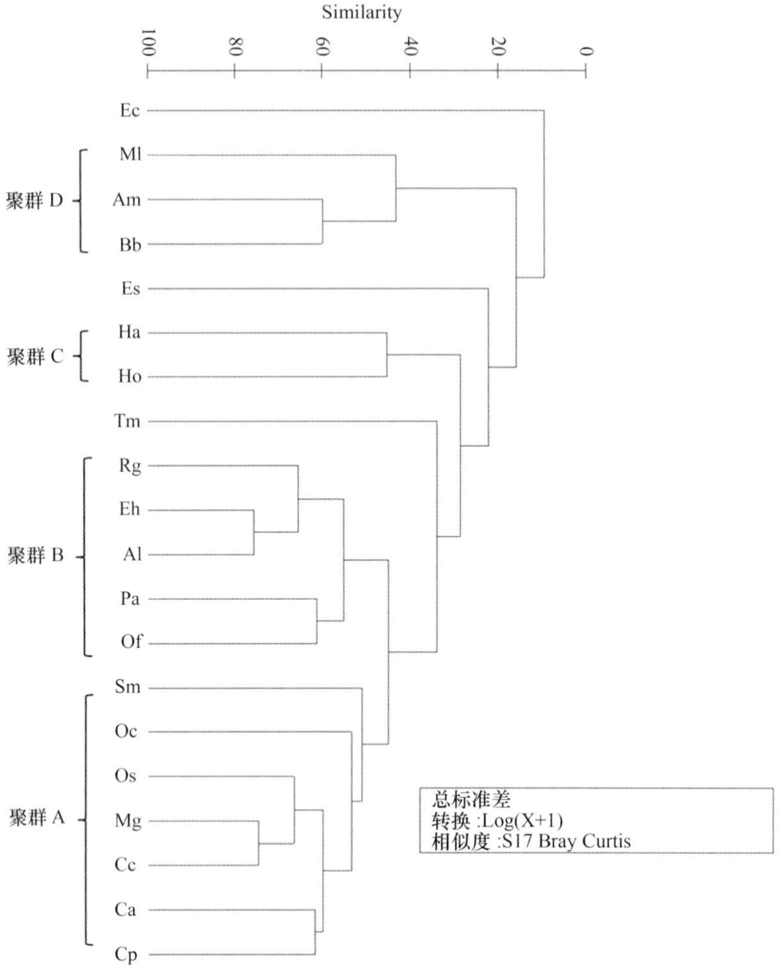

图 5-84　浮游动物优势物种种间群聚

及叶绿素 *a* 的组合最好地解释了群落的划分（ρ =0.678）（表 5-14）。

表 5-14　BIO-ENV 分析结果

K[a]	ρw^b	因子
1	0.619	深度
1	0.456	盐度
1	0.398	温度
2	0.678	深度，叶绿素 a
3	0.677	深度，盐度，叶绿素 a
best	0.678	深度，叶绿素 a

[a]代表 *k* 个变量的组合，[b] 代表浮游动物群落与环境矩阵之间最大的 Spearman 系数 ρw.

本项工作首次尝试对南极普里兹湾 1 500 m 以上水体的浮游动物群落垂直分布模式进行研究。用于本研究的 Multinet（200 μm，0.5 m^2）不能对某些随机分布的磷虾有效取样。所有物种均在以往研究中有报道，并且多数物种有广泛的分布范围。丰度占优势地位的物种，特别是小型桡足类（*C. citer*，*O. similis*，*O. curvata*），与以往南大洋调查研究结果相似

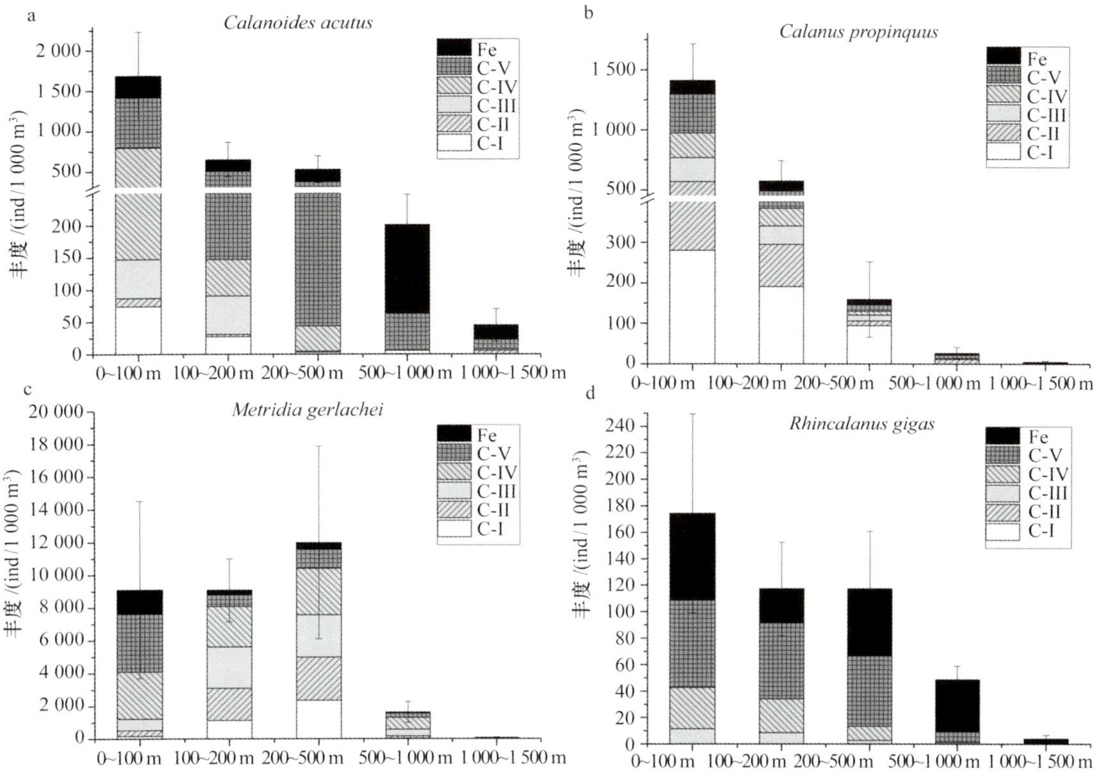

图 5－85　4 种大型桡足类优势种的种群垂直分布

(Schnack-Schiel et al., 2008; Ward et al., 2014)。尽管如此，本调查用的 200 μm 晒绢将会低估桡足类的丰度 (Jonasdottir et al., 2013)。

与极地海域浮游动物垂直结构的研究相似 (Kosobokova and Hirche, 2000; Kosobokova and Hopcroft., 2010; Ward et al., 2014)，本研究中群落也呈现不同的水深特异性。BIO－ENV 分析显示深度是影响浮游动物群落分布的最强单因子。不同水层间群落结构的差异很大程度上基于物种丰度而非物种组成上的差异。水深相关的生物及非生物因素如具有特定温盐结构的水团、饵料可能对物种分布和群落结构产生重要作用。与以往普里兹湾海洋调查学结果相似 (Smith et al., 1984; Shi et al., 2013)，不同的水团如夏季表层水、冬季水、绕极深层水和陆架水同样在本研究中出现。大洋区域表层以下主要是高温高盐的绕极深层水。高温高营养盐的绕极深层水可能为西南极半岛 Marguerite 湾浮游动物提供了良好的条件 (Marrari et al., 2011)。很多在 500～1 000 m 水体高丰度的中层水物种在此水层上下均有分布。所以不难理解采自 200～500 m、500～1 000 m、1 000～1 500 m 的浮游动物聚类在一起。200 m 以上水体的水团包括夏季表层水、冬季水及绕极深层水是复杂而多变的。受到气－海相互作用 (表层加热、风) 及海－冰相互作用，相对低盐的夏季表层水经常存在于表层水体 (Williams et al., 2010; Michels et al., 2012)。在高变的夏季表层水之下，低温高盐的冬季水存在于大洋区域站位。相应的，聚类分析显示上层水体的划分更为显著而深层水体浮游动物聚群更为相似。Simper 分析同样显示 200 m 以深水体浮游动物样品相似度超过 67% (群落 3 和群落 4)，而上层水体 (群落 1 和群落 2) 生物相似度更低。这种深层水群落比表层水群落呈现更高相似性的现象在中大西洋海脊、北极加拿大海盆以及南大洋 80°W 断面结果相似 (Hosia et al.,

2008；Kosobokova and Hopcroft，2010；Ward et al.，2014）。这可能反映表层水体更高的空间异质性和中层水体相对稳定的温盐结构。

另外，上层水体浮游动物群落同样显示一定的水平分布模式。与以往南大洋普里兹湾及南大洋其他海域调查结果相似（Hosie et al.，1997；Hunt et al.，2007），近岸群落及大洋群落也很好地得以划分。陆架坡折被认为是这两个群落的主要划分界限（Hosie and Cochran，1994）。两个群落之间的主要区别在于不同的指示种以及近岸区域更高的丰度。与此区域6个航次Norpac网采的浮游动物数据库相比（Yang et al.，2011a），大洋群落2b（50 350 ind/1 000 m^3）丰度与以往结果相似，而近岸群落2a丰度（88 220 ind/1 000 m^3）低于以往数值。在这里需要指出的是由Amery冰架下降风形成的潜热型冰间湖经常在调查区域出现（Williams et al.，2007）。近岸区域浮游植物生物量经常高于大洋区域（Arrigo and Dijken，2003）。在此项研究中，站位7居于冰间湖区域并且呈现高的叶绿素浓度，而其他近岸站位1、5、6位于陆架区域并且浮游动物丰度低于站位7。

除了水团的影响，浮游动物物种的主动行为及饵料供应也可能对浮游动物群落的垂直分布模式产生影响。浮游动物能够受益于集中在特定水层来减少种间和种内竞争及降低被摄食率（Schulz et al.，2012）。然而，大多数物种具有广泛的垂向分布范围，聚集在两个或多个水团中。Kosobokova和Hopcroft（2010）也在北冰洋发现了类似的现象，并且他们认为不同水层之间的物种是逐步的变化而不是骤变。为浮游动物提供饵料的浮游植物局限在表层水体并随着水深急速降低。居于深层水的物种以纤毛虫和桡足类为主要饵料（Laakmann et al.，2009）。所以浮游动物分布一定程度上反应摄食生态学。聚群A中浮游动物丰度高且主要集中在表层水体。这些桡足类经常被认为是普里兹湾的优势物种（Hosie and Cochran，1994；Hosie et al.，1997；Hunt et al.，2007；Yang et al.，2011a）。杂食性及腐食性的介形类主要集中在下表层及中层水体（Blachowiak-Samolyk and Angel，2007）。虽然脂肪酸组成显示*O. frigida*主要以硅藻为食（Pond and Ward，2011），大量物种集中在威德尔海200～400 m水体（Metz，1995）。肉食性物种如*P. antarctica*和*E. hamata*主要以桡足类为食（Albers et al.，1996；Hopkins，1985）并且经常在250 m以下水体有最大丰度（Giesecke and Gonzalez，2012；Kruse et al.，2009）。与这些分布模式相比，聚群B中物种主要集中在表层水体及200 m以深水体。聚群C中物种*H. ocellatus*和*H. austrinus*主要分布在大洋区域（Hosie et al.，1997；Yang et al.，2011a），且这两种桡足类经常是大洋群落的指示种。物种*A. minor*，*B. bradyi*及*M. longicornis*形成群聚D，仅在表层以下出现。它们聚集的深水环境比表层水体有更低的季节性。稳定同位素分析显示这3个物种经常被认为是杂食性物种并且有更高的营养级地位（Laakmann and Auel.，2010；Ikeda et al.，2006）。

本研究的取样在不同的时间进行。昼夜垂直移动是南大洋桡足类物种的基本行为（Atkinson et al.，1992）。所以观测到的物种组成、丰度在垂直分布上的差异更多受到不同物种昼夜垂直移动的影响。但是，基于系列优势物种丰度（ln转化）与取样时间的二次回归分析（0～100 m，100～200 m，200～500 m，0～200 m，0～500 m）显示仅仅0～100 m的*Alacia* spp.呈现显著结果（R^2=0.60，P< 0.05）。这说明仅仅极少数的物种在昼夜循环中进入或者离开0～100 m水层，垂直分布模式主要局限于我们取样分层不够精细的0～100 m水体。南大洋其他区域的研究也显示只有一小部分浮游动物种群呈现显著的昼夜移动（Pollard et al.，2002；Ward et al.，2014）。所以尽管我们取样有一定的主观性，昼夜垂直移动似乎没有影响

不同水层之间浮游动物垂直模式。

4 种大型桡足类优势物种（*C. acutus*, *C. propinquus*, *M. gerlachei* 及 *R. gigas*）对本研究浮游动物群落丰度有较大的贡献。同时它们也是以往普里兹湾及南大洋其他区域浮游动物群落的关键物种（Hopkins and Torres, 1988; Hosie et al. , 1997; Schnack-Schiel and Hagen, 1994; Yang et al. , 2011a; Schnack-Schel et al. , 2008）。这些桡足类各自具有不同的生活史策略（Atkinson, 1998），现对其丰度及种群结构的垂直分布模式进行描述。

C. acutus 被认为是南大洋典型的植食性物种，具有强的季节性垂直移动（Atkinson, 1998）。在夏季，*C. acutus* 主要大量摄食浮游植物并且合成蜡酯用于冬季饵料匮乏时深水滞育提供能量（Schnack-Schiel and Hagen, 1994）。本研究中 *C. acutus* 的垂直分布模式与以往东南威德尔海的研究结果相似（Schnack-Schiel et al. , 1991）。早期桡足幼体主要分布在上层水体并在浅水区摄食（Laakmann et al. , 2009）。少部分的后期桡足幼体及雌体主要分布在 500 m 以下。这意味着部分种群已经开始提前跃迁至深水区进行冬季深水滞育（Marin, 1988; Schnack – Schiel et al. , 1991）.

杂食性物种 *C. propinquus* 和 *M. gerlachei* 在整年中机会主义摄食（Atkinson, 1998; Conover and Huntley, 1991; Hagen and Auel, 2001）。*C. propinquus* 经常分布在上层水体并利用富含长链单不饱和脂肪酸的三脂腺苷油做为能量储存形式（Hagen and Auel, 2001）。而 *M. gerlachei* 不太依赖自身的能量储存并且此物种经常被认为是中层水物种（Hagen and Auel, 2001; Schnack-Schiel and Hagen, 1994）。与以往研究相似的是，*C. propinquus* 大致存在于 200m 水体以上而 *M. gerlachei* 有更深的分布。表层水体中大量别的 *C. propinquus* 与 *M. gerlachei* CI – II 期早期幼体暗示这两个物种的产卵仍在进行（Schnack-Schiel and Hagen, 1994）。*R. gigas* 季节性垂直移动不强烈，其生活史周期大约一至两年（Marin, 1988; Marin and Schnack-Schiel, 1993）。相对少量的蜡酯储存及长链单不饱和脂肪酸的缺乏暗示 *R. gigas* 没有完全适应高纬度南极海域（Kattner et al. , 1994），在本研究及以往研究中主要分布在普里兹湾大洋站位（Hosie and Cochran, 1994; Yang et al. , 2011b）也证实了这一点。本研究中种群主要以 CV 期桡足幼体和雌体为主，这也与以往研究结果相似（Yang et al. , 2011b）. 本工作中 CI – II 期幼体没有出现。Atkinson（1991）认为斯科特海 *R. gigas* 产卵在前一年的 12 月达到高峰而在夏季存在一个产卵次高峰。本工作中 *R. gigas* 后代的缺乏可能暗示其繁殖在我们采样前一段时间已经完成。

总之，本研究的主要结论是浮游动物群落垂直结构与水深相关的生物和非生物因子之间存在强相关。优势种的独特的分布受到水团及饵料供应的影响，从而造成了不同水团之间浮游动物群落的清晰划分。但是，本研究中提到的浮游动物群落的垂直结构及个体分布模式只能被认为是普里兹湾一种场景的体现。今后需要更频繁的采样和更好的水深深度设置，从而更好地分析浮游动物在不同水文和生物因子下浮游动物的分布。夏季普里兹湾上层水体（0 ~ 200 m）的浮游动物群落存在显著的年际变动（Yang et al. , 2011a）。但是在中层水浮游动物的年际变化需要今后航次中更多的采样。同时，不同水层中的食物供应和摄食策略，特别是深层水中的状况，需要我们在今后的研究来提高我们对浮游动物垂直分布模式的理解以及浮游动物在生物地球化学循环中的作用。

5.1.3.3 南极夏季南设得兰岛海域浮游动物群落结构（2011/2012）

对2012年1月中国第28次南极考察期间用Norpac网（330 μm，0.5 m^2）采集的200 m至表层的32个站位（图5-86）浮游动物样品数据进行了多元统计分析。浮游动物群落主要由桡足类和磷虾构成，优势物种与以往报道的南大洋威德尔海域及东南极海域的优势物种组成相似。

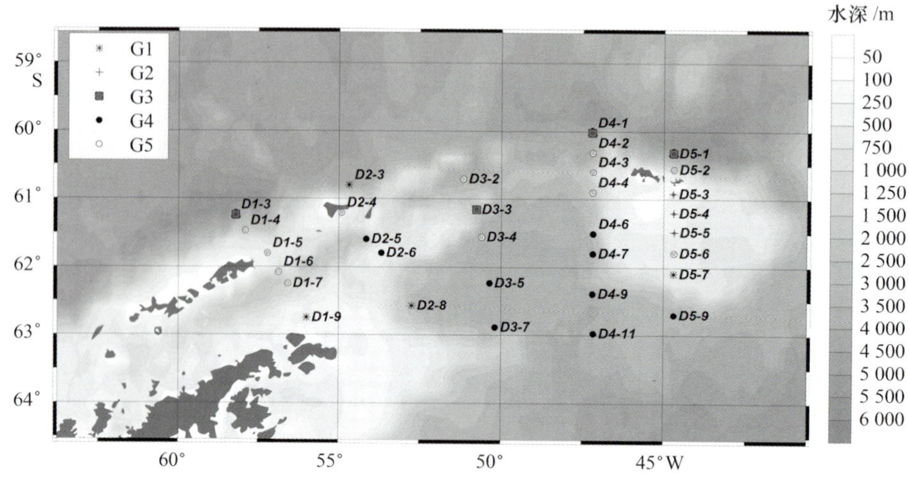

图5-86 第2011/2012年度南极威德尔海浮游动物群落站位

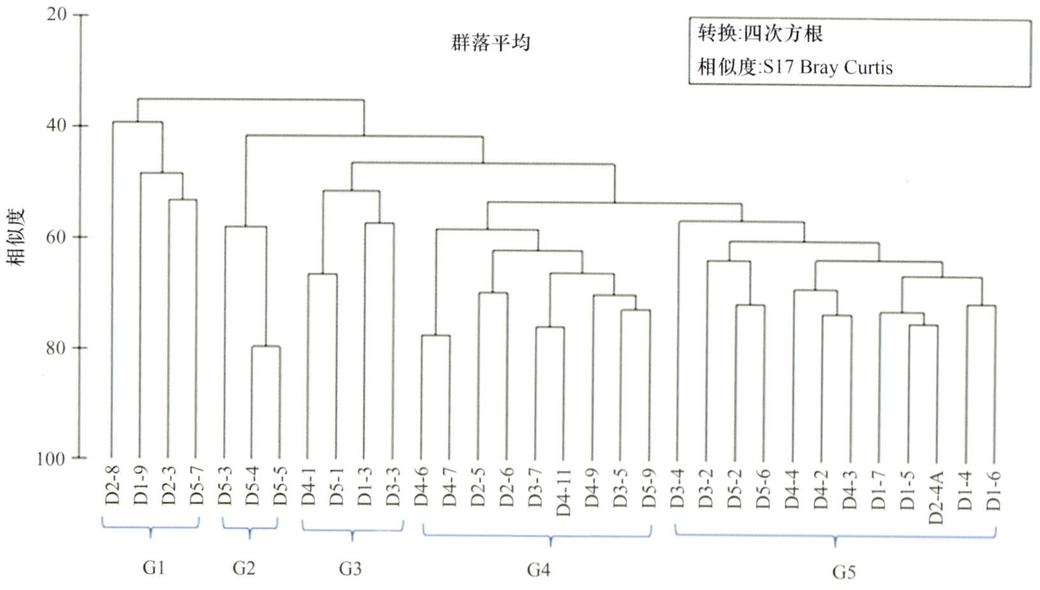

图5-87 第28次南极考察威德尔海浮游动物群落聚类分析

以往南大洋夏季浮游动物群落经常被划分成北部无冰区，以纽鳃樽 *Salpa thompsoni* 控制的大洋群落，季节性浮冰区大磷虾控制的磷虾群落及近岸区域主要由晶磷虾和桡足类组成的近岸群落（Hosie and Cochran，1994）。但第28次南极考察威德尔海域浮游动物采样区域（60°—63°S）相对较小，且远离近岸区域，所以以往报道的近岸群落在本次调查中未体现。聚类分析将32个站位划分成显示5个纬向分布的群落（图5-87）。群落1由1个调查海域北部的站位 D2－3 和 3 个调查海域南部的站位组成，此区域具有适中的温度及叶绿素浓度（表5－15），此群落的浮游动物平均丰度最低，只有 1 357.50 ind/1 000 m^3，群落 1 指示物种为大磷虾 *Eupausia superba* 后期溞状幼体 FIV－VI（表5－16）；群落 2 由调查海域最东边断面的 3 个站位构成，此区域呈现最高的叶绿素 a 浓度和最低的温度，浮游动物平均丰度为 23 989.98 ind/1 000 m^3，是所有 5 个群落中最高的，群落主要由小型桡足类 *Ctenocalanus citer* 及 *Oithona similis* 组成（表5－16）；群落3 由调查海域北部边缘的4 个站位组成，此区域温度及叶绿素 a 浓度适中，浮游动物平均丰度（3 108.00 ind/1 000 m^3）仅高于群落 1 区域，群落 3 主要由 *O. similis* 及 *Calanus propinquus* 的早期桡足幼体 CI－III 组成；群落4 由 8 个调查海域南部的站位组成，此区域温度及叶绿素 a 值较低，群落丰度较高（22 091.05 ind/1 000 m^3），主要由 *O. similis*，*C. propinquus*，*Calanoides acutus*，*Metreidia gerlachei* 及 *C. citer* 构成；群落 5 大致由位于调查海域北部的 11 个站位构成，此群落平均丰度适中（6 489.18 ind/1 000 m^3），指示种为桡足类 *M. gerlachei*，*Paraeuchaeta antarctica*，*Clausocalanus* spp.，*Oithona frigida* 及磷虾 *Thysanoessa macrura*（表5－16）。

表5－15 第28次南极考察威德尔海浮游动物群落环境特征

环境因子	G1	G2	G3	G4	G5
表层水温	0.39	－0.12	0.63	0.11	0.95
平均水温	－0.25	－0.80	0.02	－0.40	0.23
表层盐度	34.20	34.18	34.17	33.87	34.20
平均盐度	34.34	34.26	34.33	34.33	34.32
表层叶绿素 a	0.71	3.66	0.64	0.62	0.96
平均叶绿素 a	0.38	1.31	0.29	0.27	0.44

表5－16 第28次南极考察威德尔海浮游动物各群落指示种（b）及 SIMPER 分析对群落划分贡献累积90%以上的物种（a）丰度

物种	G1	G2	G3	G4	G5
Calanoides acutus CI－III	10.00	16.67	14.00	2203.33[ab]	10.00
Calanoides acutus CIV－V	5.00	26.66[a]	66.00[a]	1102.22[ab]	251.66[a]
Calanoides acutus Fe	2.50	50.00[a]	36.00[a]	625.55[b]	143.33[a]
Calanus propinquus CI－III	260.00[a]	16.66	616.00[a]	4876.66[ab]	712.5[a]
Calanus propinquus CIV－V	20.00	76.66[a]	26.00[a]	160.00[ab]	70.83[a]
Calanus propinquus Fe	212.50[a]	70.00[a]	8.00[a]	466.66[ab]	55.00[a]
Metridia gerlachei CI－III	2.50	166.66	6.00	924.44[ab]	341.66[a]
Metridia gerlachei CIV－V	2.50	916.66[ab]	20.00[a]	988.88[ab]	291.66[a]
Metridia gerlachei Fe	320.00	253.33[a]	0.00	672.22	699.17[ab]
Rhincalanus gigas CI－III	0.00	0.00	4.00	2.22	20.00[b]
Rhincalanus gigas CIV－V	0.00	0.00	16.00	43.33[b]	34.17
Rhincalanus gigas Fe	0.00	40.00[a]	2.00	190.00[ab]	21.67
Euphausia superba CI－III	17.50[a]	16.67	40.00	646.67[ab]	64.17[a]
Euphausia superba FI－III	10.00	6.67	0.00	60.00[b]	10.83

续表

物种	G1	G2	G3	G4	G5
Euphausia superba FIV – VI	142.50[ab]	0.00	0.00	13.33	45.00[a]
Euphausia superba J – Fe	22.50	116.67	6.00	41.11	26.67
Thysanoessa macrura CI – III	0.00	0.00	20.00	12.22	6.67
Thysanoessa macrura FIV – VI	0.00	0.00	46.00	8.89	116.67[ab]
Thysanoessa macrura J – Fe	0.00	3.33	4.00	3.33	30.00[b]
Alacia spp.	0.00	0.00	14.00	1.11	79.17[b]
Clausocalanus spp.	0.00	150.00	10.00	52.22	269.17[ab]
Ctenocalanus citer	210.00[a]	5966.67[ab]	150.00[a]	1244.44[a]	643.33[a]
Eukrohnia hamate	15.00[a]	743.33[ab]	0.00	530.00[ab]	269.17[a]
Oikopleura sp.	0.00	136.67	4.00	216.67[ab]	37.5
Oithona frigida	0.00	33.33	34.00	411.11[ab]	576.67[ab]
Oithona similis	92.50[a]	15116.67[ab]	1884.00[a]	6141.11[ab]	1131.67[a]
Oncaea curvata	0.00	50.00	0.00	301.11[b]	15.83
Paraeuchaeta antarctica	2.50	0.00	60.00[a]	68.89[a]	481.67[ab]
Rhynchonerella petersii	2.50	6.67	10.00	22.22[ab]	4.17
Tomopteris carpenteri	7.50[a]	3.33	0.00	20.00[ab]	11.67

选取指示种分析（IndVal ＞25%）及 Simper 分析对群组划分贡献累积达到 80% 的 12 个物种进行反向 *R*－型聚类分析研究优势物种种间群聚关系（图 5－88）。与以往南大洋普里兹湾海域调查结果相似（Hunt et al.，2007；Yang et al.，2011），浮游动物种间群聚及指示种分析具有较强的相关性。两种磷虾 *E. superba* 及 *T. macrura* 形成两个单独的集群，这主要是因为磷虾分布具有斑块状的分布模式，磷虾与桡足类的种间群聚分离在以往南大洋研究中也有报道（Hunt et al.，2007）。同时，*T. macrura* 与 *E. superba* 相比偏好于温度更高的水域，本次研究中 *T. macrura* 广泛分布的群落 3 和群落 5 温度较高，与以往调查结果吻合。剩下的 10 个物种可分成 3 个集群，集群 1 由桡足类 *M. gerlachei*，*O. similis*，*C. propinquus* 及 *C. citer* 组成，这些物种广泛分布在各站位中（表 5－17），且主要被报道为杂食性物种；集群 2 由桡足类 *R. gigas*，*P. antarctica* 及 *Clausocalanus* spp. 组成，集群 2 的物种主要是群落 5 的指示种；集群 3 包括物种 *C. acutus*，*O. frigida* 及 *E. hamata*，这些物种大致是群落 4 的指示物种。

表 5－17　BIO-ENV 分析结果

K	pw	因子
1	0.186	表层叶绿素 a
1	0.152	平均叶绿素 a
1	0.095	平均水温
2	0.241	平均水温，表层叶绿素 a
3	0.237	平均水温，表层叶绿素 a，平均叶绿素 a
best	0.241	平均水温，表层叶绿素 a

与以往南大洋浮游动物研究相比（Yang et al.，2011），Bio-Env 分析显示群落划分与环境

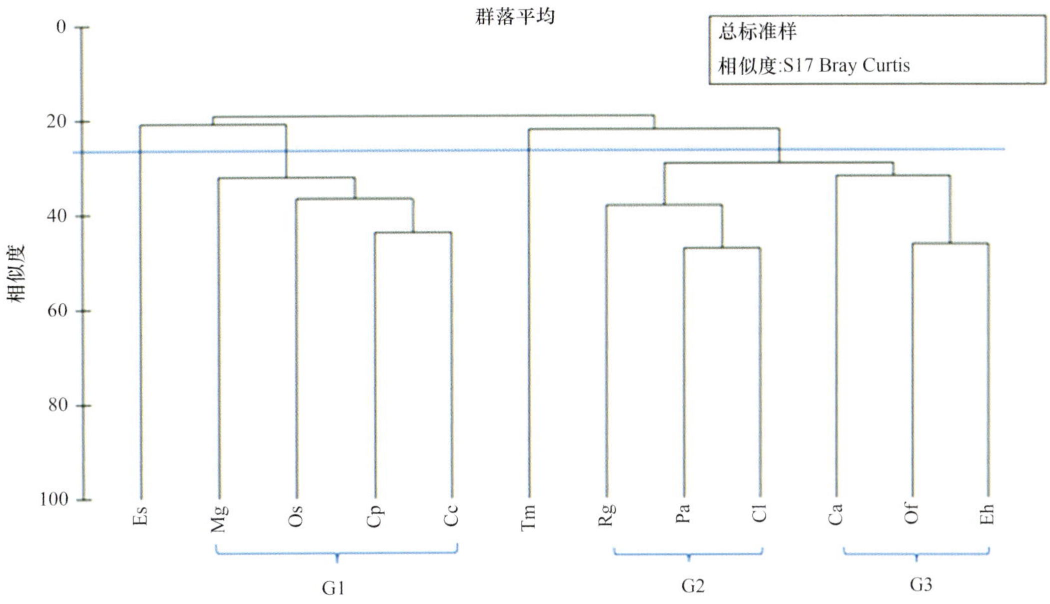

图 5－88　第 28 次南极考察威德尔海浮游动物优势种种间群聚划分

因子之间的相关性较低。表层叶绿素 a 浓度是对浮游动物群落划分贡献最大的单因子（ρ = 0.186），其次是平均叶绿素 a 浓度（ρ =0.152）及平均温度（ρ =0.095）。表层叶绿素 a 浓度及平均温度的组合最好地解释了群落的划分（ρ =0.241）。

5.1.3.4　南极夏季南设得兰岛海域浮游动物群落垂直结构（2011/2012）

于 2012 年 1 月中下旬中国第 28 次南极科学考察期间，对南设得兰岛海域 4 个站位用多联网（Multinet）（200 μm，0.5 m^2）对浮游动物进行了多水层分层拖网（图 5－89 和表 5－18），采用多元统计分析对浮游动物群落结构的垂直分布进行了研究。

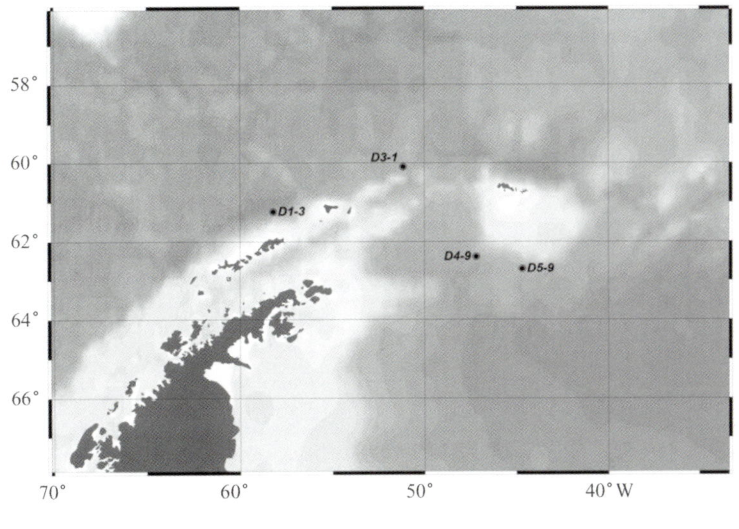

图 5－89　南设得兰岛海域浮游动物 Multinet 网采站位

表 5－18　样品采集时间及水层

m

站位	D1－3	D3－1	D4－9	D5－9
采样日期	2012－01－16	2012－01－24	2012－01－26	2012－01－29
采样时间	2：30	9：40	17：00	18：30
	0～100（1A）	0～50（2A1）	0～100（3A）	0～100（4A）
	100～200（1B）	50～100（2A2）	100～200（3B）	100～200（4B）
采网水层及编号	200～500（1C）	100～200（2B）	200～500（3C）	200～500（4C）
	500～1 000（1D）	200～500（2C）	500～1 000（3D）	500～1 000（4D）
	1 000～2 000（1E）	500～1 000（2D）	1 000～1 700（3E）	1 000～1 280（4E）

浮游动物群落主要由桡足类组成，桡足类对所有站位浮游动物总丰度的贡献可达到 90% 以上（表 5－19）。NMDS 分析显示浮游动物可划分为 3 个群落（图 5－90），群落 1 由采自于上层水体（0～200 m）的样品组成，此群落所处水层平均温度及平均盐度值相对较低，分别为 0.22℃ 和 34.68，平均叶绿素 a 浓度相对较高，可达到 0.43（表 5－20）。

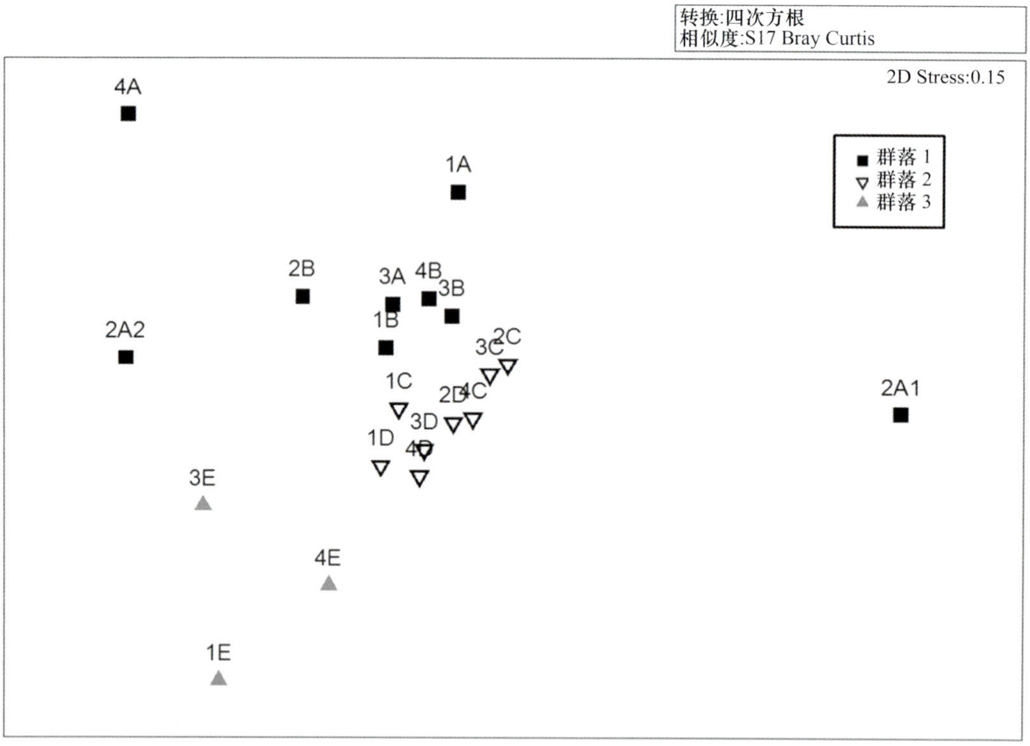

图 5－90　浮游动物样品多维多度分析

表 5－19　各群落指示种（*表示）及对群落划分累积贡献高于 90% 物种丰度

物种	群落 1	群落 2	群落 3
相似度	44.38%	67.86%	57.01%
Calanoides acutus			
CI－III	235.56	100.00	1.33
CIV－V	231.11	1106.00*	165.14

续表

物种	群落 1	群落 2	群落 3
Fe	137. 77	869. 00 *	17. 14
Calanus propinquus			
CI – III	1137. 77 *	1198. 33 *	34. 28
CIV – V	75. 55	196. 00 *	7. 61
Fe	128. 88 *	32. 33	0. 00
Metridia gerlachei			
CI – III	120. 00	593. 66 *	77. 52
CIV – V	75. 56	1696. 66 *	55. 61
Fe	497. 77	1572. 66 *	5. 14
Rhincalanus gigas			
CI – III	17. 77	6. 66	0. 00
CIV – V	8. 88	19. 33	4. 76
Fe	44. 44	290. 33 *	4. 76
Euphausia superba			
CI – III	355. 55 *	0. 00	0. 00
F1 – FIII	22. 22	0. 00	0. 00
FIV – VI	13. 33	15. 00	0. 00
Juvenile	8. 88	10. 33 *	0. 00
Aetideopsis minor	0. 00	242. 00 *	20. 76
Alacia spp.	328. 88	2177. 33 *	50. 28
Bathycalanus bradyi	0. 00	153. 33 *	130. 29 *
Calanus similis	22. 22	23. 66	2. 66
Ctenocalanus citer	3133. 33	2646. 33 *	69. 33
Eukrohnia hamata	142. 22	371. 33 *	24. 00
Haloptilus ocellatus	0. 00	28. 33 *	0. 00
Heterorhabdus austrinus	17. 77	5. 00	0. 00
Oikopleura sp.	44. 44	0. 00	0. 00
Oithona frigida	955. 55	3 132. 66 *	0. 00
Oithona similis	22502. 22 *	2 134. 66	151. 05
Oncaea curvata	1053. 33	3 557. 33 *	158. 09
Paraeuchaeta antarctica	168. 88 *	29. 01	0. 00
Rhynchonerella petersii	40. 00	1. 66	0. 00
Sagate gazzela	8. 88	6. 00	9. 52
Salpa thompsoni	26. 66	0. 00	0. 00
Scolecithricella mimor	133. 33	73. 33	0. 00
Stephos longipes	22. 22	5. 01	0. 00
Tomopteris carpenteri	57. 77 *	6. 33	0. 00
Vanadis antarctica	13. 33	26. 00 *	0. 00

表 5－20　群落 1 至群落 3 的环境特征

项目	群落 1	群落 2	群落 3
温度	0.22（－0.95～1.11）	1.05（0.42～1.86）	0.46（0.19～0.98）
盐度	34.28（33.98～34.55）	34.68（34.66～34.72）	34.69（34.67～34.71）
叶绿素 a	0.43（0.05～1.08）	0.02（0.00～0.03）	0.00（0.00～0.00）

群落 1 浮游动物平均丰度为 882.84 个/1 000 m^3，其指示种为 *Calanus propinquus*，*Oithona similis*，*Paraeuchaeta antarctica* 及大磷虾原溞状幼体 CI－III 期个体，对群落 1 划分起关键作用的物种还包括桡足类 *Calanoides acutus*，*Metridia gerlachei*，*Rhincalanus gigas*，*Ctenocalanus citer*，*Oncaea curvata* 及箭虫 *Eukrohnia hamate*（表 5－20）。群落 2 主要由采自中层水体（200～1 000 m）的样品构成，此水层受到高温高盐的绕极深层水涌升影响，温度、盐度较高，分别达到 1.05℃和 34.68（表 5－21），群落平均丰度为 620.16 个/1 000 m^3，其指示种主要包括 *C. acutus*，*C. proinquus*，*M. gerlachei*，*R. gigas*，*A. minor*，*B. bradyi*，介形类 *Alacia* spp. 及箭虫 *E. hamata* 等；群落 3 由采自较深层水（1 000～2 000 m）的样品组成，此水体呈现较低的温度和较高的盐度。群落 3 平均丰度最低，为 27.48 个/1 000 m^3，其指示种为深水桡足类 *B. bradyi*，对群落划分起关键作用的物种还包括 *C. acutus*，*M. gerlachei*，*A. minor*，*C. citer*，*O. similis*，*O. curvata* 及 *E. hamata*。

群落与环境因子相关的 Bio-Env 分析显示叶绿素 a 和盐度分别是对群落聚类起关键影响的单因子，相关系数 p_w 分别为 0.61 和 0.52，水深、盐度和叶绿素 a 组合则最好地解释了群落的划分，相关系数 p_w 可达到 0.77（表 5－21）。

表 5－21　Bio-Env 分析结果

变量个数	p_w	因子
1	0.61	叶绿素 a
1	0.52	盐度
2	0.74	水深，叶绿素 a
3	0.77	水深，盐度，叶绿素 a
最优	0.77	水深，盐度，叶绿素 a

与以往在南设得兰岛海域的研究结果相比，浮游动物在物种组成上有很大的相似性，桡足类和磷虾对浮游动物群落总丰度的贡献可达到 90% 以上。其中小型桡足类包括 *O. similis*，*C. citer*，*O. curvata* 几乎是所有站位的优势物种。随着南大洋浮游动物调查拖网网目的精细化，小型桡足类在生态系统的作用将越来越受到人们重视（Atkinson et al.，2012；Makabe et al.，2012）。

本研究显示西南极南设得兰岛海域浮游动物群落结构呈现明显的水深特异性。群落 1 主要由采自上层水体的样品构成，Simper 分析显示相对于采自中层水的群落 2 和较深层水的群落 3，群落 1 具有更高的内部不相似性。夏季南大洋上层水体会受到更多的冰－海－气相互作用（Williams et al.，2010），处于南大洋表层水体的浮游动物对环境影响更为敏感，所以对南大洋生态调查较为普遍的 0～200 m 垂直拖网样品是研究极地浮游动物群落年际变动及对环境变化响应的良好材料（Yang et al.，2011；Swadling et al.，2011）。

本研究中磷虾与桡足类种群水平分布上呈现一定的垂直隔离。*E. superba* 种群主要聚集在 0～200 m 水体，而南大洋4种典型的中型桡足类 *C. acutus*，*C. propinquus*，*M. gerlachei* 及 *R. gigas* 则主要聚集于200～1 000 m 水体（图5－91）。Atkinson 等发现 South Georgia 海区大磷虾 *E. superba* 与桡足类种群丰度之间存在显著的负相关关系，并认为饵料竞争及捕食作用是主要原因。而本研究所处区域位于 South Georgia 海区西南，磷虾及桡足类在垂直分布结构上也存在一定的负相关关系。

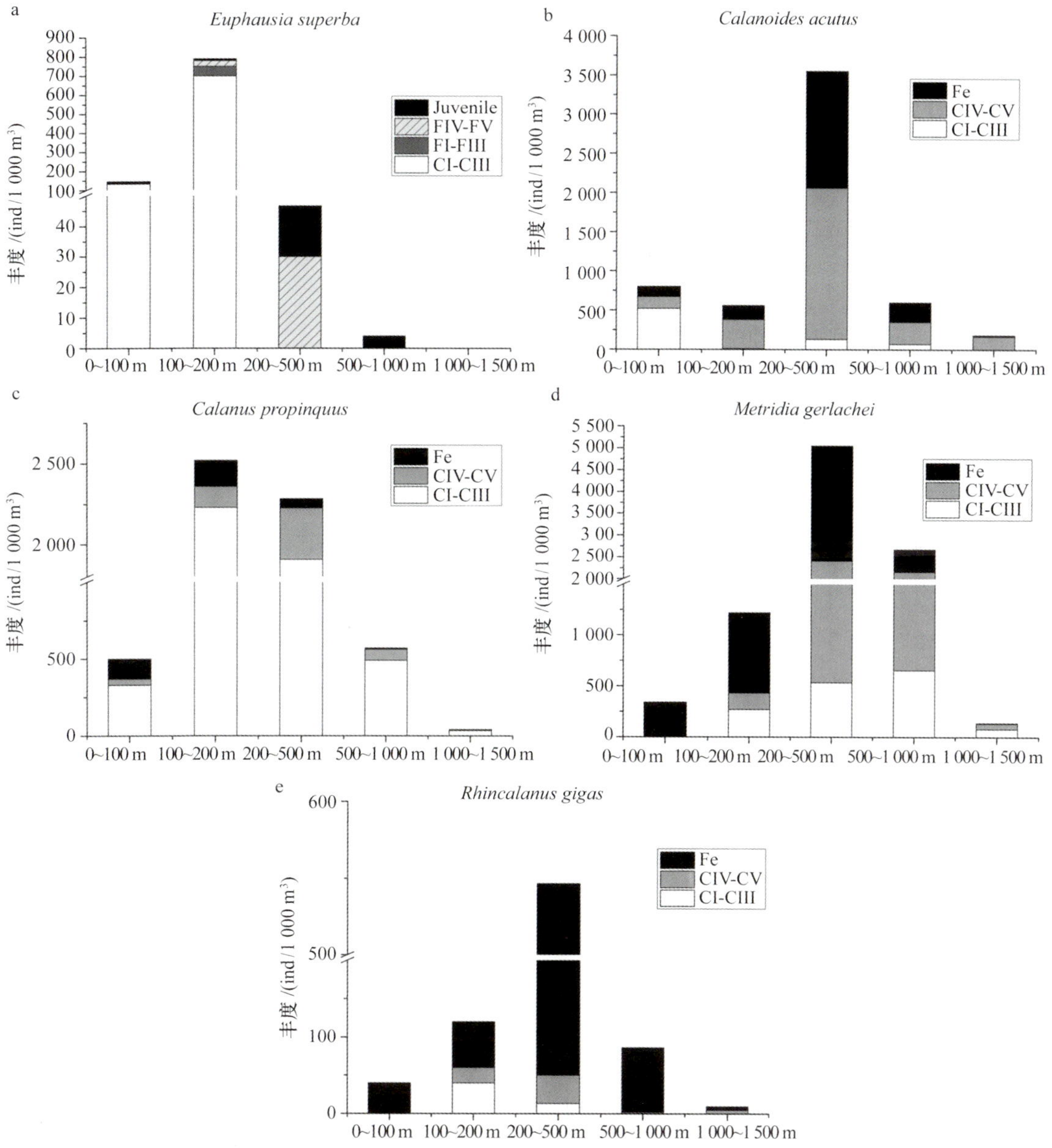

图5－91 *Euphausia superba*（a），*Calanoides acutus*（b），*Calanus propinquus*（c），*Metridia gerlachei*（d）及 *Rhincalanus gigas*（e）的种群垂直结构

E. superba 夏季种群补充时，受精卵下沉至深水孵化，然后无节幼体逐渐向上迁移，到达饵料丰富的真光层时幼体正好发育至可摄食的原溞状幼体 CI 期。这种发育模式可提高

E. superba 孵化率和幼体存活率。本研究中，*E. superba* 种群主要集中在 0 ~ 200 m 水体，以原溞状幼体 CI – III 期为主（图 5 – 91a），更高发育期溞状幼体后期 FIV – VI 及未成体分布在较深层 200 ~ 1 000 m 水体中（图 5 – 91a）。*E. superba* 受精卵中脂类储存高达 50%，发育至原溞状幼体 CI 期时脂类储存降到最低（Kattner and Hagen，1998）。原溞状幼体期对饵料依赖性较强，而溞状幼体及未成体通过饵料摄食体内脂类贮存更为丰富（Kattner and Hagen，1998）。*E. superba* 种群的垂直分布结构有利于其自身避免种间竞争，从而更好地维持种群生物量。

南大洋桡足类采取不同的生活史策略来应对高度变化的饵料环境（Atkinson 1998）。*C. acutus* 是南大洋典型的植食种，夏季浮游植物暴发时大量摄食并以蜡脂的形式储存能量，冬季于深水中以低能量消耗的滞育形式进行越冬（Voronina，2003）。本研究中，*C. acutus* 早期 CI – III 期桡足幼体丰度较低，且主要分布在真光层 0 ~ 100 m 水体，而分布于其他水层的 *C. acutus* 种群主要以后期 CIV – V 桡足幼体和雌体组成（图 5 – 91b），说明 *C. acutus* 部分种群已经处于深水滞育越冬状态。脂类组成及现场摄食实验显示 *R. gigas* 近似植食性摄食（Graeve et al.，1994），本研究中 *R. gigas* 种群垂直分布模式与 *C. acutus* 相似，早期桡足幼体分布在上层真光层水体，而后期桡足幼体及雌体分布在深层水体（图 5 – 91e）。*C. propinquus* 是典型的机会主义摄食物种，整个生活史过程（甚至是冬季）处于活跃状态（Schnack-Schiel and Hagen，1995），其主要能量贮存形式三脂酰甘油需要 *C. propinquus* 不断摄食（Pastemak et al.，2009）。本研究中，*C. propinquus* 主要分布在 200 ~ 500 m 水体，其种群以早期桡足幼体 CI – III 期为主（图 5 – 91c）。基于 *C. propinquus* 相对其他桡足类物种特异的种群垂直结构模式，我们可推断 *C. propinquus* 具有相对延长的繁殖期（Schnack-Schiel and Hagen，1994）。*M. gerlachei* 被普遍认为是中层水物种（Hopkins and Torres，1998），与以往观点一致，本研究中 *M. gerlachei* 主要分布在 200 ~ 1 000 m 水体，且种群分布模式介于 *C. propinquus* 和 *C. acutus* 之间，早期桡足幼体有一定的丰度，但种群结构主要以后期桡足幼体和雌体为主（图 5 – 91d）。

以往南大洋浮游动物研究显示温度及饵料（叶绿素 a）很好地解释了浮游动物群落种群的分布模式（Ward et al.，2007；Yang et al.，2011）。本研究 Bio – Env 分析显示叶绿素 a 和盐度是影响南设得兰岛海域浮游动物群落垂直分布的关键影响因子（表 5 – 19）。群落 1 所处 0 ~200 m 水体相对较低的盐度（表 5 – 20）可指示夏季融冰作用，夏季海冰融化形成的稳定水体光照的增强可以同时促进南大洋浮游植物的暴发（Fisher et al.，2004），从而为浮游动物种群补充提供饵料。与影响东南极普里兹湾浮游动物群落结构影响因子一致（Yang et al.，2011），本研究中叶绿素 a 及盐度（融冰效应）均可说明上行效应对南设得兰岛海域浮游动物群落垂直分布的影响。

5.1.3.5 基于 $\delta^{13}C$、$\delta^{15}N$ 稳定同位素的南极磷虾食性分析

2013 年普里兹湾的南极科学考察中，我们拖网采集了浮游动物的样本，并选取了大磷虾（*Euphausia superba*）这一关键物种进行碳、氮稳定同位素的分析，以求了解大磷虾物种在南大洋海域的生态学营养位置和此物种发育过程中的饵料变化图 5 – 92。我们主要采用了 Isosource 软件对成幼体大磷虾的食物来源进行计算分析。

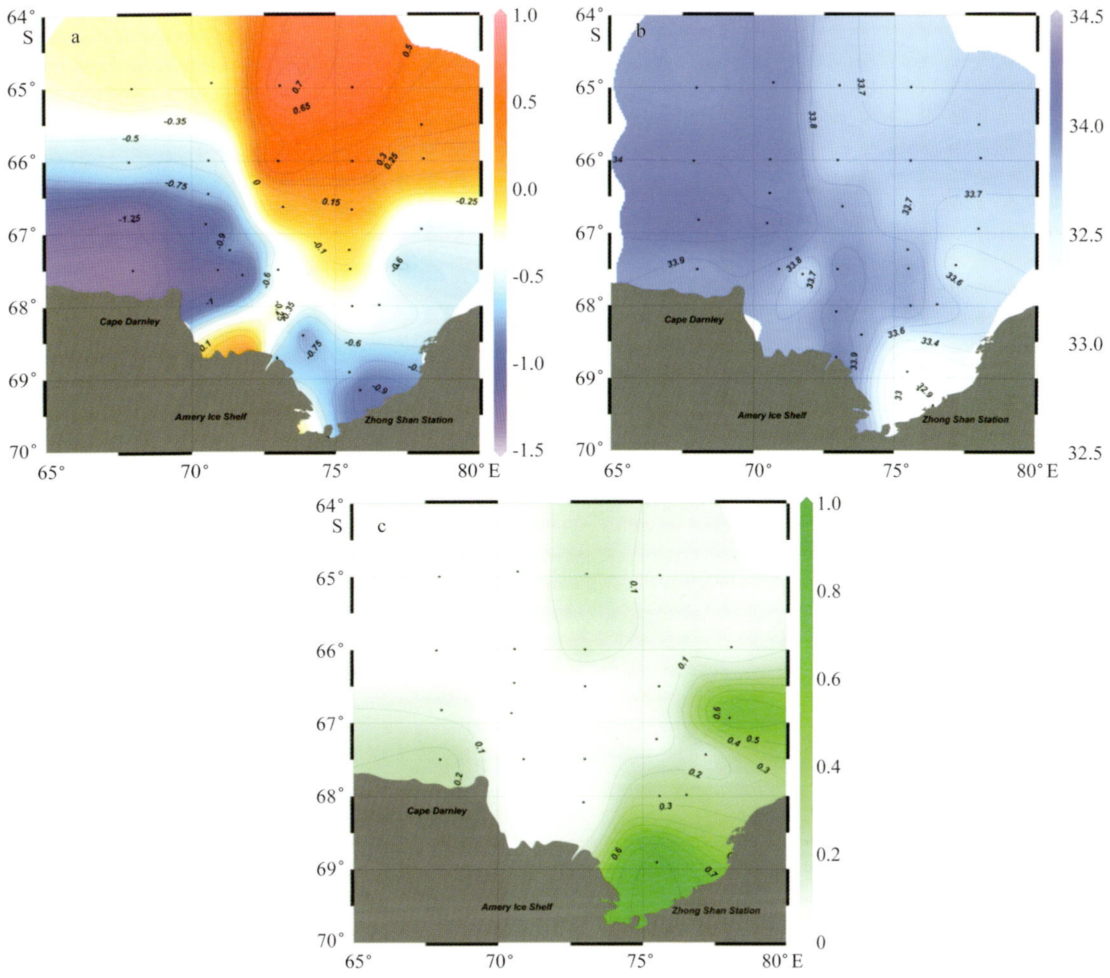

图 5-92 站位的表层水文条件，包括温度，盐度和叶绿素 a

5.1.3.5.1 大磷虾的水平分布和丰度

依照 200 m 垂直拖网结果，大磷虾丰度为：幼体 0 ~ 880 只/1 000 m^3，成体 0 ~ 100 只/1 000 m^3。其中幼体丰度大于成体，成体只在几个站位有所发现，其纬度大概在 66°—68°S。与表层叶绿素相结合我们发现，大磷虾水平分布与叶绿素 a 表层分布显著相关（$R^2 = 0.691$，$P < 0.01$），这暗示大磷虾似乎趋于植物生物量大的位置而分布。

对于垂直分布，大磷虾在 11 个 Multinet 站位中的 6 个站位发现。对于深水站：成体在 100 m 以浅，幼体在深水曾多有分布；而对于南部的浅水站位：成体在 100 m 以浅，幼体各水层均有分布。

5.1.3.5.2 大磷虾及其饵料的碳、氮稳定同位素

大磷虾的成体 C 值小于幼体，而 N 值高于幼体。我们选择不同水层的 POM、浮游动物、以及冰藻为大磷虾的可能潜在饵料。POM 在 0 m、25 m、50 m 水层的 CN 值（C 用方差分析/N 用非参分析）显示无差异，故合并为浅水层 POM。不同站位的 POM 在 N 值上显出很大的差异，在浅水层的 CN 值更低。浮游动物的 C 值远低于冰藻，而 N 值两者相近（表 5-22）。

表 5－22　大磷虾和其食物的 CN 稳定同位素值（2013 年普里兹湾）（*n* 表示重复）

	n	$\delta^{13}C/10^{-3}$	$\delta^{15}N/10^{-3}$
POM（0 m/25 m/50 m）	49	－27.3 ±1.4	0.5 ±1.5
POM（100 m）	17	－26.3 ±1.1	3.9 ±1.9
POM（200 m）	3	－26.0 ±1.4	5.8 ±0.9
Mesozooplankton	1	－28.9	3.8
Ice biota	48	－23.7 ±2.4	3.8 ±1.4
Euphausia superba（juvenile）	9	－27.5 ±1.4	1.7 ±0.7
Euphausia superba（adult）	10	－28.3 ±1.1	2.8 ±0.6

另外，我们研究了大磷虾干重与 CN 同位素的相关性（图 5－93），可以看出 C 同位素值与大磷虾干重呈弱的负相关（$P > 0.05$），而 N 同位素值同干重呈正相关（$P < 0.01$），表明更大的磷虾有着更高的 N 值。而且，成体大磷虾比幼体的 N 值略高 1.09×10^{-3}，暗示了大磷虾具有营养级的差异。

3）Isosource 稳定同位素混合模型结果

基于 CN 稳定同位素值，我们用 isosource 模型来估算不同食物来源的贡献比例。结果显示：POM（0 m/25 m/50 m）浅水层 和中型浮游动物是主要的食物源，而其他源贡献甚小。对于幼体来说，其组成比例为 66.2% 的 POM（0 m/25 m/50 m），22.2% 的中型浮游动物，5.5% 的 POM（100 m），3.6% 的 POM（200 m）和 2.5% 的 Ice biota 对于成体，其组成比例为 63.8% 的中型浮游动物，31.8% 的 POM（0 m/25 m/50 m），2.2% 的 POM（100 m），1.3% 的 POM（200 m）和 0.9% 的 Ice biota。随着大磷虾成熟，POM 的贡献由 66.2% 降到 31.8%，而中型浮游动物则从 22.2% 增加到 63.8%（图 5－94）。

从大磷虾的水平分布来看，由于磷虾的分布与表层叶绿素 a 的浓度呈显著性相关，我们可以推测植物仍然是大磷虾的重要食物，或者说大磷虾依赖植物的存在而分布。

从大磷虾的垂直分布来看，我们的实验结果与其他文章结果有一点不相符。Ross 海的研究发现，幼体在调查海域的表层 50 m 出现，而成体广泛分布在 600 m 以浅，而我们的调查中，幼体分布的深度相对较广，也较深。另外，Weddell 海的夏季观察显示，中层网捕获成体的 98% 都聚集在 200 m 以浅，暗示磷虾似乎主要在上层摄食。在南极半岛，大磷虾表现了地理隔离：幼体存在于近岸水体而成体在陆架远洋水体中，这或许可以解释 C 同位素结果的成幼体差异，即：近岸/底栖的生态系统 C 值要高于远洋生态系统。在我们的结果中幼体 C 值相比成体稍高，这暗示可能存在基于地理多样性或者单纯食性上的食物源差异。

作为一个海洋生态研究方法，稳定同位素法已然广泛应用了几十年。将 C、N 结合研究有助于我们了解食物网，以及物种的营养结构。我们发现 N 同位素值和干重呈正相关，即在个体大的磷虾中呈现高 N 值，显示了对异养食物的更多消费。N 值的宽范围说明了大磷虾或许在处两个营养级之间，其食谱也存在着生态多样性，我们可以基于 N 的相邻营养值增加 $(3 \sim 5) \times 10^{-3}$ 来推论。另一方面，C 值与磷虾干重有着弱的负相关性，暗示了个体小的磷虾可能会有多的接触底栖栖息地的机会，这与我们的垂直分布结果一致。

大磷虾被认为是过滤性杂食者已有很多年。摄食实验广泛开展来研究浮游动植物饵料的地位，前人研究表明硅藻占有肠道中可鉴定食物的绝大部分，而纤毛虫，大型甲藻也是主要

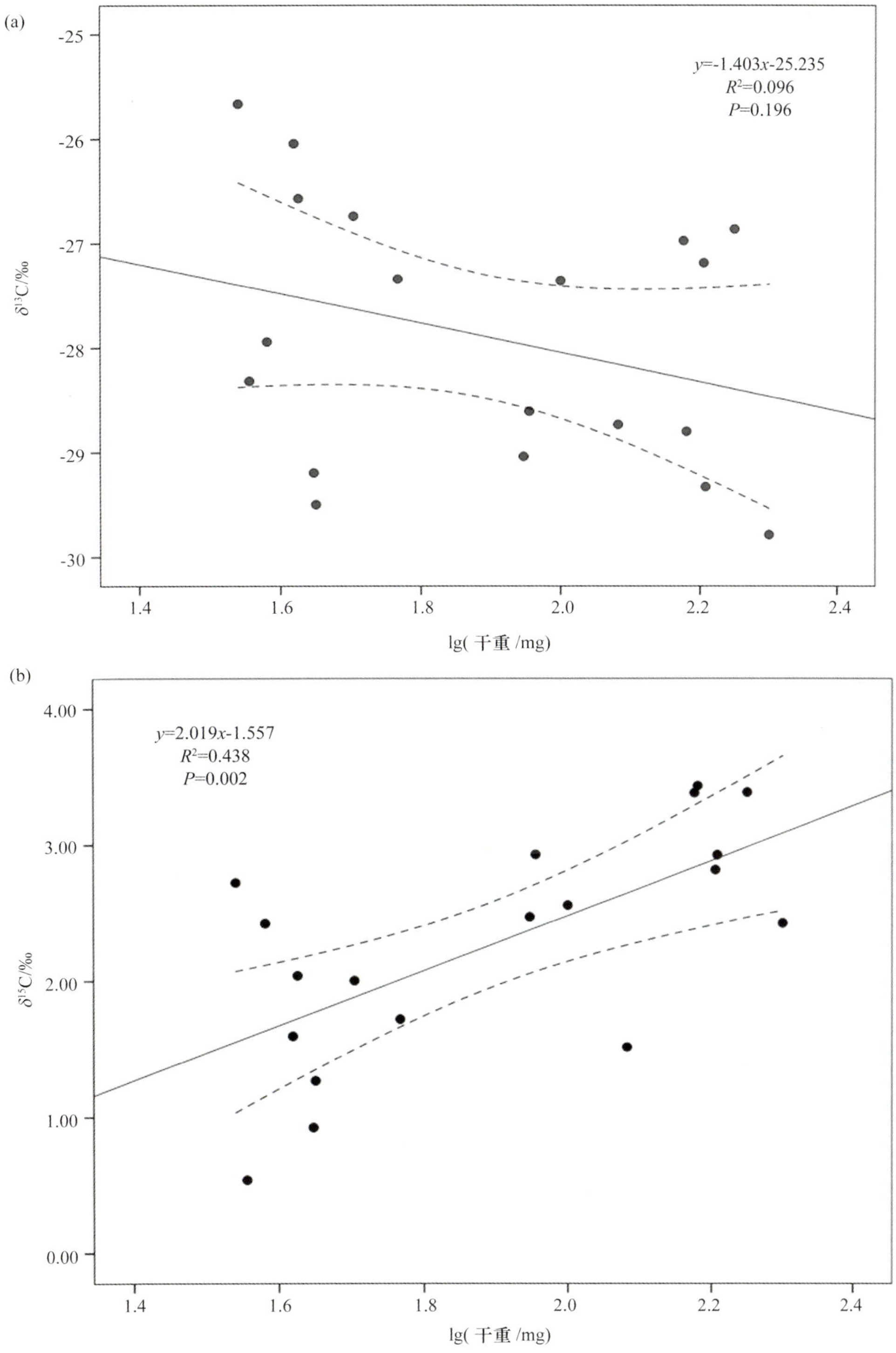

图 5－93　大磷虾的 CN 稳定同位素同干重的关系

（2013 普里兹湾回归方程标注在图中，95% 置信区间用虚线表示）

类群。我们在实验室对 CTD 采集的水样进行了鉴定，发现硅藻占绝对优势。文献表明自然海域中脆杆藻（*Fragilariopsis* spp.）占据生物量的 58%，是最丰富的类群。我们的样品中硅藻占大量，而异养甲藻和纤毛虫也在大多站位发现。这些种类大多在肠道含物实验中发现，因此我们认为载有这些食物的 POM 滤膜可以代表食物源。

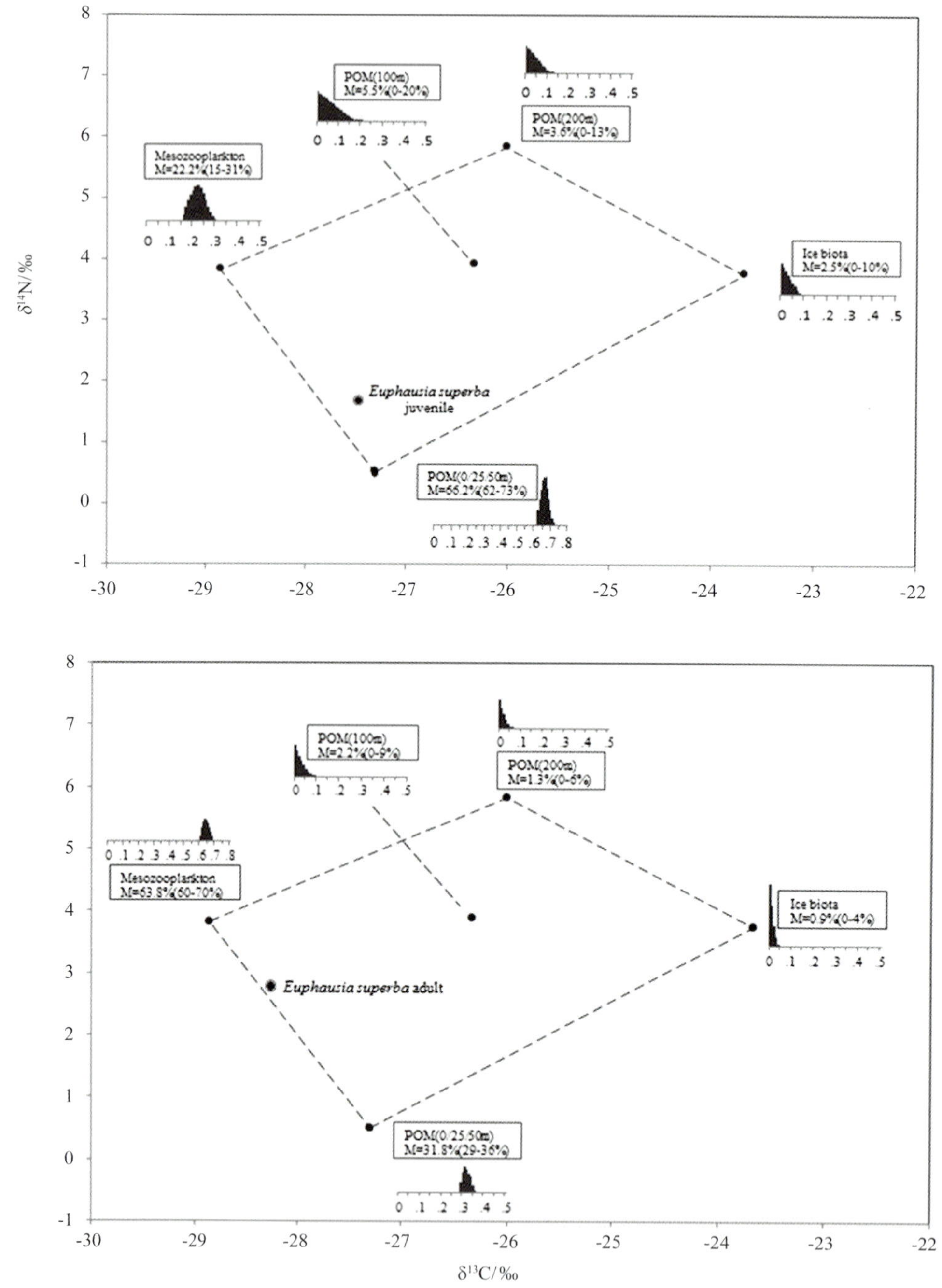

图 5－94　2013 年普里兹湾大磷虾成幼体的 5 个食物源的 CN 稳定同位素多边形

柱状图表示了每个可能来源对磷虾食物的可行的贡献，方框中的值是中值（0～100%）表示这些贡献值的分布情况．

多数以往研究显示，大磷虾趋向于分布在表层，我们的 CN 稳定同位素结果也表明 POM（0 m/25 m/50 m）在磷虾的食物中也扮演着重要角色，由于 POM 滤膜是复杂的混合体，包含着浮游植物混合物、细菌、碎屑等，他的同位素值同纯浮游植物相比会偏高，在相对深水层中，异质有机物更多，N 值增加也更多。我们研究的结果中 POM 值显示了很大的空间差异，无论是水层间和站位间的差异都很明显。

已有研究发现，少量的下颚和附肢在磷虾胃里发现，暗示了摄食桡足类的可能性。其他肠道含物结果和大体积培养也说明了成体磷虾会摄食小型桡足类。实验室内培养结果显示，幼体对纤毛虫和桡足类有较高摄食率。磷虾不是纯植食性的观点已被广泛接受，异养物质也是其食物的重要组成部分：植物控制海水中碳含量，但是异养甲藻，纤毛虫和哲水蚤目类，则控制了磷虾摄入的碳量。有实验结果显示磷虾对 1 ~ 3 mm 哲水蚤的清滤率最大。我们选择了中型浮游动物作为一个食物源，因为它主要包含了桡足类和其他异养浮游动物，通过对我们的样本在实验室的分类鉴定也可以说明，其主要组成部分是小型桡足类，还有其他异养浮游动物。

考虑到另一个可能食物源冰藻，已有很多文章讨论夏或者冬天大磷虾分布于海冰之间的关系。作为海洋生态系统的主要物种，磷虾有能力在夏天生长繁殖，在其余时间藏匿和觅食。在南大西洋总的大磷虾丰度与冬天海冰程度相关，而在另一篇文章里借助水下观测仪器未见到大磷虾在海冰下面或者盐通道中。实验室培养实验显示，幼体大磷虾的 C 值随着摄食冰藻而增加，显示了主要原位食物的转变。

我们用 isosource 软件分析了随着大磷虾成熟它的食性转变。这个方法给出了同位素值决定的每个食物源的来源贡献范围。isosource 的输出结果表明，浅水层 POM 和中型浮游动物控制了大磷虾的主要食物，而 100 m 和 200 m 水层 POM 与海冰生物区系贡献不大。这并不奇怪。在大多数站位，大磷虾出现在上层 100 m，叶绿素 a 在 50 ~ 70 m 达到最大值，这可以解释大磷虾倾向于摄食浅水层 POM——至于 ice biota，其 C 值远大于大磷虾的 C 值，表示大磷虾可能不利用此源，这有可能是大磷虾在饵料丰富的浮冰下面或者盐通道里面摄食，而我们采冰样的地点十分靠近岸边，我们不知道下面有多少磷虾，以及他们是否直接摄食海冰中的饵料。

总之，大磷虾主要消费浅水区 POM 和中型浮游动物，作为大磷虾的食物浅水 POM 所占的比例从幼体时期的 66.2% 降到成体时期的 31.8%，而中型浮游动物则从幼体时期的 22.2% 上升到成体的 63.8%. POM 浅水层的降低和 meso 的升高意味着随着发育成熟的食性转换，说明了随着成熟，大磷虾的摄食从植食性向着肉食性转变。因此我们总结出在普里兹湾海域，浅水 POM 提供了主要的食物源，而随着发育，大磷虾更倾向于摄食中型浮游动物。

5.1.3.6 基于脂肪酸及 $\delta^{13}C$、$\delta^{15}N$ 稳定同位素的普里兹湾桡足类营养动力学研究

传统的南大洋食物网研究包括肠道内含物分析法（Hopkins and Torres，1989），肠道色素法（Li et al.，2001）以及现场培养实验（Atkinson，1996），这些方法能够提供浮游动物优势物种短期内的食物组成和对不同饵料的摄食率信息。我们于 2009/2010 年夏季在南大洋普里兹湾开展的浮游动物优势物种摄食培养实验显示在饵料浓度较低的站位，即使是植食性的 *Calanoides acutus* 也会优先摄食纤毛虫（Yang et al.，2013）。与同粒径范围的硅藻相比，纤毛虫有更高的 DHA 含量（Brown et al.，1997）。饵料质量对于理解南大洋食物网食物网碳循环和营养动力学过程起着重要的作用。近期，脂肪酸、稳定同位素等生物标记方法越来越多地用于食物网研究中（EI-Sabaawi et al.，2013）。不同的饵料特定的生化组成成分（脂肪酸，稳定同位素）在整合到捕食者机体组织过程中不加修饰或者很小的修饰，从而为研究食物网不同营养级之间的营养关系提供一种新的手段（Sano et al.，2013）。

受到冰间湖的影响，普里兹湾近岸区域叶绿素 a 及浮游植物丰度经常高于大洋区域（Yang et al.，2011）。这是否会在浮游植物和颗粒悬浮物的脂肪酸和稳定同位素组成上得以体

现？如果存在这种现象，浮游动物优势物种对不同的饵料环境又将如何响应？

基于此问题，我们在2013年中国第29次南极考察期间，运用脂肪酸和稳定同位素标记相结合的方法对普里兹湾大洋、近岸区域浮游动物优势物种（*Calanoides acutus*, *Calanus propinquus*, *Metridia gerlachei* 和 *Rhincalanus gigas*）的食物供应和饵料组成进行了研究（图5－95）。此项工作的目的是从营养动力学的角度研究普里兹湾浮游动物优势物种的摄食策略。

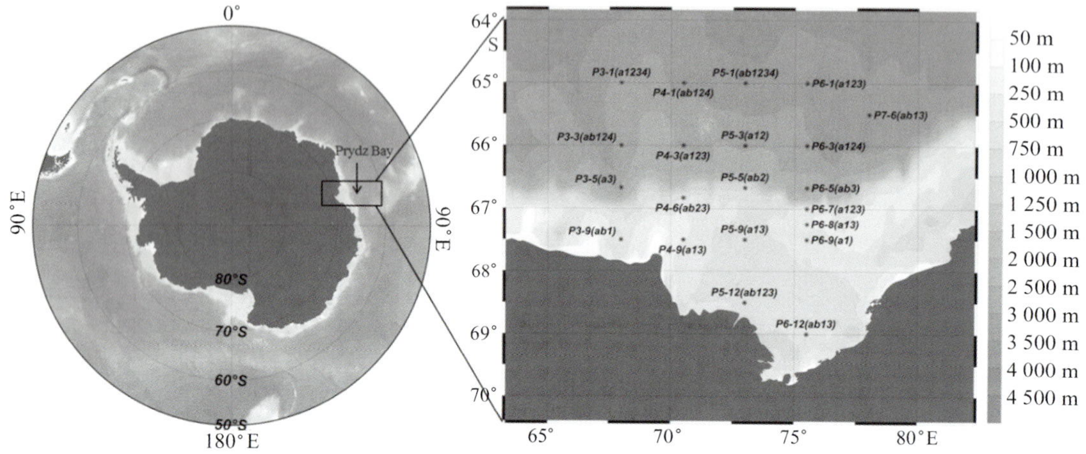

图5－95　2012/2013年普里兹湾浮游动物采样站位

脂肪酸和稳定同位素样品在括号中加以标注，其中a，b，1，2，3 and 分别代表浮游植物、水体颗粒悬浮物，*Calanoides acutus*, *Calanus propinquus*, *Metridia gerlachei* 和 *Rhincalanus gigas*

浮游植物和颗粒悬浮物样品镜检结果显示普里兹湾近岸区域多数硅藻、甲藻和纤毛虫丰度高于大洋区域。相应的，近岸区域浮游植物和颗粒悬浮物脂肪酸含量是大洋区域的两倍。基于脂肪酸相对含量的主成分分析显示近岸区域甲藻来源脂肪酸18：1n－9，18：4n－3和DHA高于大洋区域（图5－96）。同时近岸区域浮游植物和水体颗粒悬浮物相比大洋区域有更高的$\delta^{13}C$和$\delta^{15}N$值（图5－97）。脂肪酸和稳定同位素的区域差异同样在桡足类优势种中得以体现（图5－98）。近岸区域桡足类体内甲藻来源脂肪酸、$\delta^{13}C$和$\delta^{15}N$稳定同位素数值高于大洋区域。同时，桡足类脂肪酸和稳定同位素数值也存在一定的种间差异。*C. acutus* 和 *C. propinquus* 在总脂肪酸含量上区域差异不显著，而近岸区域的 *M. gerla-*

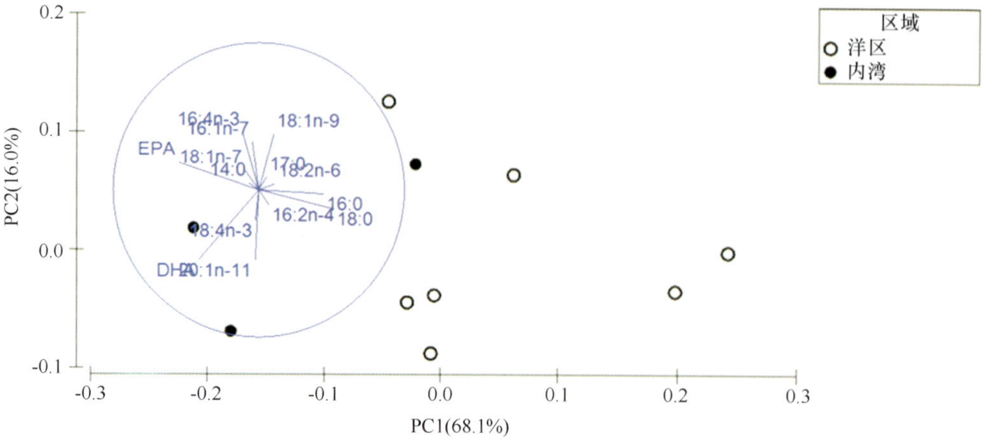

图5－96　基于颗粒悬浮物脂肪酸组成数据的主成分分析

chei 相对大洋区域有更高的脂肪酸含量。长链脂肪酸 20：1n－9，22：1n－9 和 22：1n－11 在 *C. acutus* 和 *C. propinquus* 中有较高含量而 DHA 在 *M. gerlachei* 中含量高。$\delta^{15}N$ 值显示 *C. acutus* 比其他桡足类物种有更高的营养级地位，而 *M. gerlachei* 中较高的脂肪酸比率 DHA/EPA 和 18：1n－9/18：1n－7 显示此物种更倾向有机会主义摄食并且偏好动物性饵料。

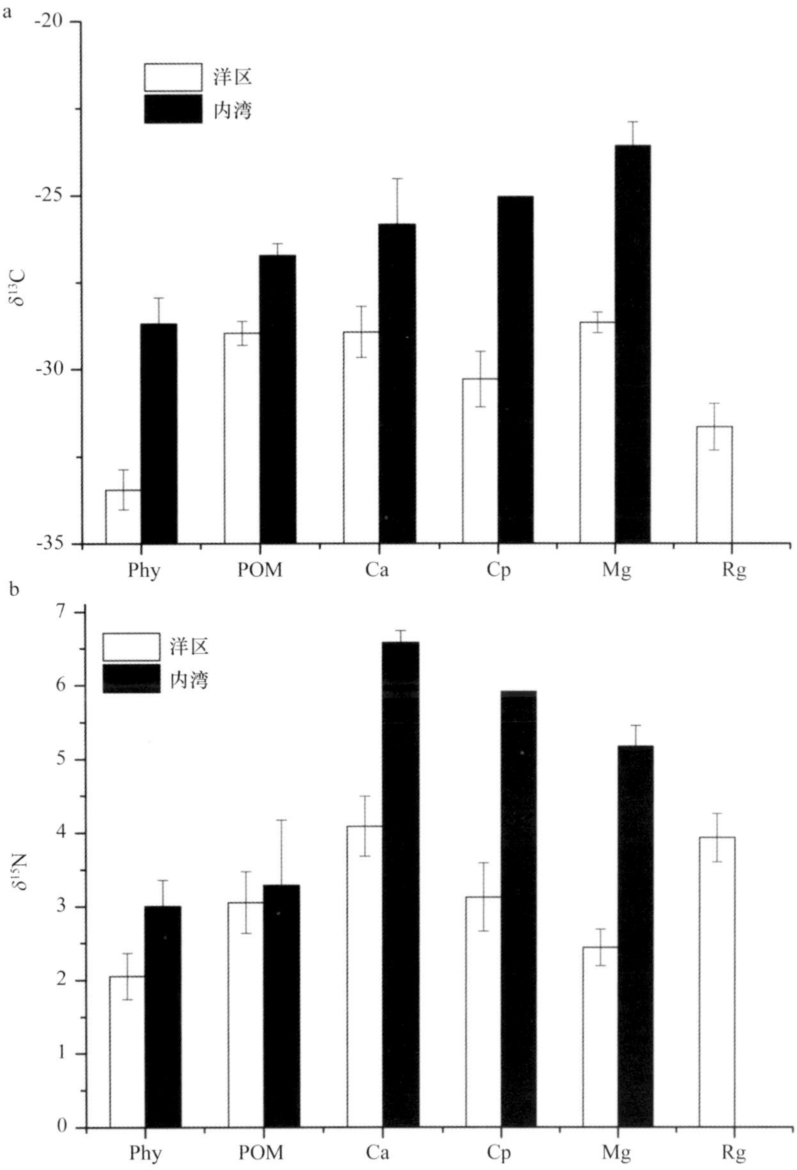

图 5－97 大洋区域和近岸区域浮游植物（Phy）、颗粒悬浮物 *Calanoides acutus*（Ca），*Calanus propinquus*（Cp），*Metridia gerlachei*（Mg）和 *Rhincalanus gigas*（Rg）的 $\delta^{13}C$、$\delta^{15}N$ 稳定同位素值（mean ± SE）

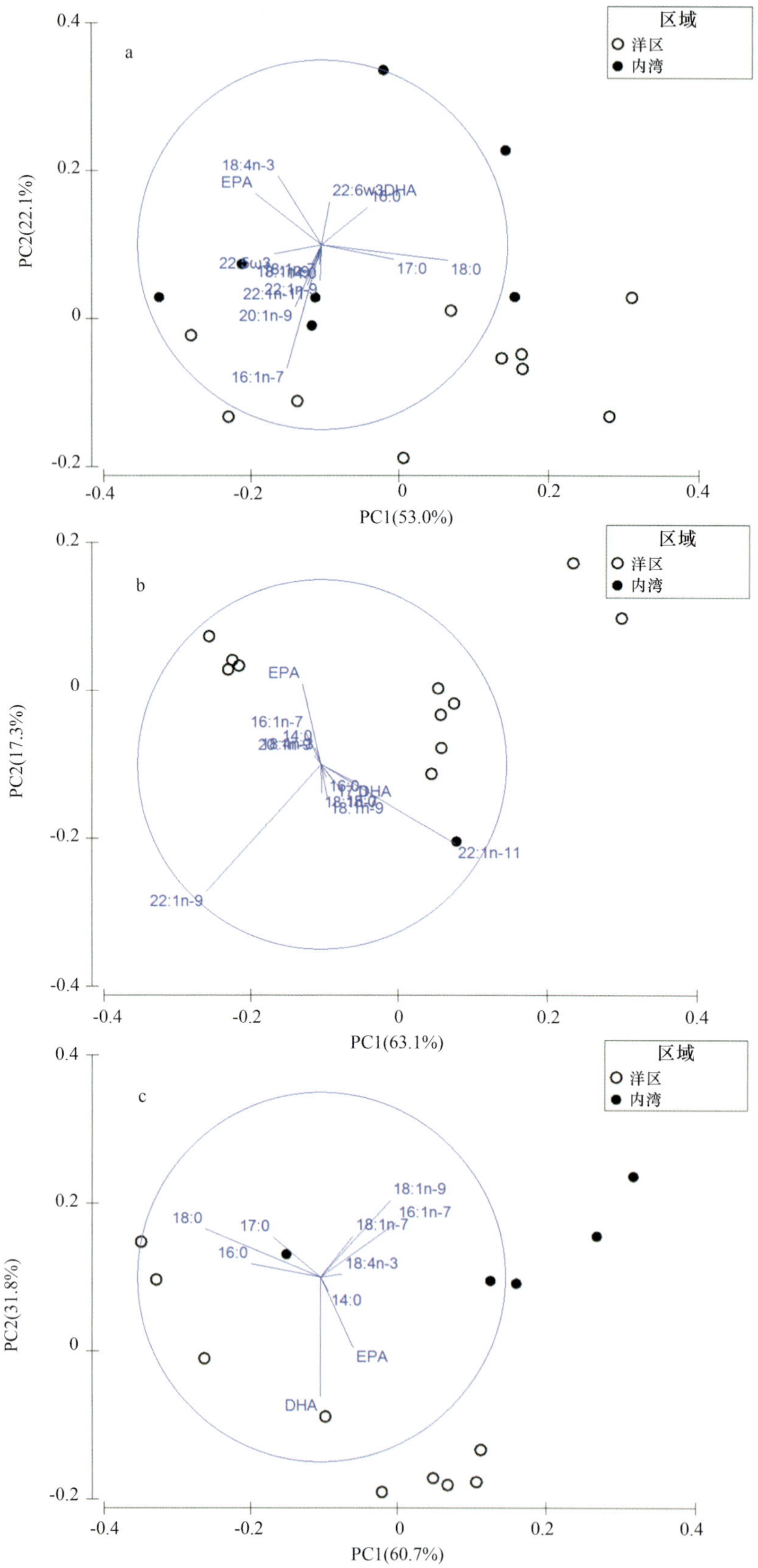

图 5－98　基于桡足类脂肪酸组成的主成分分析

a：Calanoides acutus，b：Calanus propinquus，c：Metridia gerlachei

参考文献

Albers C, Kattner G, Hagen W. 1996. The composition of wax esters, triacylglycerols and phospholipids in Arctic and Antarctic copepods: evidence of energetic adaptations. Mar Chem, 55: 347 –358.

Arrigo K R, Van Dijken G L. 2003. Phytoplankton dynamics within 37 Antarctic coastal polynya systems. J Geophys Res, 108 (C8): 3271.

Atkinson A, Shreeve RS, Pakhomov EA, et al. 1996. Zooplankton response to a phytoplankton bloom near South Georgia, Antarctica. Mar Ecol Prog Ser, 144: 195 –210.

Atkinson A, Ward P, Hunt B P V, et al. 2012. An overview of Southern Ocean zooplankton data: abundance, biomass, feeding and functional relationships. CCAMLR Science, 19: 171 –218.

Atkinson A. 1998. Life cycle strategies of epipelagic copepods in the Southern Ocean. J Mar Syst, 15: 289 –311.

Atkinson A, Peck J M. 1988. A summer-winter comparison of zooplankton in the oceanic area around South Georgia. Polar Biol, (8): 463 –473.

Atkinson A, Ward P, Williams R, et al. 1992. Feeding rates and diel vertical migration of copepods near South Georgia: comparison of shelf and oceanic sites. Mar Biol, 114 (1): 49 –56.

Auel H, Hagen W. 2002. Mesozooplankton community structure, abundance and biomass in the central Arctic Ocean. Mar Biol, 140: 1013 –1021.

Blachowiak-Samolyk K, Angel MV. 2007. A year round comparative study on the population structure of pelagic ostracods in Admiralty Bat (Southern Ocean) . Hydrobiologia, 585: 67 –77.

Brown MR, Jeffrey SW, Volkman JK, et al. 1997. Nutritional properties of microalgae for mariculture. Aquaculture, 151: 315 –331.

Brugnano C, Bergamasco A, Granata A, et al. 2010. Spatial distribution and community structure of copepods in a central Mediterranean key region (Egadi Islands-Sicily Chanel). J Mar Syst, 81: 312 –322.

Clarke K R, Ainsworth M. 1993. A method of linking multivariate community structure to environmental variables. Mar Ecol Prog Ser, 92: 205 –219.

Conover R J, Huntley M. 1991. Copepods in ice-covered seas-distribution, adaptations to seasonally limited food, metabolism, growth patterns and life cycle strategies in polar seas. J Mar Syst, (2): 1 –41.

Daly K L, Macaulay M C. 1991. Influence of physical and biological mesoscale dynamics on the seasonal distribution and behavior of *Euphausia superba* in the Antarctic marginal ice zone. Mar Ecol Prog Ser, 79: 37 –66.

Dufrene M, Legendre P. 1997. Species assemblages and indicator species: the need for a flexible asymmetrical approach. Ecol Monogr, 67: 345 –366.

El-Sabaawi R, Trudel M, Mazumder A. 2013. Zooplankton stable isotopes as integrators of bottom-up variability in coastal margins: A case study from the Strait of Georgia and adjacent coastal regions. Prog Oceanogr, 115: 76 –89.

Field J G, Clarke K G, Warwick R M. 1982. A practical strategy for analyzing multispecies distribution patterns. Mar Ecol Prog Ser, (8): 37 –52.

Fisher E C, Kaufman R S, Smith K L. 2004. Variability of epipelagic macrozooplankton/micronekton community structure in the NW Weddell Sea, Antarctica (1995—1996) . Mar Biol, 144: 345 –360.

Giesecke R, Gonzalez H E. 2012. Distribution and feeding of chaetognaths in the epipelagic zone of the Lazarev Sea (Antarctica) during austral summer. Polar Biol, 35: 689 –703.

Graeve M, Hagen W, Kattner G. 1994. Herbivorous or omnivorous? On the significance of lipid compositions as trophic markers in Antarctic copepds. Deep Sea Res I, 41: 915 –924.

Hagen W, Auel H. 2001. Seasonal adaptations and the role of lipids in oceanic zooplankton. Zoology, 104: 313

–326.

Hopkins TL, Torres JJ. 1989. Midwater food web in the vicinity of a marginal ice zone in the western Weddell Sea. Deep Sea Res, 36: 543 –560.

Hopkins T L. 1985. Food web of an Antarctic midwater ecosystem. Mar Biol, 89: 197 –212.

Hopkins T L, Ainley D G, Torres J J, et al. 1993. Trophic structure in open waters of the marginal ice zone in the Scotia-Weddell confluence region during spring (1983) . Polar Biol, 13: 389 –397.

Hopkins T L, Torres J J. 1988. The zooplankton community in the vicinity of the ice edge, western Weddell Sea, March 1986. Polar Biol, 9: 79 –87.

Hosia A, Stemmann L, Youngbluth M. 2008. Distribution of net-collected planktonic cnidarians along the northern Mid-Atlantic Ridge and their associations with the main water masses. Deep Sea Res II, 55: 106 –118.

Hosie G W, Cochran T G. 1994. Mesoscale istribution patterns of macrozooplankton communities in Prydz Bay, Antarctica-January to February 1991. Mar Ecol Prog Ser, 106: 21 –39.

Hosie G W, Cochran T G, Pauly T, et al. 1997. Zooplankton community structure of Prydz Bay, Antarctic, January-February 1993. Polar Biol, 10: 90 –133.

Hunt B P V, Pakhomov E A, Trotsenko B G. 2007. The macrozooplankton of the Cosmonaut Sea, east Antarctica (30°E—60°E), 1987—1990. Deep-Sea Res I, 54: 1042 –1069.

Ikeda T, Yamaguchi A, Matsuishi T. 2006. Chemical composition and energy content of deep – sea calanoid copepods in the Western North Pacific Ocean. Deep-Sea Res I, 53: 1791 –1809.

Jonasdottir SH, Nielsen TG, Borg CMA, et al. 2013. Biological oceanography across the Southern Indian Ocean-basin scale trends in the zooplankton community. Deep Sea Res I, 75: 16 –27.

Kattner G, Hagen W. 1998. Lipid metabolism of the Antarctic euphausiid *Euphausia crystallorophias* and its ecological implications. Mar Ecol Prog Ser, 170: 203 –213.

Kattner G, Graeve M, Hagen W. 1994. Ontogenetic and seasonal changes in lipid and fatty acid/alcohol compositions of the dominant Antarctic copepods *Calanus propinquus*, *Calanoides acutus* and *Rhincalanus gigas*. Mar Biol, 118: 637 –644.

Kosobokova K, Hirche H J. 2000. Zooplankton distribution across the Lomonosov Ridge, Arctic Ocean: species inventory, biomass and vertical structure. Deep Sea Res I, 47: 2029 –2060.

Kosobokova K, Hopcroft R R. 2010. Diversity and vertical distribution of mesozooplankton in the Arctic's Canada Basin. Deep Sea Res II, 57: 96 –110.

Kruse S, Bathmann U, Brey T. 2009. Meso-and bathypelagic distribution and abundance of chaetognaths in the Atlantic sector of the Southern Ocean. Polar Biol, 32: 1359 –1376.

Laakmann S, Auel H. 2010. Longitudinal and vertical trends in stable isotope signatures ($\delta^{13}C$ and $\delta^{15}N$) of omnivorous and carnivorous copepods across the South Atlantic Ocean. Mar Biol, 157: 463 –471.

Laakmann S, Stumpp M, Auel H. 2009. Vertical distribution and dietary preferences of deep-sea copepods (Euchaetidae and Aetieidae; Calanoida) in the vicinity of the Antarctic Polar Front. Polar Biol, 32 (5): 679 –689.

Li CL, Sun S, Zhang GT, et al. 2001. Summer feeding activities of zooplankton in Prydz Bay, Antarctica. Polar Biol, 24: 892 –900.

Makabe R, Tanimura A, Fukuchi M. 2012. Comparison of mesh size effects on mesozooplankton collection efficiency in the Southern Ocean. J Plank Res, 34 (5): 432 –436.

Marin V. 1988. Qualitative models of the life cycles of *Calanoides acutus*, *Calanus propinquus*, and *Rhincalanus gigas*. Polar Biol, 8: 439 –446.

Marin V H, Schnack-Schiel S B. 1993. The occurrence of *Rhincalanus gigas*, *Calanoides acutus* and *Calanus propin-*

quus (Copepoda: Calanoida) in late May in the area of the the Antarctic Peninsula. Polar Biol, 12: 35 – 40.

Marrari M, Daly K L, Timonin A, et al. 2011. The zooplankton of Marguerite Bay, western Antarctic Peninsula—Part II: Vertical distributions and habitat partitioning. Deep-Sea Res II, 58: 1614 – 1629.

Metz C. 1995. Seasonal variation in the distribution and abundance of Oithona and Oncaea species (Copepoda, Crustacea) in the southeastern Weddell Sea, Antarctica. Polar Biol, 15: 187 – 194.

Michels J, Schnack-Schiel S B, Pasternak A, et al. 2012. Abundance, population structure and vertical distribution of dominant calanoid copepods on the eastern Weddell Sea shelf during a spring phytoplankton bloom. Polar Biol, 35: 369 – 386.

Orsi A H, Whitworth T, Nowlin W. 1995. On the meridional extent and frons of the Antarctic Circumpolar Current. Deep-Sea Res I, 42: 641 – 673.

Pasternak A, Hagen W, Kattner G, et al. 2009. Lipid dynamics and feeding of dominant Antarctic calanoid copepods in the eastern Weddell Sea in December. Polar Biol, 32: 1597 – 1606.

Pollard R T, Bathmann U, Dubischar C, et al. 2002. Zooplankton distribution and behaviour in the Southern Ocean from surveys with a towed Optical Plankton Counter. Deep Sea Res II, 49: 3889 – 3915.

Pond D W, Tarling G A. 2011. Phase transitions of wax esters adjust buoyancy in diapausing *Calanoides acutus*. Limnol Oceanogr, 56 (4): 1310 – 1318.

Sano M, Maki K, Nishibe Y, et al. 2013. Feeding habits of mesopelagic copepods in Sagami Bay: Insights from integrative analysis. Prog Oceanogr, 110: 11 – 26.

Schmidt K, Atkinson A, Steigenberger S, et al. 2011. Seabed foraging by Antarctic krill: implications for stock assessment, bentho-pelagic coupling, and the vertical transfer of iron. Limnol Oceanogr, 56 (4): 1411 – 1428.

Schnack-Schiel S B, Hagen W. 1994. Life cycle strategies and seasonal variations in distribution and population structure of four dominant calanoid copepod species in the eastern Weddell Sea, Antarctica. J Plank Res, 16 (11): 1543 – 1566.

Schnack-Schiel S B, Hagen W. 1995. Life cycle strategies of *Calanoides acutus*, *Calanus propinquus*, *Metridia gerlachei* (Copepoda: Calanoida) in the eastern Weddell Sea, Antarctica. ICES J Mar Sci, 52: 541 – 548.

Schnack-Schiel S B, Hagen W, Mizdalski E. 1991. A seasonal comparison of *Calanoides acutus* and *Calanus propinquus* (Copepoda: Calanoida) in the southeastern Weddell Sea, Antarctica. Mar Ecol Prog Ser, 70: 17 – 27.

Schnack-Schiel S B, Michels J, Mizdalski E, et al. 2008. Composition and community structure of zooplankton in the sea ice – covered western Weddell Sea in spring 2004—with emphasis on calanoid copepods. Deep Sea Res II, 55: 1040 – 1055.

Schulz J, Peck M A, Barz K, et al. 2012. Spatial and temporal habitat partitioning by zooplankton in the Bornholm Basin (central Baltic Sea). Prog Oceanogr, 107: 3 – 30.

Shi J X, Dong Z Q, Chen H X. 2013. Progress of Chinese research in physical oceanography of the Southern Ocean. Advances in Polar Sci, 24 (2): 86 – 97.

Skjoldal H R, Wiebe P H, Postel L, et al. 2013. Intercomparison of zooplankton (net) sampling systems: Results from the ICES/GLOBEC sea-going workshop. Prog Oceanogr, 108: 1 – 42.

Smith N R, Dong Z Q, Kerry K R, et al. 1984. Water masses and circulation in the region of Prydz Bay, Antarctica. Deep-Sea Res, 31: 1121 – 1147.

Swadling K M, Penot F, Vallet C, et al. 2011. Interannual variability of zooplankton in the Dumont d'Urville sea (139°E—146°E), east Antarctica, 2004 – 2008. Polar Sci, 5 (2): 118 – 133.

Swadling K M, Kawaguchi S, Hosie G W. 2010. Antarctic mesozooplankton community structure during BROKE – West (30°E——80°E). Deep-Sea Res II, 57: 887 – 904.

Tseitlin V B. 2001. Estimation of the vertical flux of particulate organic carbon in the meso-and bathypelagic zones of the ocean. Oceanology, 41: 808 – 812.

Voronina N M. 2003. The effect of sea ice on the life cycles of mass species of Antarctic copepods in the Weddell Sea. Oceanology, 43 (6): 832 – 839.

Ward P, Whitehouse M, Shreeve R, et al. 2007. Plankton community structure south and west of South Georgia (Southern Ocean): Links with production and physical forcing. Deep Sea Res I, 54: 1871 – 1889.

Ward P, Tarling G A, Thorpe S E. 2014. Mesozooplankton in the Southern Ocean: Spatial and temporal patterns from Discovery Investigations. Prog Oceanogr, 120: 305 – 319.

Williams G D, Nicol S, Aoki S, et al. 2010. Surface oceanography of BROKE-West, along the Antarctic margin of the south-west Indian Ocean (30°—80°E). Deep Sea Res II, 57: 738 – 757.

Williams W J, Carmack E C, Ingram R G. 2007. Physical oceanography of polynyas// Smith Jr W O, Barber D G (Eds). Polynyas: windows to the world. Elsevier, Amsterdam, 55 – 86.

Yang G, Li C, Sun S. 2011. Inter-annual variation of summer zooplankton community structure in Prydz Bay, Antarctica, from 1999 to 2006. Polar Biol, 34 (6): 921 – 932.

Yang G, Li CL, Sun S, et al. 2013. Feeding of dominant zooplankton in Prydz Bay, Antarctica, during austral spring/summer: food availability and species responses. Polar Biol 36: 1701 – 1707.

Yang G, Li C L, Sun S. 2011a. Inter-annual variation in summer zooplankton community structure in Prydz Bay, Antarctica, from 1999 to 2006. Polar Biol, 34: 921 – 932.

Yang G, Li C L, Sun S. 2011b. Population dynamics of four dominant copepods in Prydz Bay, Antarctica, during austral summer from 1999 to 2006. Chin J Oceanol Limnol, 29 (5): 1065 – 1074.

5.1.4 南极海洋鱼类与底栖生物组成和多样性

海洋底栖动物是指生活在海洋基底表面或内部的各种动物，涉及各大分类单元（门、纲），种类和数量都很大（沈国英和施并章，2010）。南极常年冰雪覆盖，气温低，而且有漫长的极夜现象。生存在南极洲的生物有着奇特的环境适应能力，主要表现在耐黑暗、抗低温、耐高盐、抗干燥等方面。然而，冰下海水的温度相对冰上来说却是非常暖和，可以达至零下 1.8℃，生活着为数众多的海底生物，有些地方的底栖生物量比温带海域还多（邹丽珍，2006）。这些底栖生物多数靠食用悬浮在水中的颗粒状有机物和沉淀在海底的碎屑而生活，颗粒状有机物是由海水中的浮游植物和海冰中的微型藻类（冰藻）的光合作用产生，有些则是浮游生物的粪便和残骸。在阳光充足的夏季，产生的有机物沉入海底，成为底栖生物的饵料。底栖生物除在夏季吃足把营养储存在体内外，在没有光的冬季一边吃积存在海底的颗粒状有机物，一边通过改变食性也吃些动物的尸体等，千方百计地使自己的机体适应环境来度过饵料少的冬天而存活下来。虽然说南大洋小型底栖动物的生物量很大，但因在低水温生活，生长速度缓慢，一旦遭受了破坏，要想恢复到原来的状态，就会需要花很长的时间。

相对于低纬度海区的底栖动物研究而言，极地海域由于较为偏远及海况恶劣，目前的研究相对少得多，我国在这方面的研究处于刚刚起步阶段，随着极地专项的实施，自 2011/2012 年中国第 28 次南极科学考察才开始在南大洋进行定点的底栖生物采样考察，包括大型底栖生物和底栖鱼类的考察，2012/2013 年第 29 次南极考察又加入了小型底栖生物的考察工作，对南极半岛海域和普里兹湾的底栖生物进行了研究。由于两次考察站位设置区域差别较大，因此将分生物类型和航次总结南大洋底栖生物考察获得的结果。

5.1.4.1 大型底栖生物

5.1.4.1.1 第28次南极考察

在第28次南极考察沉积物样品中共在7个站位鉴定出大型底栖生物，共47种，环节动物种类最多，有26种，约占55.3%，其他种类还包括节肢动物、软体动物、棘皮动物、藻类等种类，分别占19.4%、6.4%、6.4%和2.1%。（图5-99），根据物种的数量及其出现频率，该海域大型底栖生物群落中的优势种有：纤细原斯氏钩虾、不倒翁虫、自裂虫、节节虫、索沙蚕等种类。

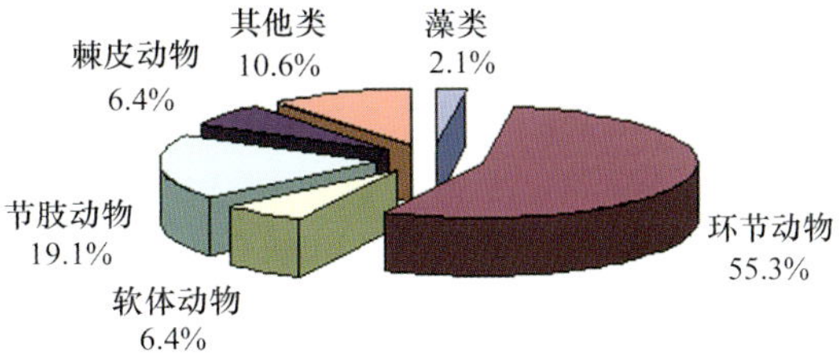

图5-99 大型底栖生物种类组成

本次调查威德尔海域大型底栖生物平均栖息密度和生物量分别为194 ind·m^{-2}和211.7 g·m^{-2}，均以象岛附近站为最高，达356 ind·m^{-2}和964.9 g·m^{-2}，其余各站都是集中在D5断面，栖息密度以D5-6站为最高，为233 ind·m^{-2}，总体来看有从北到南逐渐增加的趋势，而生物量则以D5-4站最高，为41.6 g·m^{-2}。普里兹湾站栖息密度和生物量分别为256 ind·m^{-2}和84.7 g·m^{-2}，比D5断面各站位都要高。

从类群来看，棘皮动物的生物量在威德尔海和普里兹湾都最高，分别为170.1 g·m^{-2}和60.7 g·m^{-2}（图5-100），个体密度以环节动物为最高，两个海域分别为151 ind·m^{-2}和211 ind·m^{-2}。在威德尔海域，环节动物和其他类（主要是多孔动物和纽形动物）的生物量也较高，分别为19.2 g·m^{-2}和23.2 g·m^{-2}，占10.9%和9.0%，而节肢动物的栖息密度也较高，为64 ind·m^{-2}，占26.7%（表5-23和图5-101）。

表5-23 主要类群密度和生物量分布

海域		藻类	环节动物	软体动物	节肢动物	棘皮动物	其他类
威德尔海	g·m^{-2}	0.4	19.2	0.5	0.3	170.1	23.2
	ind·m^{-2}	2	151	7	64	7	9
普里兹湾	g·m^{-2}	0.0	23.8	0.1	0.0	60.7	0.1
	ind·m^{-2}	0	211	11	0	11	22

5.1.4.1.2 第29次南极考察

第29次南极考察本次调查共进行了15个站位的三角底拖网作业，虽然破网率较高，6个网次都有破网的情况发生，1个网次可能未触底，但大部分站位有采集到拖网样品，用于

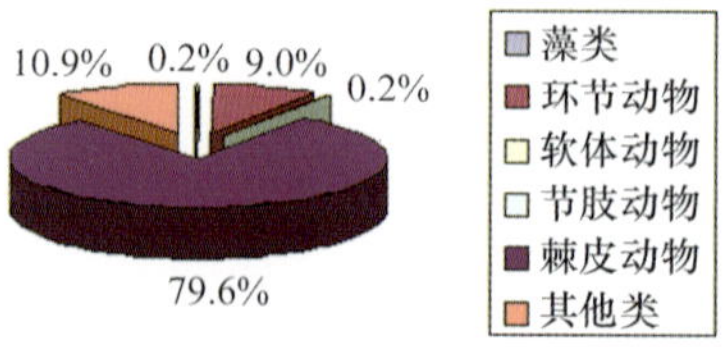

图 5 - 100 威德尔海域大型底栖生物生物量组成

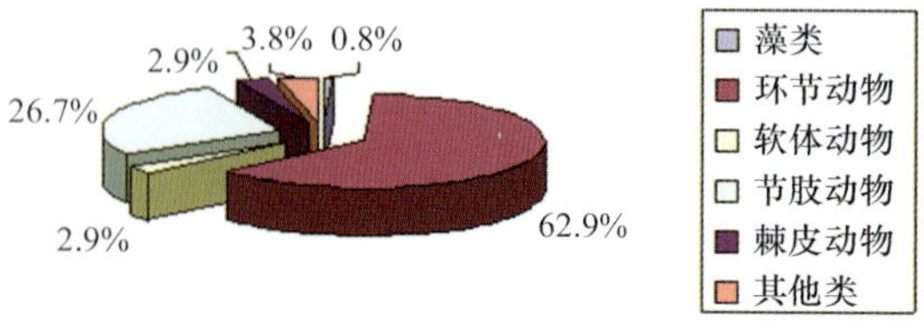

图 5 - 101 威德尔海域大型底栖生物栖息密度组成

大型底栖生物的定性分析。经初步鉴定，拖网样品种类丰富，最优势类群为海绵；海胆、海星、海葵、蛇尾、海百合、海参、水螅体等也有大量发现；螺类、多毛类、端足类等也较丰富。14 个站位的大型底栖生物拖网样品的生物量相对组成见图 5 - 102，主要以其他动物和棘皮动物为主，甲壳类在 P6 - 9、P6 - 7、P5 - 10、PA - 5、PA - 4 等站位也具有较大比例。

12 站位的箱式采泥器定量采泥调查所获样品，经初步鉴定共有大型底栖生物 42 种，以环节动物多毛类所占种类数最多，有 17 种，占总种数的 40.5%（图 5 - 102）；其次甲壳动物有 10 种，棘皮动物和其他动物分别有 5 种和 9 种，软体动物仅有 1 种（图 5 - 104）。

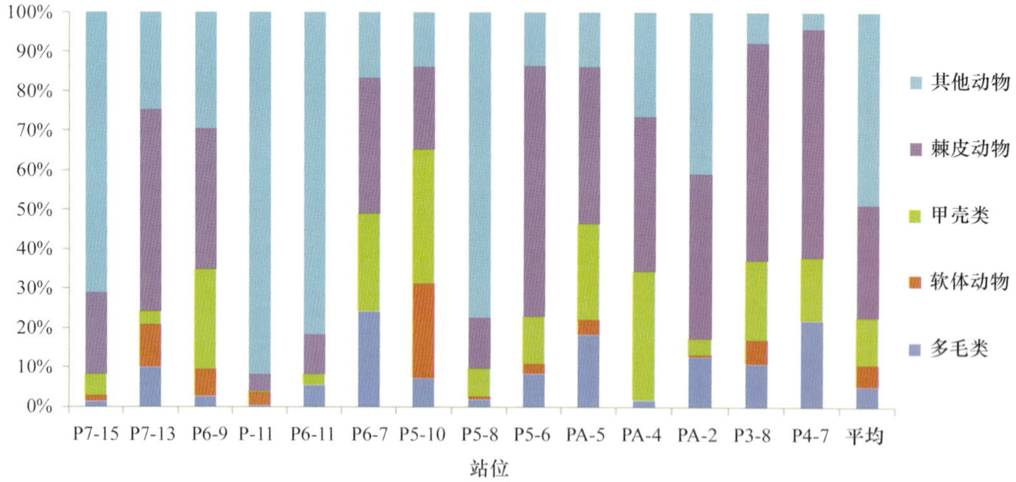

图 5 - 102 底拖网样品中大型底栖生物生物量相对组成

初步结果显示大型底栖生物平均密度为 364 ind · m^{-2}。其中多毛类环节动物有部分站位种类分类鉴定尚未分析。已有分析结果显示在平均总密度组成中，以环节动物多毛类居第一位，其平均为 299 ind · m^{-2}，占平均总密度的 82.1%（图 5 - 105）；其次为甲壳动物和其他动物，其平均密度分别为 25 ind · m^{-2}和 28 ind · m^{-2}；软体动物平均密度和棘皮动物密度均较小。

大型底栖生物平均生物量为 188.27 g · m^{-2}。在平均总生物量组成中，以其他动物居第一

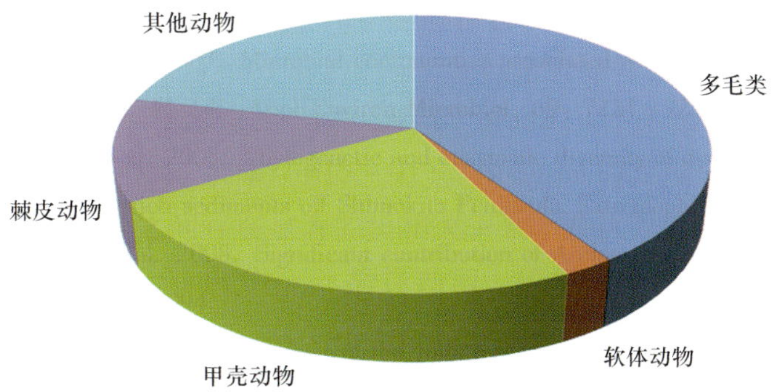

图5-103 大型底栖生物物种数百分比组成

图5-104 部分底栖生物图谱

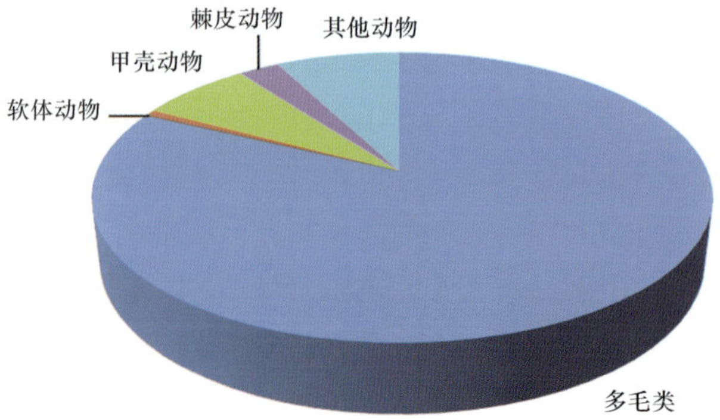

图 5－105　栖息密度的百分组成

位，其平均生物量 166.69 g·m^{-2}，占平均总生物量的 88.5%（图 5－106）；其次为多毛类，其平均生物量均为 20.29 g·m^{-2}，占 10.8%；软体动物、甲壳类和棘皮动物平均生物量较小，均小于 1 g·m^{-2}，三者共占平均总生物量的 0.7%。

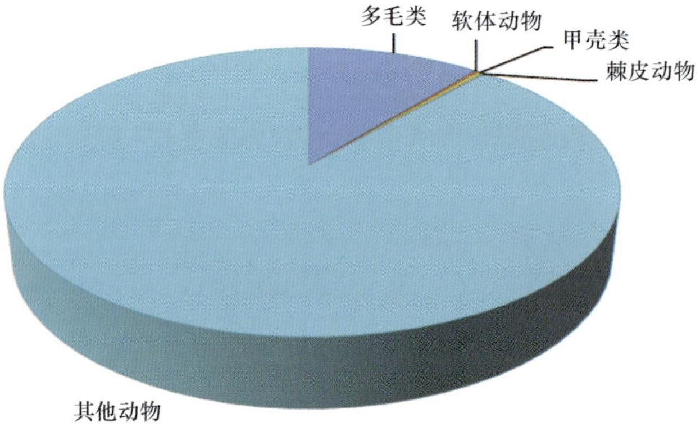

图 5－106　大型底栖生物生物量百分组成

各站生物量分布相差很大，范围在 0.16～1 168.32 g·m^{-2}，33.3% 的站位生物量在 100 g·m^{-2}以上，分别为 P7－12、PA－05、PA－03 和 PA－01。5 个站位生物量介于 10～100 g·m^{-2}，分别为 P6－12、P7－16、P6－08、P5－07 和 P5－12。其他 3 个站位生物量均小于 5 g/m^2（图 5－107）。

除了 P3－03 没有出现多毛类外，其他各站生物量范围在 0.48～72.16 g·m^{-2}，平均每站 20.29 g·m^{-2}，有 7 个站位生物量超过 10 g·m^{-2}，有 3 个站位生物量介于 2～10.00 g·m^{-2}，P6－3 号站的多毛类生物量最低。仅 P6－12 出现软体动物其他各站均未出现软体动物。有 5 个站发现有甲壳动物，为 P6－12、P5－12、P5－07、PA－03 和 PA－01，平均每站生物量 0.55 g·m^{-2}，各站生物量范围在 0.32～3.84 g·m^{-2}。棘皮动物也仅有 5 站有出现该类动物，各站生物量范围在 0.16～1.92 g·m^{-2}。其他动物有 8 个站位出现该类动物，各站其他动物生物量范围在 0.16 ～1 153.60 g·m^{-2}，PA－05 号站的生物量最大，有 3 个站其他动物生物量介于 100～500 g·m^{-2}，生物量最小为 P3－03 号站。

根据物种的数量及其出现频率，研究海域箱式采泥器调查初步结果显示大型底栖生物群落的优势种和主要种有：独毛虫（*Tharyx* sp.）、*Isocirrusyungi*、缩头节节虫（*Maldanesarsi*）、

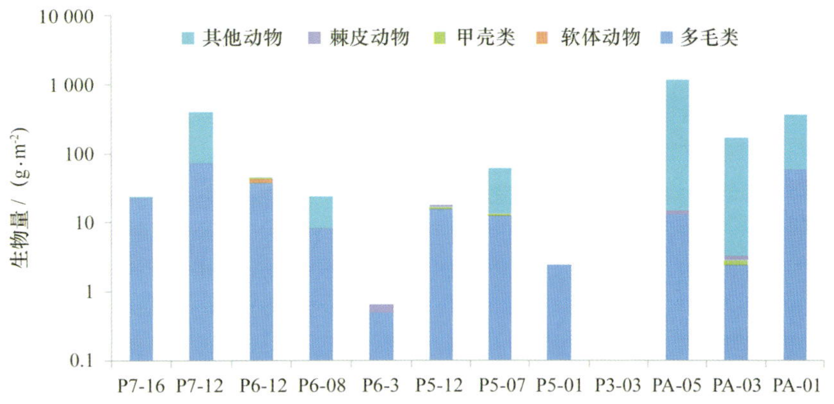

图 5－107　大型底栖生物生物量分布

南极假帽钩虾（*Pseudharpinia antarctica*）、面包软海绵（*Halichondria* sp.）等。

5.1.4.1.3　第 30 次南极考察

第 30 次南极箱式沉积物底栖生物主要类群有苔藓虫、水虱、钩虾、多毛类、勾虾、海参、海葵、海绵、海星、海蜘蛛、双壳。

调查站位中大型底栖生物平均生物量为 290.30 g·m^{-2}。在平均总生物量组成中，以其他动物和棘皮动物居第一位，其平均生物量均大于 100 g·m^{-2}；多毛类和节肢动物平均生物量较小，介于 5～10 g·m^{-2}之间；软体动物平均生物量很小仅为 0.48 g·m^{-2}，占 1.7%（图 5－108）。

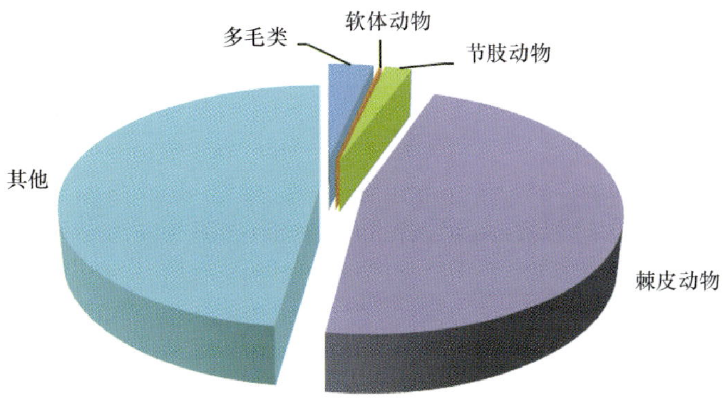

图 5－108　箱式站位各类群的平均生物量比例

在所调查的 5 个站位中，IS－01 站生物量最高，其次为 D1－07 站，这两站生物量明显高于其他站位，其中 IS－01 站主要以其他动物为主，D1－07 站主要以棘皮动物为主。而 D5－05 和 D5－06 站生物量较小，其中 D5－05 主要以多毛类和其他动物为主，D5－06 站主要以节肢动物、多毛类和其他动物为主，而 DA－02 站仅有少量多毛类出现（图 5－109）。

调查站位中大型底栖生物平均密度为 156.8 ind·m^{-2}。在平均密度组成中，以多毛类和节肢动物居第一位，其平均密度分别为 102.4 ind·m^{-2}和 38.4 ind·m^{-2}；软体动物和棘皮动物平均密度较小，介于 5～10 ind·m^{-2}之间；其他动物多为群体生活种类，如苔藓虫、海绵等（图5－110）。

在所调查的 5 个站位中，IS－01 站密度最高，其密度大于 250 ind·m^{-2}，其次为 D5－05

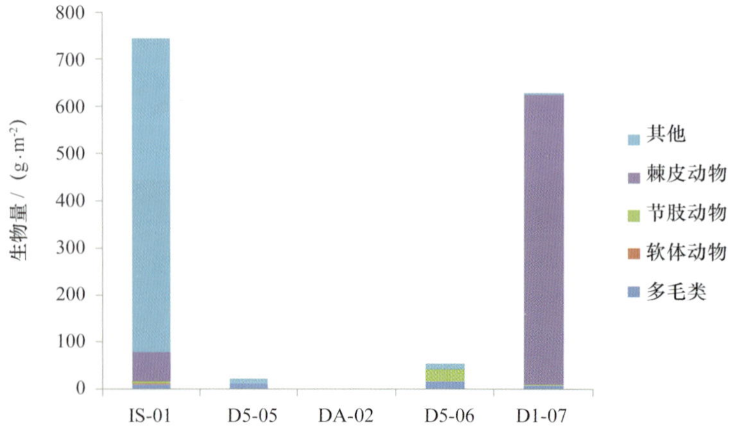

图 5－109　箱式站位各站位类群的生物量组成

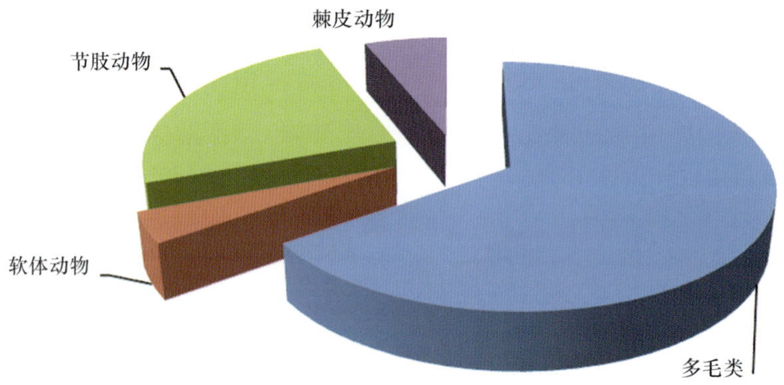

图 5－110　箱式站位各类群的平均丰度比例

站和 D5－06 站，这三站密度均以多毛类为主。D1－07 密度为 96 $ind \cdot m^{-2}$，该站主要以节肢动物为主。而 DA－02 站仅有少量多毛类出现（图 5－111 和图 5－112）。

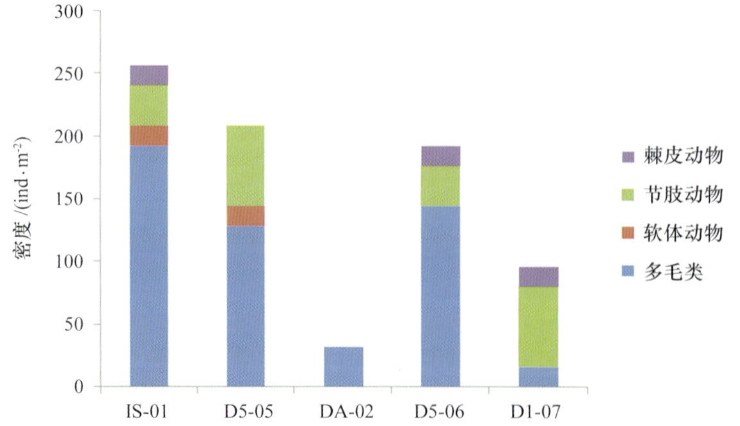

图 5－111　箱式站位各站位类群的密度组成

图5－112 第30次南极部分大型底栖生物

5.1.4.2 小型底栖生物

5.1.4.2.1 普里兹湾

1）类群组成

普里兹湾15个小型底栖动物站位，共检出10个类群，分别为自由生活海洋线虫（Nematoda）、底栖桡足类（Copepoda）、多毛类（Polycheata）、动吻类（Kinorhyncha）、双壳类（Bivalvia）、介形类（Ostracoda）、寡毛类（Oligochaeta）、蜱螨类（Acari）、海蛇尾（Ophiura）和待定类群（Indet.）。线虫为丰度的最优势类群，占平均丰度比例的94.80%，桡足类为第二优势类群，但仅占1.85%，蜱螨类为第三优势类群，占1.77%，剩余类群均未超过1%（图5－113）。

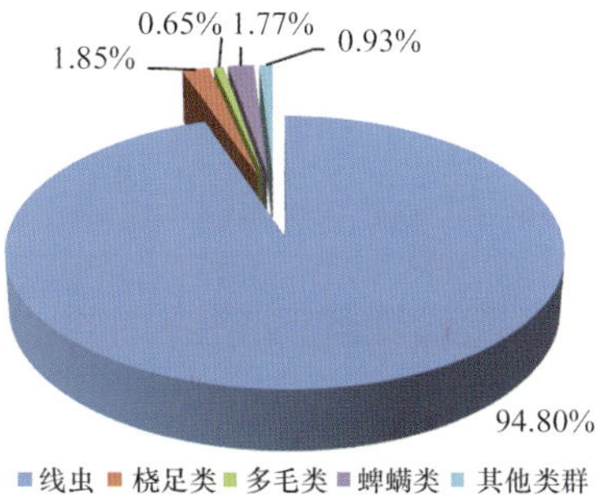

图5－113 各类群的平均丰度比例

就丰度比例而言，在检出的10个类群中，线虫在13个站位都超过了90%，甚至P3－3站位仅检出线虫一个类群，这与罗斯海（Fabiano 和 Danovaro，1999）、秘鲁近岸（Neira 等，2001）、南大西洋 South Sandwich Trench（Vanhove 等，2004）、我国沿海（王彦国等，2011；

唐玲等，2012；付姗姗等，2012）的研究相似，但高于中太平洋的中国多金属结核开辟区（高爱根等，2002）和夏季的珠江口（袁俏君等，2012）等海域；桡足类和蜱螨类虽然有一定比例，但主要集中在个别站位，如桡足类主要在 P3－8 站位，蜱螨类主要在 P5－1 站位；多毛类虽然比例较低，但分布较广，在2/3 的站位中均有检出且比例也较为接近（表5－24）。

表5－24 各站位中的类群丰度比例

%

站位	线虫	桡足类	多毛类	双壳类	介形类	动吻类	寡毛类	蜱螨类	蛇尾类	待定
P7－12	94.64	0.00	2.68	0.89	0.89	0.00	0.89	0.00	0.00	0.00
P6－12	99.55	0.10	0.18	0.00	0.00	0.16	0.00	0.00	0.00	0.00
P6－10	98.37	1.04	0.30	0.07	0.07	0.15	0.00	0.00	0.00	0.00
PA－5	96.59	1.89	0.38	0.00	0.38	0.38	0.00	0.00	0.00	0.38
P6－8	97.05	0.84	1.69	0.00	0.00	0.00	0.42	0.00	0.00	0.00
P6－13	98.98	0.32	0.20	0.03	0.00	0.46	0.00	0.00	0.00	0.00
PA－3	91.32	3.89	1.20	0.00	0.30	2.10	0.00	0.00	0.30	0.90
P6－3	97.20	0.00	0.00	0.00	0.00	0.00	0.00	0.00	0.00	2.80
P7－16	99.16	0.42	0.21	0.00	0.00	0.00	0.21	0.00	0.00	0.00
P5－7	98.09	1.53	0.00	0.00	0.00	0.00	0.38	0.00	0.00	0.00
P5－1	75.00	0.00	0.00	0.00	0.00	0.00	0.00	25.00	0.00	0.00
M2－old	95.42	1.53	0.00	0.00	0.00	0.76	0.76	1.53	0.00	0.00
P3－3	100.00%	0.00	0.00	0.00	0.00	0.00	0.00	0.00	0.00	0.00
P3－8	82.74	15.67	1.39	0.00	0.20	0.00	0.00	0.00	0.00	0.00
P4－8	97.92	0.52	1.56	0.00	0.00	0.00	0.00	0.00	0.00	0.00
平均值	94.80	1.85	0.65	0.07	0.12	0.27	0.18	1.77	0.02	0.27

2）丰度与生物量

普里兹湾15个小型底栖动物站位平均丰度和平均生物量分别为（1 176.13 ±1 821.13）ind/10 cm^2 和（582.82 ±199.85）μg（干重）10 cm^2，不同站位的数值相差很大（表5－25）。

表5－25 丰度与生物量

站位	水深/m	类群数/个	丰度/（ind/10 cm^2）	生物量/（μg（干重）/10 cm^2）	分区
P5－1	3 421	2	12.12	8.18	湾外深海区
P3－3	2 689	1	80.28	32.11	
P6－3	2 920	2	216.61	105.42	
P5－7	510	3	396.86	188.19	湾口陆架区
P7－12	225	5	169.65	194.79	
M2－old	560	5	396.86	220.30	
PA－5	353	6	399.89	237.51	
P6－8	386	4	358.99	251.02	
P4－8	155	3	581.66	360.69	
PA－3	487	7	505.92	388.04	
P3－8	169	4	763.42	663.06	

续表

站位	水深/m	类群数/个	丰度/（ind/10 cm²）	生物量/（μg（干重）/10 cm²）	分区
P6－10	489	6	2 041.85	979.48	
P6－12	699	4	5 783.23	2 480.88	
P6－13	623	5	5 213.69	2 298.54	湾内区
P7－16	558	4	721.01	334.03	
平均值	949.6	4.1	1 176.13	582.82	

丰度和生物量的最高值均出现在位于湾内靠近东岸的 P6－12 站位，分别为 5 783.23 ind/10 cm² 和 2 480.88 μg（干重）/10 cm²，其附近的 P6－13 站位为次高值，分别为 5 213.69 ind/10 cm² 和 2 298.54 μg（干重）/10 cm²（图 5－114）。

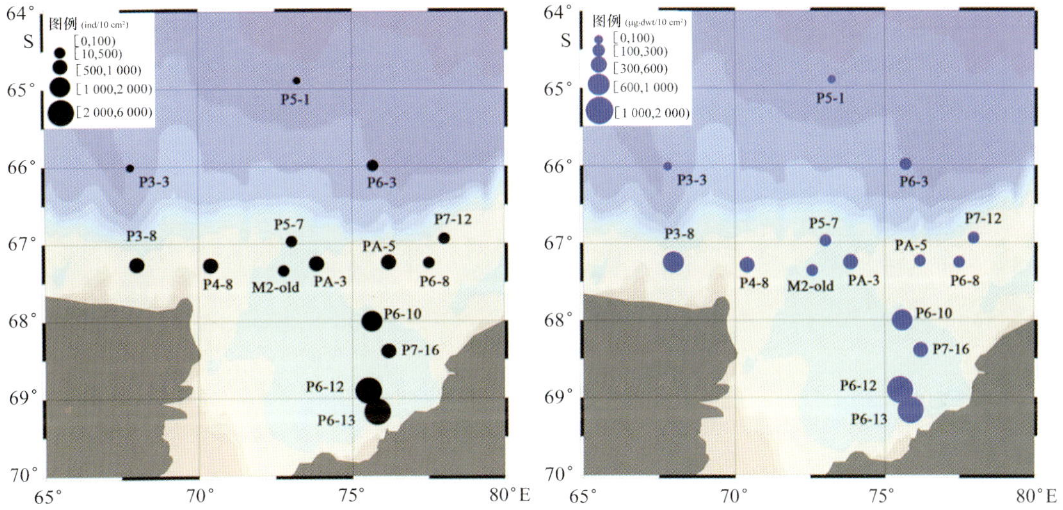

图 5－114 丰度和生物量的平面分布

最低值出现在湾外深水区的 P5－1 站位，丰度和生物量分别仅有 12.12 ind/10 cm² 和 8.18 μg·dwt /10 cm²；次低值出现在湾外西边深水区的 P3－3 站位，分别为 80.28 ind/10 cm² 和 32.11 μg·dwt /10 cm²；湾外东边深水区的 P6－3 站位的丰度和生物量值也很低，分别为 216.61 ind/10 cm² 和 105.42μg·dwt /10 cm²。湾口陆架上各站位的丰度和生物量相对较为接近，分别在 216.61～763.42 ind/10 cm² 和 188.19～663.06 μg·dwt /10 cm² 范围内。可见，普里兹湾小型底栖动物丰度和生物量的平面分布可大致分为湾内区、湾口陆架区和湾外深海区 3 个数值差异较大的海区，并呈现自湾内向湾外逐渐递减的情形，同时，检出的类群数也逐步减少（表 5－26）。

表 5－26 普里兹湾的 3 个分区

分区	平均深度/m	平均丰度/（ind/10 cm²）	平均生物量/（μg（干重）/10 cm²）	平均类群数/个
湾外深海区	3 010	103.00 ± 104.12	48.57 ± 50.67	1.7
湾口陆架区	356	446.66 ± 174.70	312.95 ± 159.52	4.6
湾内区	592	3 439.95 ± 2 448.43	1 523.23 ± 1 037.31	4.8

与其他海区相比，普里兹湾湾内区的小型底栖动物丰度具有较高的量值，表现出较为丰富的小型底栖动物资源，而湾口陆架区和湾外深海区则和其他类似的海区相似（表5-27）。其中，与同处南极洲边缘的海区相比，湾口陆架区与罗斯海相当，但高于威德尔海。

表5-27　其他海区的小型底栖动物

海区	采样年份	水深/m	丰度	文献
Signy Island	1993—1994	8～9	40.6～4 339.7	Lee 等，2001
Ross sea	1994—1995	439～567	192.0～1 191.2	Fabiano 和 Danovaro，1999
Peru margin	1997—1998	562～1210	440～1 517	Neira 等，2001
Weddell sea	1998	255～298	120～1 342.3	Vanhove 等，2004
中国多金属结核区	1998	5 000～5 300	15.07～53.42	高爱根等，2002
South Sandwich Trench	2002	747～3933	354～1675	Vanhove 等，2004
南黄海	2007	0～140	2.12～76.5	张艳等，2007
台湾海峡	2006—2007	11～80	2.27～1198.91	张玉红，2009
大亚湾	2009	5.54～16.57	241～944	唐玲等，2012

3）垂直分布

垂直分布上，总体而言，55.53%的小型底栖动物栖息于表层0～2 cm的沉积物内，27.31%栖息于2～5 cm层，17.16%栖息于深部的5～10 cm，表现出由表层向底层递减的常规现象（图5-115）。

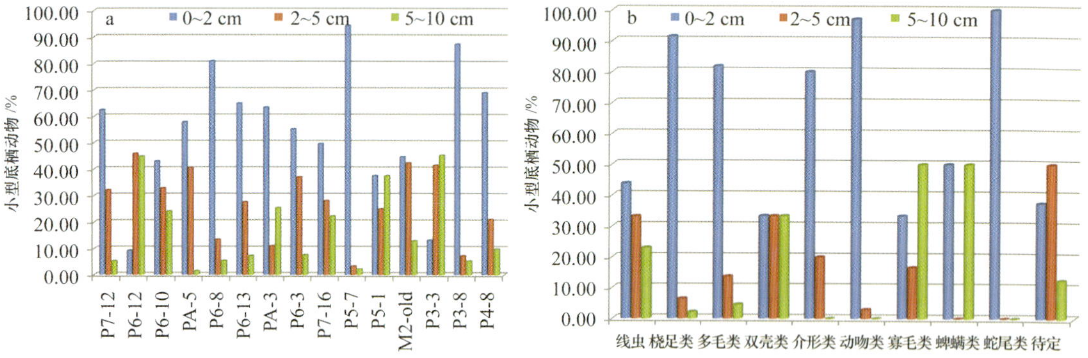

图5-115　垂直分布

a. 各站位的垂直分布；b. 各类群的垂直分布

本调查中，0～5 cm层的取样效率为82.84%，小于我国黄海（97%）（陈海燕等，2009）、黄河口水下三角洲（95%）（张志南等，1989）、长江口（86%）（华尔等，2005），但高于我国珠江口（81.15%）。调查区小型底栖动物虽然主要集中在表层0～5 cm的沉积物中，但仍有一定数量栖息于较深层中，此外，箱式采样器的部分站位样品扰动较大也可能是此次取样效率偏低的重要原因。

各类群的垂直分布也有所不同，但大部分个体仍是分布于表层，这在线虫、桡足类和多毛类这三个优势类群中表现得较为典型，0～5 cm层的平均丰度比例分别为77.00%、97.86%和95.45%。其他类群由于检出的个体数量太少，表现出的规律尚不太明显。

4）粒径分析

由表5－28可知，超过一半的小型底栖动物的粒径在250 μm以下，但各类群有所差异。线虫主要集中分布在32～125 μm范围内，占71.29%，粒径较小；桡足类粒径稍大，皆大于65 μm；多毛类粒径更大，90%的个体大于125 μm。

表5－28 各类群的粒径比例 %

类群	250～500 μm	125～250 μm	65～125μm	32～65μm
线虫	8.53	20.18	35.14	36.15
桡足类	34.92	38.89	26.19	0.00
多毛类	65.00	25.00	10.00	0.00
双壳类	100.00	0.00	0.00	0.00
介形类	50.00	50.00	0.00	0.00
动吻类	0.00	62.50	37.50	0.00
寡毛类	33.33	50.00	16.67	0.00
蜱螨类	0.00	33.33	0.00	66.67
蛇尾类	100.00	0.00	0.00	0.00
待定	37.50	50.00	0.00	12.50
平均值	42.93	32.99	12.55	11.53

5）多样性指数分析

以各站位各类群的丰度为原始数据矩阵，通过primer 5软件，分别计算15个站位的小型底栖动物的类群数（S）、类群丰富度指数（d）、均匀性指数（J'）、香农－威纳多样性指数（H'）和类群优势度指数（λ），结果如表5－29。由于站位P3－3仅有一个类群，故而不参加生态学指数的平均值计算和相关讨论。

表5－29 各站位小型底栖动物的生态学指数

分区	站位	S	d	J'	H'	λ
湾外深海区	P3－3	1	0	＊＊＊＊	0	1
	P5－1	2	0.400 9	0.811 3	0.562 3	0.625
	P6－3	2	0.185 9	0.184 1	0.1276	0.945 6
	平均值	2	0.293 4	0.497 7	0.345 0	0.785 3
湾口陆架区	P5－7	3	0.334 2	0.094 7	0.104 0	0.962 4
	P7－12	5	0.779 2	0.171 2	0.275 5	0.896 7
	M2－old	5	0.668 5	0.153 4	0.246 9	0.911 1
	PA－5	6	0.834 6	0.107 8	0.193 1	0.933 4
	P6－8	4	0.509 9	0.116 4	0.161 4	0.942 2
	P4－8	3	0.314 2	0.102 8	0.113 0	0.959
	PA－3	7	0.963 6	0.216 1	0.420 4	0.836 1
	P3－8	4	0.452	0.374 4	0.519 0	0.709 3
	平均值	4.6	0.607 0	0.167 1	0.254 2	0.893 8

续表

分区	站位	*S*	*d*	*J'*	*H'*	λ
湾内区	P6－10	6	0.656	0.056 5	0.101 2	0.967 7
	P6－12	4	0.346 3	0.024 0	0.033 3	0.991 1
	P6－13	5	0.467 3	0.042 5	0.068 4	0.979 8
	P7－16	4	0.455 9	0.041 3	0.057 3	0.983 3
	平均值	4.8	0.481 4	0.041 1	0.065 1	0.980 5

注：湾外深海区的站位 P3－3 仅有一个类群，不参加平均值计算.

由表 5－29 可知，在统计学上，很小的类群多样性指数反映出了普里兹湾的小型底栖动物群落在类群水平上的多样性很低，尤其是湾内区。原因在于同一站位中的各类群丰度的差异太大，即均匀性太低，即使是拥有高类群数和高丰度的湾内区，其类群多样性指数也仅有 0.065 1。亦即普里兹湾内区和湾口区的小型底栖动物群落中，优势类群的丰度比例很高，同时丰度也很高，虽然类群数不算太低，但仍表现出高丰度低多样性的群落特征。

以各站位小型底栖动物各个类群的丰度为数据矩阵，经平方根转换后进行各站位间的 Bray-Curtis 相似性系数计算，进而进行 CLSTER 等级聚类分析和 MDS 标序分析（图 5－116）。

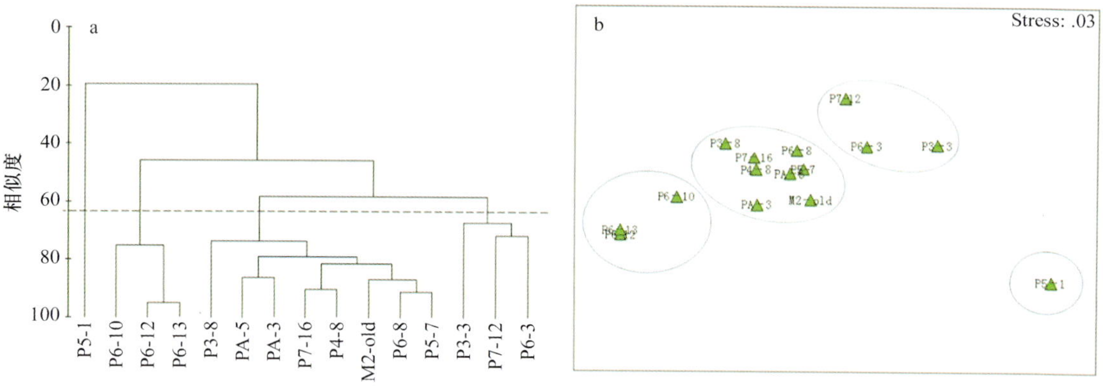

图 5－116　聚类分析（a）和 MDS 分析（b）

由图 5－116 可见，在相似性系数（58.17%，67.19%）区间里，可以将 15 个站位分成 4 个组合。位于湾外深海区的站位 P5－1 自成一个组合，因其类群数仅为 1，丰度值也最低，与其他站位相差太大；其余 14 个站位除了站位 P7－16 和 P7－12 外，皆按湾外、湾口和湾内 3 个区进行聚类，表明 3 个区的群落差异较大。

6）分析结果小结

普里兹湾 15 个小型底栖动物站位，共检出 10 个类群，其中自由生活海洋线虫为丰度的最优势类群，占平均丰度比例的 94.80%，其余类群均很低。

普里兹湾 15 个小型底栖动物站位平均丰度和平均生物量分别为（1 176.13 ± 1 821.13）ind/10 cm^2 和（582.82 ± 199.85）μg（干重）/10 cm^2，不同站位的数值相差很大。平面分布可大致分为湾内区、湾口陆架区和湾外深海区 3 个数值差异较大的海区，并呈现自湾内向湾外逐渐递减的情形，同时，检出的类群数也逐步减少。整体而言，普里兹湾小型底栖动物群落表现出高丰度低多样性的群落特征，湾内、湾口和湾外有较大差异。

与其他海区相比，普里兹湾湾内区的小型底栖动物丰度具有较高的量值，表现出较为丰富的小型底栖动物资源，而湾口陆架区和湾外深海区则和其他类似的海区相似。与同处南极洲边缘的海区相比，普里兹湾湾口陆架区与罗斯海相当，但高于威德尔海。

5.1.4.2.2 南极半岛

1）类群组成

南极半岛的采样站位共检出8个类群，分别为自由生活海洋线虫、底栖桡足类、多毛类、动吻类、寡毛类、等足类、介形类和待定类群。线虫为丰度的最优势类群，占平均丰度比例的96.41%，桡足类为第二优势类群，但仅占1.44%，接着是动吻类，占平均丰度比例的1.22%，剩余类群均未超过1%（图5－117）。

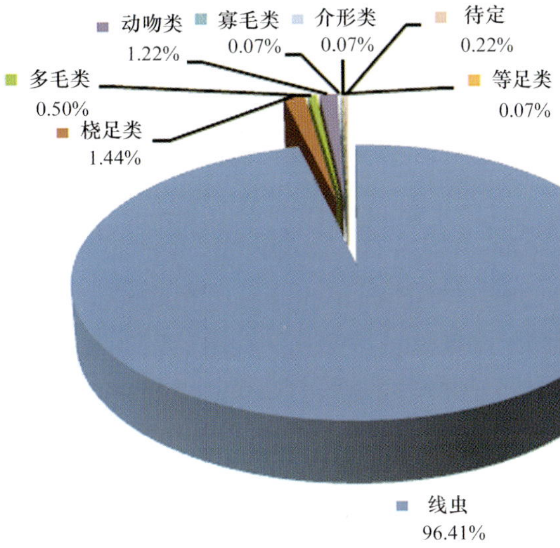

图5－117 各站位类群的平均丰度比例

就丰度比例而言，在检出的8个类群中，线虫在5个站位都超过了93%，甚至在DA－02站位仅检出线虫一个类群；桡足类、多毛类和动吻类虽然有一定比例，但主要集中在个别站位；寡毛类、等足类和介形类仅出现在一个站位（图5－118）。

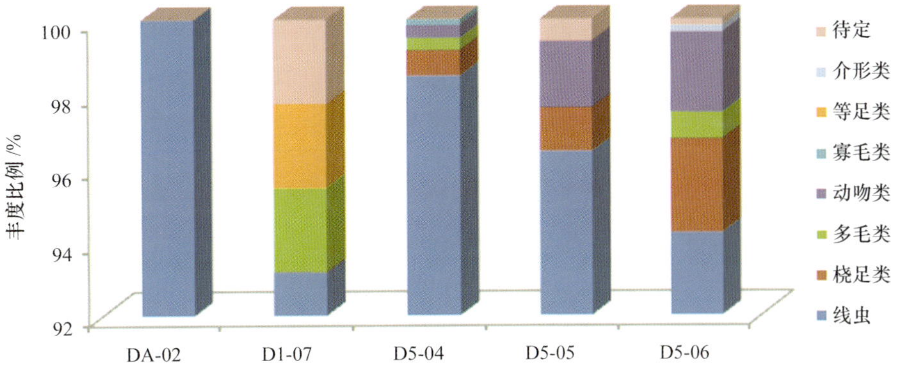

图5－118 各站位类群的平均丰度比例

2）丰度与生物量

南极半岛站位小型底栖动物的平均丰度和平均生物量分别为（422.00±416.78）ind/10 cm^2 和（154.38±150.60）μg（干重）/10 cm^2。各站位之间差异较大，生物量与丰度的分布趋势基本一致，D5-04 站位的小型底栖动物生物量低于丰度较为明显（图 5-119）。

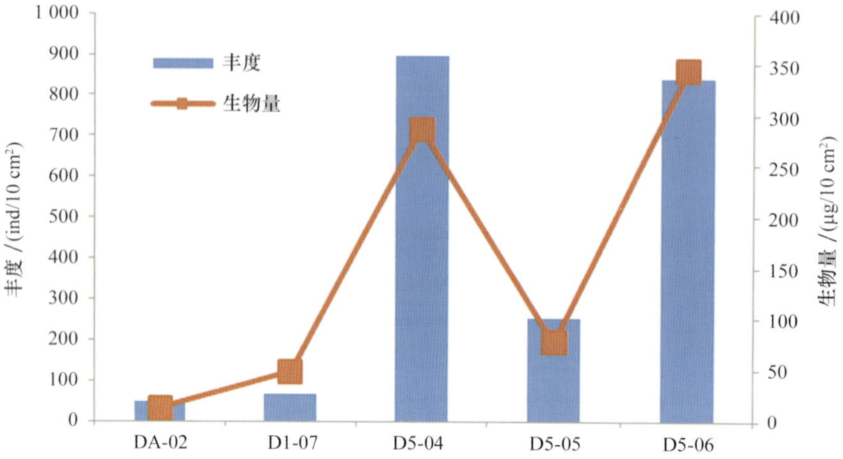

图 5-119　小型底栖动物丰度与生物量

3）垂直分布

本次所取小型底栖动物样品的垂直分布与一般情况下遵循的自表层向底层递减的趋势有所不同，各站位次表层小型底栖动物的栖息丰度均高于表层。总体而言，34.24% 的小型底栖动物栖息于表层 0~2 cm 的沉积物内，44.51% 栖息于 2~5 cm 层，21.25% 栖息于深部的 5~10 cm。所有站位丰度的最高值均出现在次表层，即 2~5 cm 层。其中 D5-04 和 D5-06 站位的小型底栖动物栖息分布较其他站位更为平均，分布随深度增加而变化的趋势不大。线虫的垂直分布特征与整体的分布一致。其他类群丰度较低而且仅出现在个别站位，因此垂直分布特征不明显（图 5-120）。

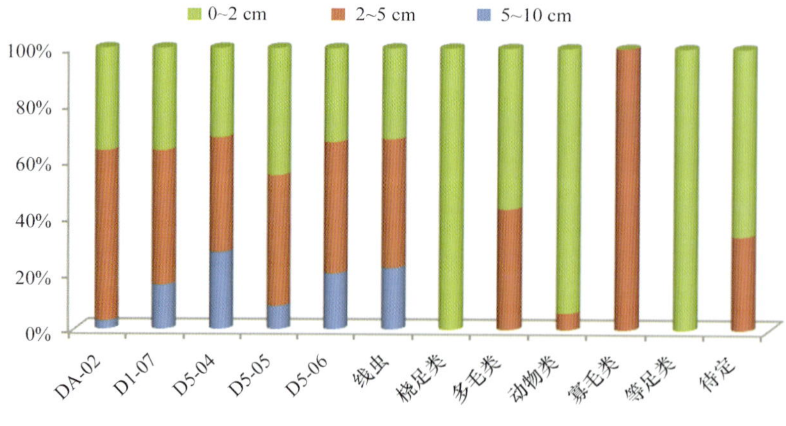

图 5-120　各站位小型底栖动物及各类群垂直分布

4）粒径组成

本次所取小型底栖动物样品的个体大小主要集中在 125~250 μm 的范围，所占比例为 42.86%，其次为 250~500 μm 的粒径，所占比例为 29.58%。在粒径分布上各类群有所差异

(图5－121)。线虫在各粒径范围都有分布，主要集中在65～250μm范围内，占95.16%；桡足类和动吻类个体出现于65～500 μm的范围内；多毛类个体分布在125～500 μm，个体较大；寡毛类、等足类和介形类仅出现在一个粒径范围，其中介形类为125～250 μm，而其余为250～500 μm的粒径范围。

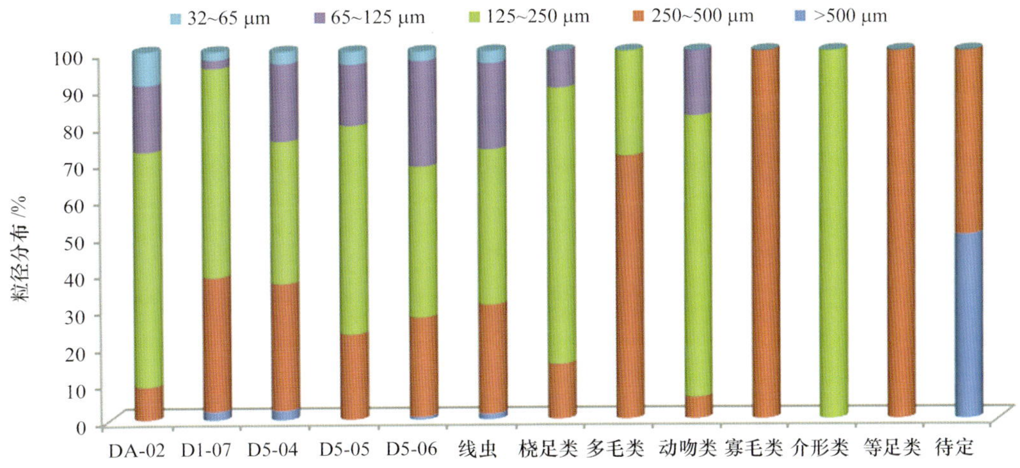

图5－121 小型底栖动物及各类群粒径分布

5）多样性指数分析

以各站位各类群的丰度为原始数据矩阵，通过primer 5软件，分别计算15个站位的小型底栖动物的类群数（S）、类群丰富度指数（d）、均匀性指数（J'）、香农－威纳多样性指数（H'）和类群优势度指数（λ），结果见表5－30。

表5－30 各站位小型底栖动物的生态学指数

站位	S	d	J'	H'	λ
DA－02	1	0	* * * *	0	1
D1－07	4	0.714 4	0.233 6	0.323 8	0.869 8
D5－04	5	0.588 2	0.060 9	0.097 9	0.969 9
D5－05	4	0.541 6	0.137 2	0.190 2	0.930 3
D5－06	6	0.742 5	0.161 9	0.290 0	0.889 2

由表5－30可得，除了站位DA－02外，其余站位具有4个以上的类群，但类群均匀性皆很低，即各站位中各类群的丰度比例相差太大，优势类群的丰度比例太高，优势度太大，导致类群多样性指数较小，群落的多样性程度较低。

以各站位小型底栖动物各个类群的丰度为数据矩阵，经平方根转换后进行各站位间的Bray－Curtis相似性系数计算，进而进行CLSTER等级聚类分析和MDS标序分析（图5－122)。

由图5－122可知，地理位置相距较近的D5－04、D5－05和D5－06间的相似性较高，为66.31%，3个站位的丰度皆比另两个站高出许多。站位DA－02和站位D1－07的相似性为75.85%，最大的原因在于它们的丰度非常接近，即使站位DA－02仅发现线虫一个类群而后者有4个类群（其中3个类群的丰度比例皆小于2%)。

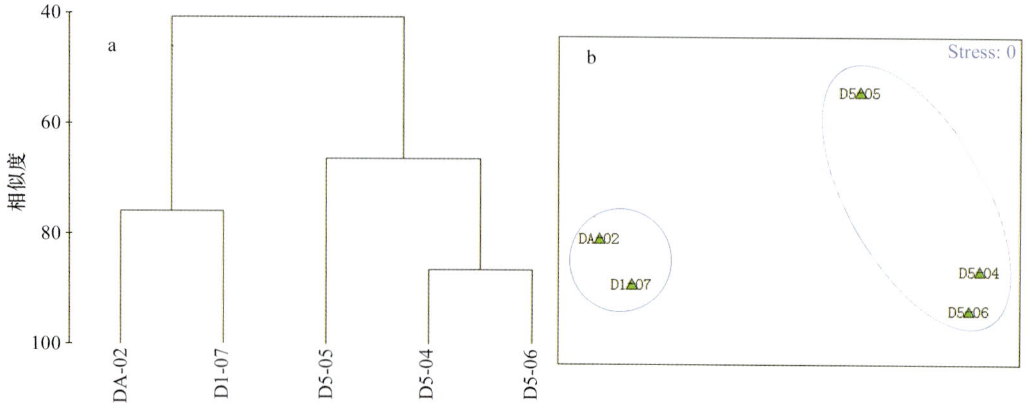

图 5－122　聚类分析（a）和 MDS 分析（b）

5.1.4.3　鱼类

5.1.4.3.1　南极半岛附近海域

在南极半岛附近海域分别于 2012 年和 2014 年中国第 28 次和第 30 次南极考察中进行了底拖网调查，调查范围在南设得兰群岛至南奥克尼群岛之间（60°—40°W，60°—63°S），共在 6 个网次中获得鱼类样品 41 尾，隶属于 4 科（鳐科、龙䲢科、鳄冰鱼科、南极鱼科）11 种，其中 10 种属于南极鱼亚目，其数量占总渔获数量的 97.6%。4 个科中，龙䲢科数量最多，占 51.2%，其次为南极鱼科，占 31.7%（表 5－31）。

表 5－31　南极半岛附近海域鱼类种类组成（第 28、30 次南极考察）

航次	站位	中文名	拉丁名	尾数	水深/m
28	D1－9	雪冰䲢	*Chionobathyscus dewitti*	4	83
		锯渊龙䲢	*Prionodraco evansii*	1	
		拉氏渊龙䲢	*Racovitzia glacialis*	4	
		纽氏尖孔南极鱼	*Trematomus newnesi*	2	
	D5－2B	雪冰䲢	*Chionobathyscus dewitti*	1	148
	D5－2A	尖头裸龙䲢	*Gymnodraco acuticeps*	1	128
	D5－6	拉氏渊龙䲢	*Racovitzia glacialis*	2	402
		斯氏尖孔南极鱼	*Trematomus scotti*	4	
		尖头裸龙䲢	*Gymnodraco acuticeps*	1	
	D2－4B	斯氏尖孔南极鱼	*Trematomus scotti*	1	80
		锯渊龙䲢	*Prionodraco evansii*	1	
30	D5－06	眼斑雪冰鱼	*Chionodraco rastrospinosus*	5	394
		南极小带腭鱼	*Cryodraco antarcticus*	1	
		大鳞渊龙䲢	*Bathydraco macrolepis*	11	
		驼背鉤南极鱼	*Gobionotothen gibberifrons*	1	
		粗深海鳐	*Bathyraja irrasa*	1	

5.1.4.3.2 普里兹湾

第29次南极考察在普里兹湾进行了15个网次的拖网调查，共鉴定出2目6科18属23种鱼类，除1种属鳐目中的深海鳐属鱼类外，其余全部为鲈形目种类。以科水平计，阿氏龙螣科种类最多，有6种，鳄冰鱼科有5种，南极鱼科和龙螣科都有4种，绵鳚科有3种（表5－32）。

表5－32　第29次南极考察鱼类种类组成

目	科	属	中文名	拉丁名
鲈形目	鳄冰鱼科	鳌冰鱼属	鳌冰鱼	*Dacodraco hunteri*
	鳄冰鱼科	雪冰螣属	雪冰螣	*Chionobathyscus dewitti*
	鳄冰鱼科	雪冰鱼属	独角雪冰鱼	*Chionodraco hamatus*
	鳄冰鱼科	棘冰鱼属	威氏棘冰鱼	*Chaenodraco wilsoni*
	鳄冰鱼科	小带腭鱼属	南极小带腭鱼	*Cryodraco antarcticus*
	阿氏龙螣科	阿氏龙螣属	尖须阿氏龙螣	*Artedidraco lonnbergi*
	阿氏龙螣科	阿氏龙螣属	阿氏龙螣属种类1	*Artedidraco* sp. 1
	阿氏龙螣科	阿氏龙螣属	阿氏龙螣属种类2	*Artedidraco* sp. 2
	阿氏龙螣科	须蟾螣属	须蟾螣属	*Pogonophryne* sp.
	阿氏龙螣科	多罗龙螣属	多罗龙螣属	*Dolloidraco* sp.
	阿氏龙螣科	多罗龙螣属	长背多罗龙螣	*Dolloidraco longedorsalis*
	龙螣科	姥龙螣属	澳洲姥龙螣	*Gerlachea australis*
	龙螣科	锯渊龙螣属	锯渊龙螣	*Prionodraco evansii*
	龙螣科	拉氏渊龙螣属	拉氏渊龙螣	*Racovitzia glacialis*
	龙螣科	渊龙螣属	大鳞渊龙螣	*Bathydraco macrolepis*
	绵鳚科	真狼绵鳚属	南极真狼绵鳚	*Lycodichthys antarcticus*
	绵鳚科	双狼绵鳚属	双狼绵鳚属种	*Dieidolycus* sp.
	绵鳚科	壮绵鳚属	短头壮绵鳚	*Pachycara brachycephalum*
	南极鱼科	侧纹南极鱼属	侧纹南极鱼属种	*Pleuragramma* sp.
	南极鱼科	拟肩孔南极鱼属	彭氏拟肩孔南极鱼	*Pseudotrematomus pennelli*
	南极鱼科	拟肩孔南极鱼属	斯氏拟肩孔南极鱼	*Pseudotrematomus scotti*
	南极鱼科	肩孔南极鱼属	肩孔南极鱼属种	*Trematomus* sp.
鳐目	鳐科	深水鳐属	深水鳐属种	*Bathyraja* sp.

本次调查共采集到鱼类样品101尾、5 064.5 g，其中尾数以斯氏拟肩孔南极鱼最多，有31尾，占30.7%，其次是锯渊龙螣，有12尾，占11.9%，其余种类尾数都在10尾以下（图5－123）。

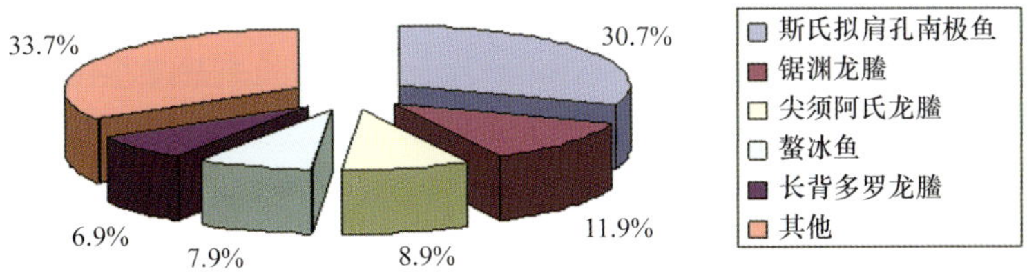

图5－123　鱼类尾数组成

在生物量上则是以雪冰鰧和南极小带腭鱼最大，分别占16.1%和15.9%，其次为鳌冰鱼和彭氏拟肩孔南极鱼，所占比例分别为12.7%和10.4%，其余种类则都在10%以下。

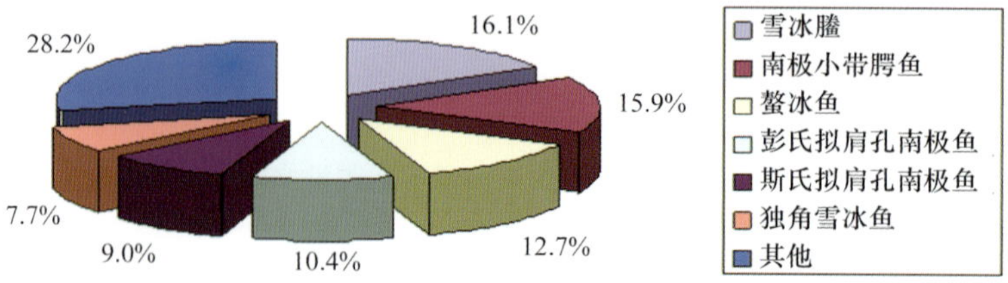

图5-124　鱼类生物量组成

从站位分布来看，尾数最多的是PA-5站，有26尾，主要种类为斯氏拟肩孔南极鱼，有17尾；P4-7和P5-10号站尾数也都超过20尾，分别为23尾和21尾，主要种类分布为尖须阿氏龙鰧和鳌冰鱼。

从调查结果来看，普里兹湾底栖鱼类种类组成和分布与水深关系密切（表5-33）。在500 m以浅的站位，种类组成以斯氏拟肩孔南极鱼、锯渊龙鰧、尖须阿氏龙鰧等种类为代表，而水深超过500 m的站位，主要种类则为鳌冰鱼、长背罗龙鰧和拉氏渊龙鰧，肩孔南极鱼也有分布，但数量相对较少。

表5-33　普里兹湾鱼类种类组成与深水分布

种类	500 m以浅数量/ind	500 m以深数量/ind
鳌冰鱼		8
澳洲老龙鰧		1
侧线南极鱼属	2	
大鳞渊龙鰧		1
独角雪冰鱼	1	1
短头壮绵鳚		1
多罗龙鰧属	2	
尖须阿氏龙鰧	8	1
阿氏龙鰧属种类1	2	
阿氏龙鰧属种类2	5	
肩孔南极鱼属种类	1	
锯渊龙鰧	12	
拉氏渊龙鰧		3
南极小带腭鱼		2
南极真狼绵鳚		1
彭付拟肩孔南极鱼		5
深水鳐属种1		1
双狼绵鳚属种类	1	
斯氏拟肩孔南极鱼	26	5
威氏棘鱼	1	
须蟾鰧属	1	
雪冰鱼	2	
长背多罗龙鰧		7

5.1.4.3 总结与讨论

南大洋具有特殊的地理环境和进化历史，早在24～41 Ma时候就形成了一种常年向东的环南极洋流，其使得在几十千米的距离范围内形成了3～4℃的温度差，造成了南大洋与其他海域存在明显的环境隔离，由于这种环境隔离和低温环境，使得南大洋海洋生物具有独特的物种结构，其海洋生物多样性高，特有种丰富。

近年来，在全球气候变暖的大背景下，在人类活动的广泛影响下，南大洋正在经历明显的变化。影响南大洋海洋生物多样性变化的主要因素包括有气候变暖造成的海冰的快速融化，海水温度升高和人类活动的直接影响等。据估计，南极陆架海区超过30%的地方永久被浮冰遮盖，其下面常年是无光的黑暗环境，该环境孕育了特殊的海洋生物。

南极陆架浅水区（<300 m）季节性融冰使水体斑块性暴露于阳光中，水体的初级生产力升高，给底层生物输送了大量营养物质，支撑了底层丰富的巨型底栖生物群落，如玻璃海绵等，但近年来南极半岛海域由于区域变暖导致了冰架的崩塌，使23 000 km^2的海底新暴露于太阳光照环境。而Fillinger（2013）在该海域研究发现，由于冰架崩塌，以前比较稳定增长的海绵近年已进入暴发期，其在4年内两个生长周期中丰度和生物量分别增加了2倍和3倍，使该海域海洋生物群落结构和特征发生明显的变化。

与其他海域大型底栖生物多样性相比，南大洋底栖生物中的多毛类同样具有较高的物种多样性，但南大洋底栖生物区系也具有其明显的特殊性，如南大洋海蜘蛛类（Pycnogonids）和海鞘类（Ascidians）种类丰富，占各自类群的全部种类比例较高，而腹足类（Gastropods）、双壳类（Bivalves），十足类（Decapods）等类群的种类占其各自所有种类比例相对较低，端足类（Amphipods）和等足类（Isopods）的种类多样性不是特别丰富，但也占有重要地位，其具有很多特有种类，如巨型等足类动物Glyptonotusantarcticus，该种广泛分布于南大洋海域。

就南极小型底栖生物而言，线虫为最主要的优势类群，这也是世界深海小型底栖动物群落的普遍特征。南极半岛小型底栖动物样品的垂直分布与一般情况下遵循的自表层向底层递减的趋势有所不同，所有站位丰度的最高值均出现在次表层，即2～5 cm层；小型底栖动物的粒径主要集中在125～250 μm范围，所占比例为42.86%，其次为250～500 μm，所占比例为29.58%，粒径分布上各类群有所差异。普里兹湾小型底栖动物站位平面分布可大致分为湾内区、湾口陆架区和湾外深海区3个数值差异较大的海区，并呈现自湾内向湾外逐渐递减的情形，同时，检出的类群数也逐步减少。整体而言，普里兹湾小型底栖动物群落表现出高丰度低多样性的群落特征，湾内、湾口和湾外有较大差异。与其他海区相比，普里兹湾湾内区的小型底栖动物丰度具有较高的量值，表现出较为丰富的小型底栖动物资源，而湾口陆架区和湾外深海区则和其他类似的海区相似。与同处南极洲边缘的海区相比，普里兹湾湾口陆架区与罗斯海相当，但高于威德尔海。

目前已知的南极鱼类共有约322种，隶属于50个科（Eastman，2005），由于地理隔离、低温及南极绕极流的影响，南大洋鱼类群落形成了独特的鱼类区系特征，主要表现为地方性种类比例极高，约有88%的种类只分布在南大洋海域，此外，南极鱼亚目的种类占南大洋鱼类总数的比例达35%（Eastman，1993），其中有97%的种类属于南极地方性种类，绝大多数南极鱼亚目的种类都属于5个科：南极鱼科、鳄冰鱼科、阿氏龙螣科、渊龙螣科和裸南极鱼科。其余非南极鱼亚目的种类多属于典型的深海种类，如绵鳚、深海鳕、狮子鱼、灯笼鱼等种类。

对南极半岛附近海域鱼类群落种类组成的研究早在20世纪70年代就已经开始（Permitin，1977；Kock，1992；Kulesz，1998；Kock，2005），研究结果表明，在该海域南极鱼亚目的种类和生物量所占比例可以达到77%～92%，其个体数所占比例超过95%。8种主要生物量优势种类中有7种属于亚南极种，包括驼背鲍南极鱼、裘氏鳄头冰鱼、头带冰鱼、南乔治亚拟冰鱼、拉氏雅南极鱼、裸身雅南极鱼和革首南极鱼。另外一种眼斑雪冰鱼属于南极高纬种类，其生物量比例为8.3%～15.1%（Kock et al.，2000）。其他高纬南极种类如南极小带腭鱼，生物量比例也相对较高，尤其是在南奥克尼群岛附近海域。

我国两次南极考察由于总体站位较少，不能从总体上分析其种类组成的变动趋势，但是从单个站位来看，在纬度较高的站位如D1－9，和水深较深的站位，如D5－06，龙螣科的种类（高纬南极种）所占比例都较大。

对普里兹湾鱼类群落结构的研究尚未见有相关报道，但是对南极其他海域（罗斯海、南极半岛）的研究表明，鱼类群落的组成往往随着纬度和水深而发生变化（Hureau，1994；Kock，1992；Mintenbeck etal.，2012）。在亚南极区域岛屿陆架无冰区，组成鱼类群落的典型种类为鳄冰鱼科（鳄头冰鱼、头带冰鱼）、南极鱼科（南极鱼属、鲍南极鱼属、雅南极鱼属）等种类；而在高纬海域，鱼类群落主要种类则为肩孔南极鱼、龙螣科、阿氏龙螣科的种类为主。调查还发现，在水深超过400～500 m的海域，亚南极种类逐渐减少而高纬和深海种类逐渐增加，如在南乔治亚岛附近水深超过500 m的海域，雪冰螣、新拟水螣等深海种类所占比例逐渐增加（Kock，2005）。对南极半岛和普里兹湾的调查也反映了这一趋势。此外，对罗斯海的研究还表明，水深300～600 m的区域是鱼类多样性和生物量最高的区域（Donnelly，2004）。本次普里兹湾的调查也表明，在300 m左右的水域，渔获数量也最高，但是由于本次调查样本量太少，且站位分布水深设置不均匀，尚不能下一个准确的结论，对该海域鱼类群落的调查还需要更多频次和更大水深范围的调查。

参考文献

陈海燕，周红，慕芳红，等．2009．北黄海小型底栖生物丰度和生物量时空分布特征．中国海洋大学学报，39（4）：357－663．

付姗姗，慕芳红，杨世超，等．2012．青岛沧口潮间带小型底栖生物的时空分布研究．中国海洋大学学报，42（Sup.）：124－130．

高爱根，王春生，杨俊毅，等．2002．中国多金属结核开辟区东、西两小区小型底栖动物的空间分布．东海海洋，20（1）：28－35．

华尔，张志南，张艳．2005．长江口及邻近海域小型底栖生物丰度和生物量．生态学报，25（9）：2235－2243．

沈国英，黄凌风，郭丰，等．2010．海洋生态学．北京：科学出版社．

唐玲，张洪波，李恒翔，等．2012．大亚湾秋季小型底栖生物初步研究．热带海洋学报，31（4）：104－111．

王彦国，王春光，陈小银，等．2011．北部湾海域小型底栖动物丰度和生物量．生态科学，30（4）：375－382．

袁俏君，苗素英，等．2012．珠江口水域夏季小型底栖生物群落结构．生态学报，32（19）：5962－5971．

邹丽珍．2006．中国合同区小型底栖动物及其深海沉积物中18S rDNA基因多样性研究．厦门：国家海洋局第三海洋研究所．

张志南，李永贵，图立红，等．1989．黄河口水下三角洲及其邻近水域小型底栖动物的初步研究．海洋与湖沼，20（3）：197－207．

Donnelly J, Torres J J, Sutton T T, et al. 2004. Fishes of the eastern Ross Sea, Antarctica. Polar Biol. 27: 637 –650.

Eastman J T. 2005. The nature of the diversity of Antarctic fishes. Polar Biol, 28: 93 –107.

Eastman J T. 1993. Antarctic fish biology: evolution in a unique environment. Academic Press, San Diego.

Fabiano M, Danovaro R. Meiofauna distribution and mesoscale variability in two sites of the Ross Sea (Antarctica) with contrasting food supply. Polar Biol, 1999, 22: 115 –123.

Hureau J C. 1994. The significance of fish in the marine Antarctic ecosystems. Polar Biol, 14: 307 –313.

Kock K H. 2005. Antarctic icefishes (Channichthyidae): a unique family of fishes. A review, Part I. Polar Biol, 28: 862 –895.

Kock K H. 1992. Antarctic Fish and Fisheries. Cambridge: Cambridge University Press.

Kock K H, Jones C D, Wilhelms S. 2000. Biological characteristics of Antarctic fish stocks in the southern Scotia Arc region. CCAMLR Science, 7: 1 –41.

Mintenbeck K, Damerau M, Hirse T, et al. 2012. Biodiversity and zoogeography of demersal fish// Knust R, Mintenbeck K (Eds.). The Expedition of the Research Vessel "Polarstern" to the Antarctic in 2011 (ANT XXVII/3) (CAMBIO), Ber. Polarforsch. Meeresforsch, 644: 43 –54.

Neira C, Sellanes J, Levin L A, et al. 2001. Meiofaunal distributions on the Peru margin: relationship to oxygen and organic matter availability [J]. Deep Sea Res I, 48: 2453 –2472.

Vanhove S, H Vermeeren, et al. Meiofauna towards the South Sandwich Trench (750 –6 300 m), focus on nematodes. Deep Sea Res II, 2004, 51 (14 –16): 1665 –1687.

5.1.5 南极海洋底表微生物的多样性

5.1.5.1 南大洋沉积物微生物多样性概述

普里兹湾是南极大陆印度洋扇形区中最大的海湾，是除了威德尔海和罗斯海之外的第三大海湾，它地处世界最大的兰伯特冰川所占据的地堑末端的冰川入海处，形成了广阔的埃默里冰架，其下为一个具有不同深度、温度、压力、盐度的沉积环境（Chen et al, 1998）。海洋沉积物是海洋的最主要组分之一，它是地球岩石圈和生物圈之间各元素生物地球化学循环过程的中枢，据估计，海洋沉积物所蕴含的生物量占到地球总生物量的1/10～1/3。深海沉积物由于亿万年的沉积作用，所含成分繁复，是最复杂的微生物栖息地（刘欣等，2010），其中蕴藏着丰富的微生物资源，据统计，地球上总的微生物中，位于深海沉积物中的超过50%。目前，不同地区海洋沉积物微生物多样性的研究已成为国内外研究的热点。研究海洋沉积物微生物多样性不仅可以为开发利用微生物资源提供重要的参考依据，甚至还可以为人类了解生命起源和进化提供重要的线索（刘璞等，2009）。同时有研究证明这些低温微生物在南极自然环境下的、生物地球化学过程以及南极生态与环境系统中担负着重要作用（Vincent，1988；曾胤新，1999）。

自20世纪70年代，人类为了研究海底生物多样性，开展了著名的国际深海（DSDP）和大洋钻探计划（ODP），从此揭示了一个建物质循环立在海底沉积物中的微生物世界。最早对微生物多样性开展的研究是显微镜的发明者列文虎克利用显微镜进行的，之后科赫建立了微生物的纯培养技术是微生物学发展的里程碑。但是这些传统观察、分离纯化技术具有明显的局限性，它们不可能全面而且准确地反映出极地海洋微生物的多样性和极地海洋中微生物生态系统的结构与功能。随着16S rRNA序列分析、核酸探针杂交技术以及基于PCR技术的研究方法等现代分子生物学的新技术、新方法被逐渐应用，可以更科学全面地揭示海底沉积物中微生物的多样性。Bowman（2003）、戴欣等（2002）通过构建16S rDAN文库分别对南极大陆架不同深度沉积物和中国南海南沙海区沉积物中的细菌进行了研究，肖昌松等（1990）对南极半岛及舍得兰群岛海底沉积物的低温菌进行了鉴定分析多样性。

中国第29次南极科学考察拟通过采自南极普里兹湾及邻近海域25个站位的海洋表层沉积物样品的分析，以揭示南极普里兹湾及邻近海域沉积物中微生物的种类及分布特征。

5.1.5.2 普里兹湾表层沉积物微生物多样性分析

5.1.5.2.1 可培养微生物丰度及多样性分析

1）菌株的分离纯化与形态观察

通过涂布培养，从25份样品中共获得912株细菌和293株真菌。

经肉眼和显微镜观察共选取了形态颜色大小等特征差异较为明显的53株细菌和31株真菌，部分代表细菌和真菌菌株的筛选图片见图5-125。

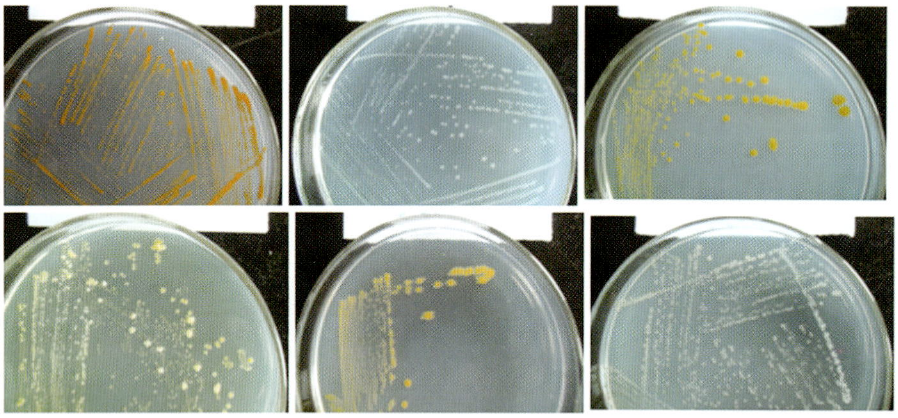

A

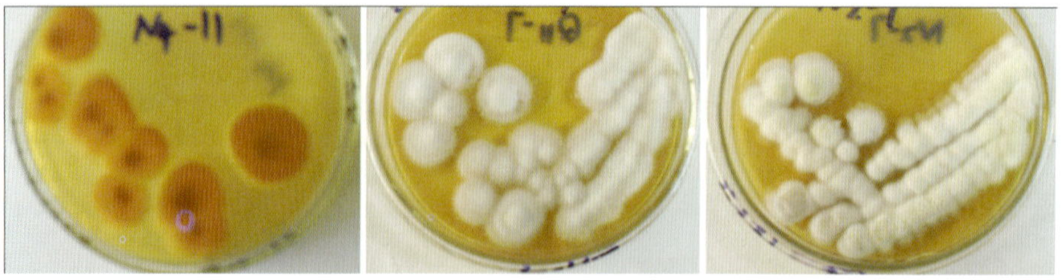

B

图5-125 部分代表细菌（A）和真菌（B）菌株的筛选

2）分子鉴定与系统进化分析

选取了形态特征差异较为明显的细菌和真菌菌株分别进行16S rDNA和ITS鉴定，共鉴定得到12个属的29株细菌和7个属的10株真菌（表5-34），根据细菌16S rDNA和真菌ITS基因序列构建菌株系统进化树（图5-116和图5-117）。这29株细菌分属于革兰氏阳性菌：放线菌门（Actinobacteria，1株）、厚壁菌门（Firmicutes，2株）；γ-变形菌（γ-*Proteobac-*

teria，24 株）；α-变形菌（*α-Proteobacteria*，1 株）；拟杆菌门（Bacteroidetes，1 株）。最多的是假交替单胞菌属（*Pseudoalteromonas*），有 8 株，菌株 P7-9-1 最高相似度为 97%，推测有可能是一个新种。真菌鉴定结果表明它们属于 4 个纲 7 个属，分别为散囊菌纲（Eurotiomycetes）的青霉属（*Penicillium*）和曲霉属（*Aspergillus*）、座囊菌纲（Dothideomycetes）的枝孢属（*Cladosporium*）、粪壳菌纲（Sordariomycetes）的帚霉属（*Scopulariopsis*）和 *Geosmithia pallida*、微球黑粉菌纲（Microbotryomycetes）的红酵母属（*Rhodotorula*）和 *Glaciozyma*，其中菌株 P7-16-7 与 *Geosmithia pallida*（HF546256）相似度最高，只有 88%，因此推测其为一个新种。由此可知，南极普里兹湾及邻近海域沉积物存在丰富的细菌、真菌多样性。

表 5-34　菌株鉴定结果

	种属	菌株编号	种属	菌株编号
细菌	*Pseudoalteromonas* 假交替单胞菌属	A-3-1、K P7-5-3、P7-5-1、P7-9-1、LP6-8-1、L P6-11-1、L P6-12-2、M2-2	*Idiomarina* 海源菌属	A-5-2、M2-3、P7-5-3、P7-7-4、P7-9-4
	Microbacterium 微球菌属	A-5-1、	*Vibrio* 弧菌属	P5-6-1
	Enterobacter 肠杆菌属	P3-9-4、P6-11-8、P6-8-2	*Rhodobacter* 红杆菌属	P3-3-2
	Planococcus 动性球菌属	P7-16-4	*Halomonas* 盐单胞菌属	P6-8-3、P6-11
	Colwellia 科尔韦尔氏菌属	P3-3-4、P6-12-1、P6-12-4	*Psychromonas* 冷单胞菌属	P3-9-3
	Planomicrobium 动性杆菌属	P3-8-2	*Salegentibacter*	P7-16-5
真菌	*Cladosporium sphaerospermum* 球孢枝孢	C7-7-1	*Penicillium chrysogenum* 产黄青霉	K P6-10-4
	Scopulariopsis 帚霉属	A-4-1	*Aspergillus* 曲霉属	A-4-2、C P6-8-1、P3-8-1
	Glaciozyma	K P7-5-1、K P7-5-2	*Geosmithia pallida*	P7-16-7
	Rhodotorula 红酵母属	P6-11-1		

普里兹湾及其毗连陆架水体较为稳定且富含有机质成分，为普里兹湾海底沉积物中微生物提供了很好的营养环境。以往对南极不同地区海底沉积物研究表明，细菌主要包括变形菌、厚壁菌、放线菌、拟杆菌等多种类群，这与本文可培养细菌的鉴定结果相同。Zhang 等（2007）在普里兹湾深海沉积物中产淀粉酶细菌研究中发现 *γ-Proteobacteria* 为优势菌群，其次为革兰氏阳性菌，本研究中 *γ-Proteobacteria* 为绝对优势菌群，其中以假交替单胞菌属。*Pseudoalteromonas* 居多。目前对南极真菌的研究还相对较少且大都是针对南极土壤中真菌。孔华忠等（1991）、靳永轩等（2013）、陈皓文等（2001）分离出南极不同岛屿的真菌类群有青霉、曲霉、枝孢霉、金孢霉、出芽短梗霉、散囊菌等，本文除青霉、曲霉等还分离出红酵母属（*Rhodotorula*）、*Glaciozyma* 和 *Geosmithia pallida* 的菌株，其多样性与之存在一定差异性，这可能与采样地点、培养方法等不同有关，但是主要的真菌类群是一致的。

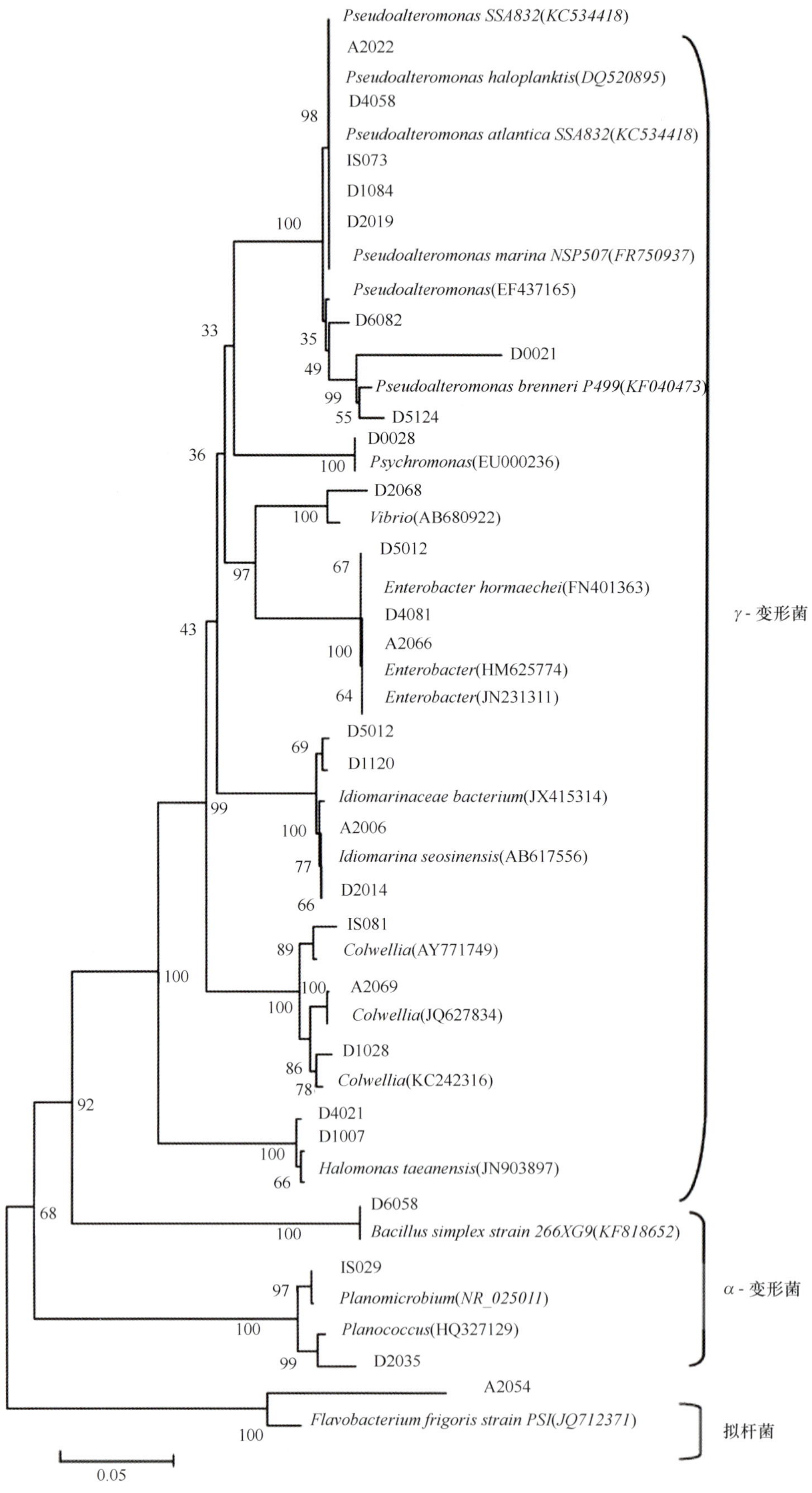

图 5-126 根据细菌 16S rDNA 基因序列构建菌株系统进化树

沉积物环境是最复杂的微生物栖息地，多样性研究是开发利用海洋微生物资源的第一步。目前国内外对南极普里兹湾沉积物微生物的研究相对较少，本子任务对普里兹湾及邻近海域25个站位的沉积物样品中可培养微生物的多样性与生理生化进行了初步研究，为其更深入的开发利用奠定基础。

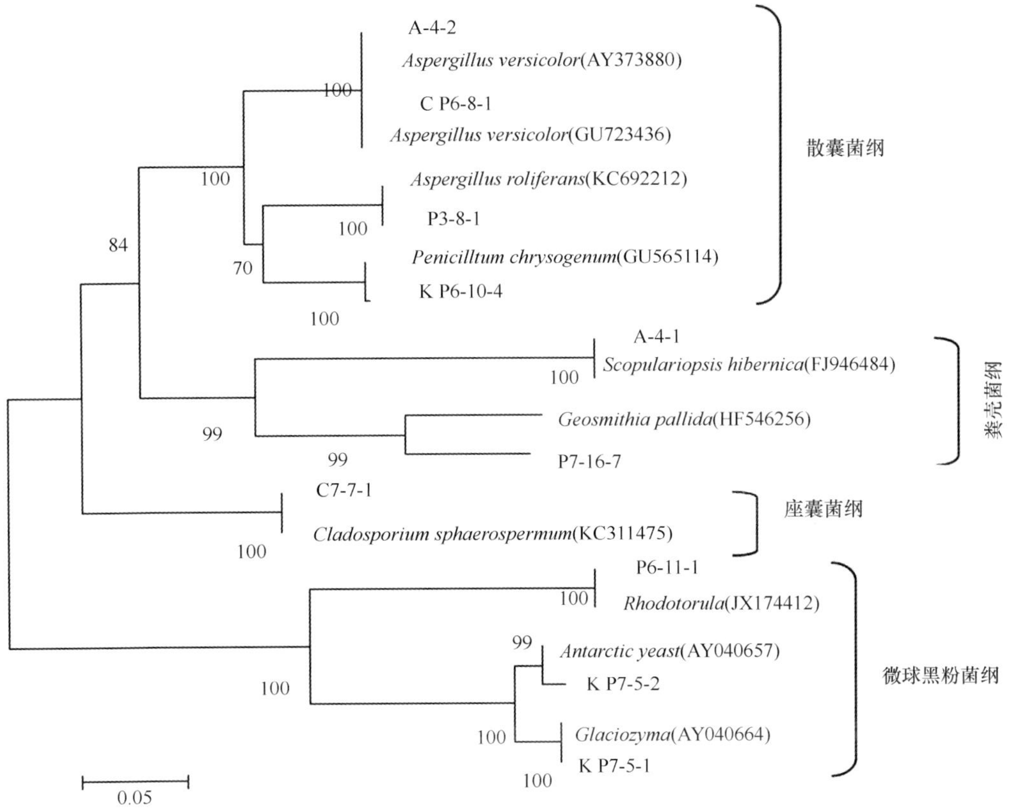

图5-127 根据真菌ITS基因序列构建菌株系统进化树

5.1.5.2.2 16S高通量测序法分析微生物丰度及多样性

1）OTU分析及物种注释

（1）OTU分析。为了获得环境样品中物种的多样性信息，使用uparse软件对序列进行聚类。根据97%相似性将序列聚类成为OTUs（Operational Taxonomic Units）。这里OTUs表示的是一组来源于某一个相同分类单元的序列。由图5-128可见，经过拼接、过滤获得的OTU数量，不同站位的OUT的数量由2 000～5 000不等，也可以间接反映出站位见物种的多样性有较大差异。其中M4、P3.7、P4.6和P6.10站位微生物多样性较高，而P3.3、P3.9和PA.5站位微生物多样性较低。

（2）物种丰度聚类图。基于每个样本中物种的丰度水平，实现物种分类地位聚类（横向聚类）及样本聚类（纵向聚类），找出样品中聚集较多的物种。不同颜色意味着样品中物种的相对丰度水平。由图5-129可见，P6.10站位中*Acinetobacter*（不动杆菌）、*Sphingomonas*（少动鞘氨醇单胞）、*Stenotrophomonas*（寡养单胞菌属）、*Lactococcus*（乳杆菌属）、*Kaistobacter*、*Limnobacter*、*Nocardiodes*具有很高的丰度，而其他站位上述物种的丰度则非常低；而P6.8丰度最高则是*Glaciecola*和*Pseudoalteromonas*（交替假单胞菌）；Pa.1丰度最高的是*Amphritea*

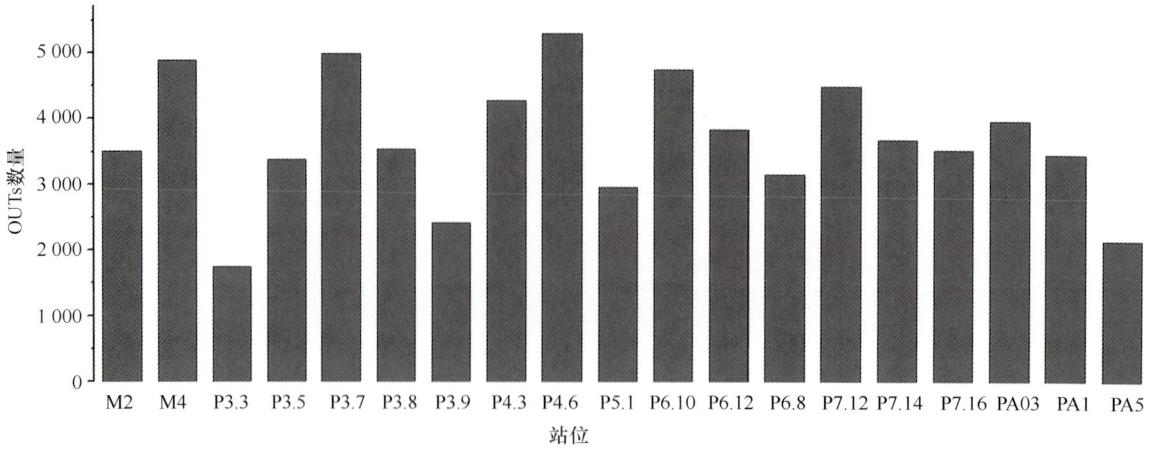

图 5－128　OUT 柱状

（巴氏发菌属）和 *Colwellia*（科尔韦尔氏菌属）。而我们通过纯培养获得各个站位中丰度最高的微生物是 *Pseudoalteromonas* 属，其次为 *Colwellia*。P6.10 之所以会有高丰度的微生物出现可能与该海域营养成分丰富有关。

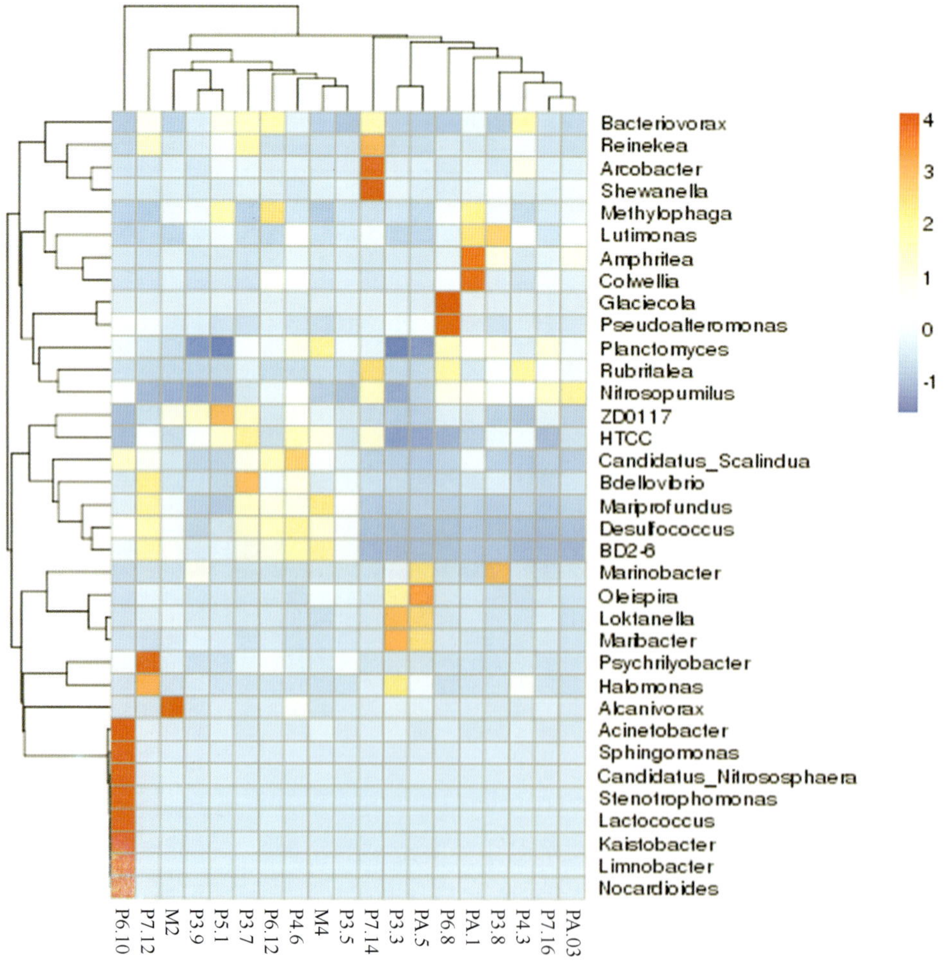

图 5－129　物种丰度聚类

(3) 物种注释。属于同一 OTU 的一组序列是相关的，从中取 1 条代表性的序列用于下游的物种注释分析。接下来，使用 RDP classifier 对代表性的序列进行物种注释。统计每个样品在各分类水平上的构成（门，纲，目，科，层），用柱状图进行可视化。由图 5－130 可见，

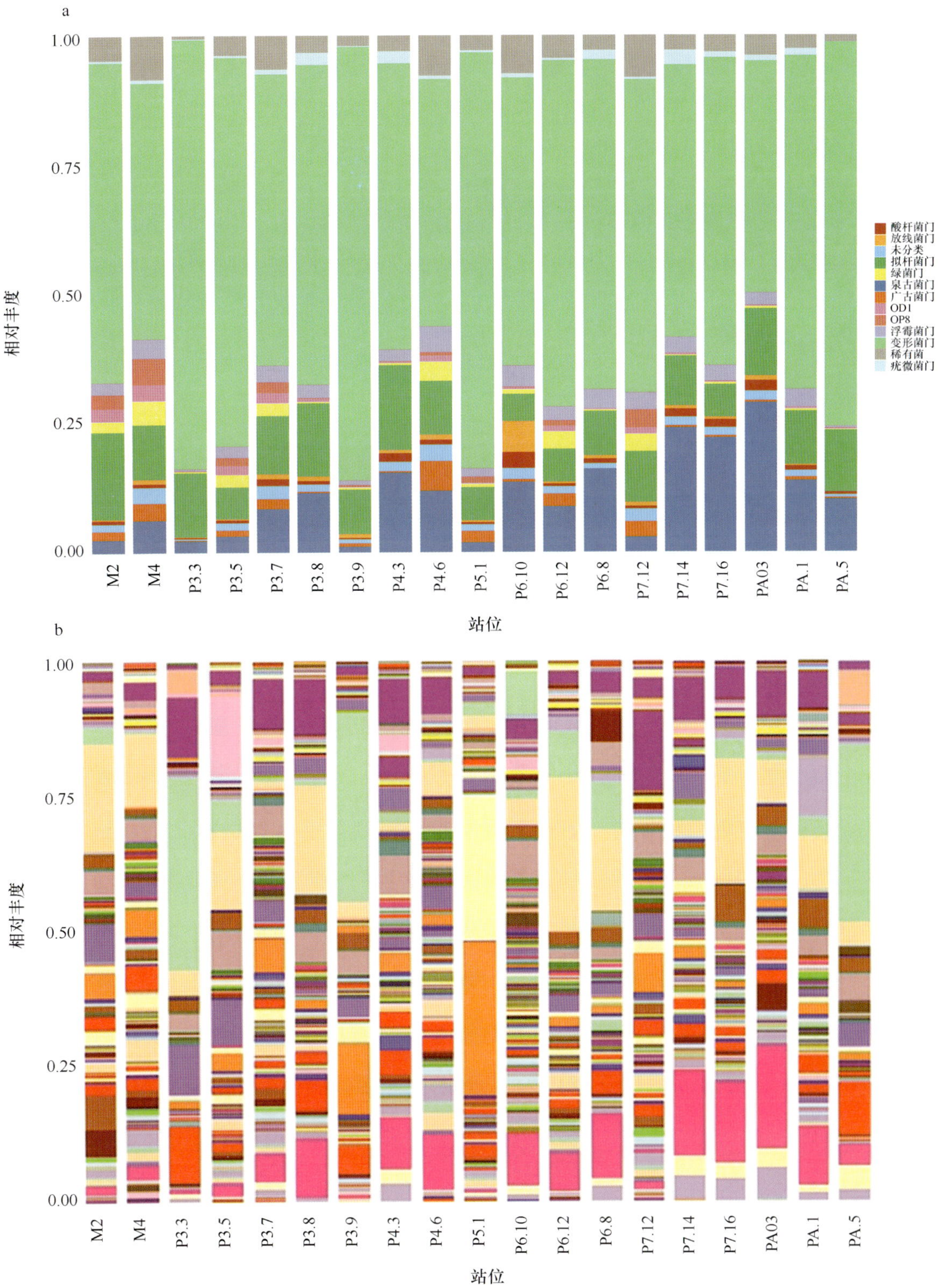

图 5－130 物种注释

通过免培养16S rDNA测序分析获得的普里兹湾及邻近海域沉积物的微生物种类主要有：*Acidibacteria*、*Actinobacteria*（放线菌门）、*Bacteridetes*（厚壁菌门）、*Chlorobi*（绿菌门）、*Crenarchaeota*（泉古菌门）、*Euryarchaeota*（广古菌门）、OD1、OP8、*Planctomycetes*（浮霉菌门）、*Proteobacteria*（变形菌门）、*Verrucomicrobia*（疣微菌门）以及少量的未分类的微生物，其多样性要远高于纯培养手段获得的种类。而且，*Proteobacteria* 在所有的站位中都是优势种群，P3.3和PA.5两个站位的微生物种类相对较少，绝大多数被 *proteobacteria* 所占据；而微生物多样性较高的依次为M4、P4.6、P3.7站位。

2）样品复杂度分析（Alpha diversity）

可以通过绘制稀释曲线（Rarefaction Curve）来评价测序量是否足以覆盖所有类群，并间接反映样品中物种的丰富程度。稀释曲线是利用已测得16S rDNA序列中已知的各种OTU的相对比例，来计算抽取 n 个（n 小于测得reads序列总数）reads时出现OTU数量的期望值，然后根据一组 n 值（一般为一组小于总序列数的等差数列）与其相对应的OTU数量的期望值做出曲线来。当曲线趋于平缓或者达到平台期时也就可以认为测序深度已经基本覆盖到样品中所有的物种；反之，则表示样品中物种多样性较高，还存在较多未被测序检测到的物种。

分别使用OTU number，Chao1和shannon 3种方法进行稀释曲线绘制，由图5－131可见，19个站位底表微生物的多样性和丰度存在明显差异，其结果与上文相同。

3）多样品比较分析（Beta diversity）

Beta diversity表示不同样品在微生物群落构成上的比较。将不同样品中属于同一物种的Reads数量汇总在同一个表格中，生成物种profiling表。profiling表用于计算Unweighted Unifra，来表征Beta diversity。计算Unweighted Unifra得到的矩阵，进一步用于PCoA（Principal Coordinate Analysis）。

（1）PCoA分析。PCoA是一种从复杂的多维变量数据中提取主要变量，并进行可视化的方法。与PCA的主要思想类似，PCoA的目的也是找到一个矩阵中的主要的一些坐标系。从图5－132可以看出，通过多样品之间微生物群落构成的比较，P6.8 PA.1P3.8 P7.16 P4.3PA.03站位微生物群落构成更为接近，而丰度最高的P6.10站位与其他站位的相差较远。

（2）聚类分析。通过对样品进行聚类分析，物种组成的相似性。使用的聚类方法为UPGMA（Unweighted PairGroup Method with Arithmetic Mean），输入为Unweighted Unifra距离矩阵。由图5－133可见，M2、P3.5、P6.12、M4、P3.7、P7.12、P4.6站位在物种组成相似性，P3.8、P6.8、P7.16、PA.1、P4.3、P7.14、PA03、P6.10站位在物种组成相似性较高，P3.3、PA.5、P3.9、P5.1站位在物种组成相似性较高，但与前面两个类群相似性较低。

5.1.5.3 南极半岛海域表层沉积物微生物多样性分析

5.1.5.3.1 可培养微生物丰度及多样性分析

1）菌株的分离纯化与形态观察

通过涂布培养，根据菌落外观形态采用划线法从20份样品中获得纯化细菌520株和真菌43株，并对代表性的150株微生物进行了种属鉴定（表5－35）。

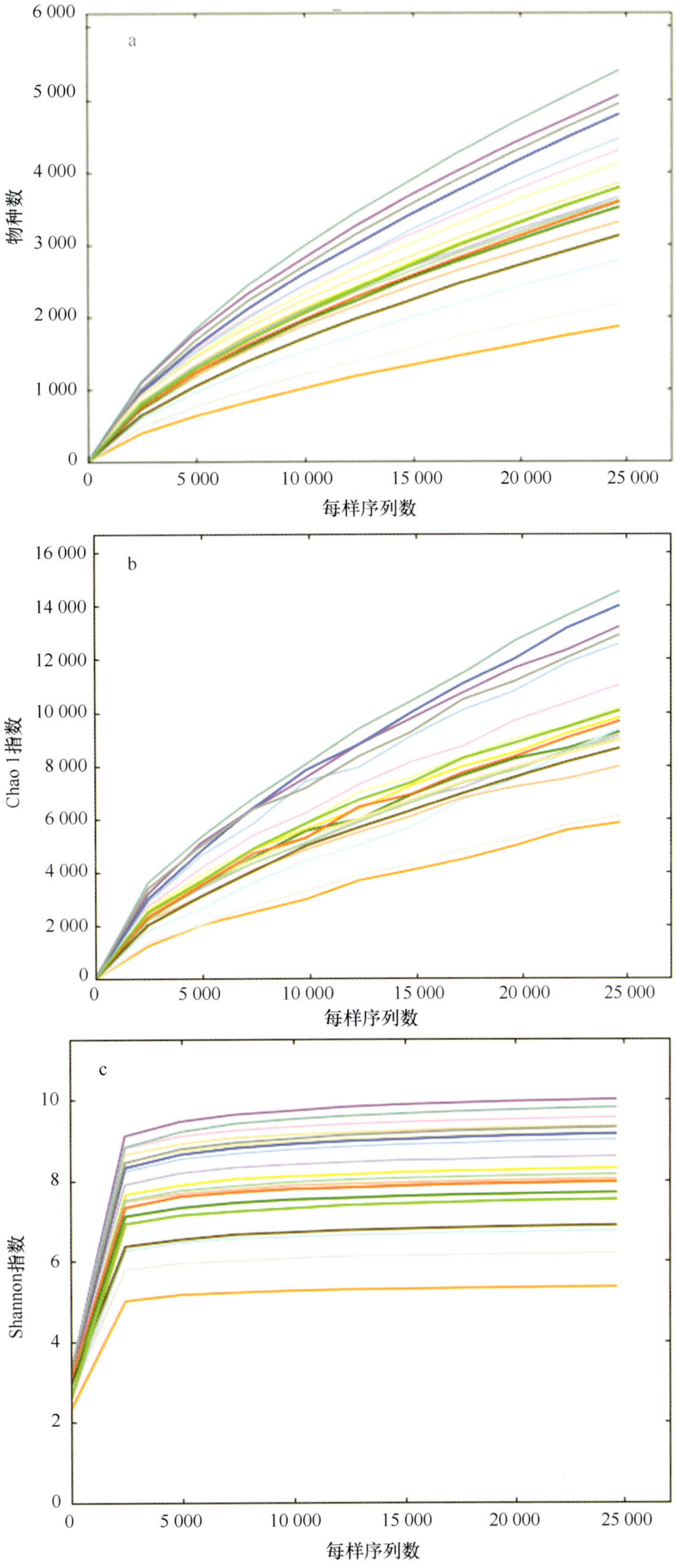

图 5 – 131　Observed species 曲线（a）、Chao1 曲线（b）、Shannon 曲线（c）

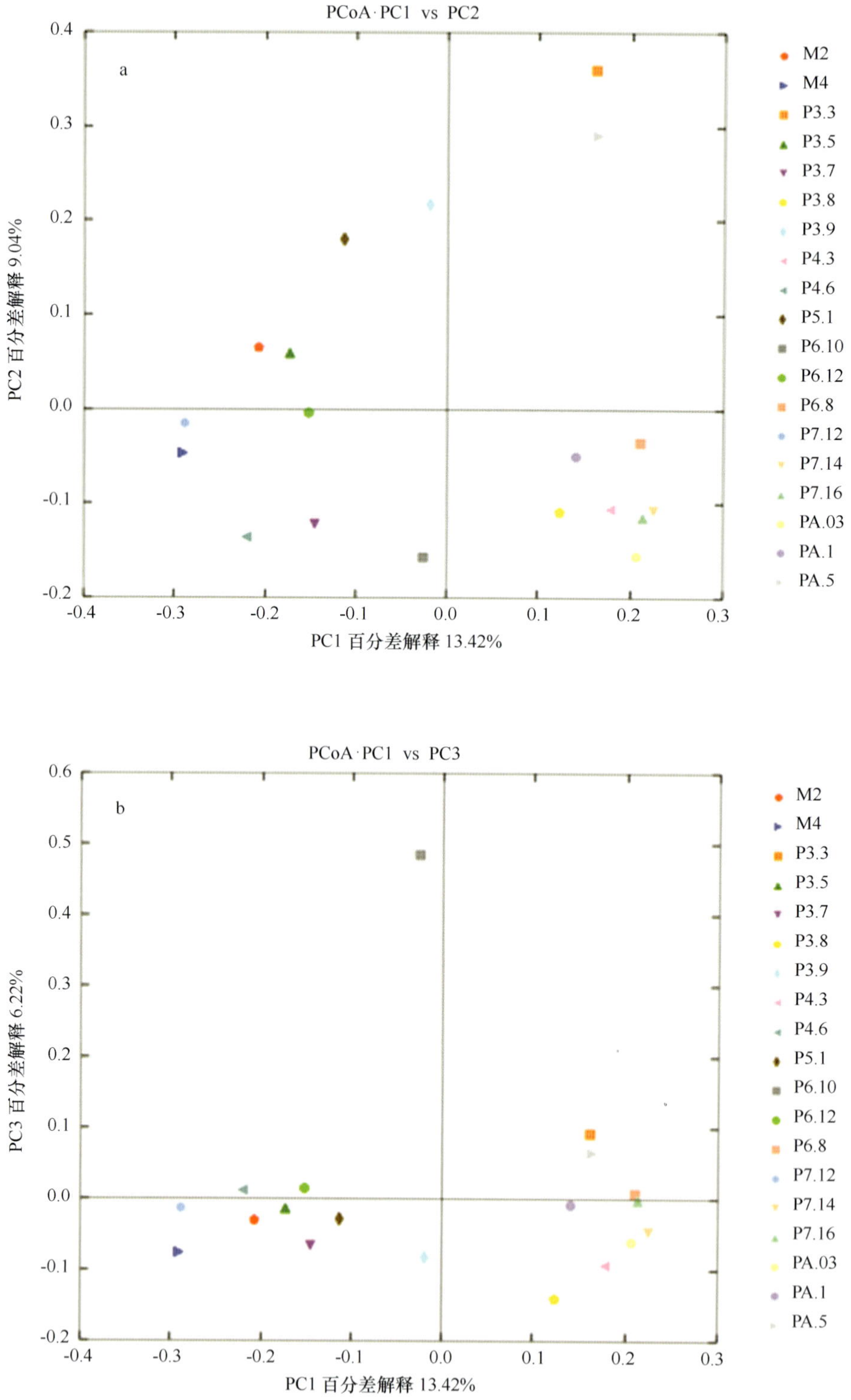

图 5－132　PCoA 分析

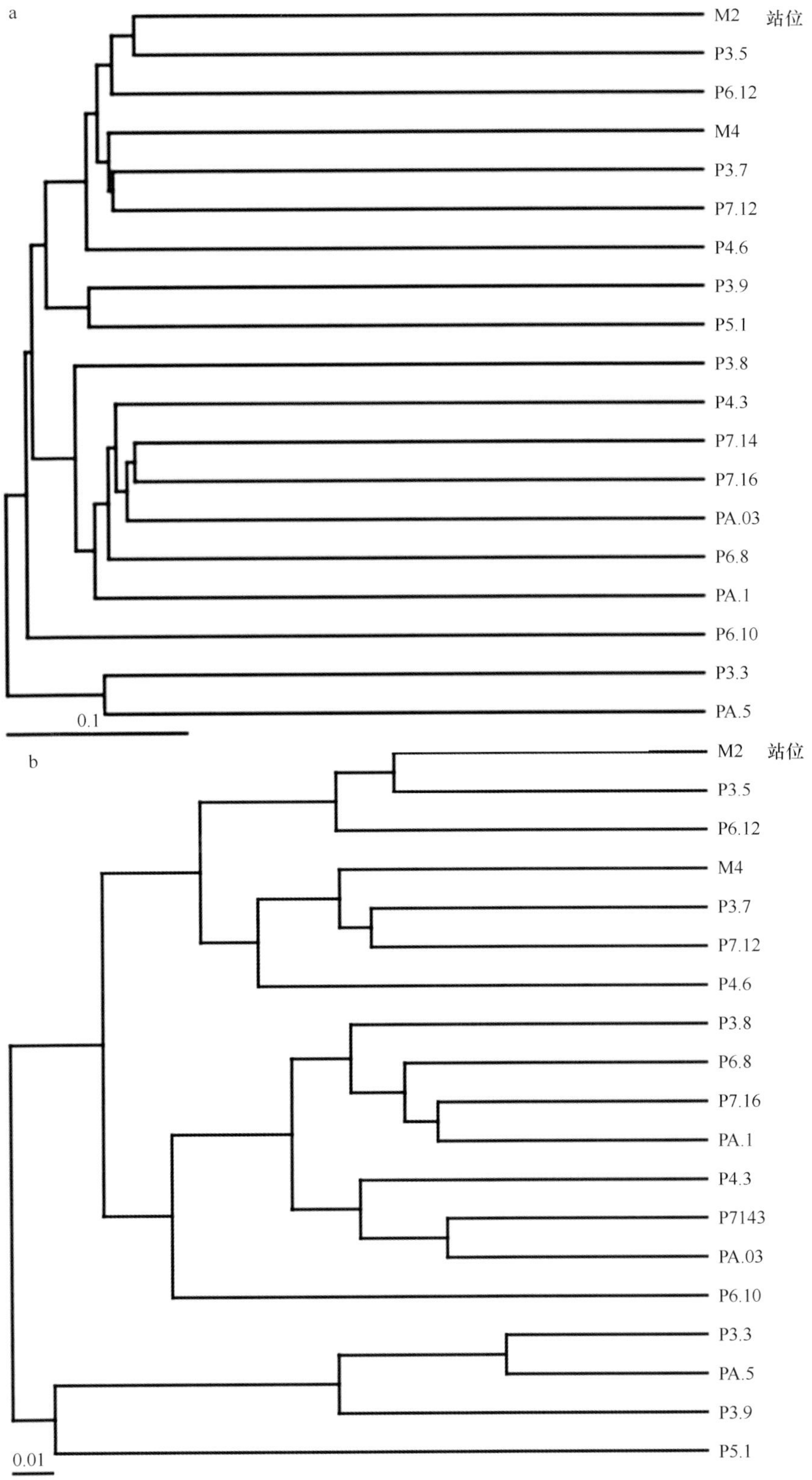
a
M2 站位
P3.5
P6.12
M4
P3.7
P7.12
P4.6
P3.9
P5.1
P3.8
P4.3
P7.14
P7.16
PA.03
P6.8
PA.1
P6.10
P3.3
PA.5
0.1
b
M2 站位
P3.5
P6.12
M4
P3.7
P7.12
P4.6
P3.8
P6.8
P7.16
PA.1
P4.3
P7143
PA.03
P6.10
P3.3
PA.5
P3.9
P5.1
0.01

图 5－133 聚类分析

表 5-35 菌株鉴定结果

	种属	菌株编号	种属	菌株编号
细菌	*Pseudoalteromonas* 假交替单胞菌	A2002、D5124、D4058、D1009、D2019、D6082、D0021、IS073 D4045、D1084	*Photobacterium* 发光杆菌属	IS037、A2040、D5032、D1101、D0062
	Moritella 莫里特拉氏菌属	D5011、D2081、D6024	*Maribacter* 列文虎克属	D1045、D0084、D6039
	Joostella 苏特氏属	A2033、IS031、	*Glaciecola* 极地冰居杆属	D5018、D2101、D4036
	Flavobacterium 黄杆菌属	D0072	*Acinetobacter* 不动杆菌属	A2025、D2066
	Colwellia 科瓦氏菌属	D0035、A2041、D4012	*Shewanella* 希瓦氏菌属	D1051、D4081
	Loktanella（蓝藻属）	D1038	*Bacillus*（芽孢杆菌属）	IS013、D2022、A2026
	Polaribacter 极地杆菌属	IS089、D6045、D1071	*Psychromonas* 冷弯菌属	IS017、D2066、D4035
真菌	*Geomyces* 土霉菌属	D402、D102、IS03、A208	*Penicillium* 青霉菌属	D211、D406、A203
	Cladosporium 枝孢属	D506、D007、D615	*Mortierella* 被孢霉属	IS22、D208、D402

经肉眼和显微镜观察共选取了形态颜色大小等特征差异较为明显的 53 株细菌和 31 株真菌，其中菌株的特征见图 5-134 和图 5-135。

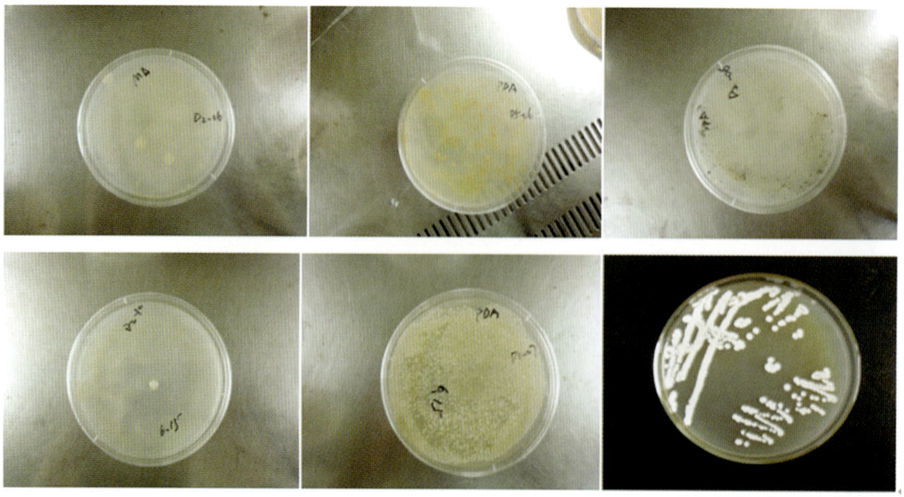

图 5-134 部分代表细菌的筛选

2）系统进化分析

本研究选取了形态特征差异较为明显的细菌和真菌菌株分别进行 16S rDNA 和 ITS 鉴定，

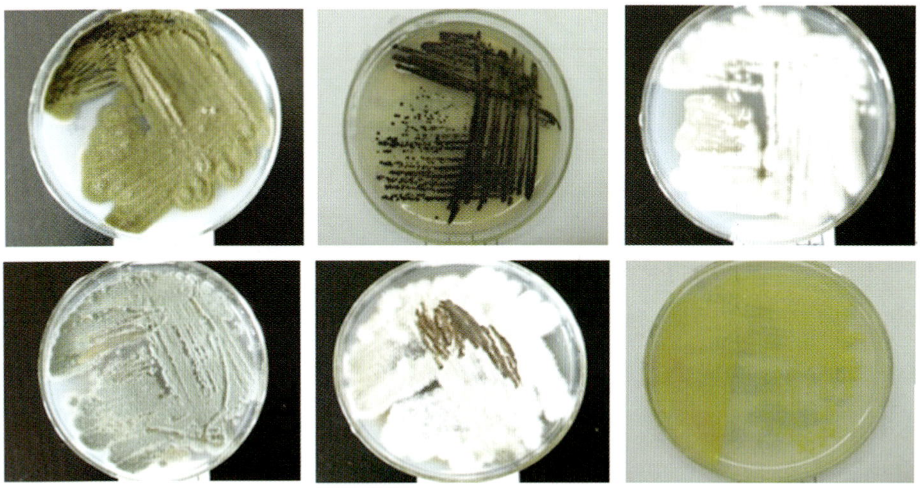

图5－135 部分代表真菌的筛选

共鉴定得到15个属的40株细菌和4个属的12株真菌，根据细菌16S rDNA和真菌ITS基因序列构建菌株系统进化树（图5－136和图5－137），这40株细菌主要集中在拟杆菌门、厚壁菌门、α变形菌门和γ变形菌门4个门。在属的水平上，这些菌分属于 *Photobacterium* 属5株，*Moritella* 属3株，*Maribacter* 属3株，*Joostella* 属2株，*Glaciecola* 属3株，*Flavobacterium* 属1株，*Acinetobacter* 属2株，*Colwellia* 属3株，*Shewanella* 属2株，*Loktanella* 属1株，*Bacillus* 属3株，*Polaribacter* 属2株，*Pseudoalteromonas* 属10株。除了分离得到少量革兰氏阳性厚壁门 *Bacillus* 和 *Flavobacterium* 属、拟杆菌门 *Loktanella* 属和α变形菌门 *Polaribacter* 和 *Joostella* 属的菌之外，其余站位分离的细菌主要属于γ变形菌纲的 *Pseudoalteromonas*、*Alteromonas*、*Marinobacter*、*Colwellia*、*Idiomarina*、*Halomonas*、*Vibrio*、*Shewanella*、*Glaciecola*、*Photobacterium*、*Moritella*、*Acinetobacter* 属。

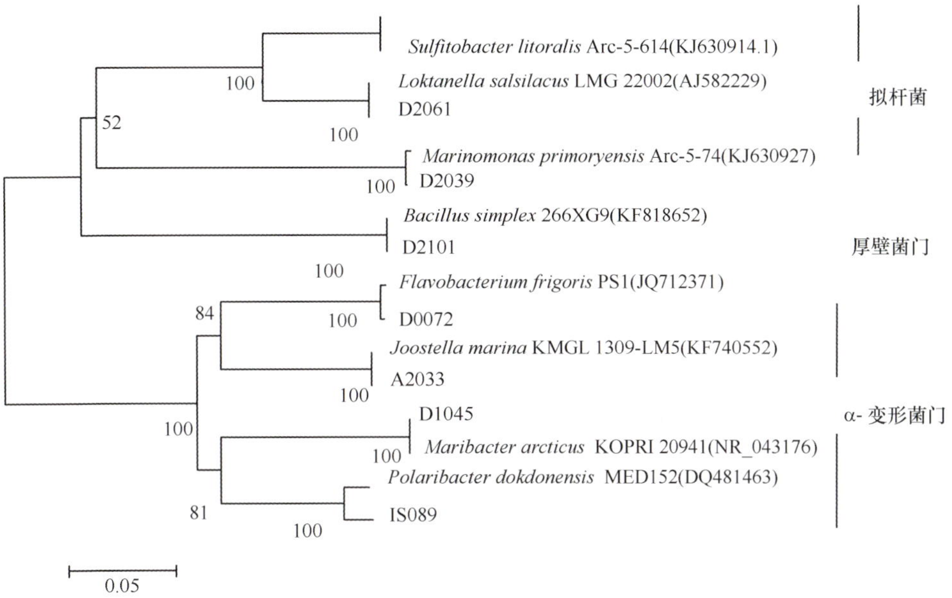

图5－136 根据细菌16S rDNA和基因序列构建门水平菌株进化树

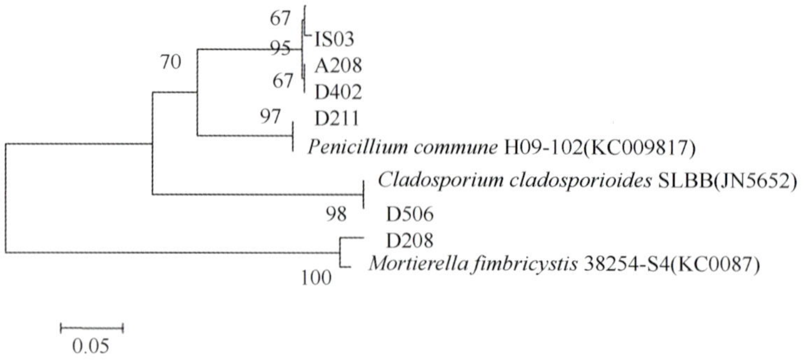

图 5-137　根据真菌 ITS 基因序列构建门水平菌株进化树

真菌鉴定结果表明本次样品仅筛选获得 *Geomyces*（土霉菌属）、*Penicillium*（青霉菌属）、*Cladosporium*（枝孢属）和 *Mortierella*（被孢霉属）4 个属的真菌。

5.1.5.3.2　16S 高通量测序法分析微生物丰度及多样性

1）OTU 分析及物种注释

（1）OTU 分析。为了获得环境样品中物种的多样性信息，用 Uparse 软件对序列进行聚类。根据 97% 相似性将序列聚类成为 OTUs（Operational Taxonomic Units）。这里 OTUs 表示的是一组来源于某一个相同分类单元的序列。由图 5-138 可见，站位 D506 样品中获得的总 Tags 数和 OTUs 数量最高，且与之地理位置较近的 D504 和 D505 也具有较高的 OTUs 数；反之，与 D506 位置较远的 D107 其 OTUs 数量最低。此外，D504、D505 和 D506 三个站位样品中获得的 Taxon Tags 的数量也远远高于其他 5 个站位，由于 OTUs 能在一定程度上反映出微生物的多样性，因此，D504、D505 和 D506 三个站位的微生物多样性可能比其他 5 个站位要高，且这 3 个站位间的多样性一致性较高。

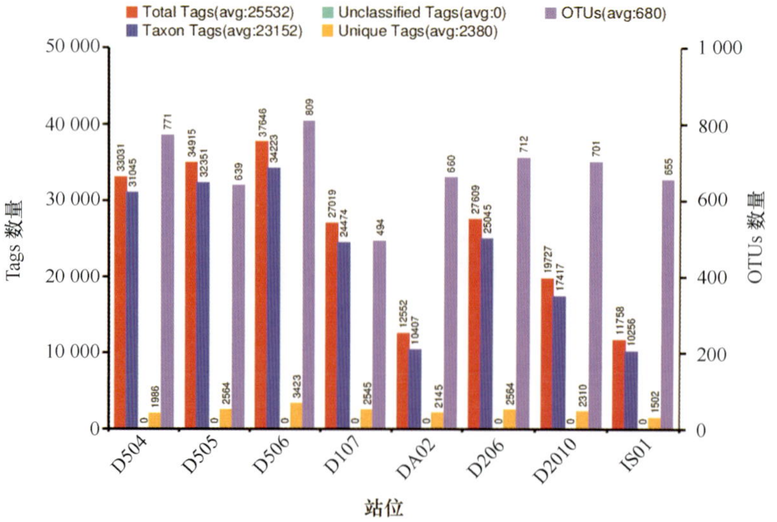

图 5-138　不同站位样本的 Tags 和 OTUs 数目

为了分析样品采集地点对其微生物组成的影响作用，我们根据样品采集站位的位置、特征等将样品分为两个组：D504、D505 和 D506 三个站位距离最近，而且环境特征较为接近，因此将这 3 个站位微生物种群组成进行了比较分析，由图 5-139 可见，D504、D505 和 D506

三个站位的同源微生物比例相对较高；而其他 5 个站位由于距离较远，而且环境特征差异较大，因而样品中同源微生物的比例较低。

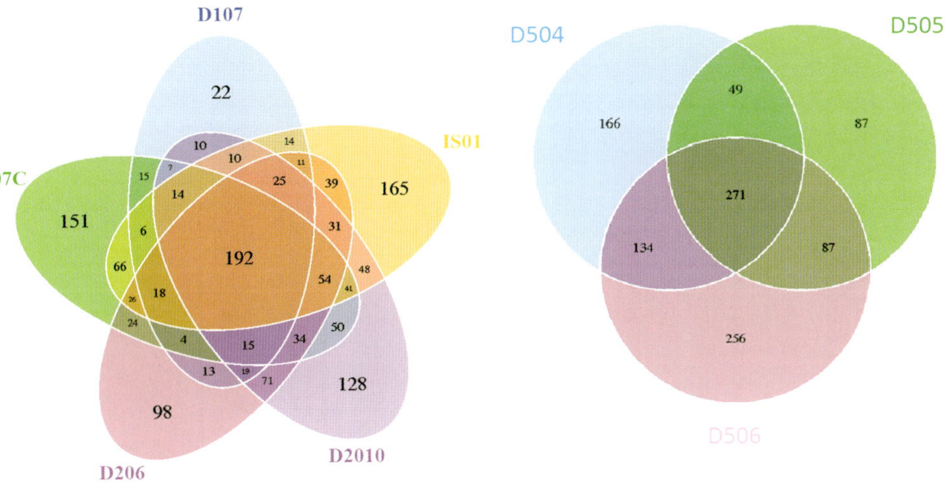

图 5 - 139　不同站位样本 OTU 韦恩图

（2）物种注释。相同 OTUs 是一组来源于某一个相同分类单元的序列，Uparse 构建 OTUs 时会选取代表性序列（一个 OTUs 中频数最高的序列）进行物种注释分析。根据物种注释，统计每个样品在各分类水平上的序列数目（界，门，纲，目，科，属，种），物种序列构成柱状图，以及在门（phylum）分类水平上的相对丰度分布柱形图。与结果前文相似，不同样品在各分类水平上序列的差异性是较大的：D504、D505 和 D506 三个站位在门、纲、目、科分类水平上序列的数量较高，且 3 个站位间的差异不大（图 5 - 140）；而与之地理位置较远的 D107 则在属、种分类水平上的序列数远远高于其他站位；而 DA02 和 IS01 在各个分类水平上的序列数目都是最低的。

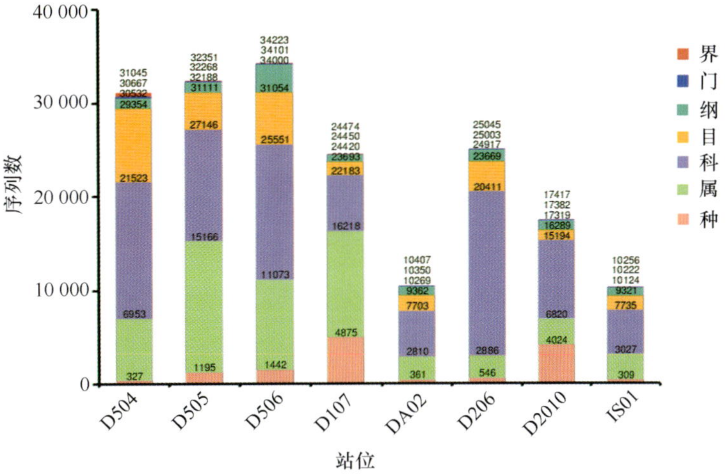

图 5 - 140　样品在各分类水平上的序列构成柱形

从图 5 - 141 可以看出，在门的水平上各站位物种的相对丰度具有较大差异，Proteobacteria 在各个站位中都是绝对的优势种群，尤其是在 D505 站位中的比例最大，高达 80% 以上；

而在 D206 中丰度最低，还不足 50%。除去优势种群 Proteobacteria 外，Bacteroidetes 在各个站位中也占有较大比重，特别是站位 D206。站位 DA02 中，除 Proteobacteria 和 Bacteroidetes 外，其他种群的丰度也较另外 7 个站位的高。

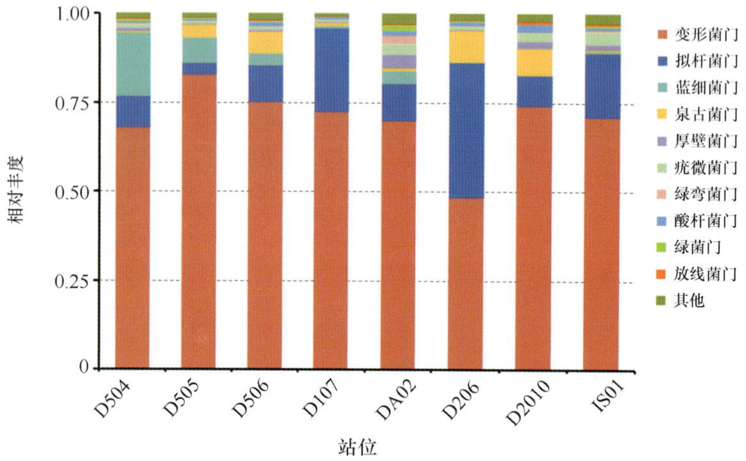

图 5－141　门水平上的物种相对丰度柱形

在所有的样品当中，相对丰度排在前 9 的属依次为 *Rubritalea*、亚硝化侏儒菌属（*Nitrosopumilus*）、黄杆菌属（*Flavobacterium*）、食烷菌属（*Alcanivorax*）、海杆菌属（*Marinobacter*）、希瓦氏菌属（*Shewanella*）、十八菌属（*Octadecabacter*）、维诺格拉斯基孔菌属（*Winogradskyella*）、油螺旋菌属（*Oleispira*）（图5－142），而在我们可培养微生物的筛选中也发现了 *Flavobacterium*、*Marinobacter* 和 *Shewanella* 属的种群，而其他 6 个丰度较高的属则与可培养的微生物丰度结果不一致。

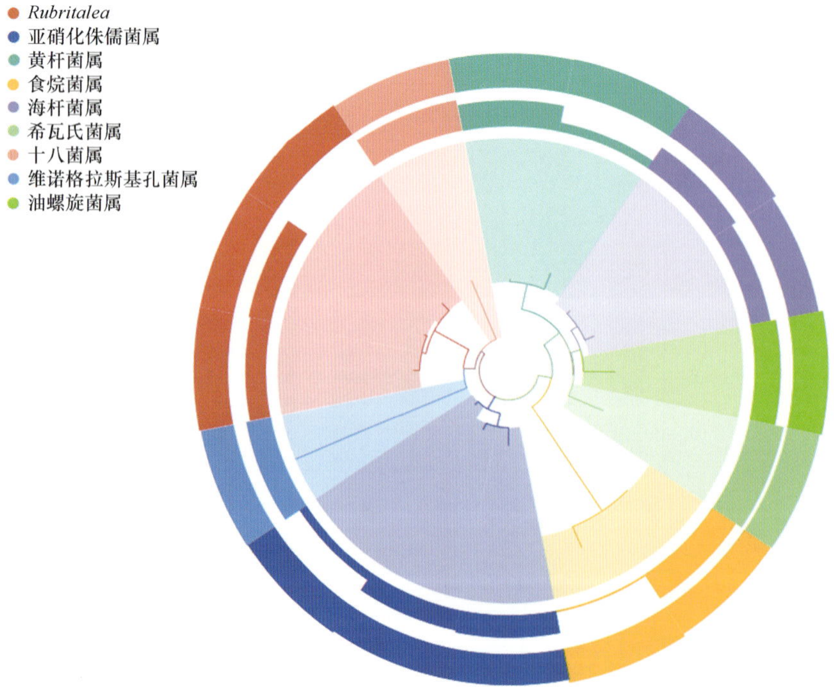

图 5－142　OTUs 及其代表物种的系统发生关系

（3）物种丰度聚类。基于每个样本中物种的丰度水平，实现物种分类地位聚类（横向聚类）及样本聚类（纵向聚类），找出样品中聚集较多的物种。不同颜色意味着样品中物种的相对丰度水平。由图5－143可见，不同站位间微生物种类及丰度均有很大的差异，只有D505和D506两个站位聚簇在一起，因而这两个站位菌群分布和丰富度较为接近，可能是因为这两个站位的地理位置和环境较为相似；而相聚较远的站位如D504和D107、D206以及IS01之间的微生物种类及丰度差异都非常大。

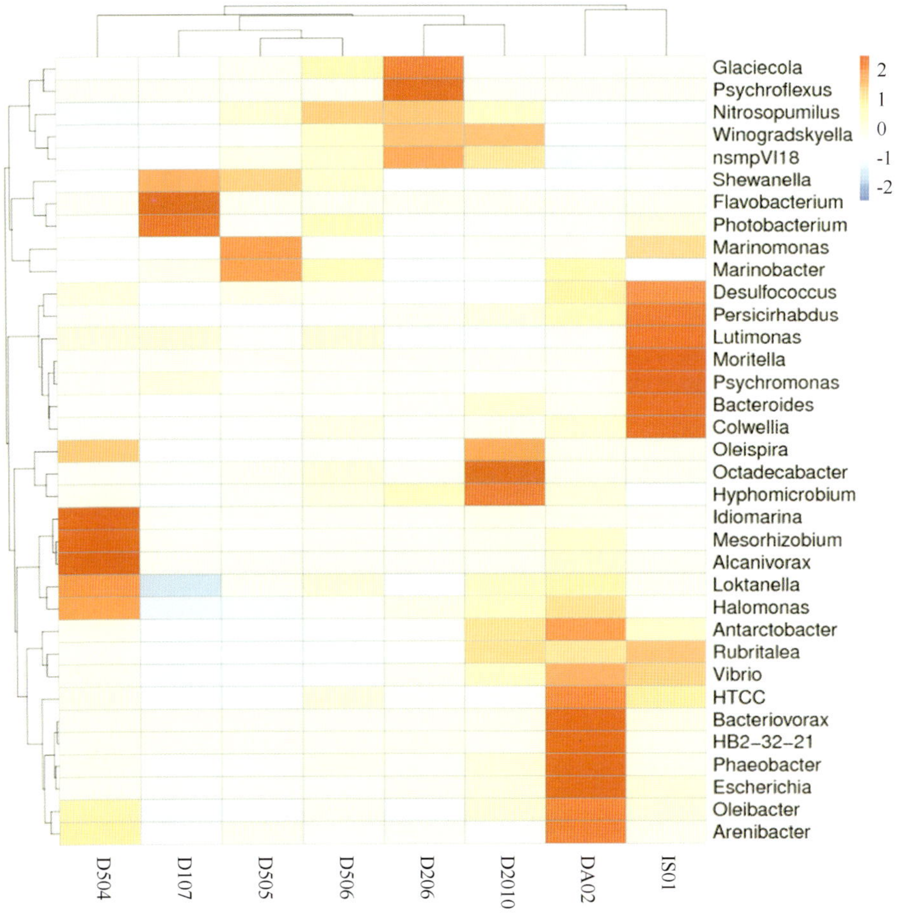

图5－143　不同站位物种丰度聚类

基于样本在属水平上相对丰度的大小，选取前9个属所对应的OTUs的丰度矩阵，实现OTUs水平上的样本聚类（纵向聚类），以考察各样品的聚集情况。OTUs的相对丰度以不同的颜色和条形长度来表示。由图5－144可以看出，只选取前9个属进行聚类分析的结果与上述结果有所不同，D504和D505能够聚簇，而和D506的距离较远，可能是因为丰度较小的菌群在聚类中起到一定的影响作用。

（4）特定物种分类树。基于每个样本的物种分类结果，筛选特别关注的物种（默认是在属水平上，选择每个分类中各样品最大相对丰度前10的分类所对应的结果进行展示）进行物种分类树统计，并使用自主研发的画图工具进行展示，其中单个样品的物种分类树，多个样品的物种分类树。由图5－145可见，在单个样品中原核微生物的组成比例可达59.87%，主要由古菌和细菌两大类组成，而细菌在所选物种中所占的比例更是高达98.21%，在细菌种

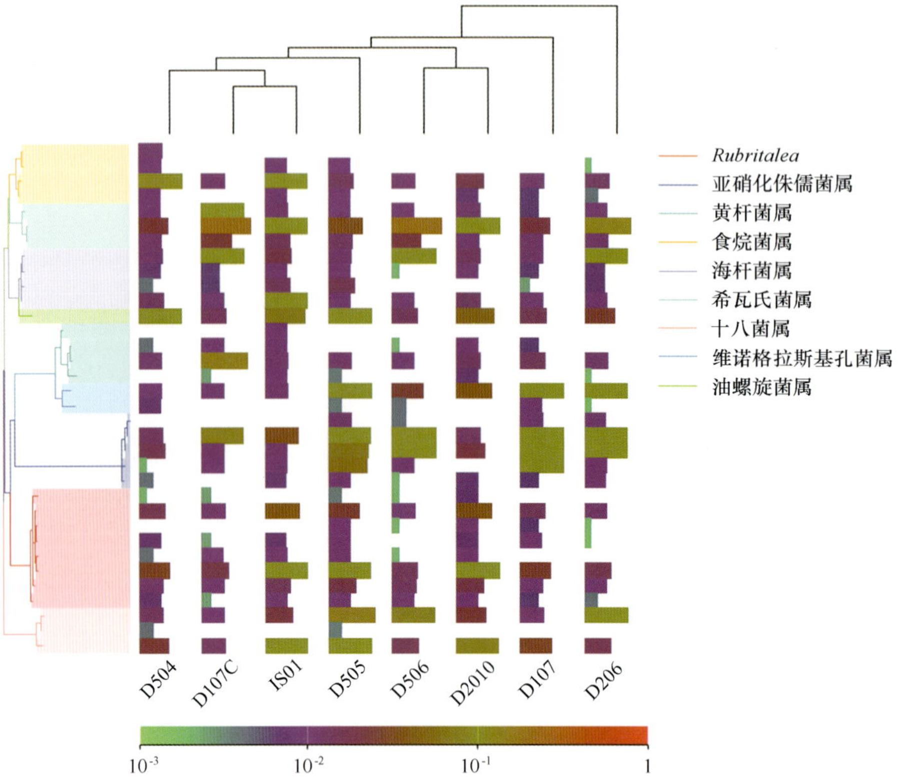

图 5－144　OTUs 丰度聚类

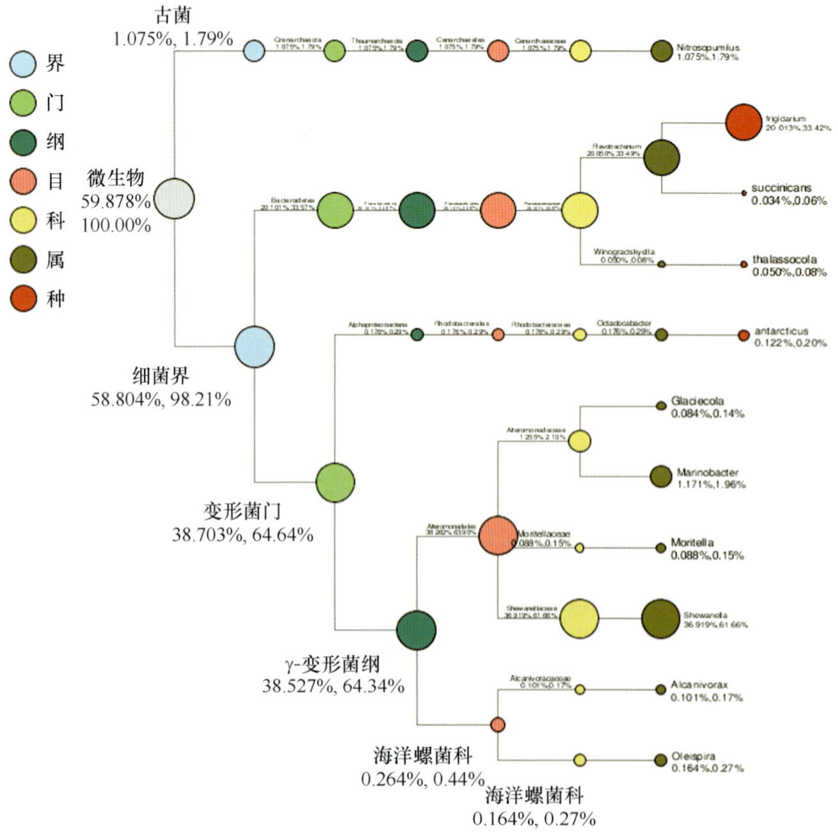

图 5－145　单样品物种分类树

群的组成中，*Frigidarium* 种占有绝对的优势。而该种细菌主要分布于 D107 站位，所占比例高达 9.59%（图 5 - 146），而优势种群 *Moritella* 主要分布于 IS01，优势种群 *Alcanivorax* 则主要分布于 D504，由此可见，不同站位样本中优势种群的组成具有较大差异。

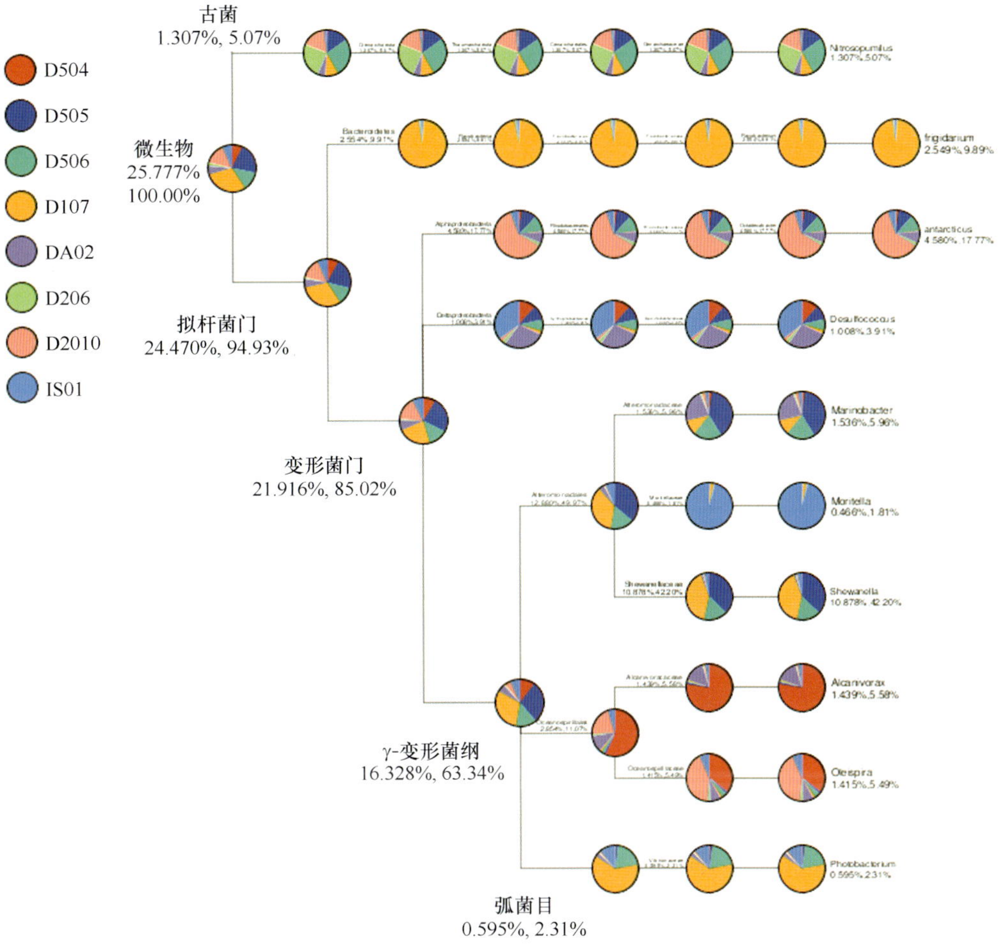

图 5 - 146 多样品物种分类树

2）样品复杂度分析（Alpha diversity）

（1）稀释曲线。可以通过绘制稀释曲线（Rarefaction Curve）来评价测序量是否足以覆盖所有类群，并间接反映样品中物种的丰富程度。稀释曲线是利用已测得 16S rDNA 序列中已知的各种 OTU 的相对比例，来计算抽取 *n* 个（*n* 小于测得 reads 序列总数）reads 时出现 OTU 数量 的期望值，然后根据一组 *n* 值（一般为一组小于总序列数的等差数列）与其相对应的 OTU 数量的期望值做出曲线来。当曲线趋于平缓或者达到平台期时也 就可以认为测序深度已经基本覆盖到样品中所有的物种；反之，则表示样品中物种多样性较高，还存在较多未被测序检测到的物种。从图 5 - 147 至图 5 - 149 可以看出，本次实验测序量已足以覆盖所有类群，并能够间接反映样品中物种的丰富程度。

（2）Alpha-diversity 指数表格。对不同样本在种、属水平下的 alpha 多样性指数进行统计。其中，种水平下的 alpha 多样性指数基于 97% 的序列相似性而得到，属水平下的基于 95% 的序列相似性得到。

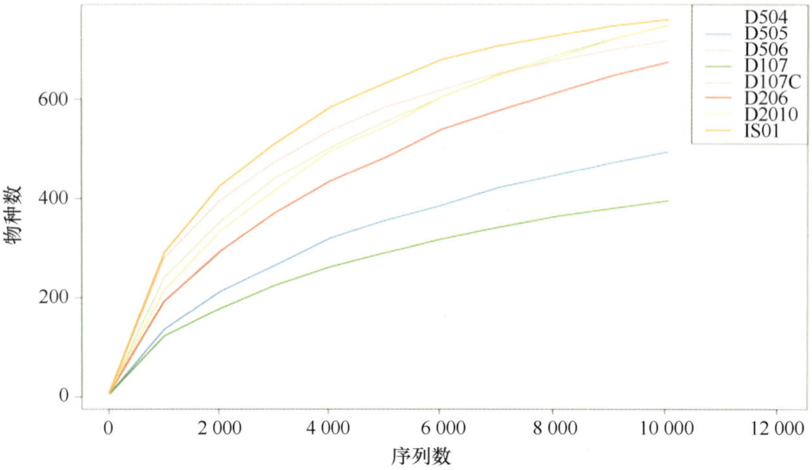

图 5－147　Observed species 曲线

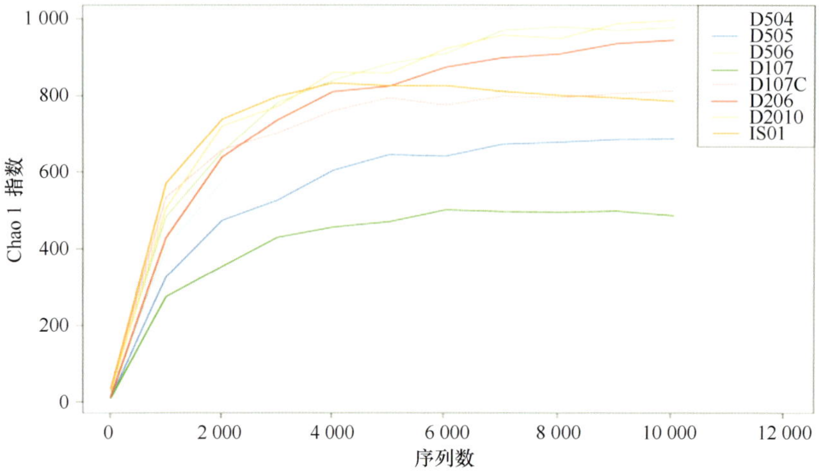

图 5－148　Chao1 曲线

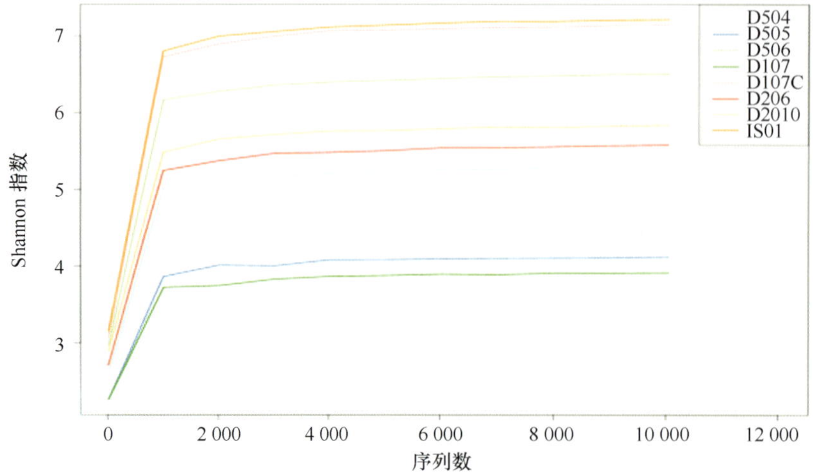

图 5－149　Shannon 曲线

（3）Rank－Abundance 曲线。Rank Abundance 曲线是某一样品中，每个 OTU 按丰度（包含的序列数目）由大到小排序，再以 OTU 的排序编号为横坐标，OTU 中的丰度（也可用该等级 OTU 中序列数的相对百分含量）为纵坐标绘制的曲线图。Rank Abundance 曲线可直观的呈现样品中包含的 OTUs 的丰富度和均匀度。在水平方向，物种的丰度由曲线的宽度来反映，物种的丰富度越高，曲线在横轴上的范围越大；曲线的形状（平滑程度）反映了样品中物种的均匀度，曲线越平缓，物种分布越均匀。由图 5－150 可见，8 个不同站位的 OTUs 丰度具有很大差异，其中 IS01 站 OTUs 丰度最高，依次为 DA02、D506、D210、D206、D504、D505 和 D107 站位。

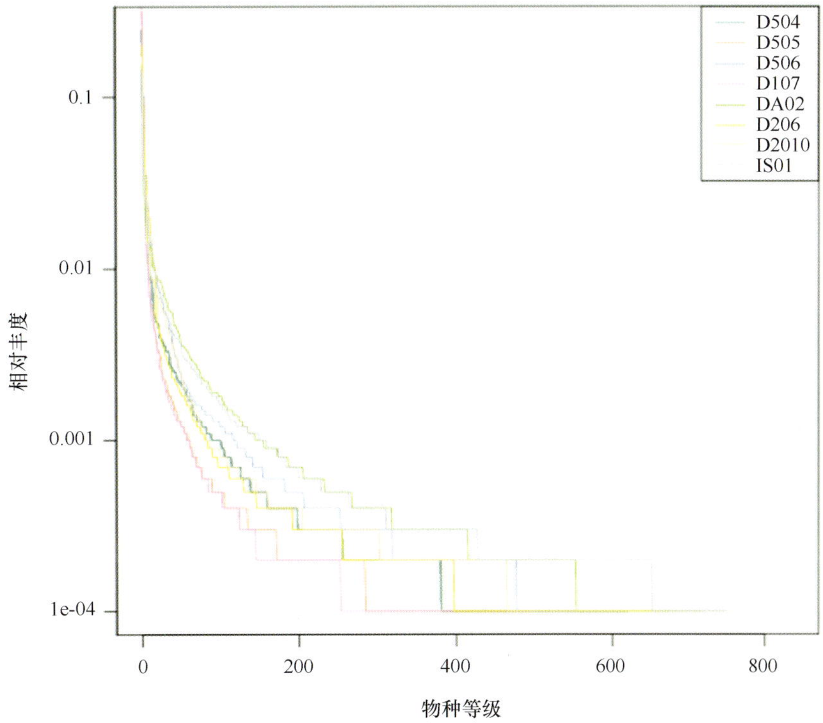

图 5－150　Rank-Abundance 曲线

3）多样品比较分析（Beta diversity）

（1）PCoA 分析。主坐标分析（Principal Coordinates Analysis；PCoA），它与 PCA 类似，是一种对多维数据进行降维，从而提取出数据中最主要的元素和结构的方法。区别在于 PCA 是基于样品的相似系数矩阵来寻找主坐标，而 PCoA 是基于距离矩阵来寻找主坐标。我们基于（Un）Weighted Unifrac 距离来进行 PCoA 分析，并选取贡献率最大的主坐标组合进行作图展示。如果样品的距离越接近，则它们在 PCoA 图中的距离越接近。Weighted Unifrac PCoA 分析结果显示，样品 D206 群落中可能存在特有的细菌类群，样品 D505、D506、D107、D107C 和 IS01 在 PC1 的左侧聚簇，PC1 总共占据了全变差的 43.72%。样品 D506、D2010 和上述类群的距离很接近，然而 D206 则在 PC2 轴上与其他样品分开，PC2 总共占了全变差的 24.87%，两个坐标轴总共解释了不同细菌群落的全变差 67.59%（图 5－151）。

（2）样品聚类分析。通过对样品进行聚类分析以及物种组成的相似性，使用的聚类方法为 UPGMA（Unweighted PairGroup Method with Arithmetic Mean），分别输入 Weighted Unifrac 距

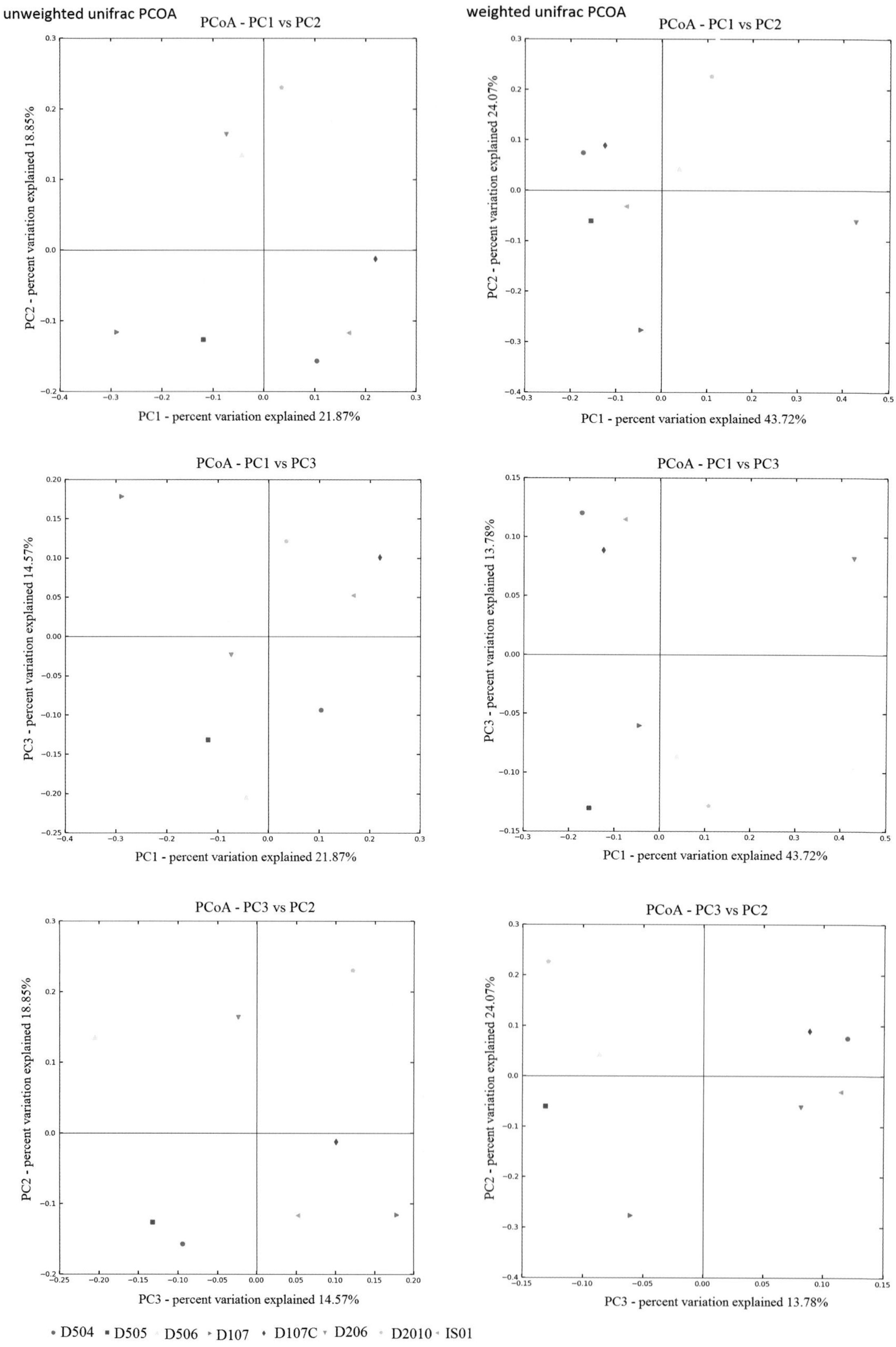

图 5 - 151　PCoA 分析

离矩阵及 Unweighted Unifrac 聚类矩阵，将样品聚类结果，与各样品在门水平上的物种相对丰度一同展示。Weighted Unifrac 聚类结果显示，D206 站位样本中微生物组成结构和亲缘关系与其他 7 个站位的差异较大，而 DA02 和 IS01 两个站位聚簇在一起，其细菌群落组成和亲缘关系较为接近（图 5－152），Unweighted Unifrac 聚类分析同样表明 DA02 和 IS01 两个站位聚簇在一起，这两个样品群落的组成和亲缘关系较为接近（图 5－153）。导致这样的结果可能还是与站位的距离、深度以及其他环境因素有关。

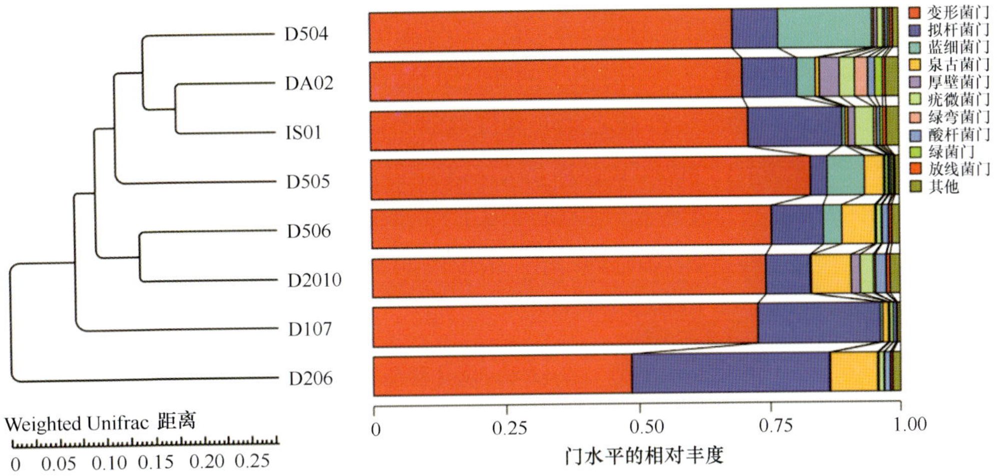

图 5－152 基于 Weighted Unifrac 距离聚类树

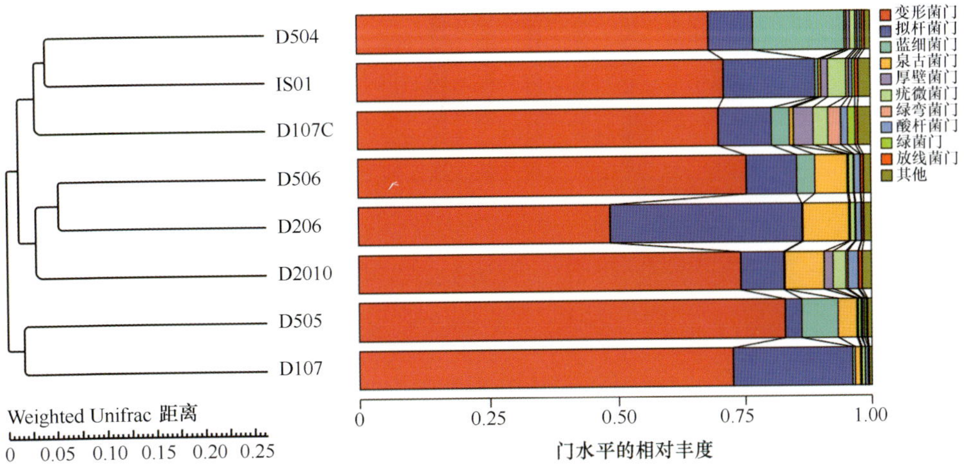

图 5－153 基于 Unweighted Unifrac 距离聚类树

5.1.5.4 D107 站位不同深度样本中细菌的分布与多样性分析

为了分析相同站位不同深度样本中微生物群落的组成结构与多样性，分别选取了相距较远的 D107 和 D504 两个站位进行分析研究，其中 D107 共分为 7 个不同深度的样本，分别为：D107C.1（0～1 cm）、D107C.2（4～5 cm）、D107C.3（9～10 cm）、D107C.4（19～20 cm）、D107C.5（29～30 cm）、D107C.6（37～38 cm）；D504 共分为 6 个不同深度的样本分别为：D504.1（0～2 cm）、D504.2（8～10 cm）、D504.3（18～20 cm）、D504.4（38～40 cm）、

D504.5（68 ~ 70 cm）、D504.6（98 ~ 100 cm）、D504.7（128 ~ 130 cm）。

5.1.5.4.1　OTU 分析及物种注释

1）OTU 分析

为了获得环境样品中物种的多样性信息，用 Uparse 软件对序列进行聚类。根据 97% 相似性将序列聚类成为 OTUs（Operational Taxonomic Units）。这里 OTUs 表示的是一组来源于某一个相同分类单元的序列。由图 5 - 154 可见，总体而言，表层样本 D107C.1、D107C.2、D107C.3 和 D107C.4 的 OTUs 数目没有太大差异，但与深层样本 D107C.5 和 D107C.6 相比，浅层样本中 OTUs 数目明显要高一些。之所以 D107C.1、D107C.2、D107C.3 和 D107C.4 的 OTUs 数目没有太大差异，可能因为样品之间的深度差异不是很大，不足以引起微生物群落结构的变化。分别对不同深度样本中微生物组成进行比对分析，发现 D107C.1、D107C.2 和 D107C.3 三个样本距离最近，因此将这 3 个站位微生物种群组成进行了比较分析，由图 5 - 155 可见，D107C.1、D107C.2 和 D107C.36 三个站位的同源微生物比例相对较高；而其他 4 个站位位置较深的样品中同源微生物的比例较低。

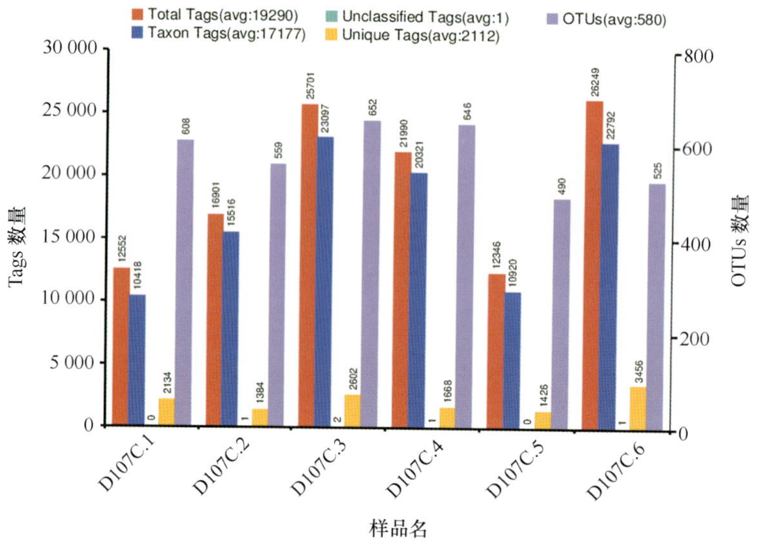

图 5 - 154　不同样本的 Tags 和 OTUs 数量

2）物种注释

相同 OTUs 是一组来源于某一个相同分类单元的序列，Uparse 构建 OTUs 时会选取代表性序列（一个 OTUs 中频数最高的序列）进行物种注释分析。根据物种注释，统计每个样品在各分类水平上的序列数目（界，门，纲，目，科，属，种），物种序列构成柱状图，以及在门（phylum）分类水平上的相对丰度分布柱形图。由图 5 - 156 可见，不同深度样品在各分类水平上的序列数目并没有明显的规律。但在门分类水平上还是可以看出，表层样本 D107C.1、D107C.2、D107C.3 和 D107C.4 的物种的多样性和丰度还是较深层样本 D107C.5 和 D107C.6 为高，此结果也与上述的结果相一致（图 5 - 157）。

相对丰度排在前 9 的属所对应的 OTUs 的系统发生关系及每条代表序列的相对丰度及注释可信度展示如图 5 - 158 所示：在不同深度的样品当中，相对丰度排在前 9 的属由多到少依次为 *Rubritalea*、螺杆菌属（*Sulfurimonas*）、食烷菌属（*Alcanivorax*）、海杆菌属（*Marinobact-*

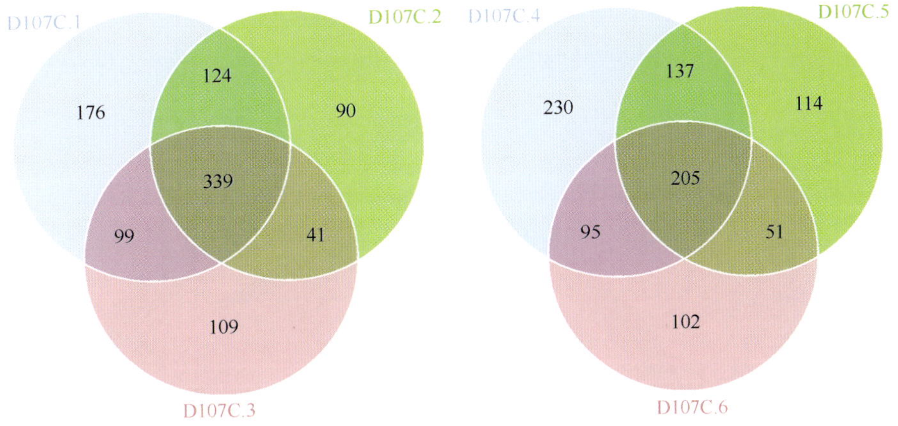

图 5-155 不同样本 OTU 韦恩图

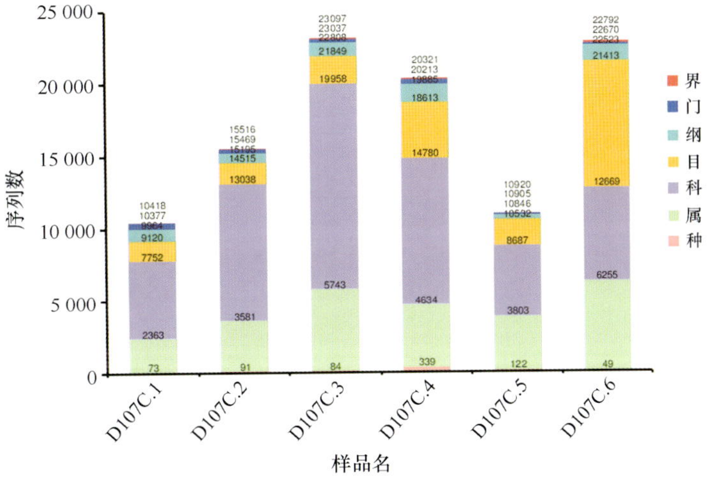

图 5-156 每个样品在各分类水平上的序列构成柱形图

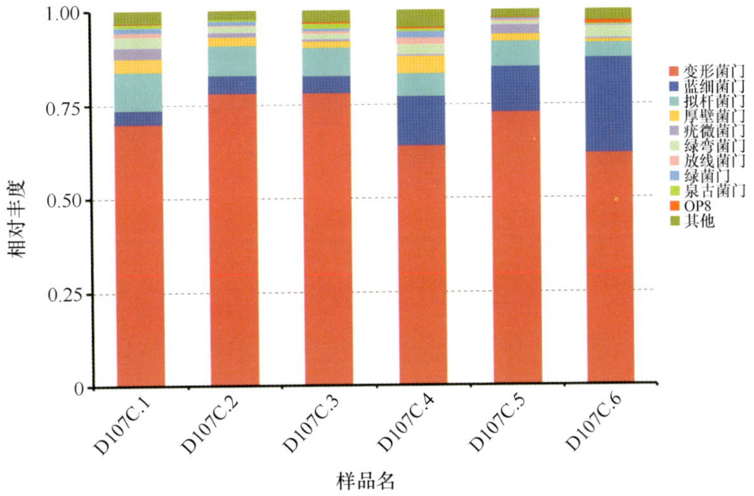

图 5-157 门水平上的物种相对丰度柱形图

er)、栖砂杆菌属（*Arenibacter*)、油菌属（*Oleibacter*)、希瓦氏菌属（*Shewanella*)、油螺旋菌属（*Oleispira*)、盐单胞菌属（*Halomonas*)、其中 *Sulfurimonas*、*Arenibacter* 和 *Halomonas* 的丰度出现了较大的提高。

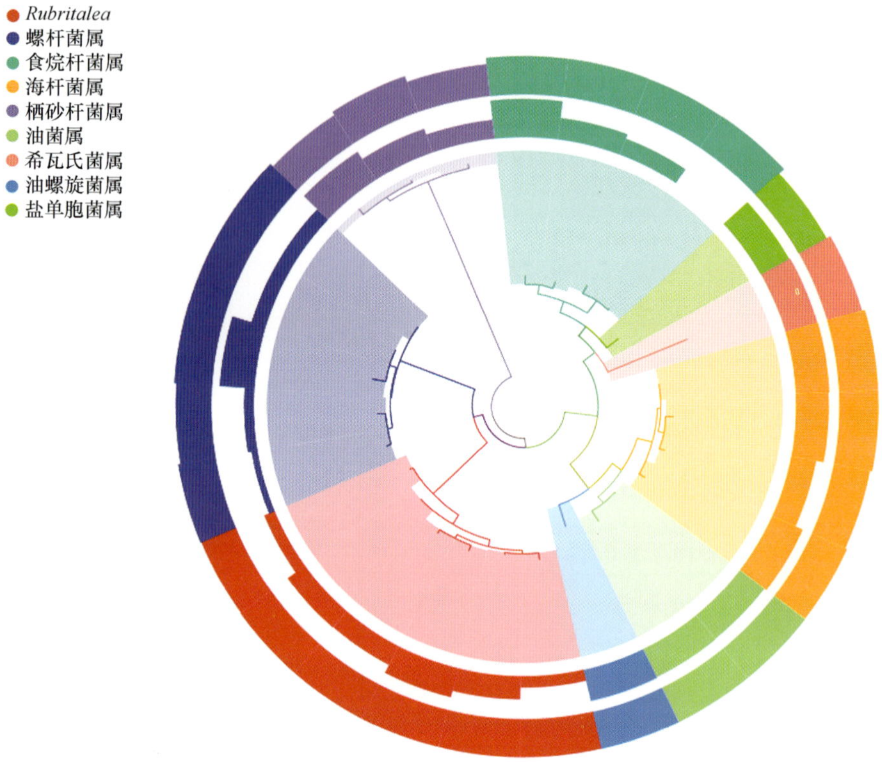

图 5－158　OTUs 及其代表物种的系统发生关系

3）物种丰度聚类

基于每个样本中物种的丰度水平，实现物种分类地位聚类（横向聚类）及样本聚类（纵向聚类），找出样品中聚集较多的物种。不同颜色意味着样品中物种的相对丰度水平。物种丰度聚类结果显示，各样本间物种丰度变化较大，无明显规律，但总体而言表层样本 D107C. 1 和 D107C. 2 物种组成和丰度相似性较高；而 D107C. 6 与表层两个样本的差异较大（图 5－159)。基于样本在属水平上相对丰度的大小，选取前 9 个属所对应的 OTUs 的丰度矩阵也表明，D107C. 6 样本中微生物亲缘关系与其他 5 个样本较远（图 5－160)。

4）特定物种分类树

基于每个样本的物种分类结果，筛选特别关注的物种（默认是在属水平上，选择每个分类中各样品最大相对丰度前 10 的分类所对应的结果进行展示）进行物种分类树统计，并使用自主研发的画图工具进行展示。由图 5－161 可见，在单个样品细菌的组成中，主要由 Bacteroidetes（13. 63%）、Protecbacteria（79. 69%）和 Verrucomicrobia（6. 69%）3 个门的菌群组成，其中 *Marinobacter*、*Arenibacter*、*Shewanella*、*Rubritalea* 是丰度较大的属。而优势种群 *Allivibrio* 主要分布于 D107C. 2，优势种群 *Dechloromonas* 主要分布于 D107C. 4，优势种群 *Sulfurimonas* 则主要分布于 D107C. 6（图 5－162)，由此可见，不同深度样本中优势种群的组成具有较大差异。

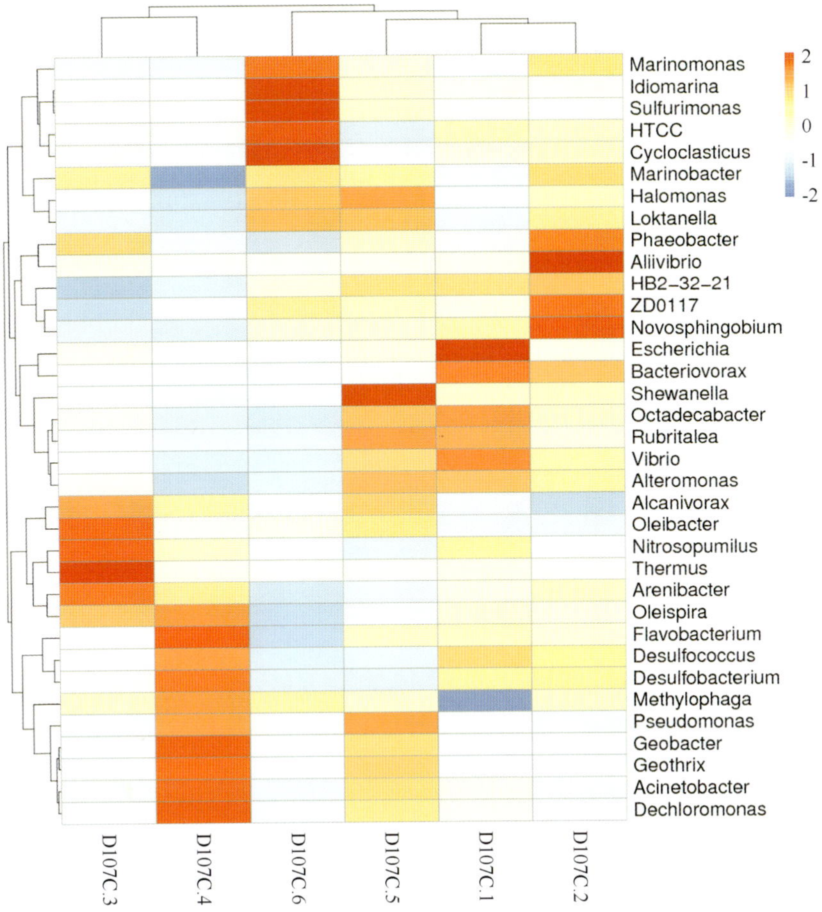

图 5 - 159　物种丰度聚类

5.1.5.4.2　样品复杂度分析（Alpha diversity）

1）稀释曲线

可以通过绘制稀释曲线（Rarefaction Curve）来评价测序量是否足以覆盖所有类群，并间接反映样品中物种的丰富程度。稀释曲线是利用已测得 16S rDNA 序列中已知的各种 OTU 的相对比例，来计算抽取 n 个（n 小于测得 reads 序列总数）reads 时出现 OTU 数量 的期望值，然后根据一组 n 值（一般为一组小于总序列数的等差数列）与其相对应的 OTU 数量的期望值做出曲线来。当曲线趋于平缓或者达到平台期时也就可以认为测序深度已经基本覆盖到样品中所有的物种；反之，则表示样品中物种多样性较高，还存在较多未被测序检测到的物种。由图 5 - 163 至图 5 - 165 可以看出，本次实验测序量已足以覆盖所有类群，并能够间接反映样品中物种的丰富程度。

2）Alpha-diversity 指数表格

对不同样本在种、属水平下的 alpha 多样性指数进行统计。其中，种水平下的 alpha 多样性指数基于 97% 的序列相似性而得到，属水平下的基于 95% 的序列相似性得到。

3）Rank-Abundance 曲线

Rank-Abundance 曲线是某一样品中，每个 OTU 按丰度（包含的序列数目）由大到小排序，再以 OTU 的排序编号为横坐标，OTU 中的丰度（也可用该等级 OTU 中序列数的相对百

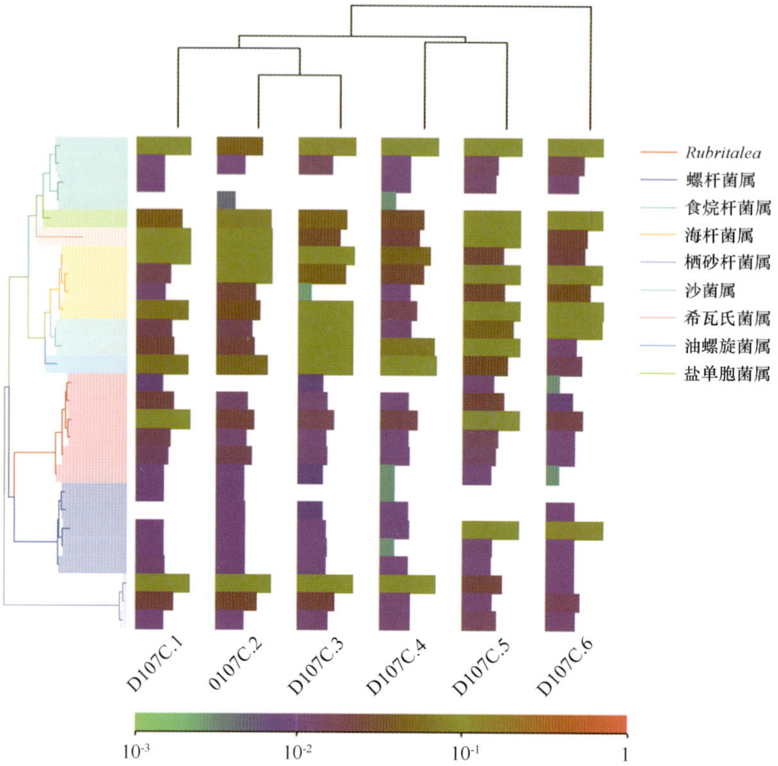

图 5-160　OTUs 丰度聚类

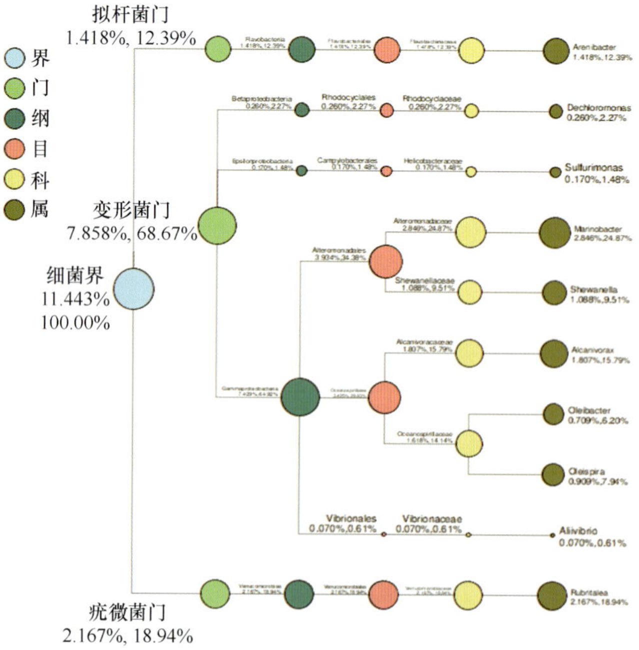

图 5-161　单样品物种分类树

分含量）为纵坐标绘制的曲线图。Rank-Abundance 曲线可直观的呈现样品中包含的 OTUs 的丰富度和均匀度。在水平方向，物种的丰度由曲线的宽度来反映，物种的丰富度越高，曲线在横轴上的范围越大；曲线的形状（平滑程度）反映了样品中物种的均匀度，曲线越平缓，

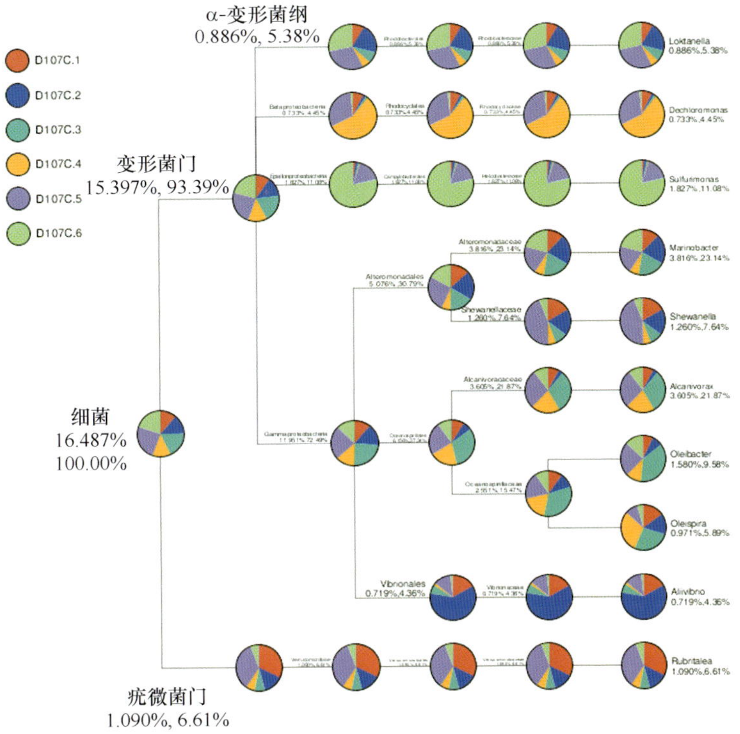

图 5-162　多样品物种分类树

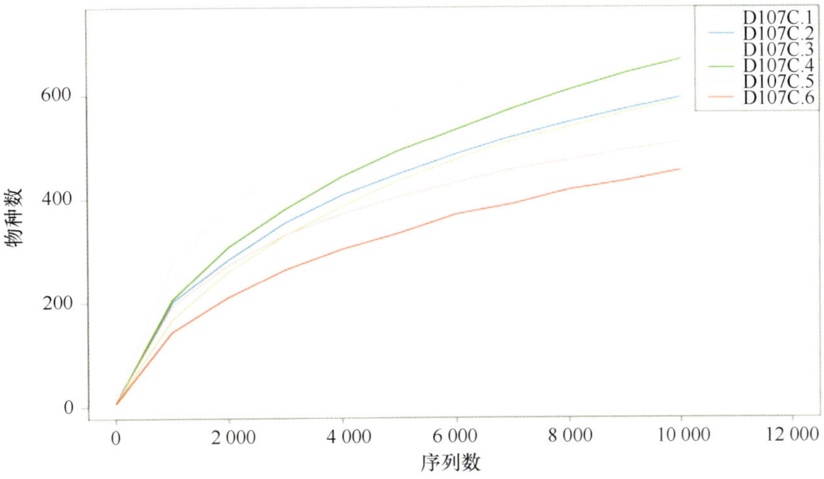

图 5-163　物种曲线

物种分布越均匀。由图 5-166 可见，D107C. 3 样本中物种丰度最高，依次分别是 D107C. 4、D107C. 2、D1O7C. 1、D107C. 5 和 D107C. 6，深度最深的样品 D107C. 6 其物种丰度最低。

5. 1. 5. 4. 3　多样品比较分析（Beta diversity）

Beta diversity 表示不同样品在微生物群落构成上的比较。将不同样品中属于同一物种的 Reads 数量汇总在同一个表格中，生成物种 profiling 表。profiling 表用于计算（Un）Weighted Unifrac，来表征 Beta diversity。计算（Un）Weighted Unifrac 得到的矩阵，进一步用于 PCoA（Principal Coordinate Analysis）。

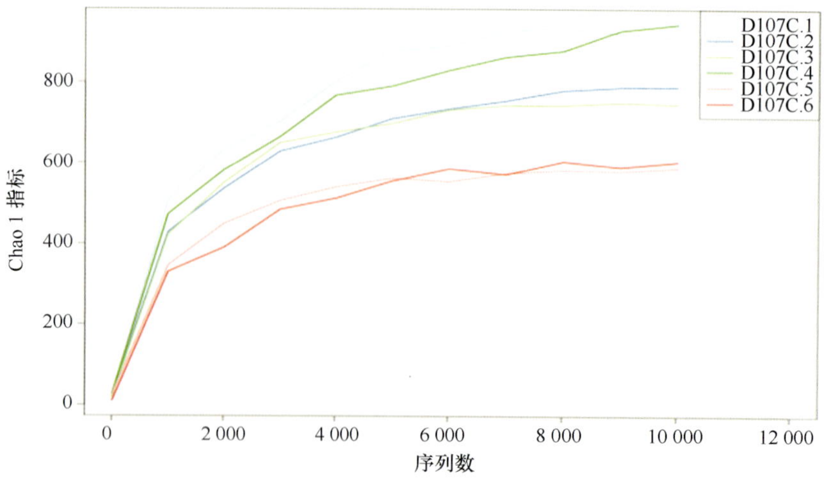

图 5－164 Chao1 曲线

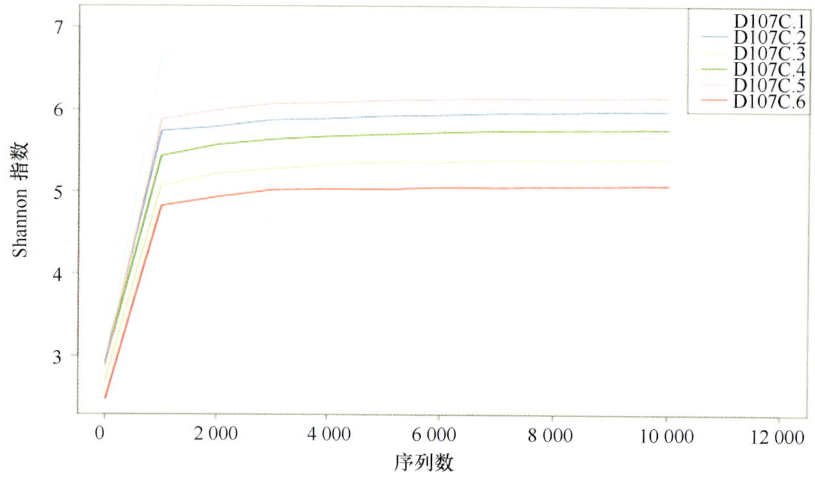

图 5－165 Shannon 曲线

1）PCoA 分析

主坐标分析（Principal Coordinates Analysis；PCoA），它与 PCA 类似，是一种对多维数据进行降维，从而提取出数据中最主要的元素和结构的方法。区别在于 PCA 是基于样品的相似系数矩阵来寻找主坐标，而 PCoA 是基于距离矩阵来寻找主坐标。我们基于（Un）Weighted Unifrac 距离来进行 PCoA 分析，并选取贡献率最大的主坐标组合进行作图展示。如果样品的距离越接近，则它们在 PCoA 图中的距离越接近。Weighted Unifrac PCoA 分析结果显示，样品 D107.6 群落中可能存在特有的细菌类群，样品 D107.1、D107.2 和 D107.3 在 PC1 的左侧聚簇，PC1 总共占据了全变差的 46.57%。样品 D107.4、D107.5 和上述类群的距离很接近，然而 D107.6 则在 PC2 轴上与其他样品分开，PC2 总共占了全变差的 24.84%，两个坐标轴总共解释了不同细菌群落的全变差 71.41%（图 5－167）。

2）样品聚类分析

通过对样品进行聚类分析，物种组成的相似性。使用的聚类方法为 UPGMA（Unweighted PairGroup Method with Arithmetic Mean），分别输入 Weighted Unifrac 距离矩阵及 Unweighted

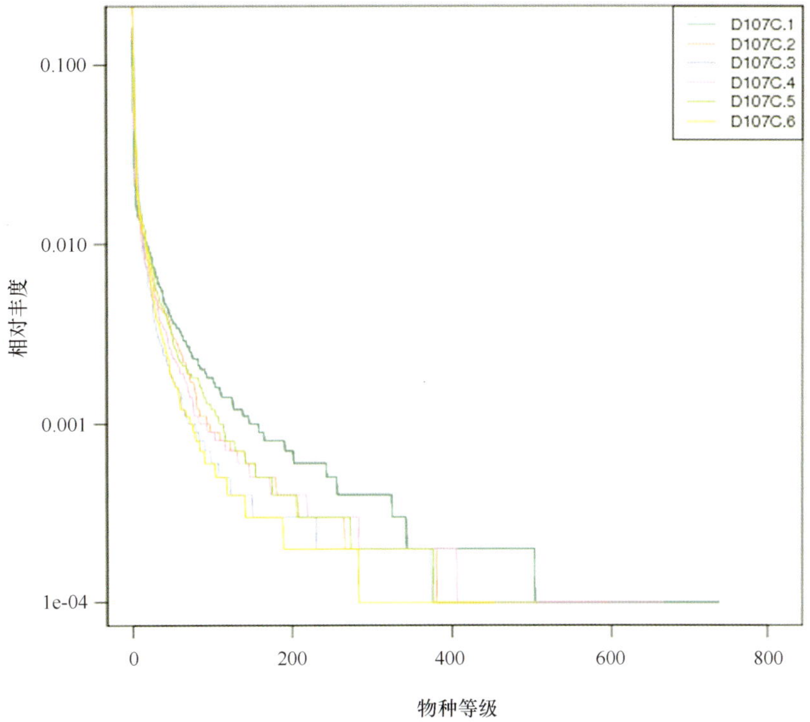

图 5－166 Rank-Abundance 曲线

Unifrac 聚类矩阵，将样品聚类结果，与各样品在门水平上的物种相对丰度一同展示。基于 Weighted Unifrac 距离聚类结果表明，最深的样本 D107C.6 物种组成与其他 5 个样本的聚类关系较远。而不管是基于 Weighted Unifrac 距离聚类分析（图 5－168）还是基于 Unweighted Unifrac 距离分析（5－169）都表明，样本 D107C.1、D107C.2 聚簇然后和 D107C.3 聚簇在一起，因此这 3 个深度较浅的样品中细菌群落组成和聚类关系更近。

5.1.5.5 D504 站位不同深度样本中微生物的分布与多样性分析

5.1.5.5.1 OTU 分析及物种注释

1）OTU 分析

为了获得环境样品中物种的多样性信息，用 Uparse 软件对序列进行聚类。根据 97% 相似性将序列聚类成为 OTUs（Operational Taxonomic Units）。这里 OTUs 表示的是一组来源于某一个相同分类单元的序列。由图 5－170 可见，样本中 OTUs 数目与样本深度存在一定线性关系，表层 OTUs 数目高，随着样本深度的增加 OTUs 数目渐次降低。D504.1 和 D504.2 站位的 OUT 数目分别为 806 和 901，而 D504.3 站位之后样本的 OUT 数介于 286～525，远远低于表层样本。分别对不同深度样本中微生物组成进行对比分析，发现 D504.1、D504.2、D504.3 和 D504.4 站位 4 个浅层样本中微生物种群组中同源微生物比例相对较高；而 D504.5、D504.6 和 D504.7 站位 3 个深层样本中微生物种群组中同源微生物比例相对较高（图 5－171）。

2）物种注释

相同 OTUs 是一组来源于某一个相同分类单元的序列，Uparse 构建 OTUs 时会选取代表性序列（一个 OTUs 中频数最高的序列）进行物种注释分析。根据物种注释，统计每个样品在

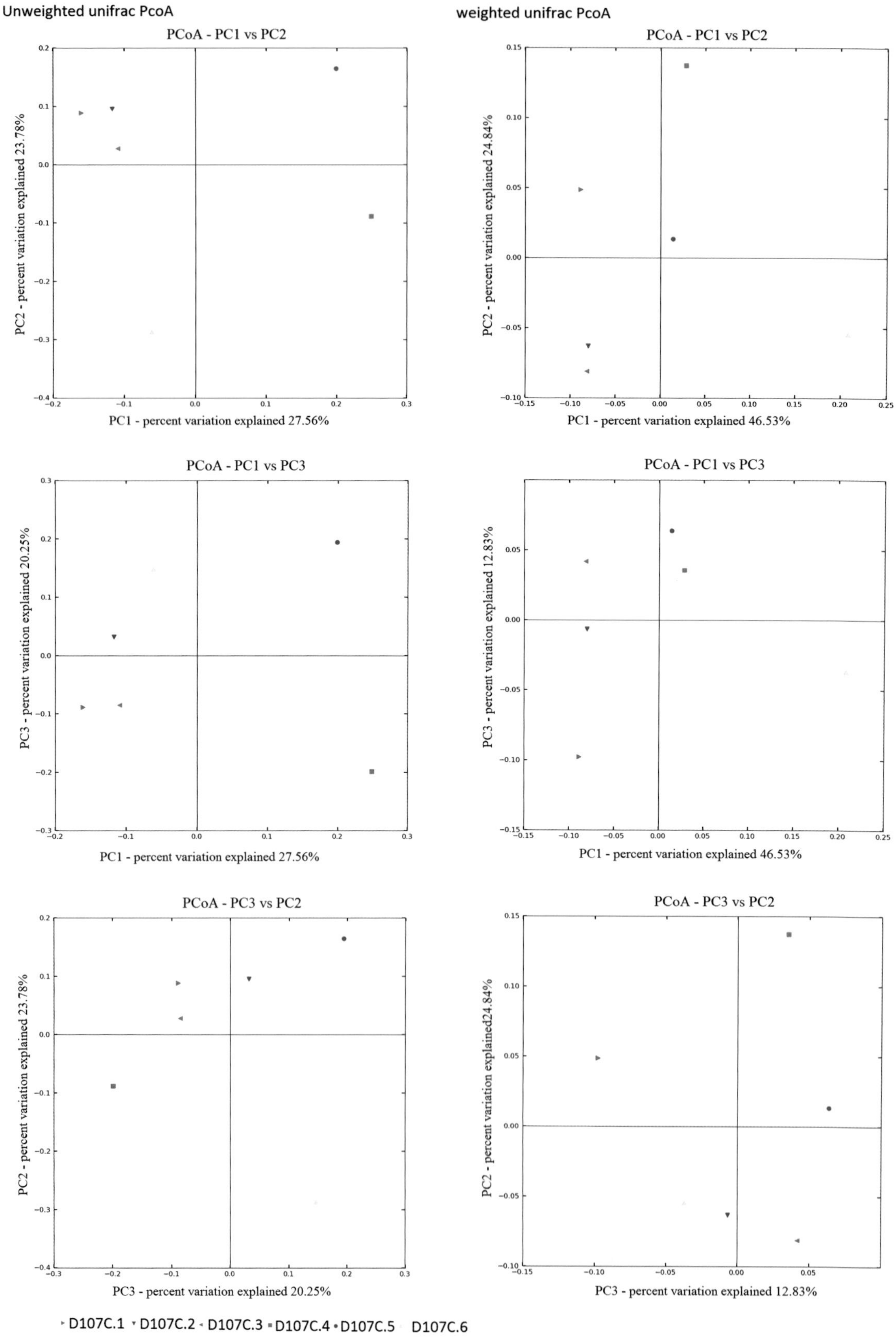

图 5 – 167　PCoA 分析

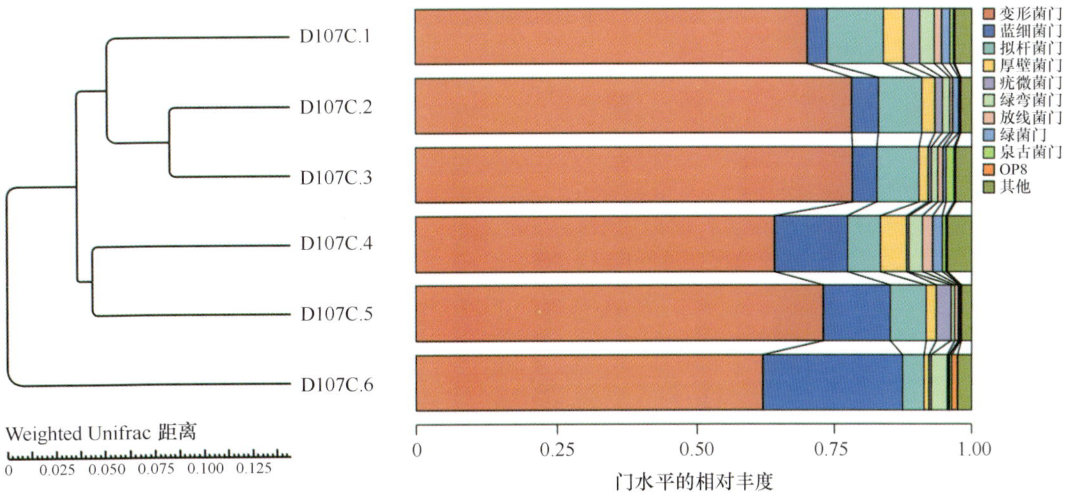

图 5－168　基于 Weighted Unifrac 距离聚类树

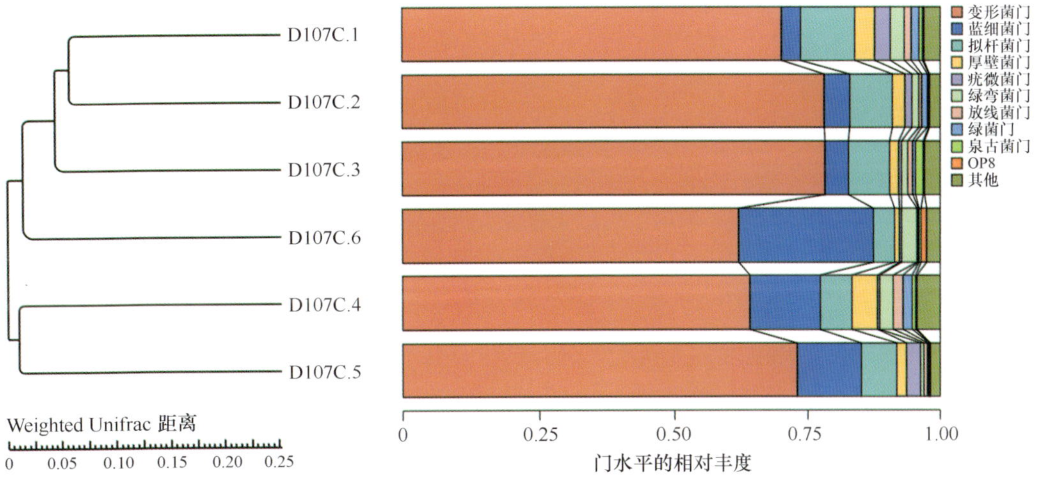

图 5－169　基于 Unweighted Unifrac 距离聚类树

各分类水平上的序列数目（界，门，纲，目，科，属，种），物种序列构成柱状图，以及在门（phylum）分类水平上的相对丰度分布柱形。由图 5－172 可见，不同深度样品在各分类水平上的序列数目没有明显规律；而在门水平上，表层样本中微生物的多样性以及其不同物种的丰度均要高于深层的样本，而物种丰度尤以 D504.2 站位为最高，该结果也与之前的 OTUs 丰度结果相一致（图 5－173）。

相对丰度排在前 9 的属所对应的 OTUs 的系统发生关系及每条代表序列的相对丰度及注释可信度展示如图 5－174 所示：脱硫球菌属（*Desulfococcus*）、螺杆菌属（*Sulfurimonas*）、褐杆菌属（*Phaeobacter*）、食烷菌属（*Alcanivorax*）、栖砂杆菌属（*Arenibacter*）、陆丹式菌属（*Loktanella*）、油菌属（*Oleibacter*）、油螺旋菌属（*Oleispira*）、盐单胞菌属（*Halomonas*），其中脱硫球菌属、褐杆菌属和陆丹式菌属是和 D107 站位不同的优势属。

3）物种丰度聚类

基于每个样本中物种的丰度水平，实现物种分类地位聚类（横向聚类）及样本聚类（纵

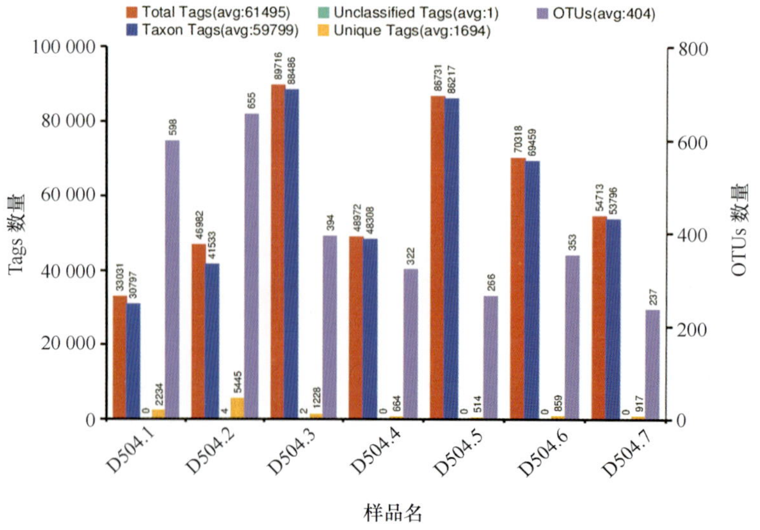

图 5－170　不同样本的 Tags 和 OTUs 数目统计

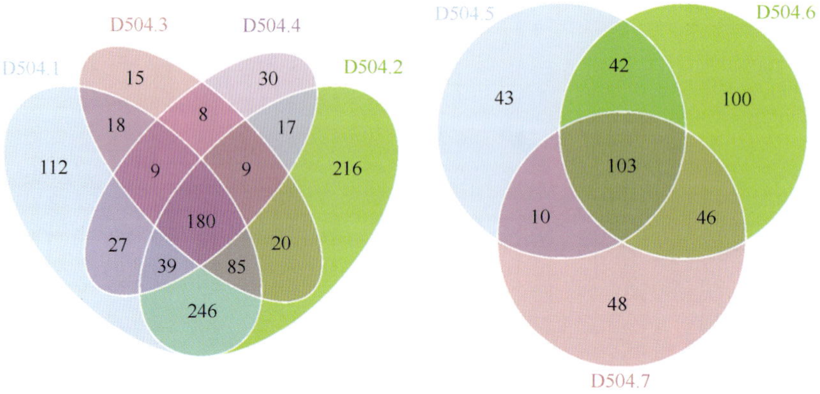

图 5－171　不同样本 OTU 韦恩图

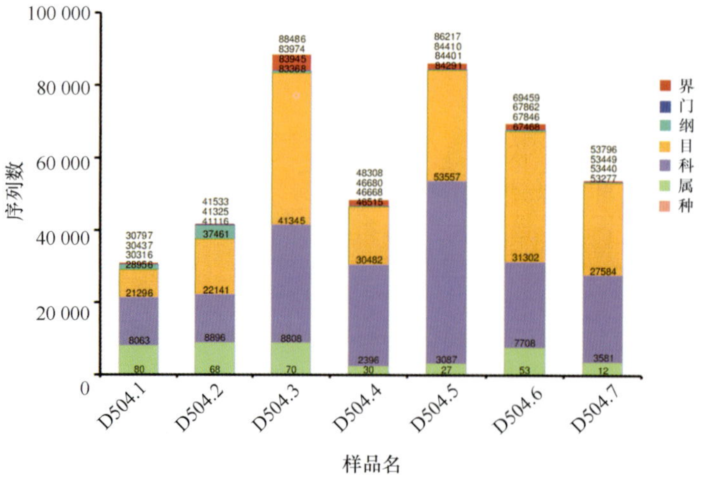

图 5－172　每个样品在各分类水平上的序列构成柱形图

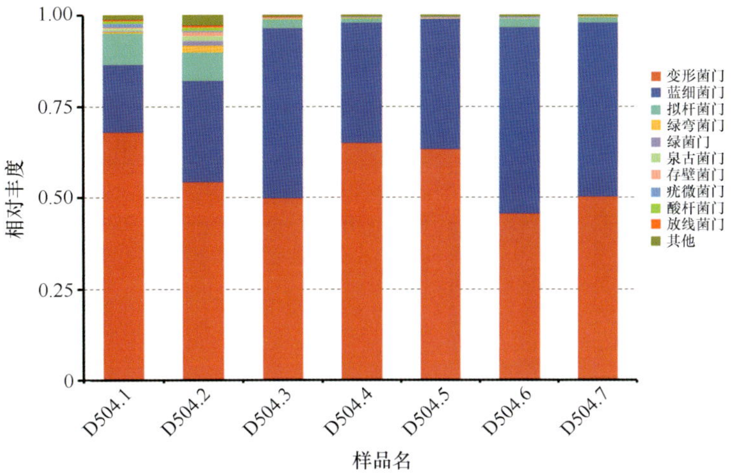

图 5-173　门水平上的物种相对丰度柱形

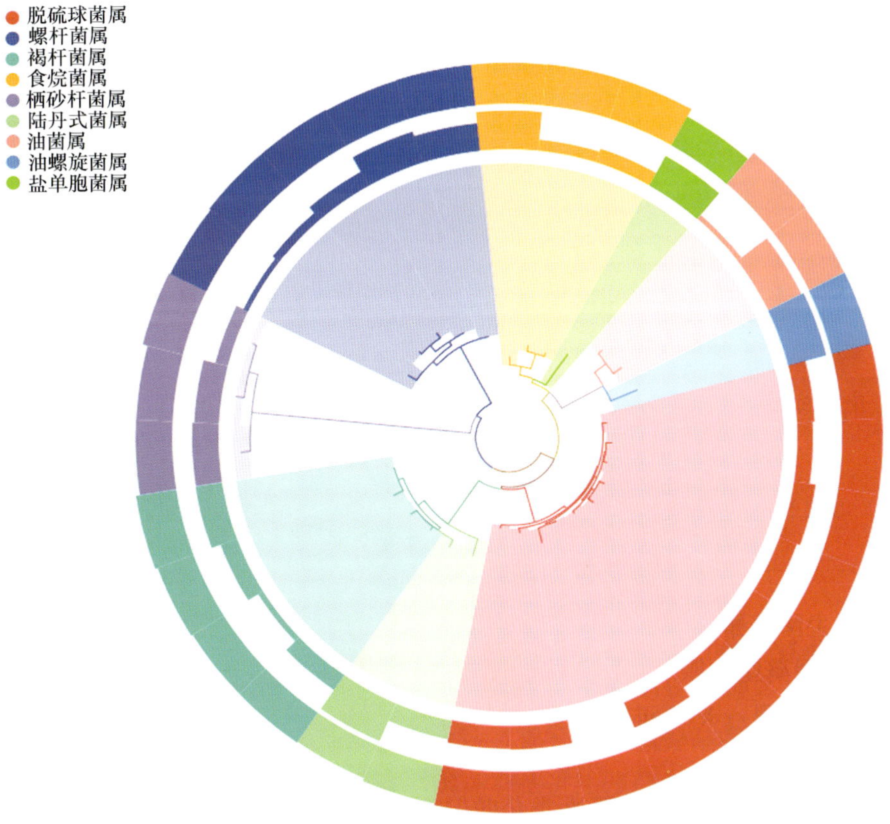

图 5-174　OTUs 及其代表物种的系统发生关系

向聚类)，找出样品中聚集较多的物种。不同颜色意味着样品中物种的相对丰度水平。通过图 5-175，我们可以明显看出，表层样本 D504.1 站位和 D504.2 站位样本的微生物多样性和丰度远远高于深层的样本，深层样本中的物种丰度和多样性很低，特别是 D504.4、D504.5 和 D504.7。但 D504.1 站位和 D504.2 站位样本中优势种群并不完全一样。选取前 9 个属所对应的 OTUs 的丰度矩阵也表明，D504.1 站位和 D504.2 站位样本中微生物亲缘关系比较近，聚在一起，而其他 5 个样本微生物亲缘关系比较近，聚在一起（图 5－176）。该结果也直观地显示出 D504. 1 站位和 D504. 2 站位样本中微生物的组成和亲缘关系更接近，并且与深层样本存在显著不同。

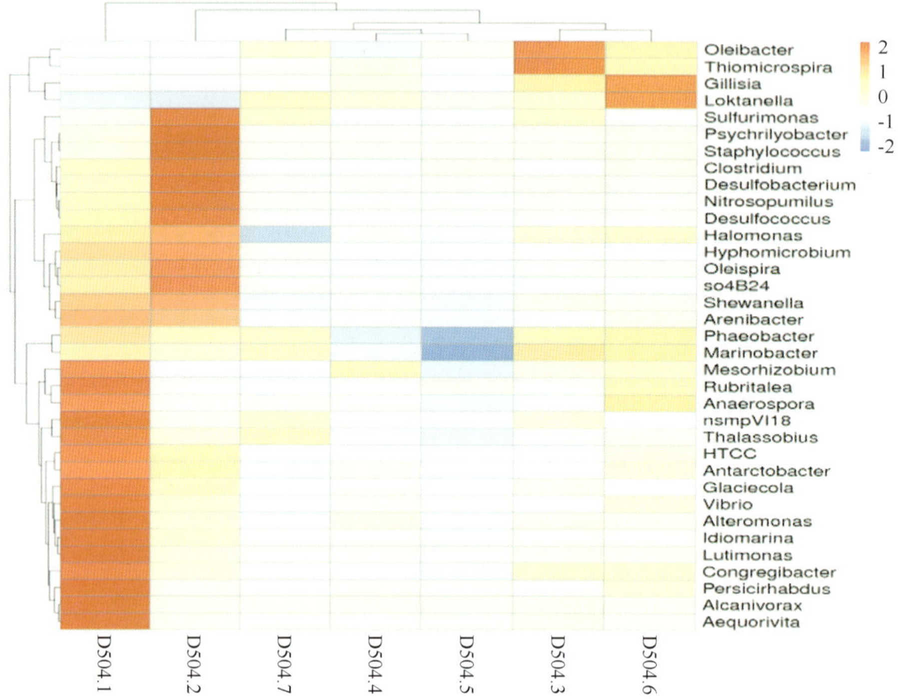

图 5－175　物种丰度聚类

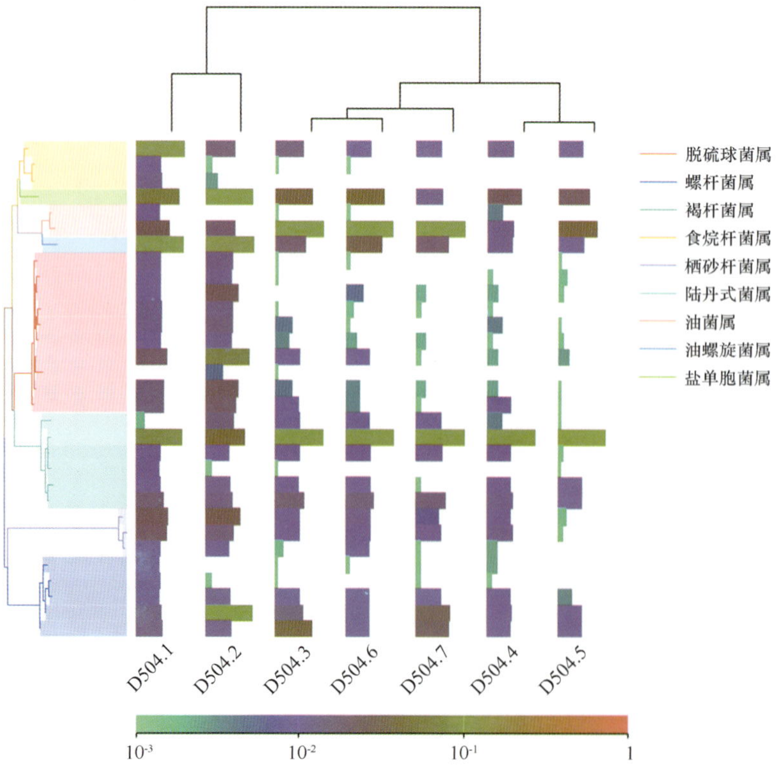

图 5－176　OTUs 丰度聚类

4）特定物种分类树

基于每个样本的物种分类结果，筛选特别关注的物种（默认是在属水平上，选择每个分类中各样品最大相对丰度前10的分类所对应的结果进行展示）进行物种分类树统计，并使用自主研发的画图工具进行展示。由图5－177可见，在单个样品原核生物的组成中，主要由细菌（98.18%）和少量古菌（1.82%）组成，该站位与D107C站位的群落结构有所不同。其中 *Alcanivorax* 是丰度较大的属，其次是 *Oleibater*。而古菌主要分布在D504.1站位和D504.2站位中；优势种群 *Alcanivorax* 主要分布于D504.1站位，而优势种群 *Dechloromonas* 主要分布于D504.4站位，由此可见，不同深度样本中优势种群的组成具有较大差异（图5－178）。

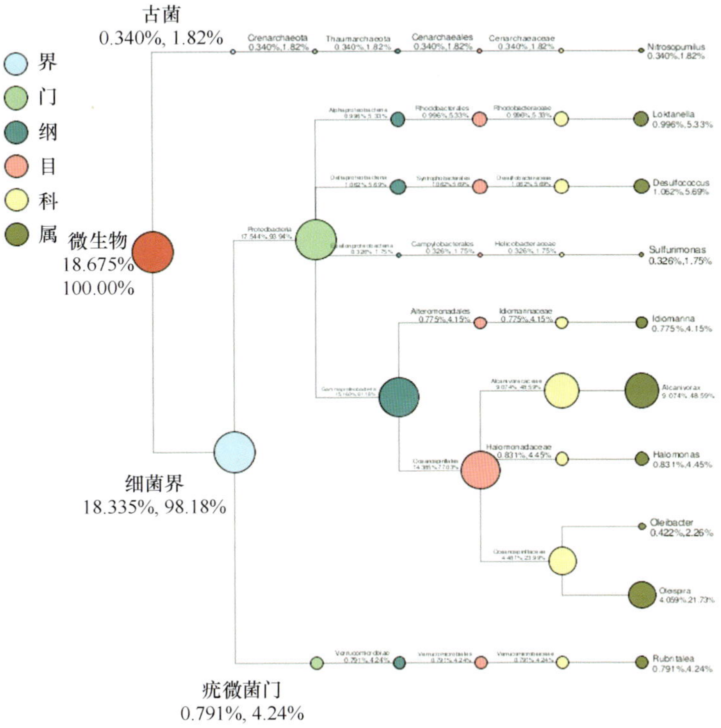

图5－177 单样品物种分类树

5.1.5.5.2 样品复杂度分析（Alpha diversity）

1）稀释曲线

可以通过绘制稀释曲线（Rarefaction Curve）来评价测序量是否足以覆盖所有类群，并间接反映样品中物种的丰富程度。稀释曲线是利用已测得16S rDNA序列中已知的各种OTU的相对比例，来计算抽取 *n* 个（*n* 小于测得reads序列总数）reads时出现OTU数量的期望值，然后根据一组 *n* 值（一般为一组小于总序列数的等差数列）与其相对应的OTU数量的期望值做出曲线来。当曲线趋于平缓或者达到平台期时也就可以认为测序深度已经基本覆盖到样品中所有的物种；反之，则表示样品中物种多样性较高，还存在较多未被测序检测到的物种。由图5－179至图5－181可以看出，本次实验测序量已足以覆盖所有类群，并能够间接反映样品中物种的丰富程度。

2）Alpha-diversity指数表格

对不同样本在种、属水平下的alpha多样性指数进行统计。其中，种水平下的alpha多样

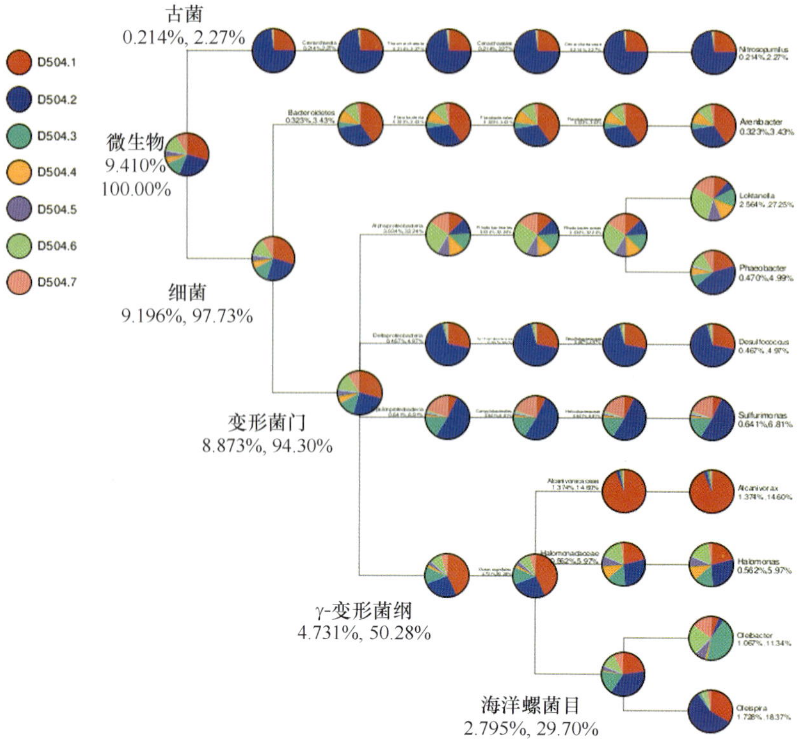

图 5－178　多样品物种分类树

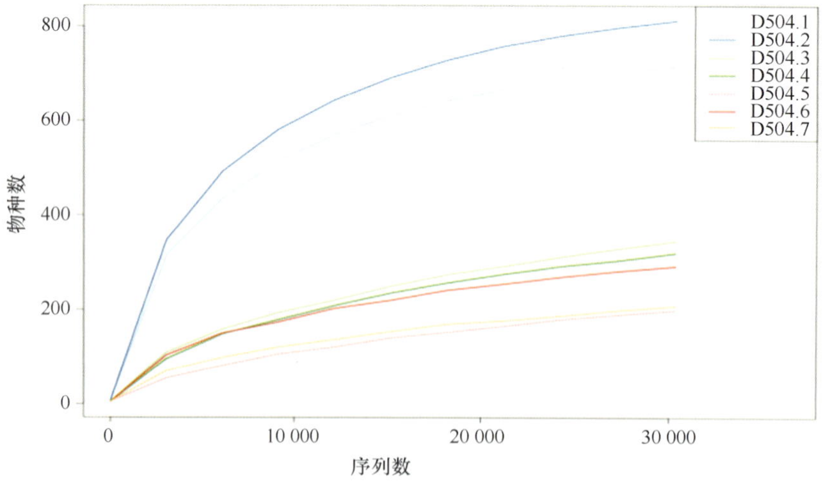

图 5－179　物种曲线

性指数基于 97% 的序列相似性而得到，属水平下的基于 95% 的序列相似性得到。

3）Rank-Abundance 曲线

Rank Abundance 曲线是某一样品中，每个 OTU 按丰度（包含的序列数目）由大到小排序，再以 OTU 的排序编号为横坐标，OTU 中的丰度（也可用该等级 OTU 中序列数的相对百分含量）为纵坐标绘制的曲线图。Rank Abundance 曲线可直观地呈现样品中包含的 OTUs 的丰富度和均匀度。在水平方向，物种的丰度由曲线的宽度来反映，物种的丰富度越高，曲线

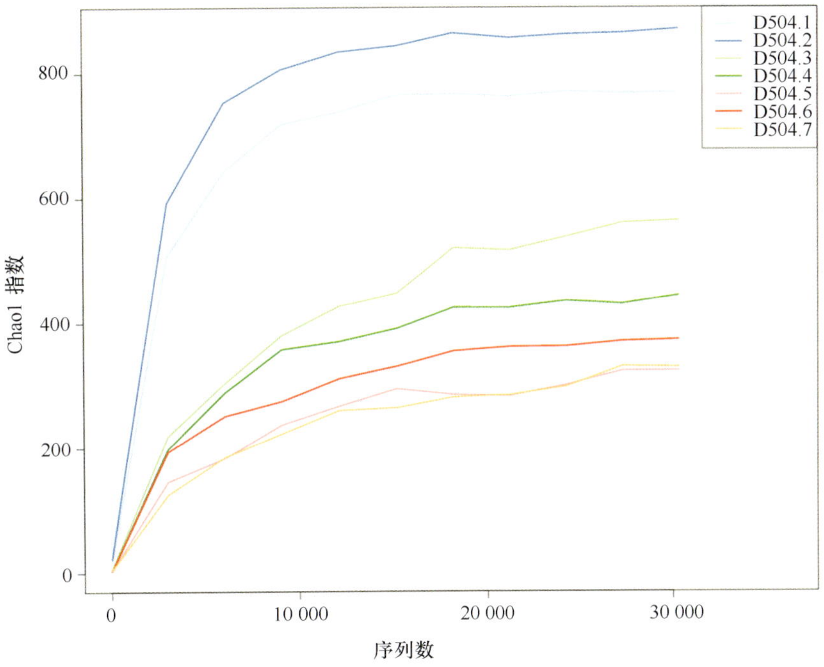

图 5－180　Chao1 曲线

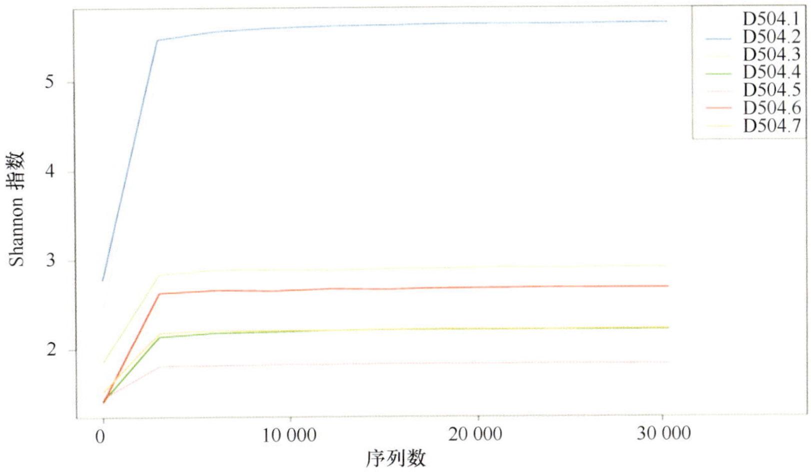

图 5－181　Shannon 曲线

在横轴上的范围越大；曲线的形状（平滑程度）反映了样品中物种的均匀度，曲线越平缓，物种分布越均匀。由图 5－182 可见，D504.2 站位样本中物种丰度最高，依次分别是 D504.1、D504.3、D504.4、D504.6、D504.7 和 D504.5 站位。

5.1.5.5.3　多样品比较分析（Beta diversity）

Beta diversity 表示不同样品在微生物群落构成上的比较。将不同样品中属于同一物种的 Reads 数量汇总在同一个表格中，生成物种 profiling 表。profiling 表用于计算（Un）Weighted Unifrac，来表征 Beta diversity。计算（Un）Weighted Unifrac 得到的矩阵，进一步用于 PCoA（Principal Coordinate Analysis）。

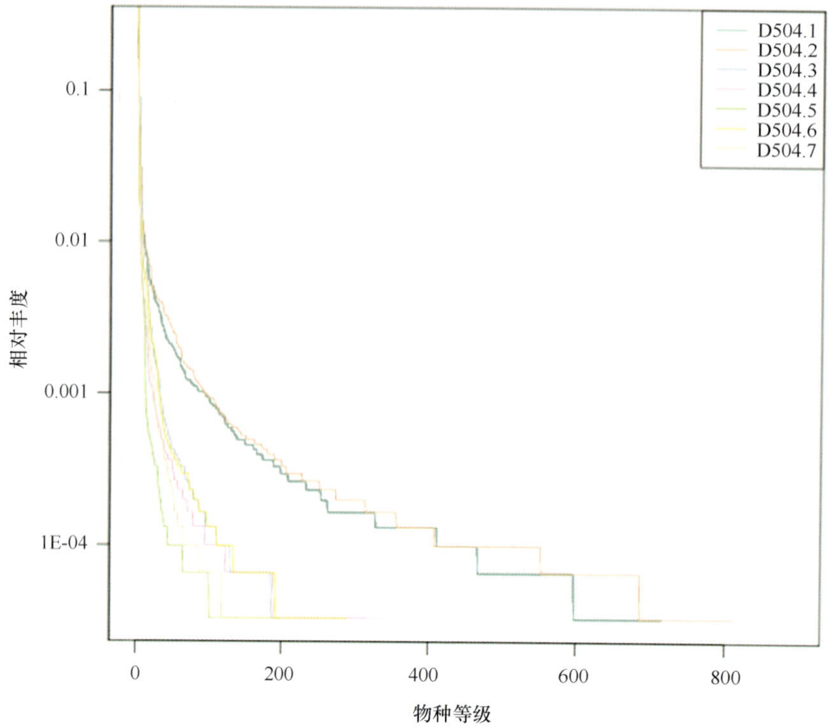

图 5-182　Rank-Abundance 曲线

1）PCoA 分析

主坐标分析（Principal Coordinates Analysis；PCoA），它与 PCA 类似，是一种对多维数据进行降维，从而提取出数据中最主要的元素和结构的方法。区别在于 PCA 是基于样品的相似系数矩阵来寻找主坐标，而 PCoA 是基于距离矩阵来寻找主坐标。我们基于（Un）Weighted Unifrac 距离来进行 PCoA 分析，并选取贡献率最大的主坐标组合进行作图展示。如果样品的距离越接近，则它们在 PCoA 图中的距离越接近。Weighted Unifrac PCoA 分析结果显示（图 5-183），样品在 D504.1 站位和 D504.2 站位群落中可能存在特有的细菌类群，样品在 D504.3、D504.4、D504.5 和 D504.6 站位在聚簇在一起，而且距离很接近。然而 D504.1 站位和 D504.2 站位则在 PC2 轴上分开，两个坐标轴总共解释了不同细菌群落的全变差 84.77%。

2）样品聚类分析

通过对样品进行聚类分析，物种组成的相似性。使用的聚类方法为 UPGMA（Unweighted PairGroup Method with Arithmetic Mean），分别输入 Weighted Unifrac 距离矩阵及 Unweighted Unifrac 聚类矩阵，将样品聚类结果，与各样品在门水平上的物种相对丰度一同展示。不管是 Weighted Unifrac 距离矩阵（图 5-184）及 Unweighted Unifrac 聚类矩阵（5-185）的聚类结果都清楚地表明，表层样本 D504.1 站位和 D504.2 站位聚簇，其细菌类群组成一致性较高，而其他 5 个深层样本聚簇在一起，其细菌类群组成更为接近；此外，该图也反映出 D504.1 站位和 D504.2 站位样本中物种多样性及丰度较 5 个深层样本为高，与此前的结果相一致。

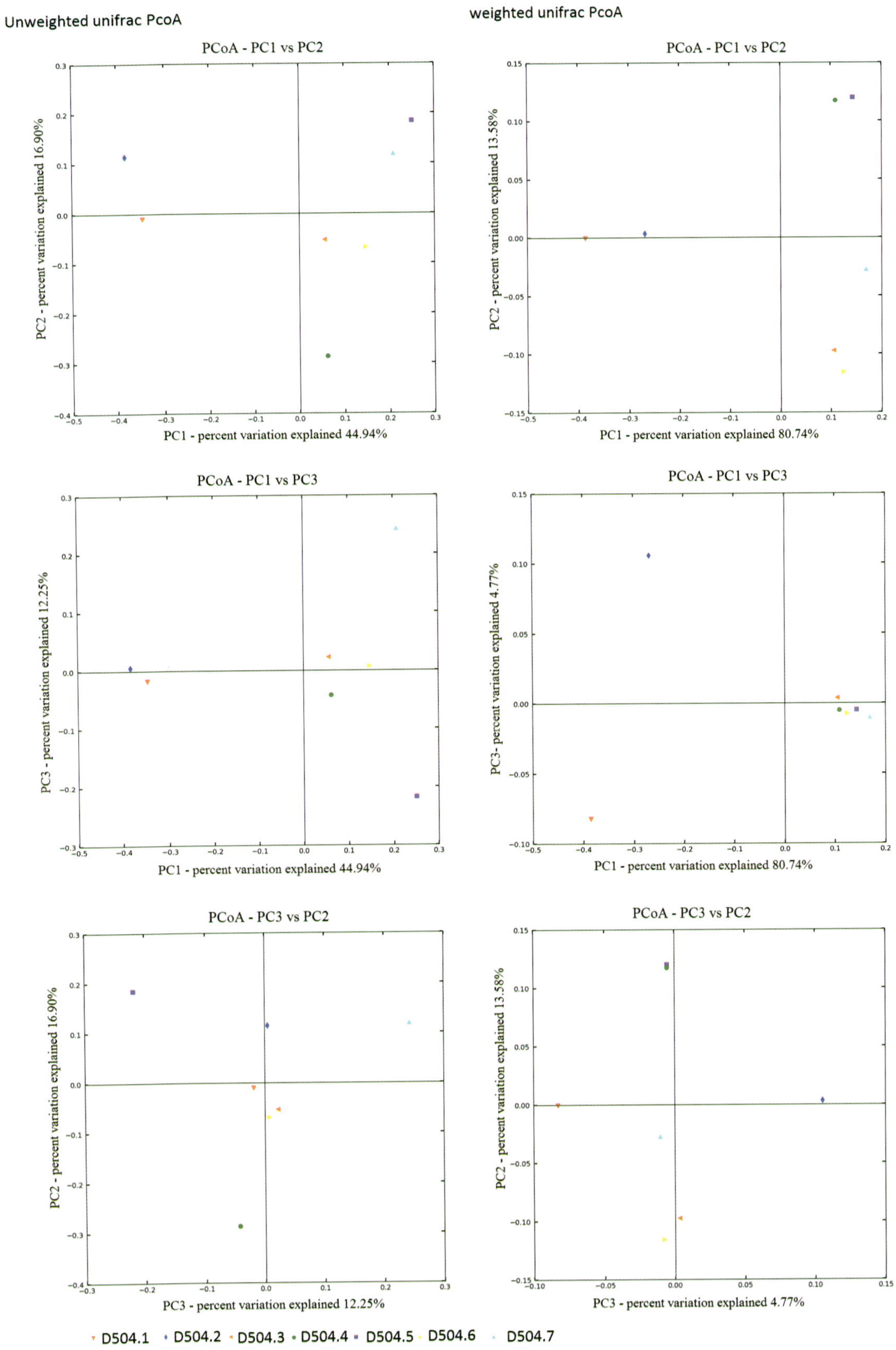

图 5－183 PCoA 分析

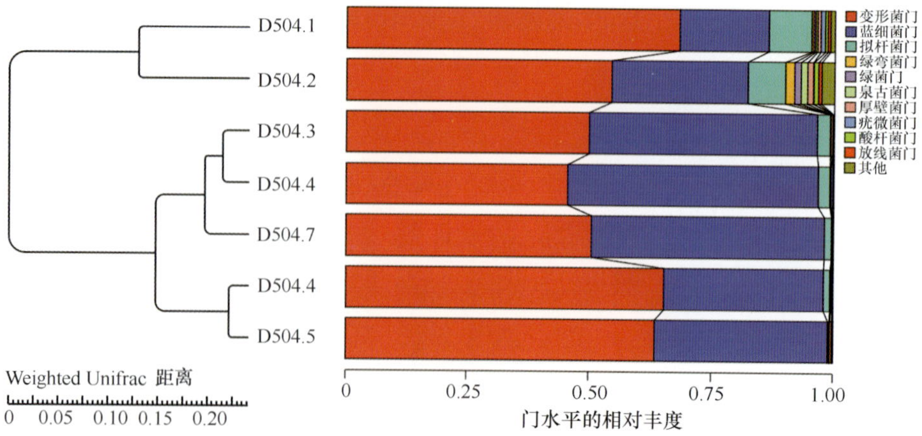

图 5－184　基于 Weighted Unifrac 距离聚类树

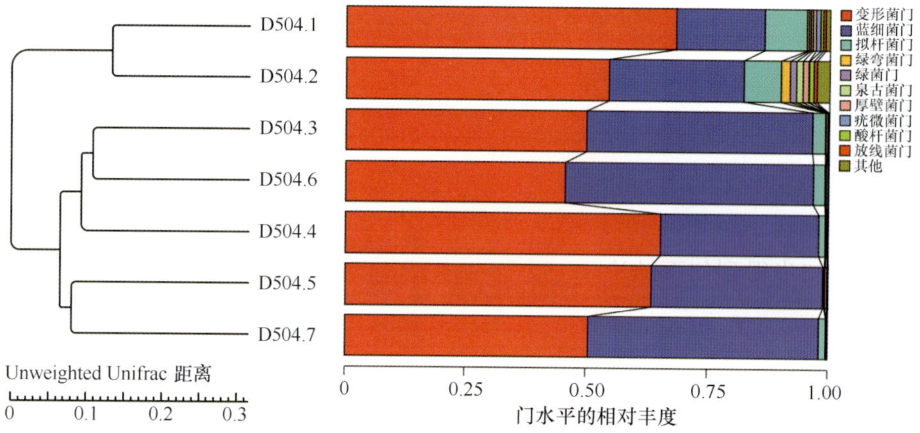

图 5－185　基于 Unweighted Unifrac 距离聚类树

5.1.5.6　小结

5.1.5.6.1　普里兹湾表层沉积物微生物多样性及其分布特征

本子任务通过对普里兹湾及邻近海域 20 个表层沉积物样品的分析，初步得到如下结论。

（1）纯化培养获得 912 株细菌和 293 株真菌，选取了形态特征差异较为明显的细菌和真菌菌株分别进行 16S rDNA 和 ITS 鉴定，共鉴定得到 12 个属的 29 株细菌和 7 个属的 10 株真菌。这 29 株细菌分属于革兰氏阳性菌：放线菌门（1 株）、厚壁菌门（2 株）；γ－变形菌（24 株）；α－变形菌（1 株）；拟杆菌门（1 株）。最多的是假交替单胞菌属，有 8 株，菌株 P7－9－1 最高相似度为 97%，推测有可能是一个新种。真菌鉴定结果表明它们属于 4 个纲 7 个属，分别为散囊菌纲（Eurotiomycetes）的青霉属（*Penicillium*）和曲霉属（*Aspergillus*）、座囊菌纲（Dothideomycetes）的枝孢属（*Cladosporium*）、粪壳菌纲（Sordariomycetes）的帚霉属（*Scopulariopsis*）和 *Geosmithia pallida*、微球黑粉菌纲（Microbotryomycetes）的红酵母属（*Rhodotorula*）和 *Glaciozyma*，其中菌株 P7－16－7 与 *Geosmithia pallida*（HF546256）相似度最高，只有 88%，因此推测其为一个新种。由此可知，南极普里兹湾及邻近海域沉积物存在丰富的细菌和真菌多样性。

（2）采用16S rDNA的高变区测序技术，对19个普里兹湾及邻近海域的沉积物样本微生物16S rDNA的可变区PCR产物进行测序，并拼接成*Taq*，根据*Taq*进行物种的分类OUT分析、多样性分析及多样品的比较分析等工作。研究结果显示，普里兹湾及邻近海域的沉积物样本微生物主要包括Acidobacteria（酸杆菌门）、Actinobacteria（放线菌门）、Bacteridetes（厚壁菌门）、Chlorobi（绿菌门）、Crenarchaeota（泉古菌门）、Euryarchaeota（广古菌门）、Planctomycetes（浮霉菌门）、Proteobacteria（变形菌门）、Verrucomicrobia（疣微菌门）以及少量的未分类的微生物，其多样性要远高于纯培养手段获得的种类。而且，Proteobacteria在所有的站位中都是优势种群。其中M4、P3.7、P4.6和P6.10站位微生物多样性较高，而P3.3、P3.9和PA.5站位微生物多样性较低。P6.10站位中*Acinetobacter*（不动杆菌）、*Sphingomonas*（少动鞘氨醇单胞）、*Stenotrophomonas*（寡养单胞菌属）、*Lactococcus*（乳杆菌属）、*Kaistobacter*、*Limnobacter*、*Nocardiodes*具有很高的丰度，而其他站位上述物种的丰度则非常低。M2、P3.5、P6.12、M4、P3.7、P7.12、P4.6站位在物种组成相似性较高；P3.8、P6.8、P7.16、PA.1、P4.3、P7.14、PA03、P6.10站位在物种组成相似性较高；P3.3、PA.5、P3.9、P5.1站位在物种组成相似性较高，但与前面两个类群相似性较低。推测以上情况的形成主要是因为采样站位之间地理位置以及不同站位间沉积物营养成分组成不同。

5.1.5.6.2 南极半岛海域表层沉积物微生物多样性及其分布特征

子任务通过对南极半岛海域7个不同站位的表层沉积物样品，以及两个典型站位不同深度样品的分析，初步得到如下结论。

1）划线法纯培养分析南极半岛部分海域表层沉积物微生物组成和多样性

沉积物环境是最复杂的微生物栖息地，多样性研究是开发利用海洋微生物资源的第一步。目前国内外对南极半岛海域沉积物微生物的研究相对较少，一般来说，在深海表层沉积物中，可培养的（可培养的总数/细胞总数）细菌占总数的0.001%～0.1%（Talbot and Bianchi, 1997; Inagaki et al., 2003; D'Hondt et al., 2004）。在深海沉积物里，可培养的微生物数量为10^4～10^7个/cm^3（Kobayashi et al., 2008）。为了尽可能多的获得可培养微生物的种类和数量，我们采用5种培养基（2216E培养基、高氏培养基、GA培养基、PDA培养基、PP培养基）对第30次南极半岛的表层沉积物进行了培养和筛选。

（1）根据菌落外观形态采用划线法从19份样品中获得纯化细菌520株和真菌43株，并对代表性的150株微生物进行了种属鉴定和保藏。

（2）第30次南极半岛沉积物样品可培养微生物主要包括拟杆菌门、厚壁菌门、α变形菌门和γ变形菌门4个门；而我们对第29次普里兹湾沉积物表层样品筛选得到可培养微生物主要包括放线菌门、厚壁菌门；γ-变形菌；α-变形菌和拟杆菌门。此外并未分离到放线菌门的微生物，可能与样品放置时间较长有一定关系。

（3）在属的水平上，分离的细菌分属于*Photobacterium*（发光杆菌属）、*Moritella*（莫里特拉氏菌属）、*Maribacter*（列文虎克属）、*Joostella*（苏特氏属）、*Glaciecola*（极地冰居杆属）、*Flavobacterium*（黄杆菌属）、*Acinetobacter*（不动杆菌属）、*Colwellia*（科瓦氏菌属）、*Shewanella*（希瓦氏菌属）、*Loktanella*（蓝藻属）、*Bacillus*（芽孢杆菌属）、*Polaribacter*（极地杆菌属）、*Psychromonas*（冷弯菌属）和*Pseudoalteromonas*（假交替单胞菌）；而第29次普里兹湾沉积物的可培养的微生物主要是*Pseudoalteromonas*（假交替单胞菌属）、*Idiomarina*（海源菌

属）、*Microbacterium*（微球菌属）、*Vibrio*（弧菌属）、*Enterobacter*（肠杆菌属）、*Rhodobacter*（红杆菌属）、*Planococcus*（动性球菌属）、*Halomonas*（盐单胞菌属）、*Colwellia*（科尔韦尔氏菌属）、*Psychromonas*（冷单胞菌属）、*Planomicrobium*（动性杆菌属）和 *Salegentibacter*。通过比对我们发现，普里兹湾和南极半岛沉积物中可培养的细菌除 *Pseudoalteromonas*（假交替单胞菌）和 *Colwellia*（科瓦氏菌属）外，其他的种属完全不同。一方面表明南极地区丰度的微生物多样性资源；另一方面也表明微生物种类具有显著的区域差异。

（4）第 30 次南极半岛可培养真菌仅获得了 *Geomyces*（土霉菌属）、*Penicillium*（青霉菌属）、*Cladosporium*（枝孢属）和 *Mortierella*（被孢霉属）4 个属的真菌。而第 29 次普里兹湾沉积物样本则获得 2 个纲 7 个属的真菌，分别为散囊菌纲（Eurotiomycetes）的青霉属（*Penicillium*）和曲霉属（*Aspergillus*）、座囊菌纲（Dothideomycetes）的枝孢属（*Cladosporium*）、粪壳菌纲（Sordariomycetes）的帚霉属（*Scopulariopsis*）和 *Geosmithia pallida*、微球黑粉菌纲（Microbotryomycetes）的红酵母属（*Rhodotorula*）和 *Glaciozyma*。该结果比普里兹湾海洋沉积物的真菌数量和种类都偏少，可能与样品数量少且放置时间较长有一定关系。

本研究对南极半岛部分海域的沉积物样品中可培养微生物的多样性进行了初步研究，由此可知，南极半岛海域沉积物存在丰富的细菌和真菌多样性，且具有显著的区域分布特征，该结果为更深入地研究南极半岛微生物多样性以及微生物资源的开发利用奠定了基础。

2）16S 高通量测序分析南极半岛部分海域表层沉积物微生物组成和多样性

本研究采用 16S rDNA 的高变区测序技术，对 8 个南极半岛海域的沉积物样本细菌 16S rDNA 的可变区 PCR 产物进行测序，并拼接成 *Taq*，根据 *Taq* 进行物种的分类 OUT 分析、多样性分析及多样品的比较分析等工作。

（1）研究结果显示，南极半岛海域的沉积物样本存在大量的微生物，主要是由细菌和少量古菌组成。古菌一般在微生物群落里只占很少的一部分（Purdy et al.，2003），偶有报道在海洋表面沉积物中古菌所占比例较高（Lipp et al.，2008）。而我们的研究结果也表明，古菌在南极半岛海域沉积物表层微生物组成的比例较小，仅发现了 Cenarchaeota（泉古菌门），但我们第 29 次对普里兹湾沉积物表层微生物多样性研究结果则发现了较大丰度的古菌，主要是 Crenarchaeota（泉古菌门）和 Euryarchaeota（广古菌门）。

（2）我们对 8 个站位的样品分析表明，在各个站位中丰度较高的微生物主要包括 Proteobacteria（变形菌门）、Cyanobateia（蓝细菌门）、Bacteroidetes（拟杆菌门）、Fimicutes（厚壁门）、Verrucomicrobia（疣微菌门）、Chloroflexi（绿弯菌门）、Acidobacteria（酸杆菌门）、*Chlorobi*（绿菌属）、Cenarchaeota（广古菌门）、Actinobacteria（放线菌门）优势种群以及少量的未分类的细菌，其多样性要远高于纯培养手段获得的种类。然而却与第 29 次普里兹湾及邻近海域的沉积物样本微生物多样性有所不同，普里兹湾结果主要为 Acidibacteria（酸杆菌门）、Actinobacteria（放线菌门）、Bacteridetes（拟杆菌门）、Chlorobi（绿菌门）、Crenarchaeota（泉古菌门）、Euryarchaeota（广古菌门）、Planctomycetes（浮霉菌门）、Proteobacteria（变形菌门）、Verrucomicrobia（疣微菌门）以及少量的未分类的微生物。不过不论是普里兹湾还是南极半岛沉积物表层的微生物中 Proteobacteria 在所有的站位中都是优势种群，最高比例可达 80%。Proteobacteria 是世界分布最为广泛的一个类群，在所存的海洋沉积物中均有发现，并且是占优势的细菌类群，构成了微生物总生物量的 50% 以上（Ravenschlag et al.，2001；Bowman et al.，2003）；*Bacteridetes* 在沉积物群落里也是较多的（8%），基本上都属于 Flavobacteria 纲。这个门的细菌，尤其是 Flavobacteria，在深海的沉积物中经常发现（Cheng and Foght, 2007；Zhou et al.，2009），能够很好地适应低温环境，并且能够聚集在一起，在小颗粒的表面形成生物膜，有效地代谢溶解有机碳（DeLong et al.，1993）。已有的研究表明，在高纬度的海洋浮游细菌里，Alphaproteobacteria、Gammaprocteobacteria 和 Bacteroidetes 占主要地位，而 Gammaproteobacteria、Deltaproteohacteria、Bacteroidetes 和 Planktomycetes 则是在沉积物里经常发现的类群（Teske et al.，2011 ）。高通量测序的结果也与我们纯培养微生物多样性的研究结果相一致。

（3）此外，我们的研究结果表明，地理位置较近的 D504、505 和 D506 站位样本细菌群落聚簇在一起，组成和亲缘关系较近；这 3 个站位与 IS01、DA02 站位距离较远的站位相比，细菌群落组成有较大差异。另外，D504、505 和 D506 站位 3 个站位细菌多样性和丰度也比 D107 站位高，可能是因为与 D107（3 548 m）站位深度有关；然而 DA02（2 456. 7 m）站位虽然较深，但其在门水平上，细菌多样性与丰度都较高，之所以出现该结果的原因除了站位深度，还需结合站位沉积物中碳、氮等阴阳元素进行深入分析；第 29 次普里兹湾沉积物样品的 16S 高通量测序结果也表明，采样站位较深的样品中微生物的多样性和丰度，一般来说要比采样站位浅的样品要高。

3）南极半岛 D107 站位表层沉积物微生物垂直分布特征

为了研究微生物垂直分布特征，我们选取了两个相距较远、采样深度差异较大的站位 D107 和 D504，对其微生物的垂直分布特征进行了初步的研究和分析。

（1）我们对 D107 站位不同深度的样品分析表明，在该站位不同深度的样品中丰度较高的微生物主要包括 Procteobacteria（变形菌门）、Cyanobateia（蓝细菌门）、Bacteroidetes（拟杆菌门）、Fimicutes（厚壁门）、Verrucomicrobia（疣微菌门）、Chloroflexi（绿弯菌门）、Acidobacteria（酸杆菌门）、*Chlorobi*（绿菌属）、Cenarchaeota（泉古菌门）、OP8 优势种群以及少量的未分类的细菌，丰度最高的也是 Procteobacteria，然而 Cyanobateia 的丰富则高于 Bacteroidetes。

（2）总体而言，在门分类水平上还是可以看出，表层样本在 D107C. 1、D107C. 2、D107C. 3 和 D107C. 4 的物种多样性和丰度还是较深层样本 D107C. 5 和 D107C. 6 为高，基于 Weighted Unifrac 距离聚类结果表明，最深的样本在 D107C. 6 物种组成与其他 5 个样本的聚类关系较远。而不管是基于 Weighted Unifrac 距离聚类分析还是基于 Unweighted Unifrac 距离分析都表明，样本在 D107C. 1、D107C. 2 聚簇然后和 D107C. 3 聚簇在一起，因此这 3 个深度较浅的样品中细菌群落组成和聚类关系更近。

（3）通过分析该站位微生物物种多样性和丰度的垂直分布规律和特征，总体表明微生物物种的多样性和丰度随着站位深度的增加而逐渐降低，但该分布规律不是特别显著。分析其原因可能是因为我们分析的样品垂直分布差异较小：D107C. 1（0 ~ 1 cm）、D107C. 2（4 ~ 5 cm）、D107C. 3（9 ~ 10 cm）、D107C. 4（19 ~ 20 cm）、D107C. 5（29 ~ 30 cm）、D107C. 6（37 ~ 38 cm）有关。

4）南极半岛 D504 站位表层沉积物微生物垂直分布特征

为了更好地说明微生物垂直分布特征，我们对样品垂直分布差异更大的 D504 站位进行了初步的研究和分析。

（1）我们对 D504 站位不同深度的样品分析表明，在该站位不同深度的样品中丰度较高的微生物主要包括 Procteobacteria（变形菌门）、Cyanobateia（蓝细菌门）、Bacteroidetes（拟杆菌门）、Chloroflexi（绿弯菌门）、*Chloro*（绿菌属）、Cenarchaeota（泉古菌门）、Fimicutes（厚壁门）、Verrucomicrobia（疣微菌门）、Acidobacteria（酸杆菌门）、Actinobacteria（放线菌门）优势种群以及少量的未分类的细菌，丰度最高的也是 Procteobacteria。

（2）在门分类水平上可以明显看出，表层样本 D504.1 和 D504.2 微生物的多样性要显著的高于深层的样本（D504.3、D504.4、D504.5、D504.6 和 D504.7），这些深层样本中仅有 2~3 门微生物组成（Procteobacteria、Cyanobateia、Bacteroidetes 或者 procteobacteria 和 Cyanobateia）。

（3）此外，不管是 Weighted Unifrac 距离矩阵及 Unweighted Unifrac 聚类矩阵的聚类结果都清楚的表明，表层样本 D504.1 和 D504.2 聚簇，其细菌类群组成一致性较高，而其他 5 个深层样本聚簇在一起，其细菌类群组成更为接近；该结果也反映出 D504.1 和 D504.2 样本中物种多样性及丰度较 5 个深层样本为高。

（4）对该站位微生物多样性和丰度的垂直分布特征和规律研究表明，微生物多样性和丰度的垂直分布具有显著的线性规律：随着样品深度的增加，其微生物的多样性和丰度显著减少。之所以该站位的规律更加明显，是因为我们在该站位选取样品时加大了样品间的垂直距离。D504 共分为 6 个不同深度的样本分别为：D504.1（0~2 cm）、D504.2（8~10 cm）、D504.3（18~20 cm）、D504.4（38~40 cm）、D504.5（68~70 cm）、D504.6（98~100 cm）、D504.7（128~130 cm）。

参考文献

陈皓文，袁峻峰，曹俊杰，等．2001. 南极菲尔德斯半岛环境微生物含量估计．黄渤海海洋，19（1）：49-54.

戴欣，周惠，陈月琴，等．2002. 中国南海南沙海区沉积物中细菌 16S rDNA 多样性的初步研究．自然科学进展，12（5）：479-484.

靳永轩，丛柏林，王能飞，等．2013. 南极阿德雷岛不同基底中真菌的分离培养及初步鉴定．极地研究，25（1）：71-77.

孔华忠，齐祖同．1991. 南极乔治王岛的丝状真菌．菌物学报，10（1）：57-60.

刘璞，王红梅．2009. 海洋沉积物微生物多样性研究．安徽农业科学，37（10）：4569-4571.

刘欣，肖天，张文燕，等．2010 胶州湾海域表层沉积物细菌多样性．海洋科学，34（10）：1-6.

肖昌松，周培瑾，王太珍．1990. 南极地区海底沉积物中低温菌的鉴定与生长温度特征．微生物学报，30（4）：233-242.

曾胤新，陈波．1999. 南极低温微生物研究及其应用前景．极地研究，11（2）：143-152.

Bowman J P, Mccuaig R D. 2003. Biodiversity, community structural shifts, and biogeography of prokaryotes within Antarctic continental shelf sediment. Appl Environm Microb, 69: 2463-2483.

Chen X L, Zhang Y Z, Gao P J. 1998. Progress in deep-sea microbiology. Marine Sciences, 13 (4): 398-402.

Cheng S M, Foght J M. 2007. Cultivation-independent and dependent characterization of Bacteria resident beneath John Evans Glacier. FEMS Microbiol Ecol, 59: 318-330.

DeLong E F, Franks D G, and Alldredgc A L. 1993. Phylogenetic diversity ofaggregate - attached vs. free - living marine bacterial assemblages. Limnol Oceanogr, 38: 924-934.

D'llondl S, Jorgensen B B, Miller I J, et al. 2004. Distributions of microbial activities in deep subseafloor sediments.

Science, 306: 2216 - 2221.
Inagaki P, Suzuki M, Fakai K, et al. 2003. Microbial communities associated with geological horizons in coastal sub-sealloor sediments from the sea of okholsk. Appl Environ Microbiol, 69: 7224 - 7235.
Kobayashi T, Koide O, Mori K, et al. 2008. Phylogenetic and enzymatic diversity of deep subseafloor aerobic microorganisms in organics-and methane-rich sediments off Shimokita Peninsula. Extremophiles, 12: 519 - 527.
Lipp J S, Morono Y, Inagaki F, et al. 2008. Significant contribution of Archaea to extant biomass in marine subsurface sediments. Nature, 454: 991 - 994.
Purdy K, Nedwell D B, Embley T M. 2003. Analysis of the sulfate-reducing bacterial and methanogenic archaeal populations in contrasting Antarctic sediments. Appl Environ Microbiol, 69: 3181 - 3191.
Ravenschlag K, Sahm K, Amann R. 2001. Quantitative molecular analysis of the microbial community in marine arctic sediments (Svalbard). Appl Environ Microbiol, 67: 387 - 395.
Talbot V, Bianchi M. 1997. Bacterial proteolytic activity in sediments of the Subanlarclic Indian Ocean sector. Deep Sea Res Ⅱ, 44: 1069 - 1084.
Teskc A, Sorensen K B. 2008. Uncultured archaea in deep marine subsurface sediments: have we caught them all? ISME J, 3 - 18.
Vincent W F. 1988. Microbial ecosystem of Antarctica. Cambridge University Press.
Zhang J W, Zeng R Y. 2007. Psychrotrophic amylolytic bacteria from deep sea sediment of Prydz Bay, Antarctic: diversity and characterization of amylases. World J Microbiol Biotechnol, 23 (11): 1551 - 1557.
Zhou M Y, Chen X L, Zhao H L, et al. 2009. Diversity of both the cultivable protease-producing bacteria and their extracellular proteases in the sediments of the South China sea. Microb Ecol, 58: 582 - 590.

5.1.6 南极海洋浮游病毒丰度的分布特征

5.1.6.1 环南极大陆走航海域及普里兹湾海域海洋浮游病毒丰度

5.1.6.1.1 环南极大陆走航海域

如表5 - 36结果显示，2015年度第31次南大洋调查中，环南极大陆的病毒丰度介于 $0.81 \times 10^6 \sim 4.30 \times 10^6$，与白晓歌（2010年）的数据相比较低，但与第30次调查（2014年）的数据相比略高，南极附近的表层浮游病毒呈现明显的东西差异规律，尽管有个别站点的丰度出现或高或低的数据，但是，大致上来看，从中山站附近海域向东至罗斯海附近海域，浮游病毒丰度呈现逐渐增加的趋势，但差异不显著（图5 - 186和图5 - 187）。

表5 - 36 环南大洋浮游病毒丰度研究结果

南极海区	病毒丰度/（个·mL^{-1}）	文献
环南大洋	$1.46 \times 10^6 \sim 29.81 \times 10^6$	第26次调查，白晓歌（2010）
环南大洋	$0.60 \times 10^6 \sim 1.92 \times 10^6$	第30次调查（2014）
环南大洋	$0.81 \times 10^6 \sim 4.30 \times 10^6$	第31次调查（2015）

根据第26次调查环南大洋的病毒数据（白晓歌，2010）显示，太平洋、大西洋及印度洋扇面的浮游病毒丰度较高，但差异不显著，因此，可以大体上判断环南大洋浮游病毒在水平分布上具有均质性，主要原因是南极绕极流（ACC）使表层海水绕着南极洲流动，而病毒

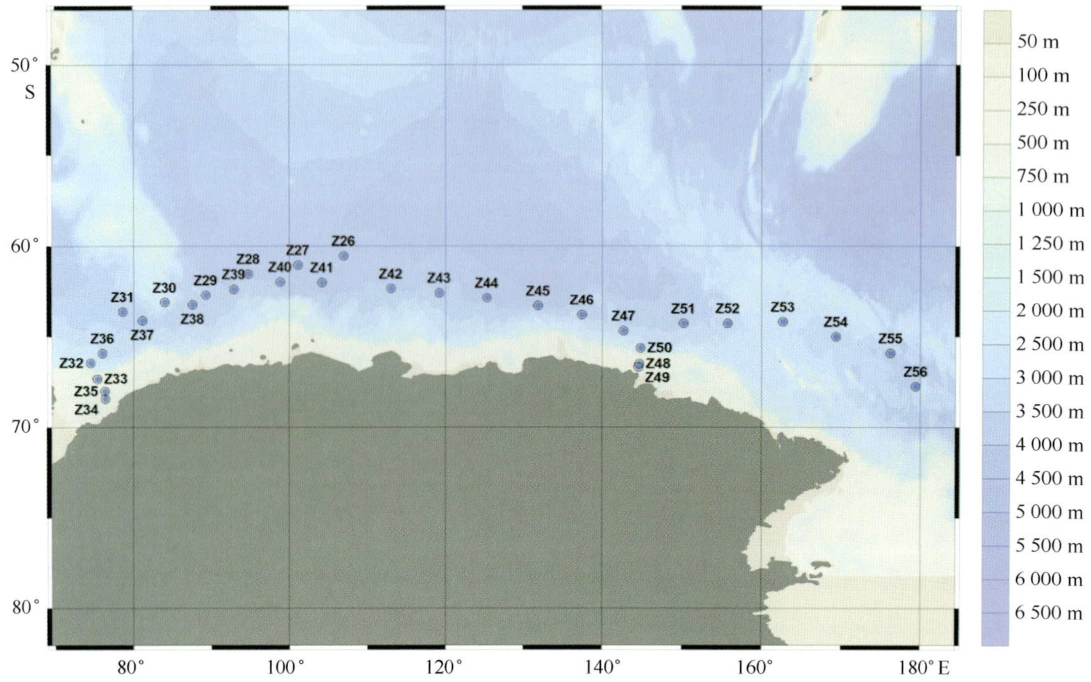

图 5 - 186　第 30 次南极考察环南极大陆走航海域采样站位

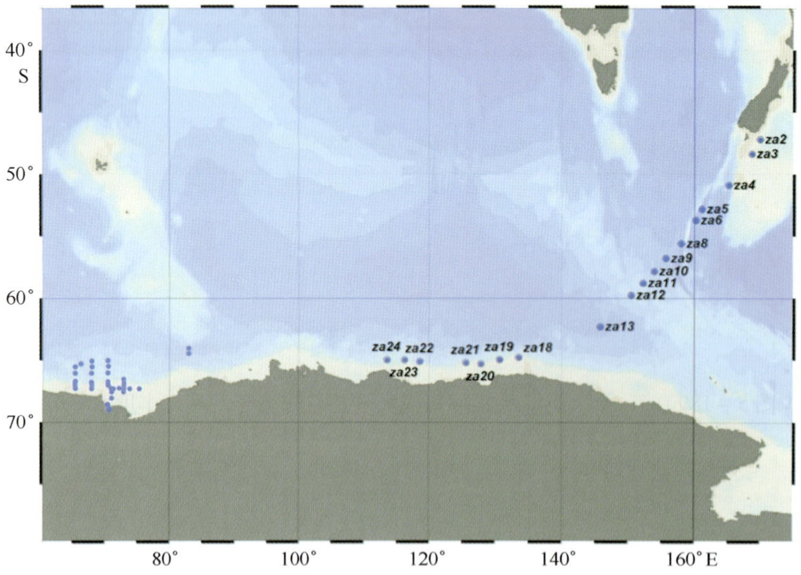

图 5 - 187　第 31 次南极考察环南极大陆走航海域采样站位

颗粒个体微小，容易随着海水的流动而迁移，从而造成它们在环南大洋分布的均质性（图 5 - 188和图 5 - 189）。

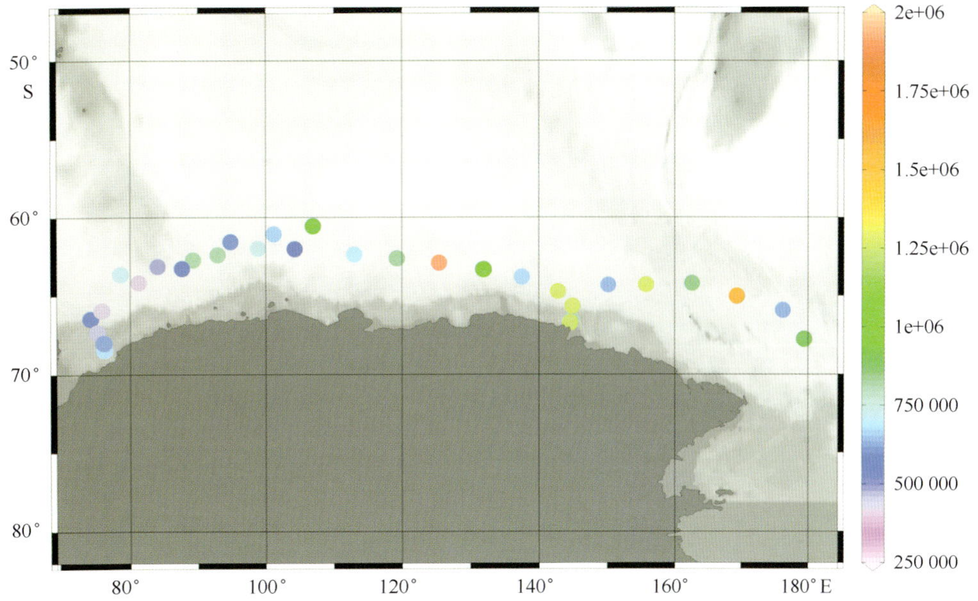

图 5 - 188 第 30 次南极考察环南极大陆走航海域浮游病毒丰度水平分布

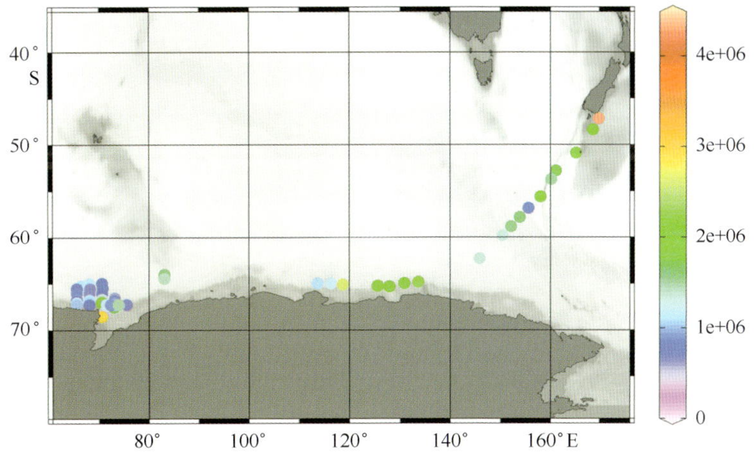

图 5 - 189 第 31 次南极考察环南极大陆走航海域浮游病毒丰度水平分布

5.1.6.1.2 普里兹湾海域

1）2013 年第 29 次南极考察普里兹湾浮游病毒丰度分布

如图 5 - 190 在普里兹湾 10 个站位共获得普里兹湾海域用于浮游病毒丰度分析的水样 67 个。

分析结果表明，2012—2013 年第 29 南大洋调查站位海域浮游病毒的丰度介于 $1.18 \times 10^5 \sim 1.96 \times 10^6$ 个 · mL^{-1} 之间，比已有南极浮游病毒研究中的病毒丰度略低（白晓歌，2010；Harvey Marchant，2000）。表层的浮游病毒在 P6 - 9 和 P5 - 3 两个站点丰度较高，其中 P5 断面由近岸至远海浮游病毒丰度呈现逐渐增加的趋势（图 5 - 191），而 P6 断面浮游病毒分布没有明显的规律；垂直分布上，浮游病毒丰度分布基本呈现由表层至底层逐渐减少的趋势，且最低值多出现在次底层（图 5 - 192）。

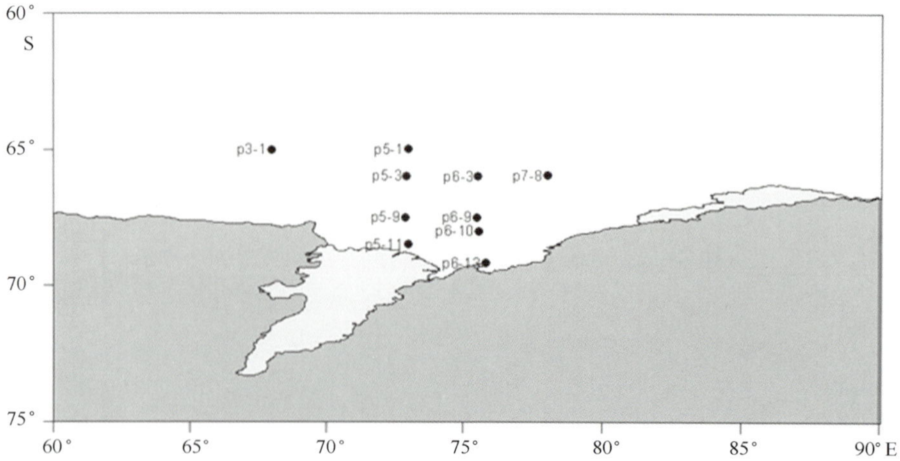

图 5 - 190　第 29 次南极考察普里兹湾海域采样站位

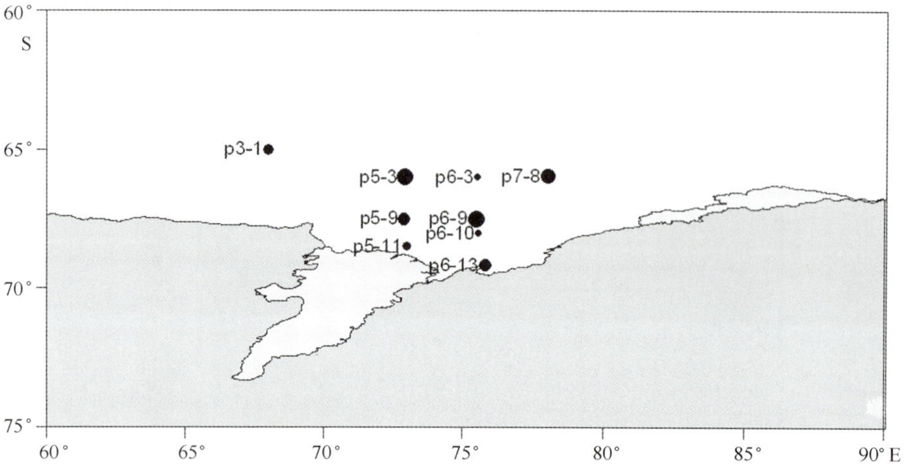

图 5 - 191　第 29 次南极考察普里兹湾海域浮游病毒丰度水平分布

另外，在浮游病毒和其主要宿主及主要环境因子的相关性研究中发现（表 5 - 37），普里兹湾海域的浮游病毒仅与异养细菌丰度呈显著正相关，与本实验室之前对环南大洋的研究结果一致（白晓歌，2010）。

表 5 - 37　第 29 次南极考察普里兹湾浮游病毒与宿主环境因子的关系

Variables	HB	Euk	Tem	Sal
病毒	0.610**	0.223	-0.142	-0.160

2）2014 年第 30 次南极考察普里兹湾浮游病毒丰度分布

如图 5 - 193 所示，共获得普里兹湾海域用于浮游病毒丰度分析的水样 104 个，具体 11 个站点，包括 P1 断面两个站点，P2 断面 8 个站点及近岸一个站点。

结果表明，在 2014 年度第 30 次南大洋调查中，普里兹湾站位海域浮游病毒的丰度介于 1.82×10^5 ~ 2.35×10^6 个 · mL^{-1}，比已知的普里兹湾浮游病毒研究的丰度数据略低，比第 29

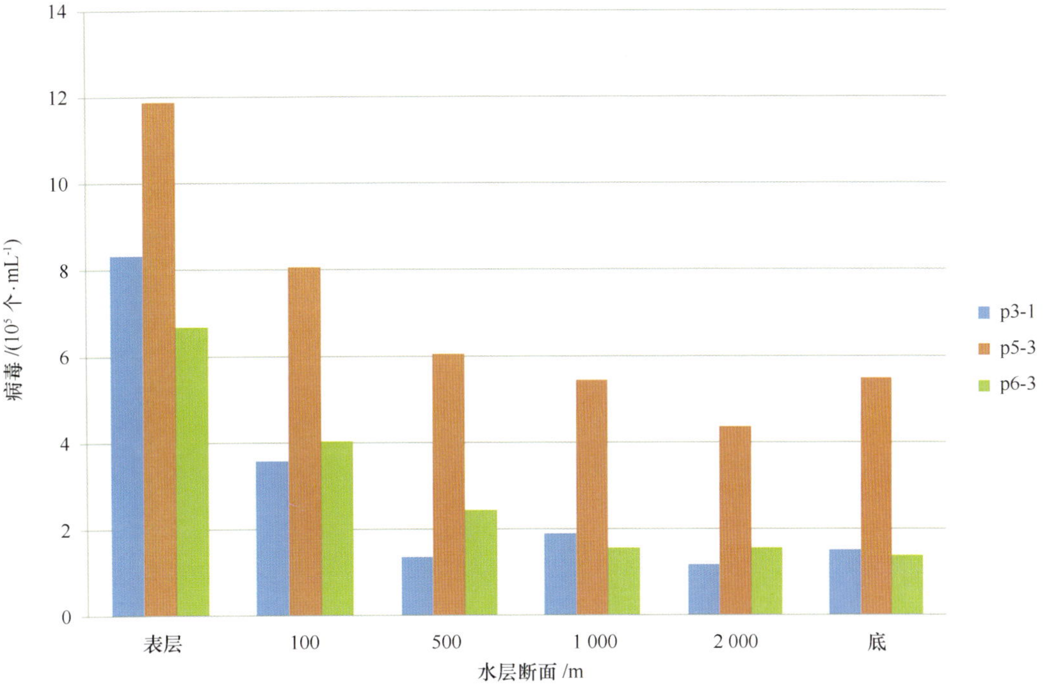

图 5-192 第 29 次南极考察普里兹湾海域浮游病毒丰度垂直分布

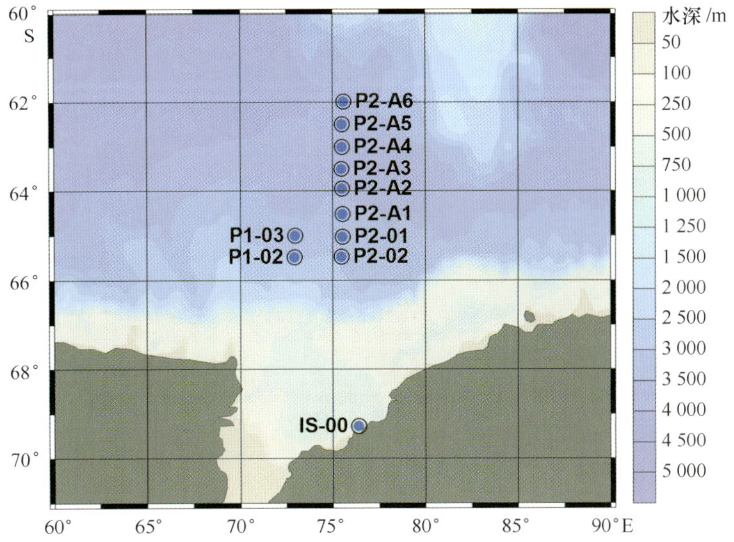

图 5-193 第 30 次南极考察普里兹湾海域采样站位

次调查（2013 年）中普里兹湾的丰度数据（$1.18\times10^5\sim1.96\times10^6$ 个·mL^{-1}）略高。表层的浮游病毒在近岸（站点 IS-00）丰度较高，P1 和 P2 断面相对近岸明显偏低。其中 P2 断面由近岸至远海浮游病毒丰度呈现先逐渐减少再逐渐增加的趋势（图 5-194 和图 5-195），而 P1 断面因站点少，因此浮游病毒分布没有明显的规律。第 26 次（白晓歌，2010）和第 29 次调查的研究结果显示，大陆架水体浮游病毒丰度较高，远洋水体丰度较低，水平分布规律与本次数据吻合。垂直分布上，挑选 P2 断面和 IS-00 站点为例。浮游病毒丰度分布基本呈现由表层至底层逐渐减少的趋势，特别是近岸和与远海站点（图 5 – 196），与第 26 次和第 29 次调查数据的垂直分布规律一致。但在个别站点有例外，如站点 P2 – A1，最高值出现在底层，可能与对其宿主的分布响应有关。

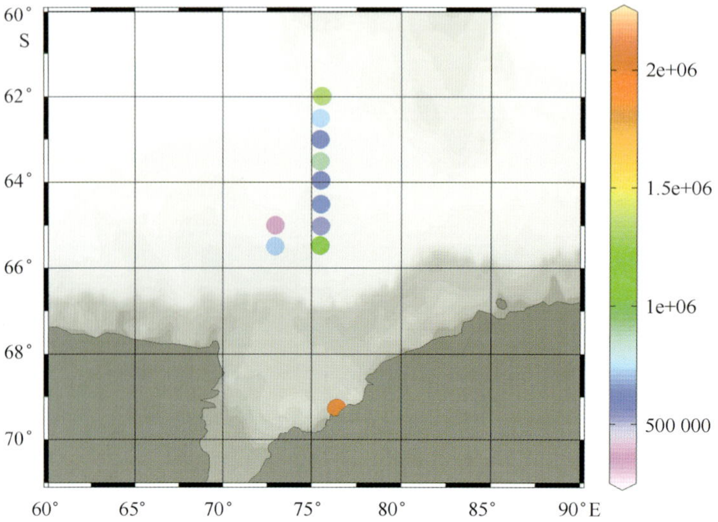

图 5 – 194　第 30 次南极考察普里兹湾海域浮游病毒丰度水平分布

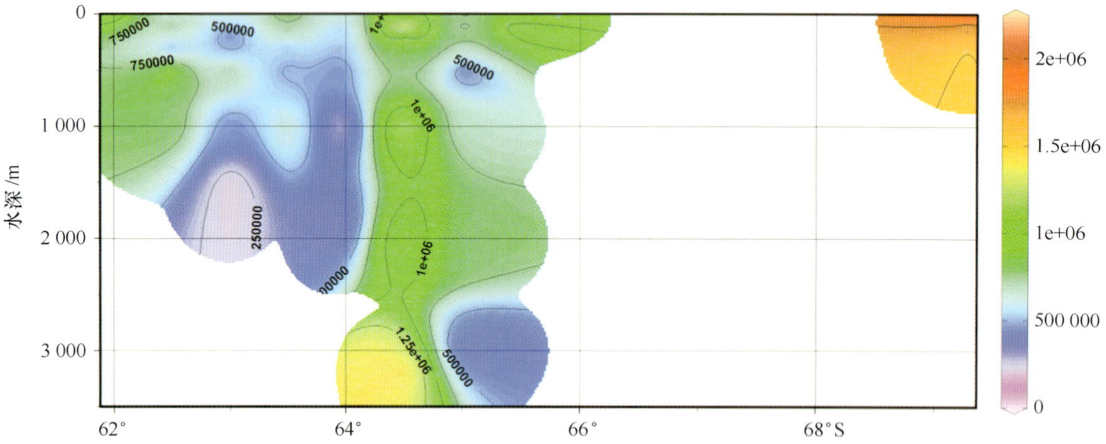

图 5 – 195　第 30 次南极考察普里兹湾海域浮游病毒丰度垂直分布

另外，在浮游病毒和其主要宿主及主要环境因子的 Spearman 相关性研究中发现（表 5 – 38），普里兹湾海域的浮游病毒与温度、盐度、硅酸盐及硝态氮呈现极显著的负相关（$P < 0.01$），与异养细菌（HB）丰度呈极显著的正相关（$P < 0.01$），与微微型浮游生物（PPA）正相关（$P < 0.05$）。本航次发现的与异养细菌相关性的结果与第 26 次考察的结果（白晓歌，2010）及第 29 次考察的结果完全一致，推测普里兹湾水域中浮游病毒，噬菌体占主导地位。而与微微型浮游生物的相关性也说明，除了通常占优势的噬菌体外，浮游植物病毒也占了一定比例，与第 26 次考察的结果一致。

表 5－38 第 30 次南极考察普里兹湾浮游病毒与宿主环境因子的关系

Variables	PPA	HB	SiO_3-Si	NO_3-N	NO_2-N	NH_4-N	PO_4-P	Tem	Sal
病毒	0.218*	0.716**	－0.278**	－0.302**	0.063	0.214*	－0.234*	－0.283**	－0.313**

注：**，极显著；*，显著

3）2015 年第 31 次南极考察普里兹湾浮游病毒丰度分布

如图 5－196 所示，选取普里兹湾海域 34 个站点用于浮游病毒丰度分析的表层水样 34 个。

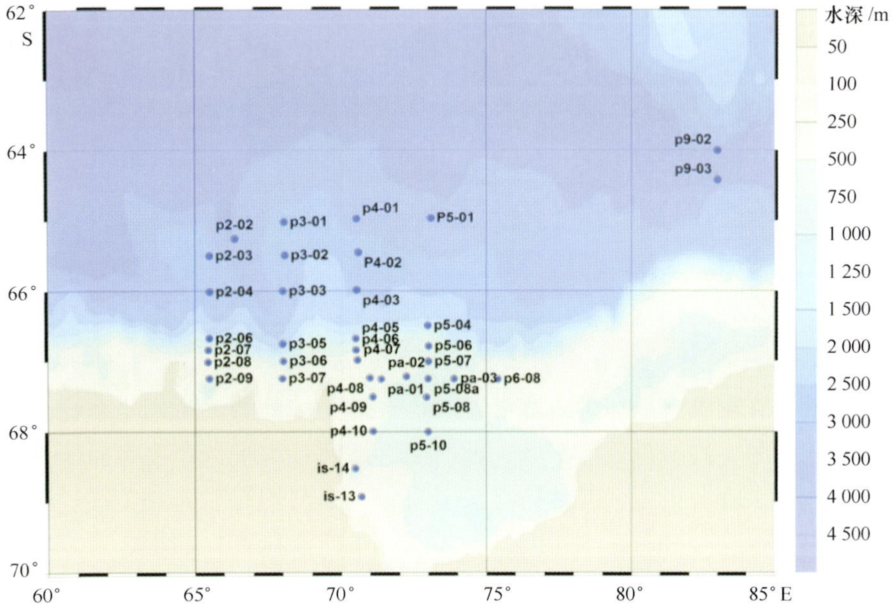

图 5－196 第 31 次南极考察普里兹湾海域采样站位

如表 5－39 结果显示，普里兹湾站位海域浮游病毒的丰度介于 $4.91\times10^5\sim2.93\times10^6$ 个·mL^{-1}，比已知的普里兹湾浮游病毒研究的丰度数据略低，比第 29 次调查（2013 年）和第 30 次调查（2014 年）中普里兹湾的丰度数据略高。

表 5－39 普里兹湾浮游病毒丰度研究结果

南极海区	病毒丰度/（个·mL^{-1}）	文献
普里兹湾	$2.0\times10^6\sim4.0\times10^6$	Harvey Marchant（2000）
普里兹湾	$1.18\times10^5\sim1.96\times10^6$	第 29 次调查（2013）
普里兹湾	$1.82\times10^5\sim2.35\times10^6$	第 30 次调查（2014）
普利兹湾	$4.91\times10^5\sim2.93\times10^6$	第 31 次调查（2015）

分析发现，表层浮游病毒在近岸（站点 IS－12、IS－14）丰度较高，普里兹湾湾内较湾外浮游病毒丰度高，浮游病毒丰度整体上呈现有近岸至远海减少的趋势。研究结果显示，大陆架水体浮游病毒丰度较高，远洋水体丰度较低，该水平分布规律与历年所得结果吻合（第 26 次调查，白晓歌，2010；第 29 次调查，2013；第 30 次调查，2014）（图 5－197）。对比同

海域范围内细菌丰度发现，普里兹湾病毒表层丰度分布数据与细菌表层丰度分布数据具有相似性。通过宏基因组多样性分析发现，普里兹湾近岸病毒丰度和多样性极高，且以噬菌体为主要类群，与所得病毒及细菌的丰度分布数据结果相吻合。

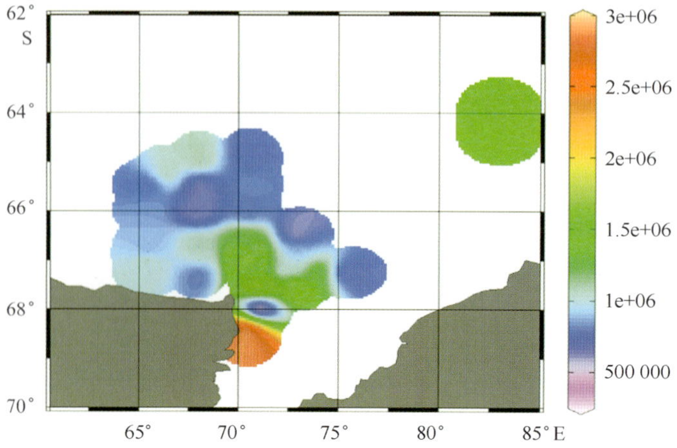

图 5－197　第 31 次南极考察普里兹湾海域浮游病毒丰度水平分布

4）普里兹湾浮游病毒丰度分布特点及变化趋势

通过比较发现，在南极海域浮游病毒丰度总体有减小的趋势，特别是在走航海域，在普里兹湾海域趋势不明显。在普里兹湾海域，近两年浮游病毒水平分布上有微小差别，垂直分布趋势基本一致。相关性分析中，浮游病毒与宿主异养细菌均有显著相关性，进一步证明南极海域浮游病毒分布受宿主分布影响较大。南极考察中浮游病毒样品少、观察时间短，尚需对南极海域浮游病毒开展更多实验以获取更多数据来验证结论。

5.1.6.2　普里兹湾海洋浮游病毒的多样性

5.1.6.2.1　样品采集与分析

依托第 31 次南极科学考察，南极普里兹湾海域 3 个站点，使用温盐深剖面仪 CTD 分层采集浮游病毒水样，采样层次为：0 m，相应站为底层采样。每站每层取水 300 L，样品采集后先后使用孔径为 3 μm 和 0.22 μm 的混合纤维素膜过滤，滤液进一步使用两步切向流超滤法进行浓缩，产生约 10 mL 病毒浓缩液，置于－80℃条件下保存。样品保存、运输及分析方法同走航海域浮游病毒样品。浮游病毒多样性分析采用宏基因组学方法。

（1）DNA 样品提取：提取浓缩样品中浮游病毒 DNA，将浓缩海水黑暗静止处理后，使用超高速冷冻离心机离心，离心后去除上清液，使用 SM buffer 缓冲液悬浮离心管底的沉淀物。加入 KCl 溶液，轻混，零度冰浴 30 min。冷冻离心上清液，去除沉淀，向上清液中加入蛋白酶 K 溶液和 SDS，56℃金属浴 1 h。在蛋白酶 K 消化后，使用酚/氯仿/异戊醇抽提以及乙醇低温沉淀的方法提取浓缩海水的病毒 DNA，提取的 DNA 溶于超纯水中。

DNA 样品送测：首先对样品进行检测，检测合格的样品，经过片段筛选、建库并做相应的实验检测。检测合格的文库将采用 Illumina Hiseq 高通量测序平台进行测序，测序得到的下机数据（Raw Data）将用于后期信息分析。建库测序流程见图 5－198。

（2）生物信息学分析：将测序得到的原始数据（Raw Data）存在一定比例的低质量数

图5－198　宏基因组建库测序流程

据，需进行过滤处理，得到有效数据（Clean Data），然后基于Clean Data与NCBI中病毒的参考基因组数据库（Refseq Version：2015－09－08）、NT（Version：2014－10－19）数据库中抽提出的病毒（Viruses）数据以及ACLAME数据库进行BLAST比对，最终综合3个数据库的比对结果，选取得分最高的比对结果作为每一条reads的最终比对结果（Donaldson E F，2010）。

最后，基于以上分析结果，进行一系列的基于物种组成的聚类分析，PCoA分析，挖掘样品之间的物种组成和差异。通过分析获得浮游病毒多样性数据。分析流程如图5－199。

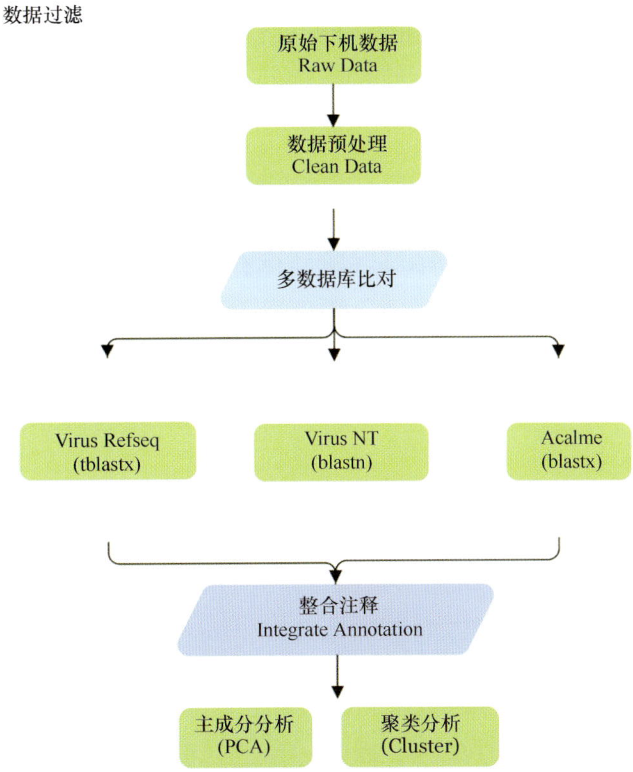

图5－199　病毒宏基因组信息分析流程

5.1.6.2.2　研究结果与讨论

（1）样品站位信息。样品站位信息见图5－200和表5－40，其中IS－13站位样品名称为IS13s（表层）和IS13b（底层）；P5－01站位样品名称为P501M7s（表层）和P501M7b（底层）；P5－10站位样品名称为P510s（表层）。

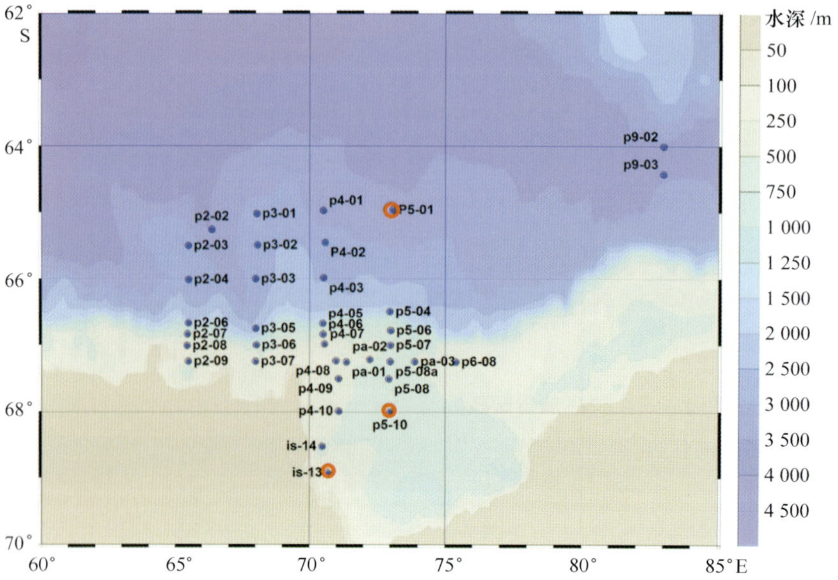

图 5－200　第 31 次南极考察普里兹湾海域浮游病毒多样性采样站位

表 5－40　普里兹湾浮游病毒多样性站位信息统计

站位	经度（°E）	纬度（°S）
IS－13	070.694 5	68.495 5
P5－01	073.005 0	64.999 3
P5－10	072.994 2	68.000 8

（2）序列测定及数据处理统计。采用 Illumina HiSeq 测序平台测序获得的原始数据（Raw Data）存在一定比例低质量数据，为了保证后续分析的结果准确可靠，需要对原始的测序数据进行预处理，获取用于后续分析的有效数据（Clean Data）。处理步骤均是对 Read 1 和 Read 2 进行操作。测序数据预处理统计结果见表 5－41。

表 5－41　数据预处理统计

Sample name	Insert size/bp	Sequence type/bp	Raw Data（M）	Clean Data（M）	Effective Rate/%
IS13s	300	150:150	7 097.72	7 097.29	99.994
IS13b	300	150:150	8 617.83	8 617.29	99.994
P501M7s	300	150:150	14 060.23	14 060.02	99.999
P501M7b	300	150:150	8 956.65	8 955.76	99.990
P510s	300	150:150	7 015.70	7 013.80	99.973

说明：Sample 表示样品名称；Insert Size（bp）表示使用 300 bp 文库；Raw Data 表示下机原始数据；Clean Data 表示过滤得到的有效数据；Effective Rate（%）表示有效数据（Clean Data）与原始数据（Raw Data）的百分比.

（3）物种注释。样品经过测序预处理得到 Clean Data，将其与 NCBI 中病毒的参考基因组数据库（Refseq）、NT（Version：2014－10－19）数据库中抽提出的病毒（Viruses）数据以及 ACLAME 数据库进行 BLAST 比对（设定阈值为 evalue≤1e－3）合并各个数据库的比对结果，对于同一条 reads 的比对结果选取 score 值最高的结果作为该 reads 的比对结果，从 reads 注释结果，基于 reads 数目统计各个样品在不同分类层级上的丰度信息，并进行统计分析及可视化展示。

5 个普里兹湾海域病毒宏基因组样品经过分析，其中通过 reads 与病毒库比对得到的结果（表 5－42）可知，比对得到的病毒属性的 reads 所占比例小于未比对上的 reads（Others），我们推断，未知的 Others 中包含有大量未被发现的病毒种。目前世界已知的病毒数据相对于未知的病毒数据仍占少数，环境中存在着大量未知的病毒，随着研究发展，病毒数据库不断补充更新，这部分未知数据能够进一步分析。

表 5－42　普里兹湾海域 5 个样品病毒宏基因组库基于 reads 物种注释所得病毒属性 reads 数量

站位	病毒属性	其他属性	reads 总数
IS13s	8020220	39295032	47315254
IS13b	2331282	55117326	57448608
P501M7s	2531390	91202106	93733496
P501M7b	1911949	57793125	59705074
P510s	2660209	44098433	46758642

（4）南极海域浮游病毒多样性分析——病毒分类组成。浮游病毒是指悬浮在水层中的病毒，主要包括真核藻类病毒、噬菌体、噬藻体和其他浮游病毒等。在 5 个样品比对以上病毒基因组的序列中，有尾噬菌体目（包括长尾病毒科、肌尾病毒科和短尾病毒科）为主要类群，其病毒序列数量占到总病毒序列数的一半以上。

3 个站位的 5 个样品中长尾病毒科、肌尾病毒科和短尾病毒科丰度所占有尾噬菌体目比例统计结果见表 5－43，5 个样品中病毒种类数所占比例统计结果见表 5－44。

表 5－43　普里兹湾海域病毒宏基因组库基于 reads 物种注释的长尾噬菌体科、肌尾噬菌体科、短尾噬菌体科序列的分布

站位	样品名称	长尾噬菌体科	肌尾噬菌体科	短尾噬菌体科	有尾噬菌体目
IS－13	IS13s	64.25%（2623454）	21.86%（892565）	12.78%（521911）	4083122
	IS13b	76.46%（1007861）	15.25%（200992）	7.58%（99967）	1318095
P5－01	P501M7s	52.89%（795763）	13.05%（196379）	32.27%（485430）	1504470
	P501M7b	86.62%（495269）	11.25%（64310）	1.76%（10084）	571751
P5－10	P510s	22.37%（505428）	12.98%（293255）	63.67%（1438726）	2259611

注：括号中的数字表示序列数.

表 5－44　普里兹湾海域病毒宏基因组库基于 reads 物种注释的长尾噬菌体科、肌尾噬菌体科、短尾噬菌体科内病毒种数的分布

站位	样品名称	长尾噬菌体科	肌尾噬菌体科	短尾噬菌体科	有尾噬菌体目
IS－13	IS13s	55.11%（820）	27.69%（412）	17.20%（256）	1 488
	IS13b	52.33%（303）	31.09%（180）	16.58%（96）	579

续表

站位	样品名称	长尾噬菌体科	肌尾噬菌体科	短尾噬菌体科	有尾噬菌体目
P5 - 01	P501M7s	53.15% (329)	31.34% (194)	15.51% (96)	619
	P501M7b	52.97% (232)	31.74% (139)	15.30% (67)	438
P5 - 10	P510s	51.86% (334)	31.83% (205)	16.30% (105)	644

注：括号中的数字表示病毒种数.

从病毒多样性角度来看，各站病毒多样性差异不大：有尾噬菌体目均为主要类群，兼具少量噬藻体、真核藻类病毒和其他浮游病毒。

从物种丰富度上看，在大多数站位里，有尾噬菌体目中长尾噬菌体科所占比例较大，占总数50%以上，肌尾噬菌体科比例次之，短尾噬菌体科最少；但有例外：P5 - 10站位表层样品中短尾噬菌体科所占比例最大；P5 - 01站位表层样品中短尾噬菌体科所占比例高于肌尾噬菌体科。

基于reads水平进行物种注释以分析病毒多样性信息，统计有尾噬菌体目在各站不同分类水平（Kingdom，Phylum，Class，Order，Family，Genus，Species）上的多样性分布，在科水平上绘制各站样品对应的病毒多样性统计图（图5 - 201）。

基于OTU水平进行物种注释以分析病毒多样性信息，统计有尾噬菌体目在各站不同分类水平（Kingdom，Phylum，Class，Order，Family，Genus，Species）上的多样性分布，在科水平上绘制各站样品对应的病毒多样性统计图（图5 - 202）。

两统计图（基于不同分析水平）在整体上具有类似的分布特征。

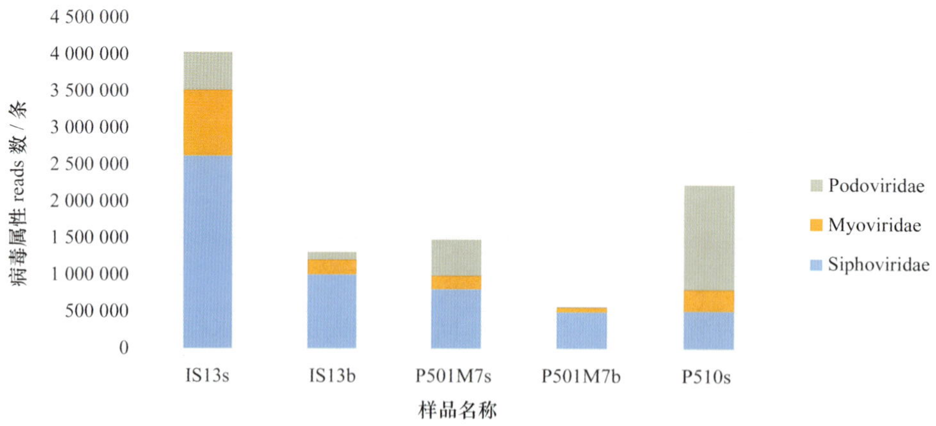

图5 - 201　科水平上病毒物种多样性柱形图（基于reads）

5个样品分别属于普里兹湾海域的3个站，分别是湾内近岸（IS - 13）、湾外外海（P5 - 01）和湾内离岸（P5 - 10）。其中，IS13s是普里兹湾近岸海域表层样品，在病毒丰度和病毒多样性上远远高于其他样品。

表层样品分析：IS13s、P501M7s、P510s为3个站点的表层水样，与两个底层样品（IS13b和P501M7b）对比发现，南极海域表层病毒多样性要高于底层。这3个表层样品，在reads水平上进行多样性分析发现，湾内近岸（IS - 13）病毒多样性远远高于湾内离岸（P5 - 10）和湾外外海（P5 - 01），同时湾内离岸（P5 - 10）病毒多样性高于湾外外海（P5 - 01）。

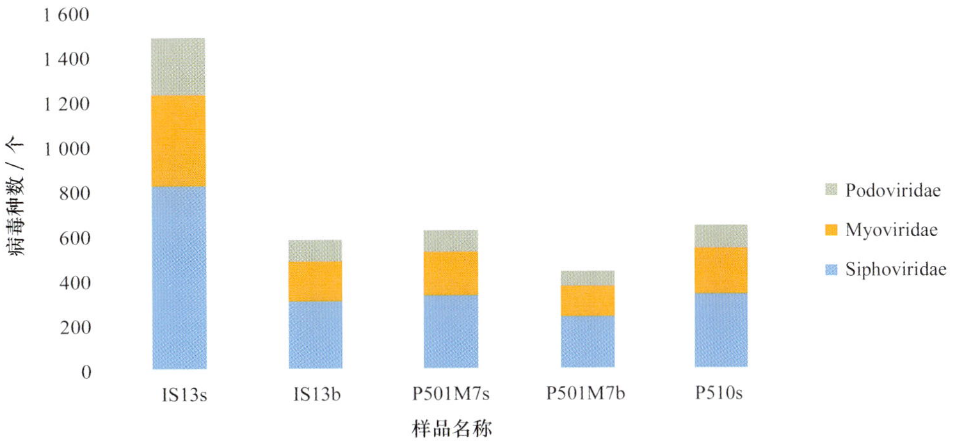

图5-202　科水平上病毒物种多样性柱形图（基于OTU）

从有尾噬菌体目的多样性组成上看，湾内近岸（IS-13）和湾外外海（P5-01）长尾噬菌体占比最高，肌尾噬菌体占比最低；湾内离岸（P5-10）短尾噬菌体占比最高，湾外外海（P5-01）和湾内离岸（P5-10）肌尾噬菌体占比最低。

在OTU水平上进行多样性分析发现，其结果整体上与从reads水平所得结果类似，表层中病毒的种类多样性要高于底层。湾内近岸（IS-13）病毒种数远远多于湾内离岸（P5-10）和湾外外海（P5-01），同时湾内离岸（P5-10）病毒种数多于湾外外海（P5-01）。浮游病毒种类多样性呈现有近岸至远海减少的趋势。在组成上看，reads水平所得结果略有不同，湾内近岸（IS-13）、湾外外海（P5-01），湾内离岸（P5-10）三者的病毒物种组成比例都是长尾噬菌体占优势，肌尾噬菌体次之，短尾噬菌体占劣势。

底层样品分析：在IS13b和P501M7b两个底层样品中，其物种多样性均低于表层，相比于表层群落组成上的波动，底层病毒种类多样性具有相似性。均是长尾噬菌体占优势，肌尾噬菌体次之，短尾噬菌体占劣势。根据离岸趋势的不同，底层浮游病毒具有近岸至远海病毒丰度和病毒种数多样性逐渐减少的趋势。底层水体群落组成比例差别不明显，但在多样性上，湾外外海底层（P501M7b）与湾内近岸底层（IS13b）具有显著差异。

IS13s和IS13b分别为湾内近岸（IS-13）同一站位表层底层水样。其中，表层浮游病毒种类多样性远高于底层，底层中长尾噬菌体多样性在reads水平上所占比例相比表层增多，在OTU水平上表层底层变化不明显。

P501M7s和P501M7b为湾外外海（P5-01）同一站位表层底层水样。表层浮游病毒种类多样性高于底层，在reads水平上，表底多样性具有显著差异。底层中长尾噬菌体多样性所占比例高于表层，短尾噬菌体多样性所占比例低于表层，在群落组成上表层底层变化不明显。

将IS-13和P5-01站位的表层底层4个样品进行比较分析，可以得出，湾内近岸表层（IS13s）和湾外外海底层（P501M7b）具有显著差异。表层和底层浮游病毒多样性均呈现有近岸至远海减少的趋势，表层浮游病毒多样性均高于底层，湾外外海表层水体中短尾噬菌体具有相对更高的比例，仅次于长尾噬菌体，其他层次中浮游病毒多样性均具有长尾噬菌体占优势，肌尾噬菌体次之，短尾噬菌体占劣势的规律。

（5）南极海域浮游病毒多样性分析——聚类分析。基于科水平上的聚类分析结构表明，在95%的Bray-Curtis相似性水平上，P501M7b与其他4个样品显著不同，因为此样品所在站点位于湾外外海，深度超过2 000 m，因此具有与其他表层和湾内底层都明显不同的群落结构。

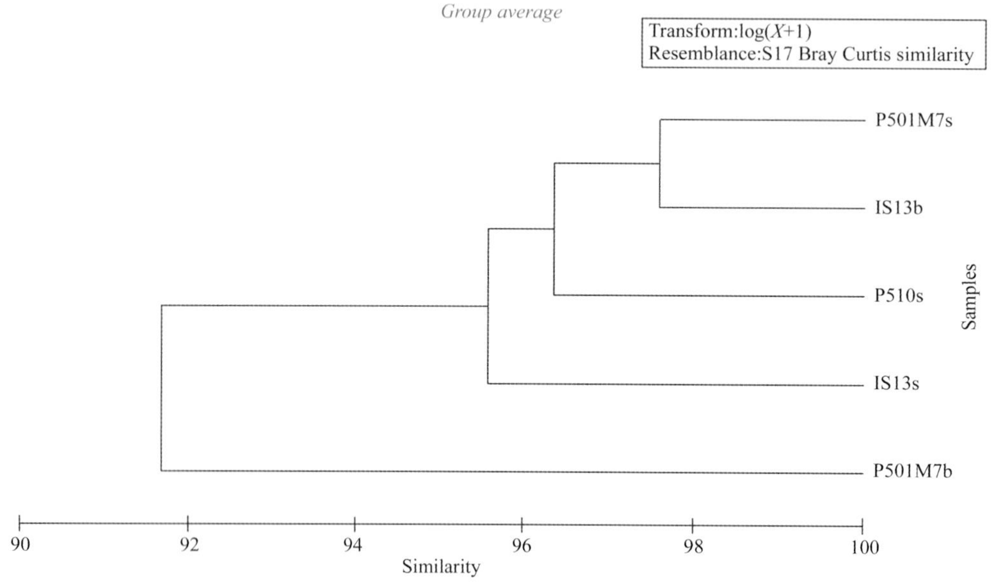

图5－203　科水平上基于Bray-Curtis相似性的聚类树

基于种水平上的聚类分析结构表明，在50%的Bray-Curtis相似性水平上，IS13s就与其他4个样品区分开，呈现显著差别。而在60%的Bray-Curtis相似性水平上，P501M7b与其他3个样品区分开。

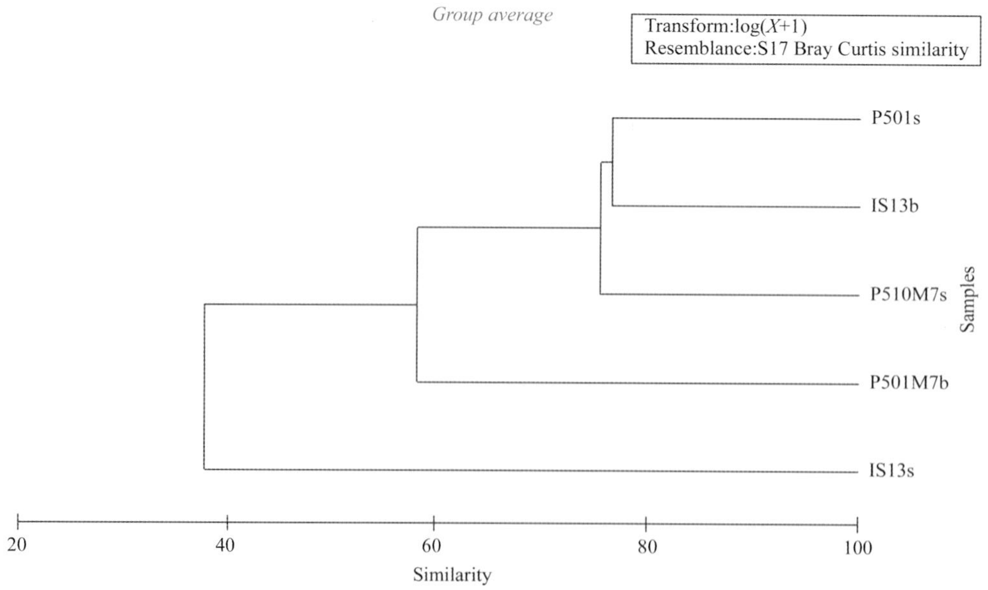

图5－204　种水平上基于Bray-Curtis相似性的聚类树

（6）南极海域浮游病毒多样性分析——PCoA分析。通过PCoA分析，在科水平上，5个样品中3个表层和两个底层样品被PCO1轴（87.4%解释度）分成了两类，证明在科的水平上，表层和底层群落的结构截然不同（图 5-205）。其中 P501M7b 与其他 4 个样品在图上的聚类最远，显示其独特性，这一结果与之前的聚类分析结果一致。

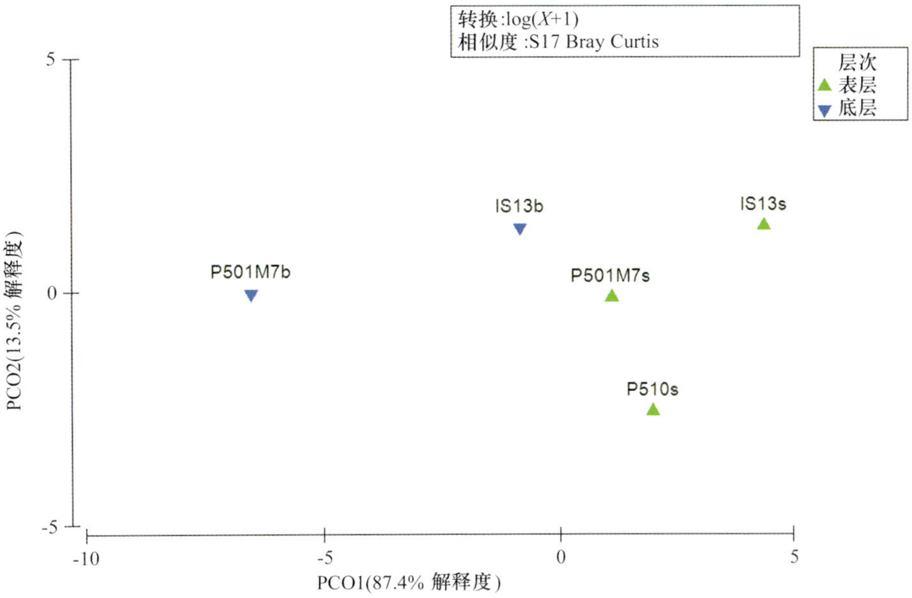

图 5-205 基于科水平的物种 PCoA 分析结果

在种水平上，PCO1 轴（64.1% 解释度）将 IS13a 样品群落与其他分开，表明 IS13s 具有独特的群落结构，PCO2 轴（23.6% 解释度）将 IS13s 和 P501M7b 与其他 3 个群落区分开，表明 P501M7b 也区别于其他 3 个群落（图 5-206）。其结果与聚类分析结果完全一致。之前多样性结果显示，IS13s 站点的群落具有较高的多样性水平，其群落较为特殊，因其离岸距离近，可能由于其表层海水受到海冰融化带来的陆源营养补充，刺激了细菌的增长，使得 IS13s 站点的噬菌体多样性极高。与此同时，P501M7b 因其深度较深，不论科还是种级，均与表层和湾内站点明显区分。

5.1.6.3 南极海洋浮游病毒的丰度和多样性总结

（1）浮游病毒丰度：目前发现南极普里兹湾海域浮游病毒分布较广，丰度达 $10^5 \sim 10^6$ 个 $\cdot mL^{-1}$ 级，且丰度分布有一定的规律，水平分布上基本呈现由远海到近岸丰度增加的趋势，垂直分布上从表层到底层逐渐减少。浮游病毒分布与环境因子和宿主具有良好的相关性，可以作为南极环境和生物群落变化的指示物。通过长期观察，定会发现其群落结构特点、变化，进而反映气候、污染等对南极生物群落结构的影响。分析数据可得，环南大洋浮游病毒在水平分布上具有均质性，主要原因是南极绕极流（ACC）使表层海水绕着南极洲流动，而病毒颗粒个体微小，容易随着海水的流动而迁移所致。普里兹湾站位海域浮游病毒的丰度介于 $4.91 \times 10^5 \sim 2.93 \times 10^6$ 个 $\cdot mL^{-1}$，浮游病毒丰度整体上呈现有近岸至远海减少的趋势。研究结果显示，大陆架水体浮游病毒丰度较高，远洋水体丰度较低。

（2）浮游病毒多样性：从病毒多样性组成结构来看，各站差异不大，有尾噬菌体目（包括长尾病毒科、肌尾病毒科和短尾病毒科）均为主要类群，其病毒序列数量占到总病毒序列数的一半以上。从病毒多样性分布来看，在大多数站位里，有尾噬菌体目中长尾噬

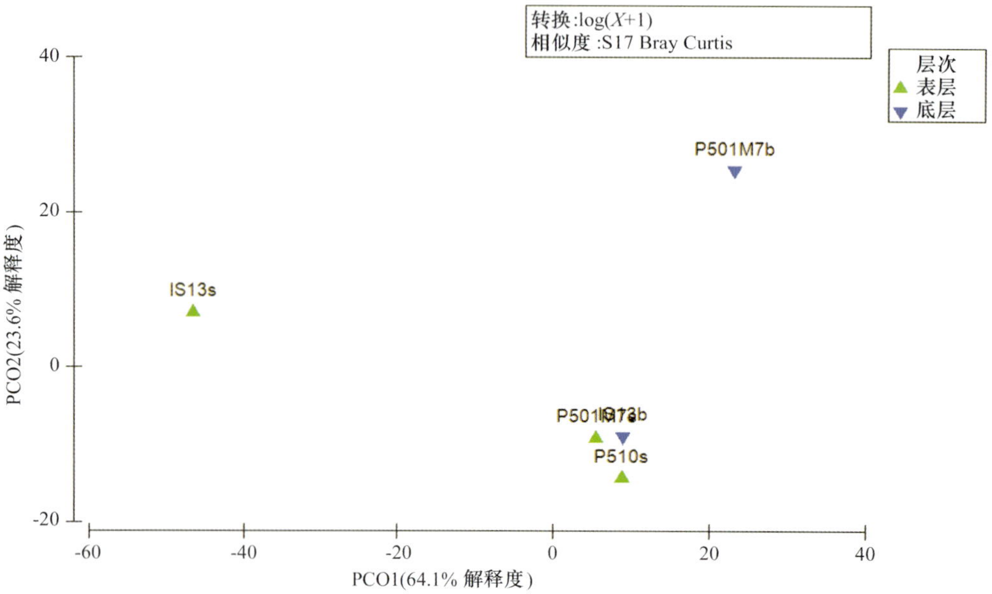

图 5－206　基于种水平的物种 PCoA 分析结果

菌体科所占比例较大，占总数 50% 以上，肌尾噬菌体科比例次之，短尾噬菌体科最少。普里兹湾海域表层病毒多样性要高于底层，湾内近岸病毒多样性远远高于湾内离岸和湾外外海，同时湾内离岸病毒多样性高于湾外外海。另外，其西部近岸海域在病毒多样性上远高于其他海域。

参考文献

白晓歌. 2010. 泛三大洋微微型浮游生物的分布及其与环境因子的相关性. 青岛：中国海洋大学.

Harvey Marchant, Andrew Davidson, Simon Wright, et al. 2000. The distribution and abundance of viruses in the Southern Ocean during spring. Antarct Sci, 12 (4): 414－417.

Donaldson E F, Haskew A N, Gates J E, et al. 2010. Metagenomic analysis of the viromes of three North American bat species: viral diversity among different bat species that share a common habitat. J virol, 84 (24): 13 004－13 018.

5.2　重点内容的分析与评价

5.2.1　环南极海域生物多样性与生态系统特征

根据第 28～30 次 3 个航次对环南大洋进行的微微型浮游生物丰度和分布调查得到的结果，夏季南大洋微微型浮游生物主要由微微型真核类浮游植物（Pico-eukaryotes, P-euk）和异养细菌（Heterotrophic Bacteria, HB）组成；从分布上，普里兹湾和罗斯海附近海域高于其他，显示了冰架水和海冰融水的影响；从年际变化上看，微微型浮游植物丰度（PPA）

和异养细菌丰度（HBA）都呈现明显的下降趋势，由于调查站位主要是在东南极海域，与东南极增加的海冰覆盖面积对应，反映海冰覆盖面积和微微型浮游生物之间的负相关关系。

2014年度第30次南极考察期间在环南极海域进行的表层海水浮游病毒丰度调查显示，南极普里兹湾海域浮游病毒分布较广，丰度高达$10^5 \sim 10^6$个·mL^{-1}级，浮游病毒在水平分布上具有均质性，主要原因是南极绕极流（ACC）使表层海水绕着南极洲流动，而病毒颗粒个体微小，容易随着海水的流动而迁移，从而造成它们在环南大洋分布的均质性。

5.2.2 重点调查海域海洋生物多样性与生态系统特征

5.2.2.1 叶绿素a与初级生产力的时空分布与变化

2013年和2014年度调查结果表明，研究海区具有显著的空间区域化特征，浮游植物生物量、初级生产力和浮游植物粒径结构均在近岸海区、陆架陆坡海区和深海海区呈现出明显不同的分布，离岸较远的陆架陆坡海区及深海海区，浮游植物在粒径结构上趋向于更小的微微型浮游植物占有明显优势。对初级生产力的贡献上，微型和微微型浮游植物也占有明显优势；低温和低光合作用有效光辐照（PAR）影响着浮游植物生物量和初级生产力格局，两者在分布上呈现趋向表层的分布特征。

从季节尺度看，观测结果显示叶绿素和生产力的变化受到海冰－环流系统的驱动。作为HNLC海区的一部分，普里兹湾附近常量营养盐如氮、磷、硅等较为充裕，不构成限制，融冰期所释放的铁对浮游植物的时空变化可能更为重要。不同时期水温、海冰密集度、海表风速等要素的变化值得重视，这些要素可以通过控制关键营养物质的供给、光合可利用光和水体稳定度等，进而影响初级生产力的年际变化。

5.2.2.2 微型和微微型浮游生物群落结构与多样性

5.2.2.2.1 普里兹湾海域

普里兹湾夏季微微型浮游植物丰度约在$10^5 \sim 10^6$ cells·L^{-1}之间，主要分布在50 m以浅的表层海洋，并且有湾外高于湾内的分布特征；异养细菌丰度则在$10^7 \sim 10^8$ cells·L^{-1}，同样在表层海洋丰度较高但湾内高于湾外。从时间变化上来看，湾内微微型浮游生物没有明显的变化规律，而湾外微微型浮游植物丰度（PPA）有逐年增加的趋势。

普里兹湾海域细菌群落主要由变形杆菌（*Proteobacteria*）、拟杆菌（*Bacteroidetes*）和蓝细菌（*Cyanobacteria*）组成，湾外深水区浮游细菌多样性高于湾内陆架区，且海洋表层和中间层多样性较高。

普里兹湾湾外和湾内相比，湾外受大洋水影响，上层海洋营养盐浓度较低，浮游植物以微微型为主，叶绿素a浓度低，影响异养细菌的生物量和丰度。湾内则相反，以小型和微型浮游植物为主，叶绿素a浓度高，细菌生物量也高。

5.2.2.2.2 南极半岛附近海域

在丰度的时空分布上，南极半岛海域微微型浮游植物丰度范围是0.2～3 cells·μL^{-1}，普遍低于2 cells·μL^{-1}；异养细菌丰度数量级在$10^7 \sim 10^8$ cells·L^{-1}；微微型浮游生物在南极半岛的海域和水深、离岸远近和水团组成都有关系；2012 年夏季高于 2014 年。

在种群结构和多样性的特征上：基于 HPLC 分析的结果显示，南极半岛海域微微型浮游植物优势类群为定鞭金藻、硅藻和隐藻，各个断面和水层其优势度稍有差异，蓝藻主要分布在 50 m 水层，定鞭金藻在 D1 断面相对丰度最低而在 D2 断面最高；基于分子生物学数据，南极半岛海域微型真核生物优势类群为硅藻（Diatomea），平均出现频率 49.8%，其次为绿藻（Chlorophyta）和腔肠动物（Cnidaria）；在纲的分类水平上第一优势类群为 Mediophyceae（硅藻门），平均出现频率为 29.4%，其次为硅藻（Bacillariophyceae）、甲藻（Dinophyceae）、硅鞭藻（Dictyochophyceae）、隐藻（Cryptophyceae）和旋毛纲（Spirotrichea）纤毛虫。

南极半岛海域细菌优势类群为变形菌（Proteobacteria）、蓝细菌（Cyanobacteria）和拟杆菌（Bacteroidetes），其平均出现频率分别是 68.2%、16.8% 和 14.5%；在纲的分类水平阿尔法变形菌（Alphaproteobacteria）、伽玛变形菌（Gammaproteobacteria）、蓝细菌（Cyanobacteria）、黄杆菌（Flavobacteria），其平均出现频率分别是 45.7%、21.2%、16.8% 和 14.2%，其余种类的细菌出现频率则小于 0.5%。

影响因素分析结果表明：在南极半岛海域，对细菌群落结构和种类组成影响最大的几个因素是细菌能直接利用的营养盐铵盐、为细菌生长提供必要 DOC 的微微型浮游植物和水团组成结构；对微型真核生物群落结构和种类组成影响最大的因素是营养盐浓度和水团组成结构；对微微型真核生物而言，代表陆架水的盐度和营养盐是其分布的重要限制因子。

5.2.2.3 大中型浮游动物（磷虾生物资源）群落结构与多样性

5.2.2.3.1 普里兹湾海域

2012—2014 年度普里兹湾浮游动物群落区域之间差异高于年际之间的差异；与陆坡区域相比，近岸区域群落的年际变动更为显著；普里兹湾浮游动物群落垂直结构呈现明显的水深特异性；水团分布是影响普里兹湾浮游动物垂直分布的重要影响因子；上层水体（0～200 m）浮游动物群落具有更大的变异度。

$\delta^{15}N$ 稳定同位素显示大磷虾成体比幼体具有更高的营养级地位；普里兹湾海域，浅水 POM 提供了磷虾种群主要的食物来源，而随着发育，大磷虾更倾向于摄食中型浮游动物。

普里兹湾海域浮游植物和颗粒悬浮物样品镜检结果显示普里兹湾近岸区域多数硅藻、甲藻和纤毛虫丰度高于大洋区域；相应的，近岸区域浮游植物和颗粒悬浮物脂肪酸含量是大洋区域的两倍；饵料的脂肪酸和稳定同位素的区域差异同样在桡足类优势种中得以体现；不同桡足类的脂肪酸组成差异显示各物种占据相应的生态位。

5.2.2.3.2 南极半岛海域

西南极南设得兰岛海域浮游动物群落结构呈现明显的水深特异性；磷虾与桡足类种群水平分布上呈现一定的垂直隔离。*Euphausia superba* 种群主要聚集在 0～200 m 水体，而南大洋 4 种典型的中型桡足类 *Calanus acutus*, *C. propinquus*, *Metridia gerlachei* 及 *Rhincalanus gigas* 则主要聚集于 200～1 000 m 水体。

Bio-Env 分析显示叶绿素 a 和盐度是影响南设得兰岛海域浮游动物群落垂直分布的关键影响因子。

5.2.2.4 鱼类和底栖生物群落结构与多样性

5.2.2.4.1 大型底栖生物

南大洋底栖生物中的多毛类具有较高的物种多样性，但生物区系也具有其明显的特殊性，如南大洋海蜘蛛类（Pycnogonids）和海鞘类（Ascidians）种类丰富，占各自类群的全部种类比例较高；而腹足类（Gastropods）、双壳类（Bivalves），十足类（Decapods）等类群的种类占其各自所有种类比例相对较低；端足类（Amphipods）和等足类（Isopods）的种类多样性不是特别丰富，但也占有重要地位，其具有很多特有种类，如巨型等足类动物 *Glyptonotusant-arcticus*，该种广泛分布于南大洋海域。

5.2.2.4.2 小型底栖生物

就南极小型底栖生物而言，线虫为最主要的优势类群，这也是世界深海小型底栖动物群落的普遍特征。南极半岛小型底栖动物样品的垂直分布与一般情况下遵循的自表层向底层递减的趋势有所不同，所有站位丰度的最高值均出现在次表层，即 2 ~ 5 cm 层；小型底栖动物的粒径主要集中在 125 ~ 250 μm 范围，其次为 250 ~ 500 μm，粒径分布上各类群有所差异。普里兹湾小型底栖动物站位平面分布可大致分为湾内区、湾口陆架区和湾外深海区 3 个数值差异较大的海区，并呈现自湾内向湾外逐渐递减的情形。同时，检出的类群数也逐步减少。整体而言，普里兹湾小型底栖动物群落表现出高丰度低多样性的群落特征，湾内、湾口和湾外有较大差异。与其他海区相比，普里兹湾湾内区的小型底栖动物丰度具有较高的量值，表现出较为丰富的小型底栖动物资源，而湾口陆架区和湾外深海区则和其他类似的海区相似。与同处南极洲边缘的海区相比，普里兹湾湾口陆架区与罗斯海相当，但高于威德尔海。

5.2.2.4.3 鱼类

目前已知的南极鱼类共有约 322 种，隶属于 50 个科，由于地理隔离、低温及南极绕极流的影响，南大洋鱼类群落形成了独特的鱼类区系特征，主要表现为地方性种类比例极高，约有 88% 的种类只分布在南大洋海域，此外，南极鱼亚目的种类占南大洋鱼类总数的比例达 35%，其中有 97% 的种类属于南极地方性种类，绝大多数南极鱼亚目的种类都属于 5 个科：南极鱼科、鳄冰鱼科、阿氏龙螣科、渊龙螣科和裸南极鱼科。其余非南极鱼亚目的种类多属于典型的深海种类，如绵鳚、深海鳕、狮子鱼、灯笼鱼等种类。

对南极半岛和普里兹湾的调查反映了这样一种趋势，在水深超过 400 ~ 500 m 的海域，亚南极种类逐渐减少而高纬和深海种类逐渐增加；普里兹湾的调查表明，在 300 m 左右的水域，渔获数量最高。

5.2.2.5 底表微生物多样性

分别采用纯化培养和 16S rDNA 的高变区测序技术对普里兹湾海域的 20 个表层沉积物样品进行分析，初步得到如下结论：南极普里兹湾及邻近海域沉积物存在丰富的细菌、真菌多样性；16S rDNA 的高变区测序技术获取的微生物多样性要远高于纯培养手段获得的种类；变形菌门（Proteobacteria）在所有的站位中都是优势种群，不同站位微生物多样性的差异来源于地理环境和营养盐供应不同；微生物群落结构和多样性对解释南大洋的物质循环有着重要作用。

南极半岛海域的沉积物样本存在大量的微生物，主要是由细菌和少量古菌组成，变形菌门（Proteobacteria）在所有的站位中都是优势种群，其他种类与普里兹湾海域有显著差异；利用南极半岛附近海域 D107 和 D504 两个站位的沉积物样品，对其微生物的垂直分布特征进行了初步的研究和分析，结果表明：微生物物种多样性和丰度随着站位深度的增加而逐渐降低，丰度最高的也是变形菌。

5.2.2.6 浮游病毒丰度与分布

在南极海洋生态系统中，病毒的丰度及多样性均极为丰富，表明病毒发挥着重要作用。目前发现南极普里兹湾海域浮游病毒分布较广，丰度高达 $10^5 \sim 10^6$ 个·mL^{-1}级，且丰度分布有一定的规律，水平分布上基本呈现由近岸到远海丰度减少的趋势，垂直分布上从表层到底层逐渐减少。浮游病毒分布与环境因子和宿主具有良好的相关性，可以作为南极环境和生物群落变化的指示物。通过长期观察，定会发现其群落结构的特点和变化，进而反映气候、污染等对南极生物群落结构的影响。从病毒多样性组成结构来看，各站差异不大：有尾噬菌体目（包括长尾病毒科、肌尾病毒科和短尾病毒科）均为主要类群，其病毒序列数量占到总病毒序列数的一半以上。从病毒多样性分布来看，在大多数站位里，有尾噬菌体目中长尾噬菌体科所占比例较大，占总数的50%以上，肌尾噬菌体科比例次之，短尾噬菌体科最少。普利兹湾海域表层病毒多样性要高于底层，湾内近岸病毒多样性远远高于湾内离岸和湾外外海，同时湾内离岸病毒多样性高于湾外外海。另外，其西部近岸海域在病毒多样性上远高于其他海域。

5.3 主要成果（亮点）总结

本专题依托中国第 28 ~ 31 次南极科学考察和“雪龙”号破冰船，对“雪龙”号往返南极走航途经海域和普里兹湾、南极半岛附近海域等重点调查海域的海洋生物多样性和生态环境进行了综合考察。

本专题实施的综合调查是我国首次对南大洋整个生态系统（包含从微微型的细菌和病毒到大型的鱼类）进行系统性的调查和分析；调查手段多样，技术手段也涵盖了从经典到前沿的数种先进手段；海洋浮游生物常规调查采样深度一般浅于 200 m，本专项考察属于我国首次在南大洋开展中深层海洋（200 ~ 2 500 m）浮游生物采集，对于了解中深层海洋浮游生物的多样性具有十分重要的意义。

利用获取的样品与数据，结合国内外的成果资料，分析了调查区的生物多样性与生态系统现状，基本查明调查区叶绿素 a 和初级生产力的时空分布和变化规律，基本摸清重点海域生态系统主要类群（浮游生物、鱼类、底栖生物等）结构与生物多样性现状，基本掌握了生态系统关键种和磷虾等生物资源种的生物量、分布特性及其变动规律，初步探索海洋生物对全球气候变化的响应及与环境因子及人为干扰的相互关系，为南大洋生物多样性保护、生物资源的开发利用与评估等提供了一定的科学依据。

第6章　考察的主要经验与建议

6.1　考察取得的重要成果

本专题依据“十二五”期间我国开展的第28～31次南极科学现场考察数据，结合我国历次南极科学考察资料及国内外研究成果，对南极周边海域的海洋生物多样性和生态环境进行了综合调查与分析。获取了丰富的研究样品与数据，并对多次重复调查海域或断面进行了较细致的分析，取得了一系列有价值的调查与研究成果。

首先，对我国南极考察走航途经海域海表的温度、盐度、海水叶绿素a浓度及微小型浮游植物的分布等基础环境参数有了基本了解；其次，在南极半岛和普里兹湾等重点海域，查明了调查区叶绿素a和初级生产力的时空分布及变化规律，基本摸清了调查海域生态系统主要类群（浮游生物、鱼类、底栖生物）的结构与生物多样性现状。上述重要成果为探索海洋生物对全球气候变化的响应及与环境因子及人为干扰的相互关系，为南大洋生物多样性保护、生物资源的开发利用以及海洋保护区建设评估等提供了科学依据。

6.2　对专项的作用

国家海洋局在我国“十二五”期间组织实施了“南北极环境综合考察与评估”专项，这一重大专项包含了“南极周边海域环境综合考察与资源潜力评估”等四大调查与评估项目，每个项目由多个不同目标任务的专题组成。“南极周边海域海洋生物多样性和生态考察”专题是由中国极地研究中心牵头，国家海洋局第一海洋研究所、国家海洋局第二海洋研究所、国家海洋局第三海洋研究所、中国科学院海洋研究所和中国海洋大学等6家科研院所共同参与实施的综合调查专题，本专题是“南极周边海域环境综合考察与资源潜力评估”项目的组成专题之一，也是“南北极环境综合考察及资源潜力评估”专项的重要组成部分之一。

“南极周边海域海洋生物多样性和生态考察”专题以南极周边海域的海洋生态系统为调查对象，以海洋生物为主体，同时兼顾部分环境因子。研究对象中既有浮游植物等生产者，也有浮游动物和细菌、病毒等消费者和分解者，它们包括了食物链中的各个主要环节，是南极海洋物质输入和能量流动的主要参与者。其中，磷虾是南极生物量最大的生物资源和生物链中最为关键的一环，它是专项在南极地区进行资源潜力评估的主要对象之一。南极海洋与周边南极大陆和大气关系密切，南极海洋生态系统受冰川和海冰活动、洋流、水团结构和营养盐输送等直接影响，因此本专题与以物理、化学、地质等学科为主体的其他专题联系紧密，它们共同构成“南北极环境综合考察及资源潜力评估”专项这一有机整体。

6.3 考察的主要成功经验

本专题实施的综合调查是我国首次对南大洋整个生态系统（包含从微微型的细菌和病毒到大型的鱼类）进行系统性的调查和分析，探明南大洋整个生态系统的群落结构组成和多样性，结合环境要素，揭示南大洋生态系统的重要性；调查手段多样，技术手段也涵盖了从经典到前沿的数种先进手段。

海洋浮游生物常规调查采样深度一般浅于 200 m，本专项考察属于我国首次在南大洋开展中深层海洋（200～2 500 m）浮游生物采集，对于了解中深层海洋浮游生物多样性具有十分重要的意义。

本专题在组织实施过程中，做了周密的计划，同时各参与单位相互协作配合，对样品和数据的获取进行了严格的质量控制和监督，为本专题较好地完成任务和目标起到了显著作用。

6.4 考察中存在的主要问题及原因分析

本专题在考察中除了取得一系列重要成果和成功经验之外，也存在一些问题。如考察作业船时有限，给任务的完成带来较大困难；某些断面站位的年际连续观测不够，无法通过现场考察对时空变化规律进行预测和研究；在执行沉积物或生物拖网采样中，往往出现空采或者破网现象，影响采样成功率和质量等。总结其中原因，首先是极地气候恶劣、地理条件特殊，年际间夏季的气候条件变动较大，给现场考察带来巨大挑战和不确定性，如在海况不佳情况下，船速不能保持在 2 kn 左右以满足拖网采样的最佳条件；其次，“雪龙”号承担了巨大的考察站建设与物资补给任务，在考察作业时间安排上存在困难；再者，也存在考察断面与站位布设不够合理，以及采样现场作业中操作人员未能结合具体海况进行放缆计算，造成放缆长度过短造成了拖网未能到底等主观因素。

6.5 对未来科学考察的建议

以史为鉴，并综合实际情况，本专题建议在未来的科学考察中能够更加科学地计划组织，进一步加强对调查海区自然条件的掌握或预报以调整考察作业时间或计划；进一步改善断面与站位的布设以兼顾观测断面与站位的年际延续性，也建议现场考察人员根据底质条件等实际情况，合理调整作业站点，并保障网具等采样设备的使用。同时，也盼望新的极地科考破冰船早日加入极地科考事业，推进系统的南大洋考察，并为南极海洋保护区建设作出贡献。

致　　谢

感谢“南北极环境综合考察与评估”专项的资助！感谢国家海洋局、极地考察办公室和中国极地研究中心的大力支持！同时也感谢国家海洋局第一海洋研究所、国家海洋局第二海洋研究所、国家海洋局第三海洋研究所、中国科学院海洋研究所和中国海洋大学等专题参与单位的团结协作。正是所有专题参与人员的辛勤汗水和各课题的调查与研究成果汇集在一起才使本报告的成果得以呈现。此外，“雪龙”号船和中国南极科学考察队为专题任务的完成提供了良好的平台和巨大的帮助，在此一并致谢！

附件

附件 1　考察区域及站位图

附件 1.1　走航考察区域及调查站位

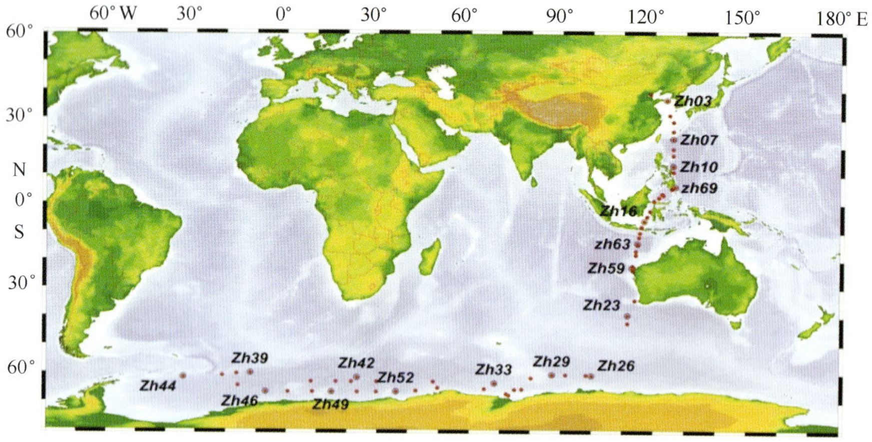

图 1　第 28 次南极考察微微型浮游生物走航观测站位分布

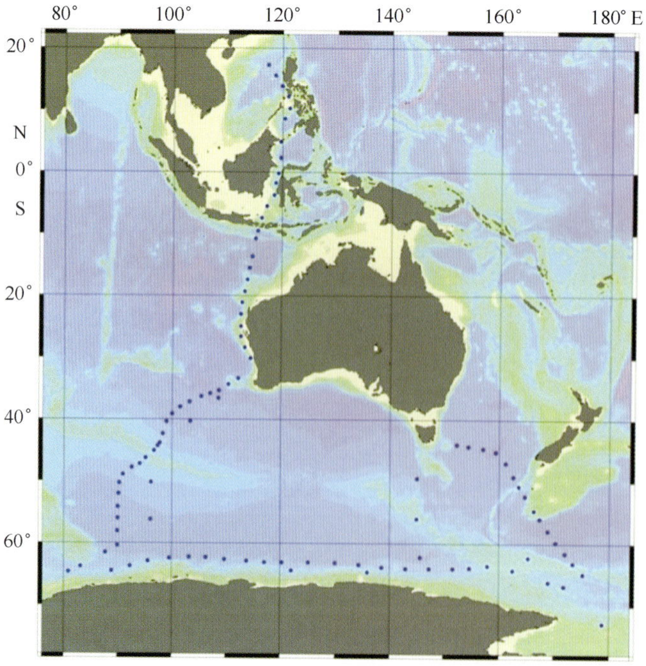

图 2　第 29 次南极考察走航期间采样站位分布

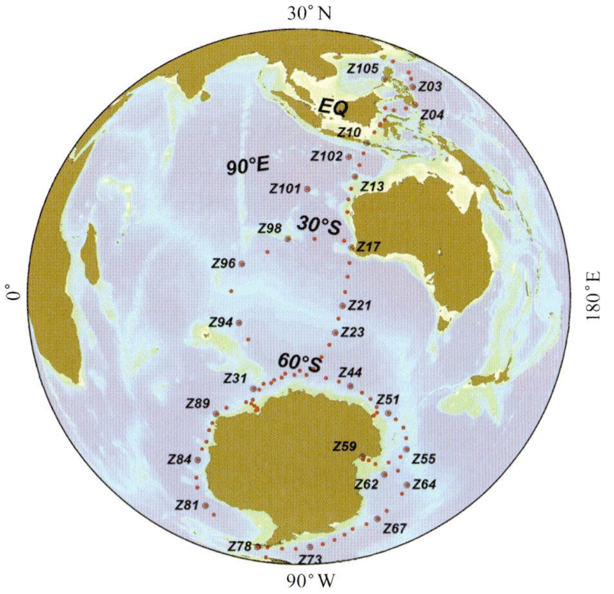

图 3　第 30 次南极考察走航期间调查站位分布

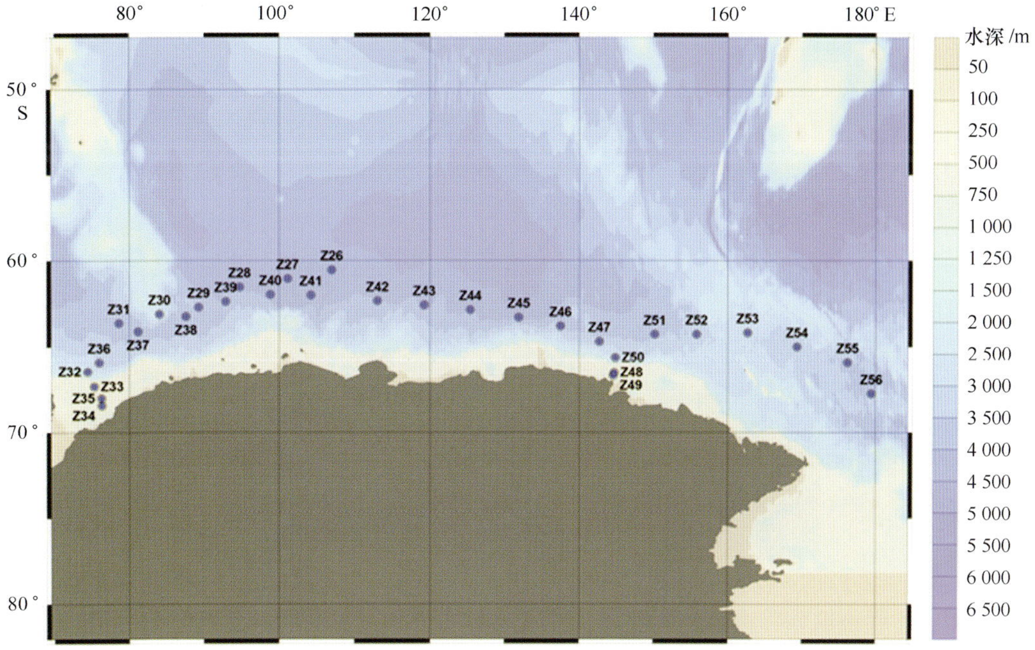

图 4　第 30 次考察走航浮游病毒采样站位

附件 1.2　重点考察区域及调查站位

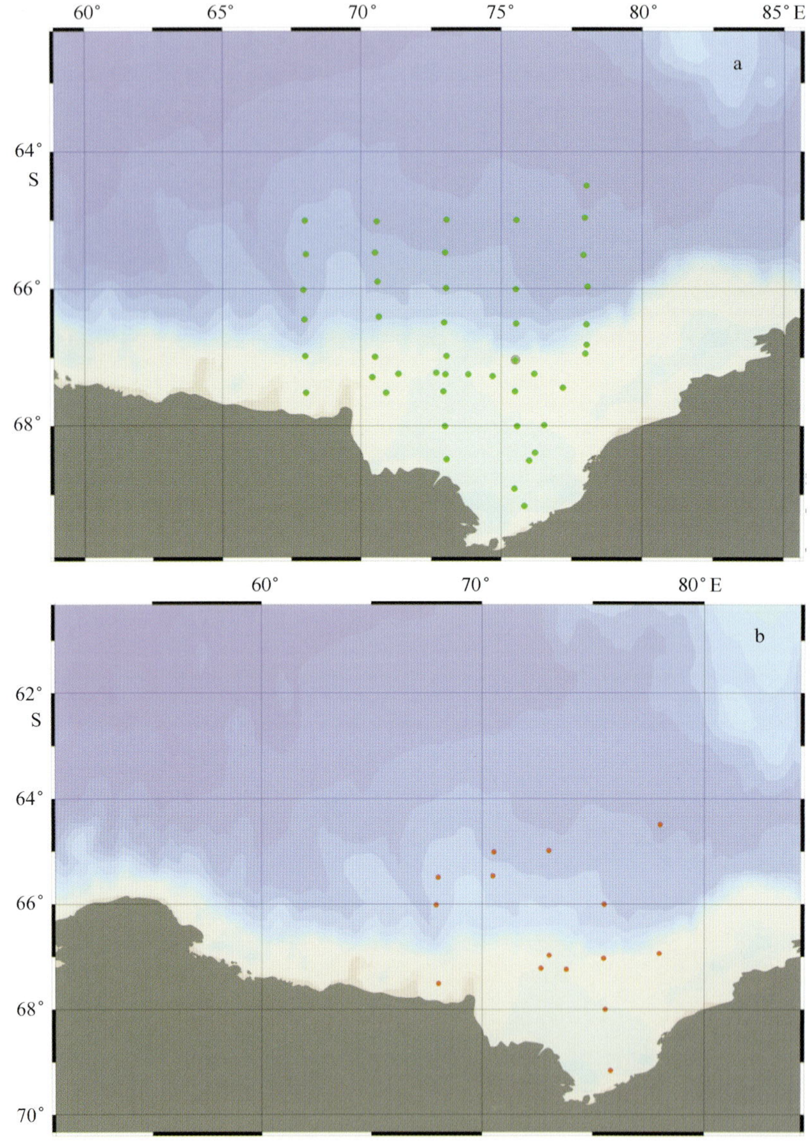

图 5　第 29 次考察普里兹湾浮游植物叶绿素 a 采样站位（a）和初级生产力培养站位（b）

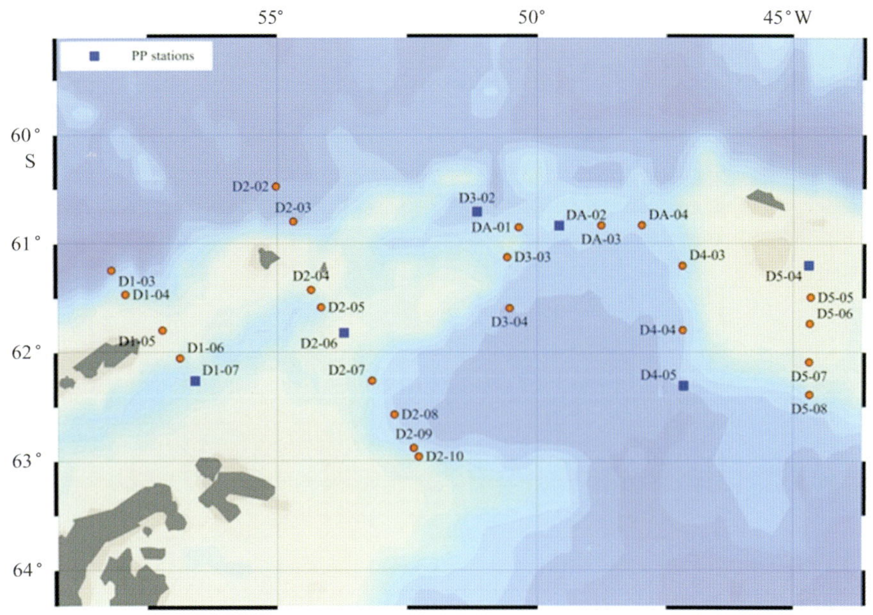

图 6　第 30 次南极考察南极半岛海域浮游植物生物量与生产力调查站位分布

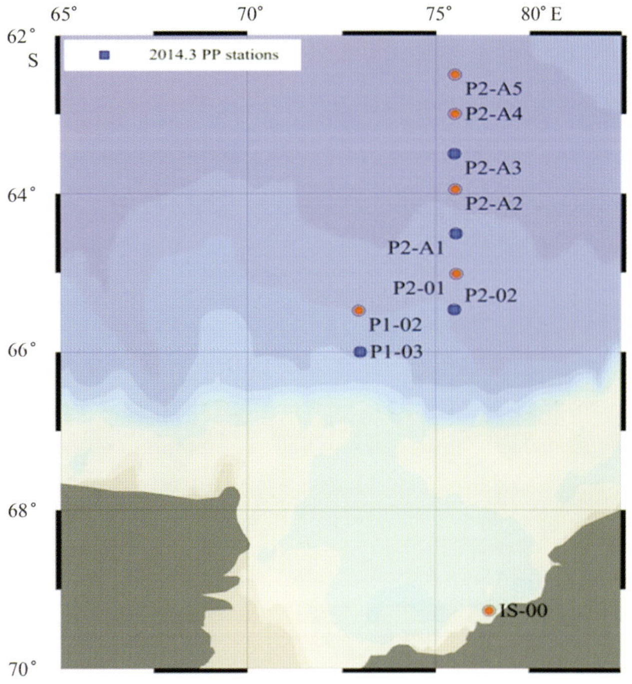

图 7　第 30 次南极考察普里兹湾海域浮游植物生物量与生产力调查站位分布

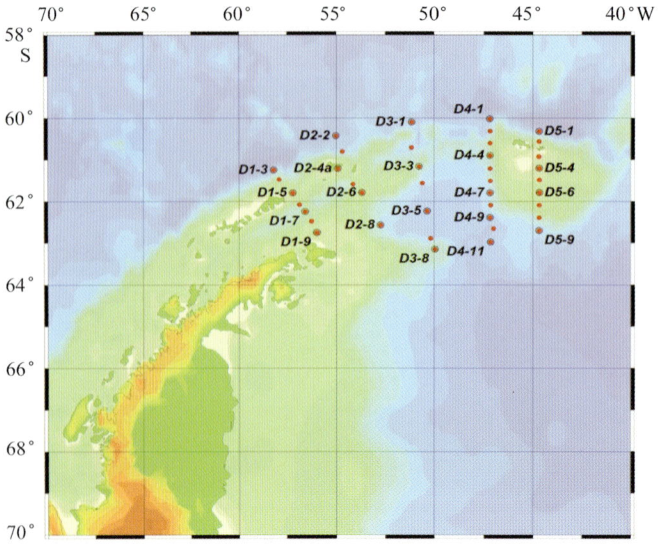

图 8　第 28 次南极科学考察南极半岛海域微小型浮游生物调查站位分布

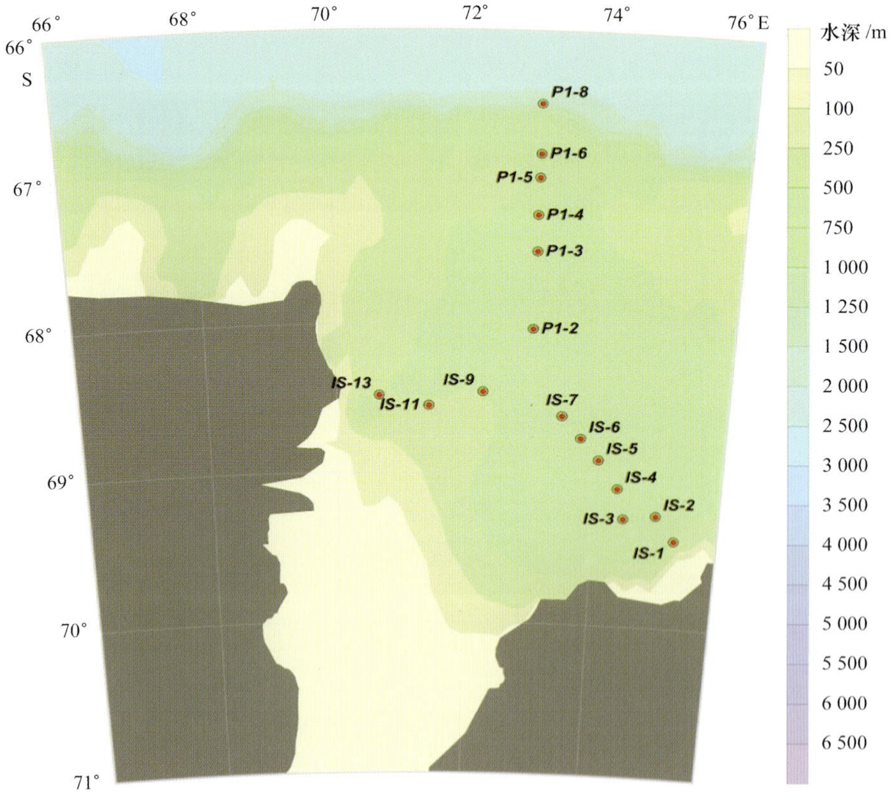

图 9　第 28 次南极科学考察普里兹湾海域微小型浮游生物调查站位分布

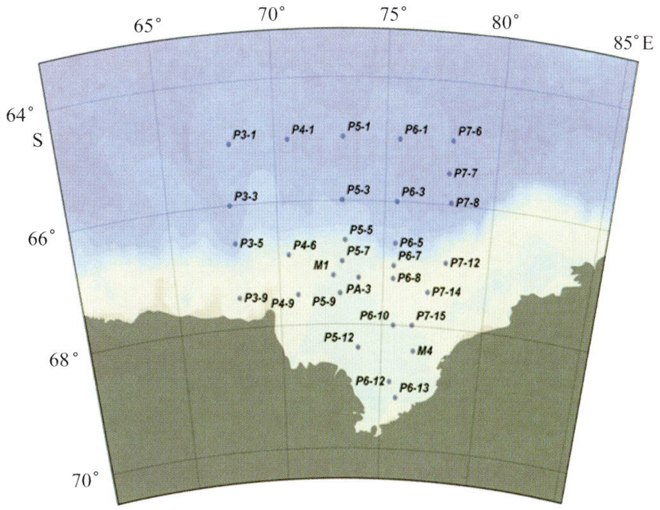

图 10　第 29 次南极科学考察普里兹湾海域微小型浮游生物调查站位分布

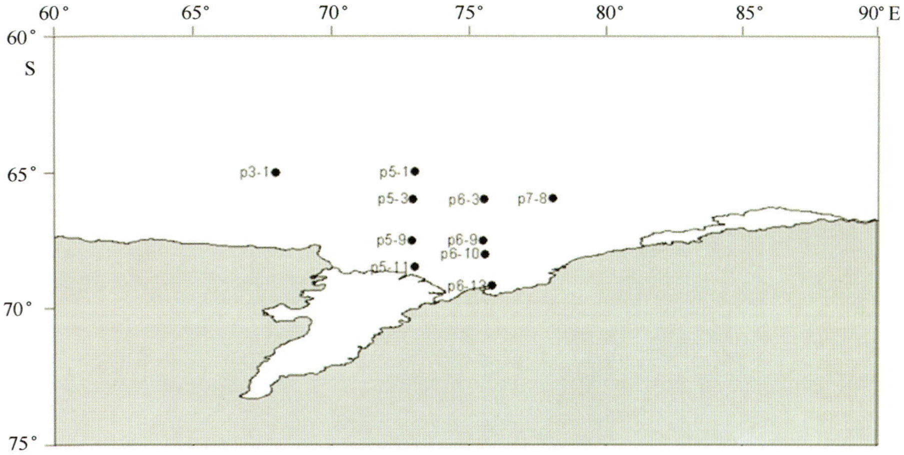

图 11　第 29 次南极考察浮游病毒采样站位

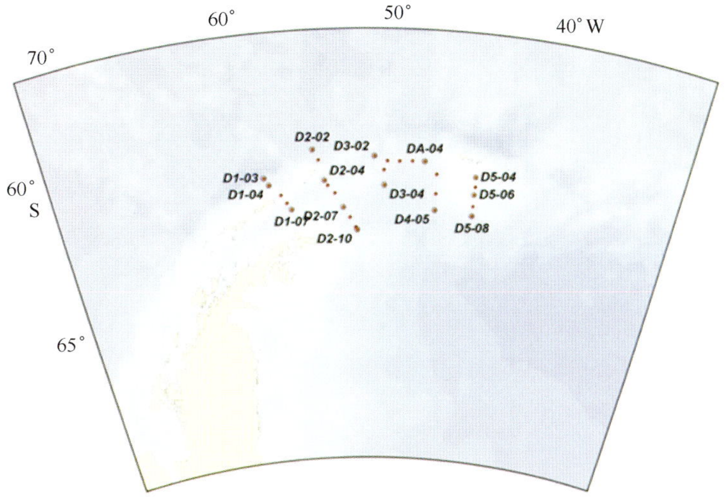

图 12　第 30 次南极科学考察南极半岛海域微小型浮游生物调查站位分布

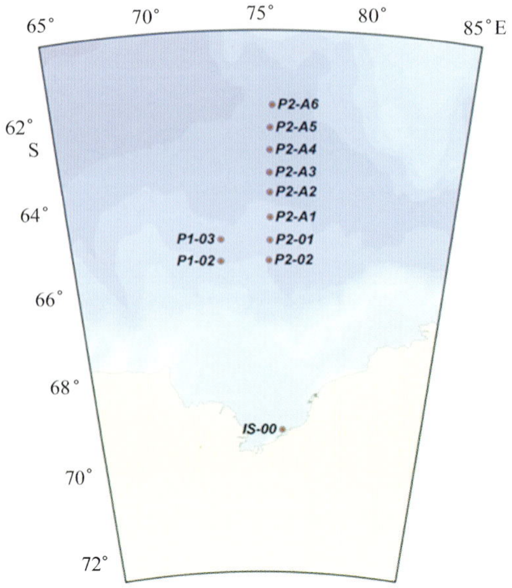

图 13　第 30 次南极科学考察普里兹湾海域微小型浮游生物调查站位分布

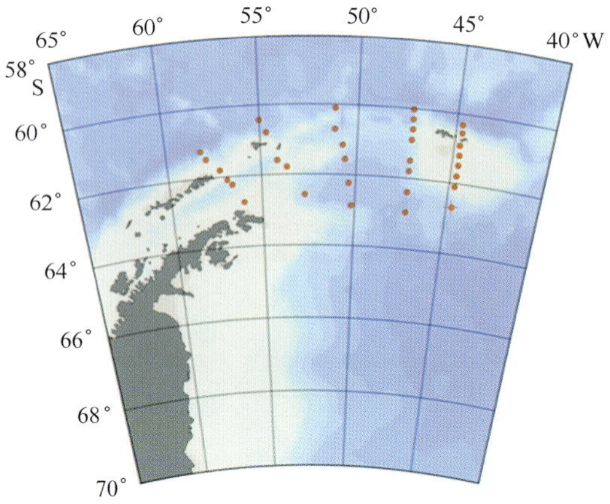

图 14　第 28 次南极科学考察海洋浮游动物调查南极半岛海区站位分布

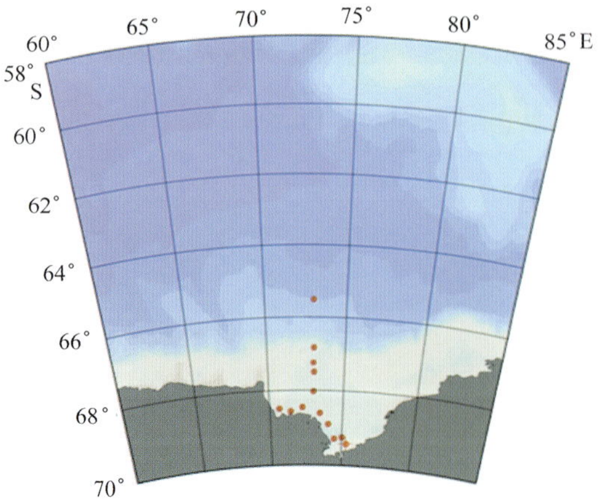

图 15　第 28 次南极科学考察海洋浮游动物调查普里兹湾海区站位分布

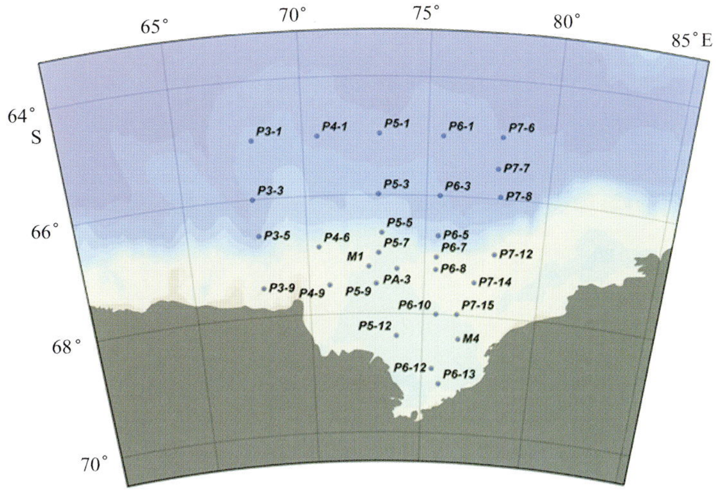

图 16　第 29 次南极科学考察海洋浮游动物调查普里兹湾海区站位分布

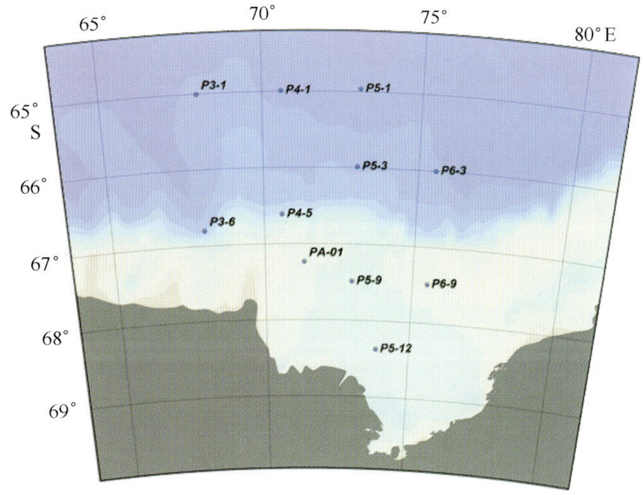

图 17　第 29 次南极考察普里兹湾站区 Multinet 多联网作业站位

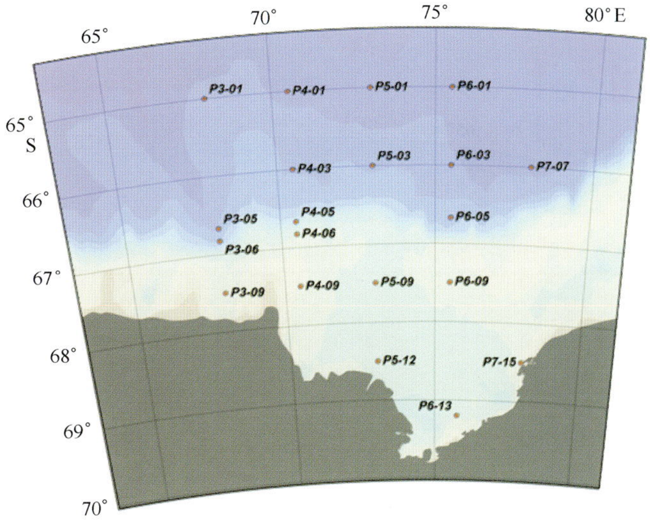

图 18　第 29 次南极考察浮游植物水样取样站位

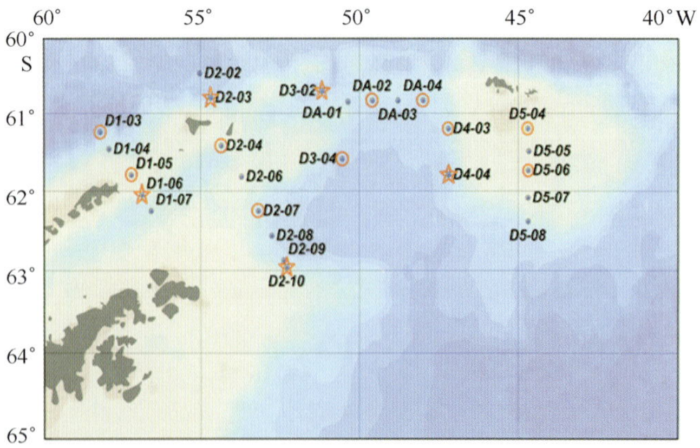

图 19　第 30 次南极考察南极半岛威德尔海海域浮游生物取样站位

○表示浮游植物水样采集站位，☆表示多联网取样站位

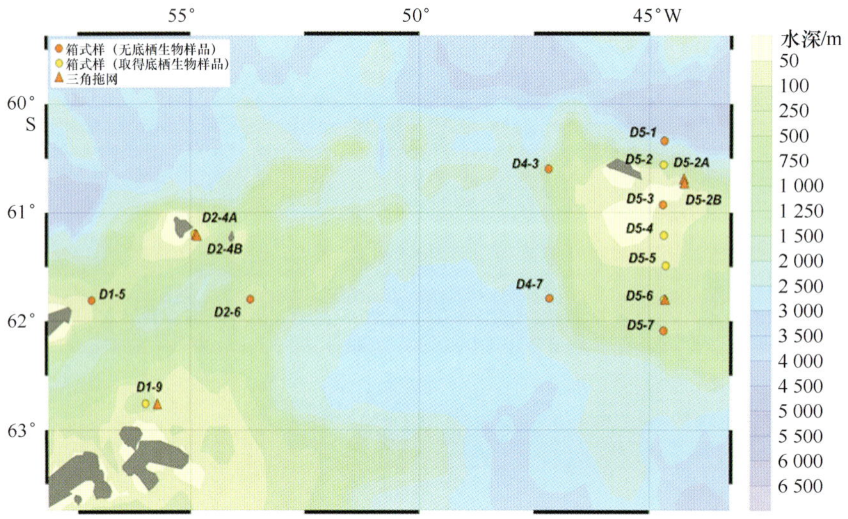

图 20　第 28 次南极考察底栖生物采样站位

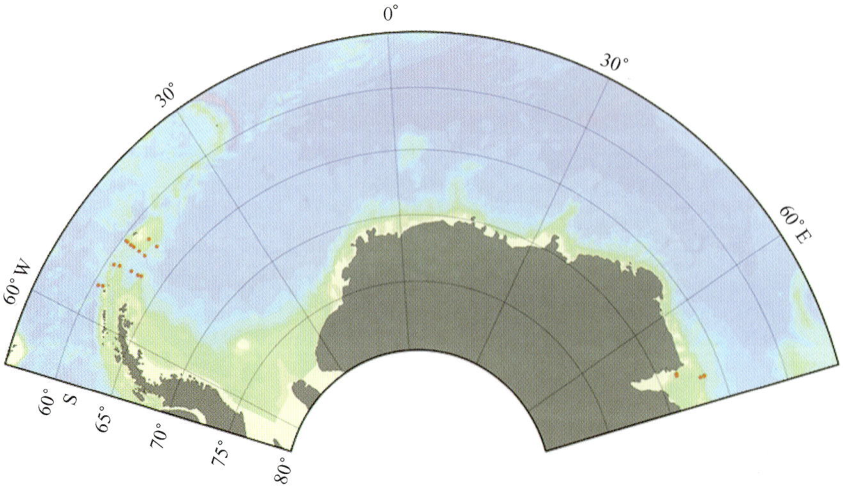

图 21　第 28 次南极考察鱼类浮游生物采样站位

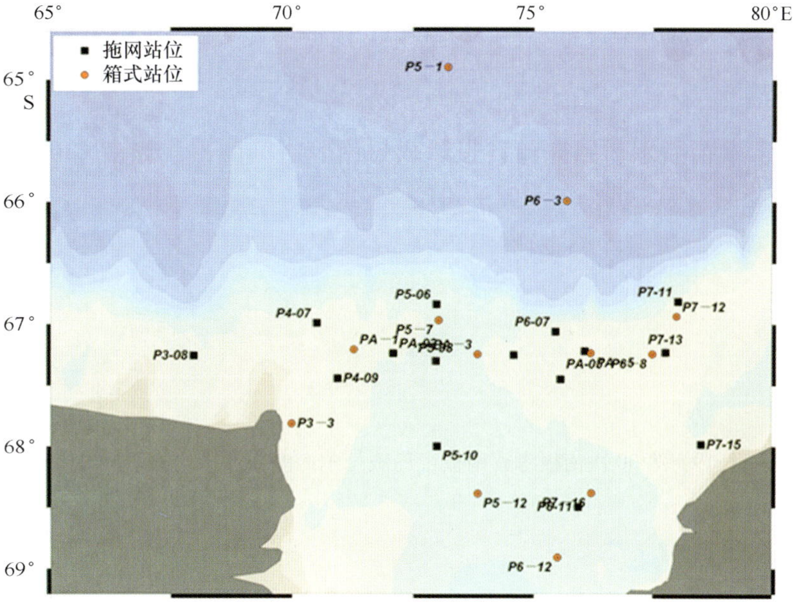

图 22　第 29 次南极考察底栖生物采样站位

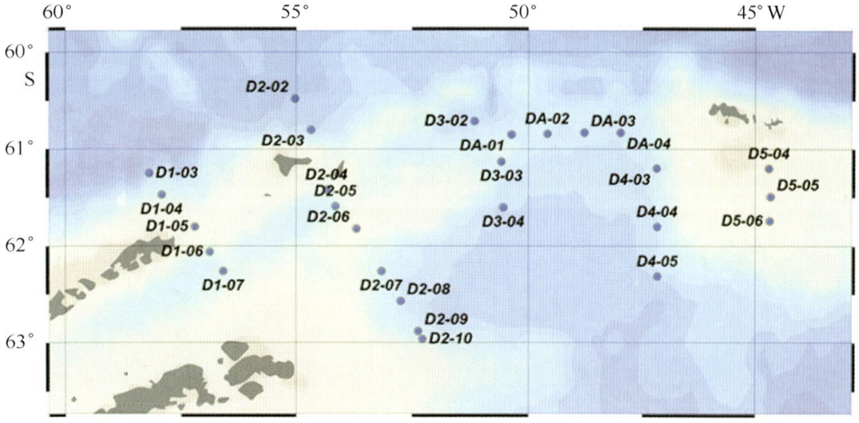

图 23　中国 30 次南极考察底表微生物取样站位分布

附件 2 主要仪器设备一览表

主要仪器设备一览表

序号	仪器名称	型号	仪器公司	参数
1	流式细胞仪	BD FACSCALIBUR	BD Biosciences	—
2	叶绿素荧光仪	Trilogy 7200	Turner Designs	最低检测限 0.02 μg · L^{-1}
3	北太平洋浮游生物标准网	North Pacific Net	国产	180 cm 长，网口内径 45 cm，面积 0.16 m^2
4	分层多滤联网	MultiNet 网	德国 HYDRO - BIOS	300 μm 标准网孔
5	浮游植物分级联滤系统	自主装配	\	Net、Nano 和 Pico 3 级过滤
6	三角底拖网	三角网	国产	宽度为 2.2 m，高 0.65 m
7	大型浮游生物网	大型	国产	网长 280 cm，网口内径 80 cm，网孔 0.505 mm
8	箱式采泥器	箱式	国产	60 cm × 60 cm
9	多管采样器	有机玻璃采样管	国产	8 根圆筒形取样管，管长 60 cm，内径 9.4 cm^2
10	高效液相色谱仪	Waters 2695 - 2998	WATERS	—
11	生物光学显微镜	CX21BIM - SET5	奥林巴斯	双目

附件3 承担单位及主要人员一览表

承担单位及主要人员一览表

序号	姓名	职称	专业	单位	任务分工
1	何剑锋	研究员	海洋生态	中国极地研究中心	专题负责人
2	张芳	副研究员	海洋生态	中国极地研究中心	专题第二负责人
3	林凌	博士后	微型生物生态	中国极地研究中心	样品分析，报告编写
4	曹叔楠	博士后	微生物	中国极地研究中心	样品分析，报告编写
5	蓝木盛	助工	海洋化学	中国极地研究中心	样品分析，报告编写
6	罗光富	助工	海洋化学	中国极地研究中心	第 31 次现场考察
7	张瑾	实验员	生物学	中国极地研究中心	样品分析
8	崔世开	硕士	海洋生态	中国极地研究中心	第 28 次现场考察
9	高源	博士	海洋生态	中国极地研究中心	第 29 次现场考察
10	张建恒	博士	海洋生态	中国极地研究中心	第 29 次现场考察
11	贾书磊	硕士	海洋科学	中国极地研究中心	第 30 次现场考察
12	李超伦	研究员	海洋生态	中国科学院海洋研究所	课题 2 负责人
13	杨光	副研究员	海洋生态	中国科学院海洋研究所	第 28 次、第 29 次现场考察，报告编写
14	张烨	博士	海洋生态	中国科学院海洋研究所	第 29 次、第 30 次现场考察，样品分析
15	王延清	博士	海洋生态	中国科学院海洋研究所	第 29 次、第 30 次现场考察，样品分析
16	张永山	高级实验师	海洋生态	中国科学院海洋研究所	样品分析
17	郝锵	副研究员	海洋生态	国家海洋局第二海洋研究所	课题 3 负责人
18	乐凤凤	副研究员	海洋生态	国家海洋局第二海洋研究所	现场考察、报告编写
19	翟红昌	副研究员	海洋生态	国家海洋局第二海洋研究所	现场考擦、样品分析
20	林龙山	研究员	渔业资源	国家海洋局第三海洋研究所	课题 4 负责人
21	林荣澄	研究员	小型底栖生物	国家海洋局第三海洋研究所	小底负责人
22	王建军	副研究员	大型底栖生物	国家海洋局第三海洋研究所	大底负责人
23	宋普庆	助研	环境科学	国家海洋局第三海洋研究所	第 28 次现场考察、报告编写
24	林和山	助研	环境科学	国家海洋局第三海洋研究所	大底样品分析、报告编写
25	林俊辉	助研	大型底栖生物	国家海洋局第三海洋研究所	大底样品分析、报告编写
26	何雪宝	助研	大型底栖生物	国家海洋局第三海洋研究所	第 29 次大底现场考察、报告编写
27	黄丁勇	助研	小型底栖生物	国家海洋局第三海洋研究所	第 29 次现场考察，报告编写
28	王建佳	研习员	渔业资源	国家海洋局第三海洋研究所	第 30 次现场考察
29	张然	研习员	渔业资源	国家海洋局第三海洋研究所	第 30 次现场考察
30	王良明	研究生	渔业资源	国家海洋局第三海洋研究所	第 31 次现场考察
31	刘坤	研究生	渔业资源	国家海洋局第三海洋研究所	第 31 次现场考察
32	汪岷	教授	微型生物生态	中国海洋大学	课题 5 负责人
33	姜勇	副教授	微型生物生态	中国海洋大学	样品分析、报告编写
34	邵红兵	助理实验师	微型生物生态	中国海洋大学	样品分析、报告编写
35	李江	副研究员	海洋微生物	国家海洋局第一海洋研究所	课题 6 负责人

附件 4 考察工作量一览表

表 1 专题现场考察获取的叶绿素 a 和生产力样品统计

航次	区域	叶绿素 a		初级生产力	
		站位数	样品数量	站位数	样品数量
第 29 次	普里兹湾	46	640	15	433
第 30 次	南极半岛	29	681	6	270
	普里兹湾	10	255	4	162
	合计	39	936	10	432
第 31 次	普里兹湾	51	707	15	270
总计		136	2 283	40	1 135

表 2 微小型浮游生物调查样品数量统计 份

航次	区域	站位数	FCM 光合浮游植物	FCM 浮游细菌	分级叶绿素	HPLC 色素	分子生物学	DAPI 染色
第 28 次	走航观测	57	57	57	171	171	50	57
	南极半岛	40	200	284	158	150	46	175
	普里兹湾	16	86	160	64	32	26	90
	合计	113	343	501	393	353	122	322
第 29 次	走航观测	99	99	99	297	297	297	198
	罗斯海	2	20	20		40	36	40
	普里兹湾	48	496	496		114	271	974
	合计	149	615	615	297	451	604	1 212
第 30 次	走航观测	100	100	100	300	300	300	200
	南极半岛	29	292	292		297	297	586
	普里兹湾	11	105	105		108	108	208
	合计	140	497	497	300	705	705	994
第 31 次	走航观测	125	125	125	375	375	375	250
	普里兹湾	56	547	547		180	401	1 094
	合计	181	672	672	375	555	776	1 344
总计		583	2 127	2 285	1365	2 064	2 207	3 872

表 3　大、中型浮游动物与小型浮游植物拖网样品统计

调查航次	调查海域	大、中型浮游动物		小型浮游植物	
		垂直拖网	分层拖网	垂直拖网	CTD 水样
第 28 次	南极半岛	33			
	普里兹湾	13	20		
第 29 次	普里兹湾	30	55	30	>100
第 30 次	南极半岛	24	20	24	30
第 31 次	普里兹湾	36	9	34	52

表 4　浮游病毒样品数量

份

航次	调查海域	丰度采样数量	多样性样品数
第 29 次	普里兹湾海域	67	
第 30 次	环南极大陆	31	
	普里兹湾海域	104	
第 31 次	环南极大陆	36	1
	普里兹湾海域	390	7

表 5　鱼类浮游生物与底栖生物调查作业成功获取样品统计

调查航次	调查海域	大型底栖生物		小型底栖生物		鱼类浮游生物
		箱式泥样	三角拖网样	箱式插管样	多管样	水平拖网
第 28 次	南极半岛	5	6			15
	普里兹湾	1	1			5
第 29 次	普里兹湾	12	14	11	9	40
第 30 次	南极半岛	4	4		3	21
	普里兹湾	1	1			1
第 31 次	普里兹湾		12			12

表 6　底表微生物样品获取情况统计

调查航次	调查海域	获取表层沉积物数量	获取沉积物柱样数量/根	表层样品质量/(g·份$^{-1}$)
第 29 次	普里兹湾	25	0	10～20
第 30 次	南极半岛	27	2	10～20
第 31 次	普里兹湾	18	0	10～20

附件 5　考察数据一览表

南极周边海域海洋生物多样性与生态考察获取的主要数据

数据类型	数据
叶绿素与初级生产力	第 29 次南极考察普里兹湾生物量（叶绿素 a）分布数据
	第 29 次南极考察普里兹湾叶绿素 a 粒级结构数据
	第 29 次南极考察普里兹湾生产力分布数据
	第 30 次南极考察南极半岛邻近海域叶绿素 a 浓度数据
	第 30 次南极考察南极半岛邻近海域初级生产力数据
	第 30 次南极考察普里兹湾海域叶绿素 a 浓度数据
	第 30 次南极考察普里兹湾海域初级生产力数据
	第 31 次南极考察普里兹湾海域叶绿素 a 浓度数据
	第 31 次南极考察普里兹湾海域初级生产力数据
微小型浮游生物	第 28 次南极考察走航观测 FCM 微微型浮游植物与异养细菌丰度数据
	第 28 次南极考察南极半岛邻近海域 FCM 微微型浮游植物与异养细菌丰度数据
	第 28 次南极考察普里兹湾海域 FCM 微微型浮游植物与异养细菌丰度数据
	第 28 次南极考察南极半岛邻近海域微微型浮游植物光合色素与群落结构数据
	第 29 次南极考察走航观测 FCM 微微型浮游植物与异养细菌丰度数据
	第 29 次南极考察普里兹湾海域 FCM 微微型浮游植物与异养细菌丰度数据
	第 29 次南极科学考察普里兹湾海域浮游细菌多样性群落结构 DGGE 法分析数据
	第 30 次南极考察走航观测 FCM 微微型浮游植物与异养细菌丰度数据
	第 30 次南极考察南极半岛邻近海域 FCM 微微型浮游植物与异养细菌丰度数据
	第 30 次南极考察普里兹湾海域 FCM 微微型浮游植物与异养细菌丰度数据
	第 31 次南极考察走航观测 FCM 微微型浮游植物与异养细菌丰度数据
	第 31 次南极考察普里兹湾海域 FCM 微微型浮游植物与异养细菌丰度数据
	第 31 次南极科学考察普里兹湾海域浮游细菌多样性群落结构 DGGE 法 分析数据
浮游病毒	第 29 次南极科学考察普里兹湾海域浮游病毒丰度数据
	第 30 次南极科学考察环南极大陆表层海水浮游病毒丰度数据
	第 30 次南极科学考察普里兹湾海域浮游病毒丰度数据
	第 31 次南极科学考察普里兹湾海域浮游病毒丰度和多样性数据
大、中型浮游动物	第 28 次南极科学考察南极半岛邻近海域浮游动物丰度、群落结构与多样性数据
	第 29 次南极科学考察普里兹湾海域浮游动物丰度、群落结构与多样性数据
	第 30 次南极科学考察普里兹湾海域浮游动物丰度、群落结构与多样性数据
	第 31 次南极科学考察普里兹湾海域浮游动物丰度、群落结构与多样性数据

续表

数据类型	数据
鱼类与底栖生物	第 28 次南极科学考察南极半岛海域鱼类、大型底栖生物的种类组成数据
	第 29 次南极科学考察普里兹湾海域鱼类和大型、小型底栖生物的多样性数据
	第 30 次南极科学考察南极海洋底栖生物多样性数据
	第 31 次南极科学考察普里兹湾海域鱼类和大型底栖生物的多样性数据
底表微生物	第 29 次南极科学考察普里兹湾海域底表微生物多样性数据
	第 30 次南极科学考察南极半岛邻近海域底表微生物多样性数据
	第 31 次南极科学考察罗斯海海域底表微生物多样性数据

附件 6　考察要素图件一览表

考察要素图件一览

序号	考察要素	区域	图件名
1	叶绿素 a	普里兹湾	第 29 次队（2013 年）普里兹湾及其邻近海域水柱平均叶绿素 a 浓度（mg/m^3）分布
2	叶绿素 a	普里兹湾	第 30 次队（2014 年）普里兹湾及其邻近海域水柱平均叶绿素 a 浓度（mg/m^3）分布
3	叶绿素 a	普里兹湾	第 29 次队（2013 年）南极普里兹湾及其邻近海域典型断面叶绿素浓度垂直分布
4	叶绿素 a	普里兹湾	第 30 次队（2014 年）南极普里兹湾及其邻近海域 P2 断面叶绿素 a 浓度垂直分布
5	叶绿素 a	普里兹湾	第 29 次队（2013 年）南极普里兹湾及其邻近海域浮游植物粒级结构分布的区域化特征
6	叶绿素 a	普里兹湾	第 30 次队（2014 年）南极普里兹湾及其邻近海域不同粒级浮游植物在不同深度的百分比
7	初级生产力	普里兹湾	第 29 次队（2013 年）南极普里兹湾及其邻近海域初级生产力分布
8	初级生产力	普里兹湾	第 30 次队（2014 年）南极普里兹湾及其邻近海域初级生产力分布
9	叶绿素 a	南极半岛	第 30 次队（2014 年）南极半岛海域水柱平均叶绿素 a 浓度（mg/m^3）分布
10	叶绿素 a	南极半岛	第 30 次队（2014 年）南极半岛海域浮游植物生物量垂直分布特征（D1、D2、D5、DA 断面）
11	初级生产力	南极半岛	第 30 次队（2014 年）南极半岛海域不同粒级浮游植物在不同深度的百分比组成图
12	初级生产力	南极半岛	第 30 次队（2014 年）南极半岛海域初级生产力分布图
13	微小型浮游生物	环南大洋	第 28 次队微微型浮游植物丰度（PPA）环南大洋表层分布（2011—2012）
14	微小型浮游生物	环南大洋	第 28 次队异养细菌丰度（HBA）环南大洋表层分布（2011—2012）
15	微小型浮游生物	环南大洋	第 29 次队微微型浮游植物丰度（PPA）环南大洋表层分布（2012—2013）
16	微小型浮游生物	环南大洋	第 29 次队异养细菌丰度（HBA）环南大洋表层分布（2012—2013）
17	微小型浮游生物	环南大洋	第 30 次队微微型浮游植物丰度（PPA）环南大洋表层分布（2013—2014）
18	微小型浮游生物	环南大洋	第 30 次队异养细菌丰度（HBA）环南大洋表层分布（2013—2014）
19	微小型浮游生物	环南大洋	环南大洋表层浮游细菌群落组成
20	微小型浮游生物	环南大洋	环南大洋各站位表层细菌群落组成（分类到门）
21	微小型浮游生物	环南大洋	环南大洋各站位表层细菌群落组成（分类到纲）
22	微小型浮游生物	环南大洋	环南大洋表层主要微型真核生物种类组成（分类到门和纲）
23	微小型浮游生物	环南大洋	环南大洋表层主要微微型真核生物种类组成（分类到门和纲）
24	微小型浮游生物	普里兹湾	第 28 次队普里兹湾 IS 和 P1 断面微微型真核浮游植物（P－euk）和异养细菌（HB）丰度分布

续表

序号	考察要素	区域	图件名
25	微小型浮游生物	普里兹湾	第29次队普里兹湾微微型真核浮游植物（P-euk）和异养细菌丰度断面分布（P03、P04、P05、P06、07和PA断面）
26	微小型浮游生物	普里兹湾	第30次队普里兹湾P2断面微微型真核浮游植物（P-euk）和异养细菌（HB）分布
27	微小型浮游生物	普里兹湾	第29次队普里兹湾浮游细菌群落组成
28	微小型浮游生物	普里兹湾	第29次队普里兹湾各站位浮游细菌的群落组成
29	微小型浮游生物	南极半岛	第28次队南极半岛海域测区微微型真核浮游植物（P-euk）和异养细菌（HB）表层分布
30	微小型浮游生物	南极半岛	第28次队D1~D5断面微微型真核浮游植物（P-euk）和异养细菌（HB）丰度分布
31	微小型浮游生物	南极半岛	第30次队南极半岛海域微微型真核浮游植物丰度（PPA）和异养细菌丰度（HBA）表层分布
32	微小型浮游生物	南极半岛	第30次队D1、D2、D5和DA断面微微型真核浮游植物丰度（PPA）和异养细菌丰度（HBA）分布
33	微小型浮游生物	南极半岛	第28次队南极半岛海域全水柱微微型浮游植物群落结构组成
34	微小型浮游生物	南极半岛	第28次队南极半岛海域0~10 m、25 m和50 m水层微微型浮游植物群落结构组成
35	微小型浮游生物	南极半岛	第28次队南极半岛海域各断面微微型浮游植物群落结构组成
36	微小型浮游生物	南极半岛	第28次队南极半岛海域各样品细菌种类组成结构，分类到门和纲
37	微小型浮游生物	南极半岛	第28次队南极半岛海域各样品微型真核生物种类组成结构，分类到门和纲
38	微小型浮游生物	南极半岛	第28次队南极半岛海域各样品微微型真核生物种类组成结构，分类到门和纲
39	浮游动物	普里兹湾	2012年和2013年普里兹湾浮游动物群落Simper分析对各群落贡献累积超过90%的物种及平均丰度
40	浮游动物	普里兹湾	2013年普里兹湾浮游动物四种大型桡足类优势种的种群垂直分布
41	浮游动物	南极半岛	第28次南极夏季南设得兰岛群落指示种（*表示）及对群落划分累积贡献高于90%物种（粗体）丰度
42	浮游动物	南极半岛	第28次队南设得兰岛 *Euphausia superba*，*Calanoides acutus*，*Calanus propinquus*，*Metridia gerlachei* 及 *Rhincalanus gigas* 的种群垂直结构
43	大型底栖动物	南极半岛	第28次队威德尔海大型底栖生物种类组成
44	大型底栖动物	南极半岛	第28次队威德尔海域大型底栖生物生物量组成
45	大型底栖动物	南极半岛	第28次队威德尔海域大型底栖生物栖息密度组成
46	大型底栖动物	普里兹湾	第29次队普里兹湾大型底栖生物物种数百分比组成
47	大型底栖动物	普里兹湾	第29次队普里兹湾大型底栖动物栖息密度的百分组成
48	大型底栖动物	普里兹湾	第29次队普里兹湾大型底栖生物生物量百分组成
49	大型底栖动物	普里兹湾	第29次队普里兹湾大型底栖生物生物量分布
50	大型底栖动物	南大洋	第30次队箱式站位各类群的平均生物量比例
51	大型底栖动物	南大洋	第30次队箱式站位各站位类群的生物量组成
52	大型底栖动物	南大洋	第30次队箱式站位各站位类群的密度组成
53	小型底栖动物	普里兹湾	普里兹湾小型底栖动物各类群的平均丰度比例

续表

序号	考察要素	区域	图件名
54	小型底栖动物	普里兹湾	普里兹湾小型底栖动物丰度和生物量的平面分布
55	小型底栖动物	南极半岛	南极半岛各站位类群的平均丰度比例
56	小型底栖动物	南极半岛	南极半岛各站位小型底栖动物及各类群垂直分布
57	小型底栖动物	南极半岛	南极半岛小型底栖动物及各类群粒径分布
58	鱼类	南极半岛	南极半岛附近海域鱼类种类组成（28、30 次南极考察）
59	鱼类	普里兹湾	第 29 次南极考察鱼类种类、数量和生物量组成
60	鱼类	普里兹湾	普里兹湾鱼类种类组成与深水分布
61	底表微生物	普里兹湾	普里兹湾菌株鉴定结果
62	底表微生物	南极半岛	南极半岛菌株鉴定结果
63	浮游病毒	环南大洋	2013—2014 年度走航海域浮游病毒丰富分布图
64	浮游病毒	环南大洋	2014—2015 年度走航海域浮游病毒丰富分布图
65	浮游病毒	普里兹湾	2012—2013 年度普里兹湾海域浮游病毒表层分布
66	浮游病毒	普里兹湾	2012—2013 年度普里兹湾海域浮游病毒垂直分布
67	浮游病毒	普里兹湾	2013—2014 年度普里兹湾海域浮游病毒
68	浮游病毒	普里兹湾	2013—2014 年度普里兹湾海域浮游病毒垂直分布
69	浮游病毒	普里兹湾	2014—2015 年度普里兹湾海域浮游病毒丰度分布

附件7　论文等公开出版物一览

已发表论文：

[1]　Jiang Y, Liu Q, Yang E J, et al. Pelagic ciliate communities within the Amundsen Sea polynya and adjacent sea ice zone, Antarctica [J]. Deep Sea Research Part II Topical Studies in Oceanography, 2015.

[2]　Yang G, Li C, Sun S, et al. Feeding of dominant zooplankton in Prydz Bay, Antarctica, during austral spring/summer: food availability and species responses [J]. Polar Biology, 2013, 36 (11): 1701 – 1707.

[3]　Lin L, He J, Zhang F, et al. Algal bloom in a melt pond on Canada Basin pack ice [J]. Polar Record, 2015: 1 – 3.

[4]　Liang Y, Bai X, Jiang Y, et al. Distribution of marine viruses and their potential hosts in Prydz Bay and adjacent Southern Ocean, Antarctic [J]. Polar Biology, 2015: 1 – 14.

[5]　Yu Leiye, Sun Guojie, Wei Jingfang, et al. Activation of RAW264.7 cells by an Exopolysaccharide Isolated from Antarctic Psychrophilic Bacterium B – 3 [J]. Chinese Journal of Oceanology and Limnology. doi: 10.1007/s00343 – 016 – 4393 – x

[6]　Yang Guang, Li Chaolun, Wang Yanqing. The fatty acid compositions in *Euphausia superba*, *Thysanoessa macrura* and *Euphausia crystallorophias* collected from Prydz Bay, Antarctica [J]. Journal of Ocean University of China, 2015.

[7]　杨光，李超伦，张永山，等．南极夏季南设得兰岛海域浮游动物群落垂直分布 [J]．极地研究，2015 (1)：17 – 24.

投稿中论文：

[1]　Ling Lin, Jianfeng He, Fang Zhang, Yuan Gao, Yuxin Ma. Picophytoplankton abundance and distribution in the Prydz Bay of East Antarctica during austral summer.

[2]　Guang Yang, Chaolun Li, Yanqing Wang, Ye Zhang. Vertical profiles of zooplankton community structure in Prydz Bay, Antarctica during austral summer of 2013.

[3]　Zhang Ye, Li Chaolun*, Yang Guang, Wang Yanqing, Tao Zhencheng, Zhang Yongshan, Wang Aijun. Ontogenetic diet shift in Antarctic krill (*Euphausia superba*) in Prydz Bay: A stable isotope analysis.

[4]　Jiang li, Xie Naisheng. Bacterial community of and diversity of deep sea sediment of Prydz Bay.